Anbau und Nutzung von Bäumen auf landwirtschaftlichen Flächen

Herausgegeben von

Tatjana Reeg, Albrecht Bemmann, Werner Konold, Dieter Murach und Heinrich Spiecker

Beachten Sie bitte auch weitere
interessante Titel zu diesem Thema

Roloff, A.

Bäume

Lexikon der Baumbiologie

2009
ISBN: 978-3-527-32358-6

Böhlmann, D.

Hybriden

bei Bäumen und Sträuchern

2008
ISBN: 978-3-527-32383-8

Deutsche Forschungsgemeinschaft (DFG) (Hrsg.)

Perspektiven der agrarwissenschaftlichen Forschung/ Future Perspectives of Agricultural Science and Research

Denkschrift/Memorandum

2005
ISBN: 978-3-527-27225-9

Blume, H.-P., Felix-Henningsen, P., Fischer, W., Frede, H.-G.,
Horn, R., Stahr, K. (Hrsg.)

Handbuch der Bodenkunde

Aktuelles Grundwerk (Lieferung 1–29, Stand: Juni 2008)

1995
ISBN: 978-3-527-32129-2

Roloff, A., Weisgerber, H., Lang, J. U. M., Stimm, B., Schütt, P. (Hrsg.)

Enzyklopädie der Holzgewächse

**Handbuch und Atlas der Dendrologie.
Aktuelles Grundwerk (Lieferung 1–49,
Stand: August 2008)**

1994
ISBN: 978-3-527-32141-4

Anbau und Nutzung von Bäumen auf landwirtschaftlichen Flächen

Herausgegeben von

*Tatjana Reeg, Albrecht Bemmann, Werner Konold,
Dieter Murach und Heinrich Spiecker*

WILEY-VCH Verlag GmbH & Co. KGaA

Herausgeber

Tatjana Reeg
Institut für Landesflege
Albert-Ludwigs-Universität Freiburg
Tennenbacher Str. 4
79106 Freiburg

Prof. Albrecht Bemmann
Institut für Internationale Forst-
und Holzwirtschaft
Technische Universität Dresden
Pienner Str. 19
01737 Tharandt

Prof. Werner Konold
Institut für Landesflege
Albert-Ludwigs-Universität Freiburg
Tennenbacher Str. 4
79106 Freiburg

Prof. Dieter Murach
Fachhochschule Eberswalde
Fachbereich Wald und Umwelt
Alfred-Möller-Str. 1
16225 Eberswalde

Prof. Heinrich Spiecker
Institut für Waldwachstum
Albert-Ludwigs-Universität Freiburg
Tennenbacher Str. 4
79106 Freiburg

Die Forschungsarbeiten zu dieser Publikation
wurden gefördert vom BMBF und dem Projektträger Jülich (FKZ 0330621 AgroForst;
FKZ 0330580 DENDROM, FKZ 0330710
AGROWOOD).

BMBF-Förderschwerpunkt
www.nachhaltige-waldwirtschaft.de

Projektträger Jülich
Forschungszentrum Jülich

**Bibliografische Information
der Deutschen Nationalbibliothek**
Die Deutsche Nationalbibliothek verzeichnet diese
Publikation in der Deutschen Nationalbibliografie;
detaillierte bibliografische Daten sind im Internet
über http://dnb.d-nb.de abrufbar.

Printed in the Federal Republic of Germany

Gedruckt auf säurefreiem Papier

Satz Hagedorn Kommunikation GmbH, Viernheim
Druck Strauss GmbH, Mörlenbach
Buchbinder Litges & Dopf GmbH, Heppenheim
Umschlaggestaltung Formgeber, Eppelheim

ISBN: 978-3-527-32417-0

GEFÖRDERT VOM

Bundesministerium
für Bildung
und Forschung

Vorwort

Im Frühjahr 2005 wurden durch das Bundesministerium für Bildung und Forschung im Rahmen des Förderschwerpunktes „Nachhaltige Waldwirtschaft"
(www.nachhaltige-waldwirtschaft.de) drei Projekte ins Leben gerufen, die sich
zwar mit Bäumen, jedoch weniger mit Wald beschäftigen: Dendrom, Agrowood
und Agroforst. Die Gemeinsamkeit dieser drei Projekte liegt darin, dass der
Anbau von Bäumen nicht im Wald, sondern auf landwirtschaftlichen Flächen
thematisiert und untersucht wird.

Der Ausgangspunkt war dabei ähnlich: Der zunehmende Bedarf an nachwachsenden Rohstoffen und die Notwendigkeit der Reduktion von CO_2-Emissionen erfordern neue Wege der Landnutzung. Die Holzproduktion auf landwirtschaftlicher Fläche bietet hierfür interessante Optionen. Dabei sind die Ansätze der Projektverbünde verschieden: Während Agrowood und Dendrom sich mit der Pflanzung von schnellwachsenden Baumarten im Kurzumtrieb beschäftigen, sind
der Untersuchungsgegenstand im Agroforst-Projekt Landnutzungssysteme, die
eine landwirtschaftliche Nutzung mit der Produktion von Wertholz kombinieren.
Es handelt sich also um Produktionssysteme, die sich sowohl in Bezug auf die
erzeugten Produkte als auch in Bezug auf Anlage, Bewirtschaftung, Ernte
sowie ihre Auswirkungen auf Natur und Landschaft stark unterscheiden. Gemeinsam ist die Tatsache, dass die übliche Trennung von Land- und Forstwirtschaft überwunden und damit in der modernen Landnutzung in Deutschland
Neuland betreten wird.

Auch wenn die Preise von landwirtschaftlichen Produkten und Holzbiomasse
in den letzten Jahren starken Schwankungen unterlagen, stoßen sowohl Kurzumtriebsplantagen also auch Agroforstsysteme in Politik und Praxis auf zuneh-
mendes Interesse.

In diesem Buch sind Ergebnisse der drei genannten Projektverbünde dargestellt. Sie decken ein weites Themenspektrum ab und spiegeln damit sowohl
die Arbeit der Projekte und der darin vertretenen Disziplinen als auch die breite
Palette an Fragestellungen, die mit der Etablierung von neuen Landnutzungssystemen verbunden ist, wider. Aufgrund der regionalen Verankerung der Projekte
sind deutliche räumliche Schwerpunkte erkennbar: Die Beiträge zu Kurzumtriebsplantagen beziehen sich zum Großteil auf Brandenburg und Sachsen, während die Ergebnisse zu Agroforstsystemen mehr in Baden-Württemberg ver-

Anbau und Nutzung von Bäumen auf landwirtschaftlichen Flächen.
Herausgegeben von T. Reeg, A. Bemmann, W. Konold, D. Murach und H. Spiecker
Copyright © 2009 WILEY-VCH Verlag GmbH & Co. KGaA, Weinheim
ISBN: 978-3-527-32417-0

ankert sind. Um über diese Schwerpunkte hinaus Informationen geben zu können, werden im Serviceteil des Buches Hinweise auf Arbeiten auch in anderen Bundesländern gegeben.

Die Herausgeber danken dem BMBF für die Finanzierung der Projekte und dieser gemeinsamen Abschlusspublikation. Ein herzliches Dankeschön gilt den Autoren, aber auch den zahlreichen Gutachtern, die mit ihren Verbesserungsvorschlägen einen wichtigen Beitrag zur Qualität des Buches geleistet haben.

Die Herausgeber

Die Herausgeber stellen fest, dass jeder Autor für die Inhalte seines Kapitels selbst verantwortlich zeichnet und sie für die Richtigkeit der einzelnen Kapitel keine Verantwortung übernehmen. Bei Fragen zu den einzelnen Themen wird der Leser gebeten, sich direkt an die Autoren zu wenden.

Inhaltsverzeichis

Anbau und Nutzung von Bäumen auf landwirtschaftlichen Flächen.
Herausgegeben von T. Reeg, A. Bemmann, W. Konold, D. Murach und H. Spiecker
Copyright © 2009 WILEY-VCH Verlag GmbH & Co. KGaA, Weinheim
ISBN: 978-3-527-32417-0

Adressen

Albrecht Bemmann
Technische Universität Dresden
Institut für Internationale
Forst- und Holzwirtschaft
Pienner Str. 19
01737 Tharandt

Bela Bender
Albert-Ludwigs-Universität Freiburg
Institut für Waldwachstum
Tennenbacher Str. 4
79106 Freiburg

Lutz Böcker
Forschungsinstitut für Bergbaufolgelandschaften e.V. (FIB)
Brauhausweg 2
03238 Finsterwalde

Dieter Bräkow
Fördergesellschaft Erneuerbare
Energien e.V.
Innovationspark Wuhlheide
Köpenicker Str. 325
12555 Berlin

Mathias Brix
Albert-Ludwigs-Universität Freiburg
Institut für Waldwachstum
Tennenbacher Str. 4
79106 Freiburg

Anja Chalmin
Landwirtschaftliches Technologie-
zentrum Augustenberg (LTZ)
Außenstelle Forchheim
Kutschenweg 20
76287 Rheinstetten

Jörg Eberts
Leibniz-Institut für Agrartechnik
Potsdam-Bornim e.V.
Abt. Technikbewertung und
Stoffkreisläufe
Max-Eyth-Allee 100
14469 Potsdam

Karl-Heinz Feger
Technische Universität Dresden
Institut für Bodenkunde und
Standortslehre
Pienner Str. 19
01737 Tharandt

Paul Fiedler
TFH Wildau
Forschungsgruppe Verkehrslogistik
Bahnhofstraße
15745 Wildau

Anbau und Nutzung von Bäumen auf landwirtschaftlichen Flächen.
Herausgegeben von T. Reeg, A. Bemmann, W. Konold, D. Murach und H. Spiecker
Copyright © 2009 WILEY-VCH Verlag GmbH & Co. KGaA, Weinheim
ISBN: 978-3-527-32417-0

Denie Gerold
Ostdeutsche Gesellschaft für
Forstplanung (OGF)
Niederlassung Sachsen
Zum Wiesengrund 8
01723 Kesselsdorf

Thomas Glaser
Technische Universität Dresden
Institut für Allgemeine Ökologie und
Umweltschutz
Pienner Str. 7
01737 Tharandt

Werner Große
Technische Universität Dresden
Institut für Internationale Forst- und
Holzwirtschaft
Pienner Str. 19
01737 Tharandt

Philipp Grundmann
Leibniz-Institut für Agrartechnik
Potsdam-Bornim e.V.
Abt. Technikbewertung und
Stoffkreisläufe
Max-Eyth-Allee 100
14469 Potsdam

Holger Grünewald
Johann Heinrich von Thünen-Institut
Bundesforschungsinstitut für
Ländliche Räume, Wald und Fischerei
Institut für Forstgenetik
Sieker Landstraße 2
22927 Großhansdorf

Jurek Hampel
Ernst-Moritz-Arndt-Universität
Greifswald
Zoologisches Institut und Museum
Johann Sebastian Bachstr. 11/12
17489 Greifswald

Holger Hartmann
Fachhochschule Eberswalde
Fachbereich Wald und Umwelt
Alfred-Möller-Str. 1
16225 Eberswalde

Kai-Uwe Hartmann
Technische Universität Dresden
Institut für Waldwachstum
und Forstliche Informatik
Pienner Str. 8
01737 Tharandt

Jürgen Heinrich
Martin-Luther-Universität
Halle-Wittenberg
Institut für Agrar -und Ernährungs-
wissenschaften
Luisenstr. 12
06099 Halle (Saale)

Christiane Helbig
Technische Universität Dresden
Institut für Waldbau und Forstschutz
Pienner Str. 8
01737 Tharandt

Frank Hohlfeld
Charlottenburger Str. 5
79114 Freiburg

Reinhard F. Hüttl
Helmholtz-Zentrum Potsdam
Deutsches GeoForschungsZentrum
(GFZ)
Telegrafenberg
14473 Potsdam

Hubert Jochheim
Institut für Landschaftssystemanalyse
Leibniz-Zentrum für
Agrarlandschaftsforschung e.V.
(ZALF)
Eberswalder Str. 84
15374 Müncheberg

Christine Knust
Technische Universität Dresden
Institut für Internationale
Forst- und Holzwirtschaft
Pienner Str. 19
01737 Tharandt

Chris Kollas
Potsdam-Institut für Klimafolgenforschung (PIK)
Forschungsbereich II: Klimawirkung
und Vulnerabilität
Telegrafenberg A 62
14473 Potsdam

Werner Konold
Albert-Ludwigs-Universität Freiburg
Institut für Landespflege
Tennenbacher Str. 4
79106 Freiburg

Mathias Kröber
Martin-Luther-Universität Halle-
Wittenberg
Institut für Agrar -und Ernährungs-
wissenschaften
Luisenstr. 12
06099 Halle (Saale)

Dirk Landgraf
P&P Forstbaumschulen GmbH
Am Stundenstein
56337 Eitelborn

Petra Lasch
Potsdam-Institut für Klimafolgenforschung (PIK)
Forschungsbereich II: Klimawirkung
und Vulnerabilität
Telegrafenberg A 62
14473 Potsdam

Peter Lohner
Bundesministerium für
Ernährung, Landwirtschaft
und Verbraucherschutz (BMELV)
Wilhelmstr. 54
10117 Berlin

Felipe Lorbacher
Leibniz-Institut für Agrartechnik
Potsdam-Bornim e.V. (ATB)
Abt. Technik der Aufbereitung,
Lagerung und Konservierung
Max-Eyth-Allee 100
14469 Potsdam

Martina Marx
Sächsisches Staatsministerium für
Umwelt und Landwirtschaft,
Referat Pflanzliche Erzeugnisse
Archivstraße 1
01097 Dresden

Gerd Mathiak
Ernst-Moritz-Arndt-Universität
Greifswald
Zoologisches Institut und Museum
Johann Sebastian Bachstr. 11/12
17489 Greifswald

Alexander Möndel
Landratsamt Konstanz
Amt für Landwirtschaft
Winterspürer Str. 25
78333 Stockach

Michael Müller
Technische Universität Dresden
Institut für Waldbau und Forstschutz
Pienner Str. 8
01737 Tharandt

Dieter Murach
Fachhochschule Eberswalde
Fachbereich Wald und Umwelt
Alfred-Möller-Str. 1
16225 Eberswalde

Yasmin Murn
Fachhochschule Eberswalde
Fachbereich Wald und Umwelt
Alfred-Möller-Str. 1
16225 Eberswalde

Rainer Petzold
Technische Universität Dresden
Institut für Bodenkunde und
Standortslehre
Pienner Str. 19
01737 Tharandt

Jürgen Pretzsch
Technische Universität Dresden
Institut für Internationale
Forst- und Holzwirtschaft
Pienner Str. 7
01737 Tharandt

Ansgar Quinkenstein
Universität Cottbus
Brandenburgische Technische
Lehrstuhl für Bodenschutz
und Rekultivierung
Konrad-Wachsmann-Allee 6
03046 Cottbus

Tatjana Reeg
Albert-Ludwigs-Universität Freiburg
Institut für Landespflege
Tennenbacher Str. 4
79106 Freiburg

Joachim Rock
Johann Heinrich von Thünen-Institut
(vTI)
Bundesforschungsinstitut für
Ländliche Räume, Wald und Fischerei
Institut für Waldökologie und
Waldinventuren
A.-Möller-Str. 1
16225 Eberswalde

Heinz Röhle
Technische Universität Dresden
Institut für Waldwachstum
und Forstliche Informatik
Pienner Str. 8
01737 Tharandt

Evelyn Rusdea
Albert-Ludwigs-Universität Freiburg
Institut für Landespflege
Tennenbacher Str. 4
79106 Freiburg

Jan Philip Schägner
Institut für ökologische Wirtschafts-
forschung (IÖW)
Bereich Umweltökonomie und Politik
Potsdamer Str. 105
10785 Berlin

Marek Schildbach
Staatsbetrieb Sachsenforst
Kompetenzzentrum
Wald und Forstwirtschaft
Bonnewitzer Str. 34
01796 Pirna

Peter A. Schmidt
Technische Universität Dresden
Institut für Allgemeine Ökologie
und Umweltschutz
Pienner Str. 7
01737 Tharandt

Bernd-Uwe Schneider
Helmholtz-Zentrum Potsdam
Deutsches GeoForschungsZentrum
(GFZ)
Telegrafenberg
14473 Potsdam

Volkhard Scholz
Leibniz-Institut für Agrartechnik
Potsdam-Bornim e.V. (ATB)
Abt. Technik der Aufbereitung,
Lagerung und Konservierung
Max-Eyth-Allee 100
14469 Potsdam

Mareike Schultze
TFH Wildau
Forschungsgruppe Verkehrslogistik
Bahnhofstraße
15745 Wildau

Kai Schwärzel
Technische Universität Dresden
Institut für Bodenkunde und
Standortslehre
Pienner Str. 19
01737 Tharandt

Jörg Schweinle
Johann Heinrich von Thünen-Institut
(vTI)
Bundesforschungsinstitut für
Ländliche Räume, Wald und Fischerei
Leuschnerstr. 91
21031 Hamburg

Constance Skodawessely
Technische Universität Dresden
Institut für Internationale
Forst- und Holzwirtschaft
Pienner Str. 7
01737 Tharandt

Heinrich Spiecker
Albert-Ludwigs-Universität Freiburg
Institut für Waldwachstum
Tennenbacher Str. 4
79106 Freiburg

Hendrik Spikermann
Leibniz-Institut für Agrartechnik
Potsdam-Bornim e.V. (ATB)
Abt. Technik der Aufbereitung,
Lagerung und Konservierung
Max-Eyth-Allee 100
14469 Potsdam

Michael Steinfeldt
Universität Bremen
FG Technikgestaltung und
Technologieentwicklung
FB Produktionstechnik
Badgasteiner Str. 1
28359 Bremen

Christian Steinke
Technische Universität Dresden
Institut für Waldwachstum
und Forstliche Informatik
Pienner Str. 8
01737 Tharandt

Rüdiger Unseld
Albert-Ludwigs-Universität Freiburg
Waldbau-Institut
Tennenbacher Str. 4
79106 Freiburg

Armin Vetter
Thüringer Landesanstalt für
Landwirtschaft (TLL)
Naumburger Straße 98
07743 Jena

Ali Wael
Technische Universität Dresden
Institut für Waldwachstum
und Forstliche Informatik
Pienner Str. 8
01737 Tharandt

Peter Wagner
Martin-Luther-Universität
Halle-Wittenberg
Professur für Landwirtschaftliche
Betriebslehre
Ludwig-Wucherer-Str. 2
06108 Halle

Heino Wolf
Staatsbetrieb Sachsenforst
Kompetenzzentrum
Wald und Forstwirtschaft
Bonnewitzer Str. 34
01796 Pirna

Teil 1:
Kurzumtriebsplantagen

Anbau und Nutzung von Bäumen auf landwirtschaftlichen Flächen.
Herausgegeben von T. Reeg, A. Bemmann, W. Konold, D. Murach und H. Spiecker
Copyright © 2009 WILEY-VCH Verlag GmbH & Co. KGaA, Weinheim
ISBN: 978-3-527-32417-0

1
Kurzumtriebsplantagen – Stand des Wissens

Christine Knust

1.1
Einleitung

Kurzumtriebsplantagen haben in Deutschland in den vergangenen Jahren zunehmend Aufmerksamkeit erlangt. Einige land- und forstwirtschaftliche Landesanstalten haben Broschüren für Landwirte über den Anbau von Kurzumtriebsplantagen verfasst, z. B. Sachsen (Röhricht & Ruscher 2004), Mecklenburg-Vorpommern (Boelcke 2006), Baden-Württemberg (Unseld *et al.* 2008), Bayern (Burger *et al.* 2005) und Thüringen (Werner *et al.* 2006). Auch die Fachagentur für Nachwachsende Rohstoffe e.V. (FNR) gab 2007 in Zusammenarbeit mit dem Kompetenzzentrum Hessen Rohstoffe (HeRo e.V.) eine Broschüre zur „Energieholzproduktion in der Landwirtschaft" heraus (Hofmann 2007). Das große Interesse am Thema Kurzumtriebsplantagen zeigt sich auch daran, dass es auf verschiedenen Veranstaltungen intensiv diskutiert wurde (z. B. „Symposium Energiepflanzen" des BMELV, 2007; „Energiepflanzen im Aufwind" des Leibniz-Instituts für Agrartechnik Potsdam-Bornim e.V., 2007; „Fachsymposium Umwelt und Raumnutzung – nachhaltige energetische Nutzung von Biomasse" des LfUG (Landesamt für Umwelt und Geologie) Sachsen, 2007; „3. Fachtagung zu Anbau und Nutzung von Bäumen auf landwirtschaftlichen Flächen" des BMBF-Verbundvorhabens *Dendrom*, 2008). Mehrere Forschungsprojekte haben sich mit der Schaffung von praxisrelevantem Wissen über Anbau und Nutzung schnellwachsender Baumarten im Kurzumtrieb auseinandergesetzt und dadurch die wissenschaftliche Basis erheblich gefestigt. Im Rahmen der vom BMBF geförderten Forschungsprojekte *Agrowood* und *Dendrom* sowie des DBU-Projektes *Novalis* und des von der FNR geförderten Projektes ProLoc werden aktuelle Fragestellungen zum Thema Kurzumtriebsplantage behandelt und der Öffentlichkeit präsentiert.

Die rechtliche Einordnung dieser Landnutzungsform besitzt eine große Bedeutung und wird derzeit ebenfalls diskutiert. Es wird erwartet, dass im Rahmen der gegenwärtig stattfindenden Novellierung des Bundeswaldgesetzes eine Regelung zur Ausnahme von Kurzumtriebsplantagen vom Waldbegriff aufgenommen wird. Die Landeswaldgesetze der Bundesländer Bayern, Hessen, Schleswig-Holstein und Niedersachsen (BayWaldG, Hessisches Forstgesetz, LWaldG Schleswig-Hol-

Anbau und Nutzung von Bäumen auf landwirtschaftlichen Flächen.
Herausgegeben von T. Reeg, A. Bemmann, W. Konold, D. Murach und H. Spiecker
Copyright © 2009 WILEY-VCH Verlag GmbH & Co. KGaA, Weinheim
ISBN: 978-3-527-32417-0

stein, NWaldLG) enthalten bereits Regelungen, die Kurzumtriebsplantagen vom Waldbegriff ausnehmen.

Trotzdem haben sich Kurzumtriebsplantagen in Deutschland bislang aufgrund verschiedener Restriktionen nicht als landwirtschaftliche Kultur etablieren können (Hoffmann & Weih 2005). Zu den Zielen der beiden Forschungsvorhaben *Agrowood* und *Dendrom* gehört daher auch die Analyse der Gründe für die zögerliche Annahme dieses Landnutzungssystems und die Bearbeitung und Lösung der dabei identifizierten Probleme, um einen Beitrag zum Abbau der bestehenden Hemmnisse zu leisten.

1.2
Definition und Entwicklung von Kurzumtriebsplantagen

Wenn in diesem Buch von Kurzumtriebsplantagen die Rede ist, sind damit intensive Produktionssysteme zur Holzerzeugung in kurzen Zeiträumen gemeint. Die Kurzumtriebsplantage wie wir sie heute kennen – bestehend aus speziell zu diesem Zweck gezüchteten sehr produktiven Baumarten, einer hohen Pflanzdichte und vollmechanisierter Ernte in Abständen von wenigen Jahren – stellt dabei keine grundsätzliche Neuerung, sondern lediglich eine Weiterentwicklung Jahrhunderte alter Waldbewirtschaftungsstrategien dar (Dickmann 2006). So werden Kurzumtriebsplantagen gelegentlich mit historischen Niederwaldsystemen verglichen (Splechtna & Glatzel 2005, Dickmann 2006). Beide dienen der Maximierung des Holzertrages und beruhen auf der Regeneration des Bestandes durch Stockausschläge. Ansonsten weisen sie jedoch große Unterschiede in der Intensität der Bewirtschaftung auf, was eine Definition intensiver Kurzumtriebskulturen von Drew *et al.* (1987)[1] verdeutlicht:

„Ein waldbauliches System basierend auf kurzen Kahlschlagszyklen von meist einem bis 15 Jahren, unter Verwendung intensiver Kulturtechniken wie etwa Düngung, Bewässerung und Unkrautbekämpfung sowie genetisch überlegenen Pflanzenmaterials."

Ebenfalls häufig verwendet wird die Definition von Thomasius (1991):

„Baumplantagen sind der Produktion spezieller Forsterzeugnisse dienende, nach geometrischen Prinzipien geordnete Anpflanzungen besonders dafür geeigneter Baumarten, Rassen oder Sorten auf von Natur aus oder durch künstliche Zubereitung sehr produktiven Standorten, die bei hinreichendem Schutz und entsprechender Pflege in kurzen Produktionszeiträumen nach Quantität und/ oder Qualität über dem natürlichen Niveau liegende Erträge liefern."

Im Gegensatz dazu wurden historische Niederwälder in Abständen von 15–30 Jahren geerntet (Hofmann 1999) und bestanden aus einheimischen, züchterisch unveränderten Baumarten wie etwa Hasel, Hainbuche und Linde. In den lichten

---

[1] Übersetzt durch die Autorin. Original: "Short-rotation-intensive-culture: a silvicultural system based upon short clear-felling cycles, generally between one and 15 years, employing intensive cultural techniques such as fertilization, irrigation and weed control, and utilizing genetically superior planting material".

Phasen des Bestandeslebens in den Jahren nach der Ernte war zudem der Eintrieb von Vieh eine ökonomisch relevante Nebennutzung.

In gemäßigten Klimaregionen (Mitteleuropa, Nordamerika) werden den Anforderungen heutiger Kurzumtriebsplantagen besonders Pappeln und Weiden gerecht, die mit dem Ziel der Steigerung des Biomasseertrages und der Resistenz gegenüber bestimmten Schadfaktoren züchterisch bearbeitet wurden (Dickmann 2006, Schütte 1999). Die Intensität der Bewirtschaftung von Kurzumtriebsplantagen, die Anlage in geometrischen Pflanzverbänden, die Verwendung meist nur eines Klons je Teilfläche sowie gegebenenfalls die Verwendung von Dünger und Pflanzenschutzmitteln macht zudem deutlich, dass die Kurzumtriebsplantagen eher ein landwirtschaftliches als ein forstwirtschaftliches System sind. Daher werden Kurzumtriebsplantagen in der Regel auf landwirtschaftlichen Flächen angelegt und von Landwirten bewirtschaftet.

Moderne Kurzumtriebsplantagen gibt es in Mitteleuropa seit etwa einhundert Jahren, als erstmals Hybride aus europäischen Schwarzpappeln (*Populus nigra* L.) und kanadischen Schwarzpappeln (*Populus deltoides* L.) aufgrund ihrer überlegenen Wuchseigenschaften angebaut wurden (Dickmann 2006). Seitdem werden weiterhin gezielte Hybridisierungen von Pappeln durchgeführt, deren Nachkommen im Hinblick auf Wuchsleistung und Resistenz gegenüber Schadfaktoren selektiert, vegetativ vermehrt und in Plantagen angebaut werden. Neben der Pappel wird auch die Weide, insbesondere Hybride der Korbweide (*Salix viminalis* L.), für den Anbau in Kurzumtriebsplantagen verwendet. In Skandinavien, Großbritannien und dem Nordwesten der USA ist die Weide die wichtigste Kurzumtriebsplantagenbaumart (Rowe *et al.* 2007, Hoffmann & Weih 2005, Volk *et al.* 2006).

Weidenplantagen eignen sich fast ausschließlich zur Gewinnung von Holzhackschnitzeln für die energetische Verwendung, während Pappelplantagen, je nach Design der Flächenanlage, sowohl für die Energieholz- als auch für die Industrieholzproduktion in Frage kommen. Insbesondere in Italien, Frankreich und dem mittleren Westen der USA werden Pappeln vorwiegend zur Erzeugung von Holzsortimenten für die stoffliche Verwertung genutzt. In Italien gibt es etwa 118 000 ha, in Frankreich 236 000 ha und im mittleren Westen der USA 35 000 ha Pappelplantagen (FAO 2004). Pappelholz wird dort zur Herstellung von Papier und Zellstoff sowie für andere stoffliche Nutzungsmöglichkeiten verwendet. Diese Plantagen werden mit geringeren Pflanzdichten als Energieholzplantagen und meist aus Kernwüchsen begründet und benötigen Umtriebszeiten von ca. 10–15 Jahren. Bei entsprechend hohen Pflanzdichten eignet sich die Pappel jedoch genauso für Energieholzplantagen wie die Weide.

In Deutschland kommen grundsätzlich beide Baumarten für den Anbau in Frage, wobei hauptsächlich die Zielstellung und die standörtlichen Bedingungen die Auswahl bestimmen. In der Regel ist von Pappeln eine größere Wuchsleistung zu erwarten als von Weiden. In den niederschlagsarmen Gebieten Ostdeutschlands sowie zur Rekultivierung von Sonderstandorten wie etwa Bergbaufolgelandschaften wird auch zunehmend die Robinie (*Robinia pseudoacacia*) verwendet (Grünewald *et al.* 2007, Landgraf & Böcker 2006). Sie ist anspruchsloser in Bezug auf die Wasser- und Nährstoffversorgung. Als Leguminose kann sie

Luftstickstoff binden und somit ihre Stickstoffversorgung auch auf armen Standorten sicherstellen.

1.3
Kurzumtriebsplantagen in Deutschland

Trotz ihrer Vorzüge werden nach wie vor nur wenige Kurzumtriebsplantagen von den Landnutzern angelegt. Eine große Herausforderung für die Einführung dieser Landnutzungsform stellt die Überschneidung landwirtschaftlicher und forstwirtschaftlicher Kompetenzen dar. Dies ist in Deutschland insbesondere deshalb relevant, weil die Land- und Forstwirtschaft durch eigene Gesetzgebung, eigene Verwaltungsstrukturen und eigene Berufsbilder der jeweiligen Bewirtschafter traditionell streng getrennt sind. Abhängig von den jeweils herrschenden gesellschaftlichen Rahmenbedingungen haben Kurzumtriebsplantagen in der Vergangenheit jedoch zumindest als Forschungsobjekt in Versuchsanlagen in unterschiedlichem Maße Bedeutung und Aufmerksamkeit erlangt.

Die Ölkrisen 1973 und 1979/80 haben den Industriestaaten die Abhängigkeit ihrer Energieversorgung von Importen aus politisch instabilen Regionen verdeutlicht. Um die Versorgungssicherheit zu erhöhen, kam zunehmend die Energiebereitstellung aus heimisch produzierbaren Rohstoffen ins Gespräch. Der Anbau schnellwachsender Baumarten zur Biomasseproduktion für die energetische Verwendung hat in diesem Kontext erstmals eine nennenswerte Bedeutung erlangt. Zu Beginn der 1990er Jahre wurde die globale Erwärmung als Folge des anthropogenen Treibhauseffektes unübersehbar. Im Rahmen der Rio-Konferenz von 1992 wurde erstmals eine Klimarahmenkonvention mit verbindlichen Klimaschutzzielen formuliert und von den Vertragsstaaten ratifiziert. Bei den darauf folgenden Vertragsstaatenkonferenzen (COP 2 bis 13) wurden diese z. T. konkretisiert und fanden anschließend Eingang in die nationale Politik der Vertragsstaaten, so auch der Europäischen Union und Deutschlands (BMU 2005). Neben der Einsparung von Energie durch Effizienzsteigerung ist die Verwendung erneuerbarer Energiequellen ein wichtiger Bestandteil der Klimaschutzstrategien. Daher wird seitdem die Energieholzproduktion in Kurzumtriebsplantagen insbesondere als Möglichkeit der umweltschonenden Biomasseproduktion zur CO_2-neutralen Energiegewinnung diskutiert (SRU 2007, WBA 2007).

Mitte der 1990er Jahre war zudem die sinnvolle Verwendung von nicht für die Nahrungsmittelproduktion benötigten landwirtschaftlichen Flächen ein wichtiges Thema. Ein groß angelegtes Modellvorhaben „Schnellwachsende Baumarten" beleuchtete die Möglichkeiten, die der Pappelanbau auf landwirtschaftlichen Stilllegungsflächen insbesondere zur Erzeugung von Holzsortimenten für die Papierindustrie bot (Schütte 1999). Den Landwirten sollte eine neue Möglichkeit eröffnet werden, ihre nicht mehr für die Nahrungsmittelproduktion benötigten Flächen sinnvoll zu nutzen.

Die Rahmenbedingungen haben sich in den letzten Jahren erneut geändert: Die weltweit steigende Nachfrage nach Nahrungsmitteln sowie eine Zunahme der energetischen Nutzung von Biomasse führten zu einer gegenläufigen Entwicklung. In Deutschland beträgt der Anteil der Bioenergie bereits 5,9 % des Endenergieverbrauchs (BMU 2008). Ein großer Teil der benötigten Biomasse wird durch den gezielten Anbau von Energiepflanzen bereitgestellt. So ist beispielsweise EU-weit die Anbaufläche mit Energiepflanzenprämie von 0,31 Mio. ha im Jahr 2004 auf 2,84 Mio. ha im Jahr 2007 angestiegen, 650 000 ha davon in Deutschland. Kritiker sehen im Energiepflanzenanbau einen Mitverursacher der aktuellen Preissteigerungen von Nahrungsmitteln (Schmitz 2008).

Als Reaktion auf die angespannte Lage auf den Getreidemärkten hat die EU die obligatorische Stilllegung für die Aussaat im Herbst 2007 und Frühjahr 2008 ausgesetzt (VO 1107/2007 vom 26.9.2007). Parallel zu dieser Entwicklung haben jedoch auch die Anreizprogramme der Bundesregierung zur Etablierung von Biomasseheiz- und Heizkraftanlagen gegriffen. Im Zeitraum 2002–2006 wurde im Rahmen des Marktanreizprogrammes die Installation von Anlagen mit insgesamt 1100 MW elektrischer Leistung gefördert, in denen Holz zum Einsatz kommt (Böhnisch & Klem 2007). Dazu kommen noch zahlreiche Heizanlagen, vor allem im häuslichen Gebrauch, für die ebenfalls Holz benötigt wird. Daher besteht derzeit die paradoxe Situation einer geringen Akzeptanz und Bereitschaft, Kurzumtriebsplantagen anzulegen, obwohl es eine starke Holznachfrage gibt. Diese Nachfrage findet unter anderem in den Plänen einiger Energieversorgungsunternehmen Ausdruck, die sich zum Ziel gesetzt haben, durch die Anlage ausgedehnter Kurzumtriebsplantagenbestände einen Teil ihrer Holzversorgung sicherzustellen. So will RWE 10 000 ha, der Pellethersteller Schellinger langfristig 5000 ha und der Heiztechnikhersteller Viessmann 200 ha Kurzumtriebsplantagen anlegen (RWE 2008, Schellinger 2008, Viessmann 2007). Aufgrund der guten Marktperspektiven könnten auch Landwirte die Holzerzeugung in Kurzumtriebsplantagen als attraktive Kultur betrachten. Allerdings hat es in den letzten Jahren eine rasante Preissteigerung bei herkömmlichen landwirtschaftlichen Produkten gegeben, mit deren Anbauflächen Kurzumtriebsplantagen konkurrieren müssen. Trotz volkswirtschaftlicher Vorteile von Kurzumtriebsplantagen gegenüber anderen Energiepflanzen (WBA 2007) können sie derzeit aus betriebswirtschaftlicher Sicht kaum mit herkömmlichen landwirtschaftlichen Kulturen konkurrieren (Kröber *et al.* 2008).

Hinzu kommen viele offene Fragen zu Aspekten der Produktion, des Maschineneinsatzes, der Sortenwahl, der nötigen Standorteigenschaften, der Logistik, des Naturschutzes sowie des Risikopotenzials und -managements. Weiterhin führen fehlende praktische Erfahrungen und mangelndes Wissen zu Unsicherheiten und Misstrauen bei den Landnutzern und erschweren die Einführung dieser „neuen" Landnutzungsform. Das vorliegende Buch gibt einen Überblick über den Beitrag der beiden BMBF-Verbundprojekte *Dendrom* und *Agrowood* zum Schließen bestehender Wissenslücken, um den Weg für die Verbreitung des Anbausystems Kurzumtriebsplantage in die Praxis zu ebnen.

Literatur

BayWaldG (Waldgesetz für Bayern) in der Fassung der Bekanntmachung vom 22. Juli 2005. Fundstelle: GVBl 2005: 313

BMU (Bundesministerium für Umwelt, Naturschutz und Reaktorsicherheit) 2005: Nationales Klimaschutzprogramm 2005. Sechster Bericht der interministeriellen Arbeitsgruppe „CO_2-Reduktion". www.bmu.de/files/klimaschutz/downloads/application/pdf/ klimaschutzprogramm_2005_lang.pdf; Bundestags-Drucksache 15/5931

BMU 2008: Daten des Bundesministeriums zur Entwicklung der erneuerbaren Energien in Deutschland im Jahr 2007. www.bmu.de/erneuerbare_energien/downloads/doc/2720.php

Boelcke, B. 2006: Schnellwachsende Baumarten auf landwirtschaftlichen Flächen – Leitfaden für die Energieholzerzeugung. Broschüre des Ministeriums für Ernährung, Landwirtschaft, Forsten und Fischerei Mecklenburg-Vorpommern, 36 S.

Böhnisch, H., Klem, T. 2007: Evaluierung von Einzelmaßnahmen zur Nutzung erneuerbarer Energien (Marktanreizprogramm) im Zeitraum Januar bis Dezember 2006. Forschungsvorhaben im Auftrag des Bundesministeriums für Umwelt, Naturschutz und Reaktorsicherheit. www.bmu.de/erneuerbare_energien/downloads/doc/39812.php

Burger, F., Sommer, W., Ohmer, G. 2005: Anbau von Energiewäldern. LWF Merkblatt der Bayrischen Landesanstalt für Wald und Forstwirtschaft 19/ Juli 2005, 4 S.

Dickmann, D. 2006: Sylviculture and biology of short-rotation woody crops in temperate regions: Then and now. Biomass & Bioenergy 30: 696–705

Drew, A.P., Zsuffa, L., Mitchell, C.P. 1987: Terminology relating to woody plant biomass and its production. Letter to the Editor. Biomass 12: 79–82

FAO 2004: Synthesis of Country Progress Reports received prepared for the 22nd Session of the International Poplar Commission, Santiago, Chile, 2004. International Poplar Commission Working Paper IPC/3. Forest Resources Division, FAO, Rome

Grünewald, H., Brandt, B.K.V., Schneider K.U., Bens, O., Kendiza, G., Hüttl, R.F. 2007: Agroforestry systems for the production of woody biomass for energy transformation purposes. Ecological Engineering 29: 319–328

Hessisches Forstgesetz vom 10. November 1954 (GVBl. S. 211) in der Fassung der Bekanntmachung vom 10. September 2002 (GVBl. I S. 582); zuletzt geändert durch das Gesetz vom 17. Oktober 2005. Fundstelle: GVBl. I: 674

Hoffmann, D., Weih, M. 2005: Limitations and improvement of the potential utilisation of woody biomass for energy derived from short rotation woody crops in Sweden and Germany. Biomass & Bioenergy 28: 267–279

Hofmann, M. 1999: Einführung und Gesamtzielsetzung. In: Modellvorhaben schnellwachsende Baumarten. Zusammenfassender Abschlußbericht, FNR Schriftenreihe „Nachwachsende Rohstoffe" Band 13: 15–18

Hofmann, M. 2007: Energieholzproduktion in der Landwirtschaft. Fachagentur Nachwachsende Rohstoffe e.V., 42 S.

Kröber, M., Heinrich, J., Wagner, P. 2008: Energieholzanbau aus der Sicht des Landwirts – dafür oder dagegen? Einflüsse betrieblicher und regionaler Rahmenbedingungen auf die Entscheidung zur Anlage von Kurzumtriebsplantagen. Cottbuser Schriften zur Ökosystemgenese und Landschaftsentwicklung 6: 1–14

LWaldG Schleswig-Holstein (Waldgesetz für das Land Schleswig-Holstein) vom 5. Dezember 2004. Fundstelle: GVOBl. 2004: 461

Landgraf, D., Böcker, L. 2006: Viel Holz auf dem Acker. Bauernzeitung 47 (37): 28

NWaldLG (Niedersächsisches Gesetz über den Wald und die Landschaftsordnung) vom 21. März 2002 (Nds.GVBl. Nr.11/2002 S.112), geändert durch Art.16 des Gesetzes v.12.12.2004 (Nds.GVBl. Nr.31/2003 S.446), des Gesetzes v. 16.12.2004 (Nds.GVBl. Nr.42/2004 S.616) und Art.5 des Gesetzes v. 10.11.2005 (Nds.GVBl. Nr.23/2005 S.334)

Röhricht, C., Ruscher, K. 2004: Anbauempfehlungen für schnellwachsende Baumarten. Fachmaterial der Sächsischen Landesanstalt für Landwirtschaft. Broschüre, 40 S.

Rowe, R.L., Street, N.R., Taylor, G. 2007: Identifying potential environmental impacts of large-scale deployment of dedicated bioenergy crops in the UK. Renewable and Sustainable Energy Reviews, article in press, available online 4 September 2007

RWE 2008: RWE Innogy legt Kurzumtriebsplantagen an. Pressemitteilung vom 28.03.2008

Splechtna, B., Glatzel, G. 2005: Optionen der Bereitstellung von Biomasse aus Wäldern und Energieholzplantagen für die energetische Nutzung – Szenarien, ökologische Auswirkungen, Forschungsbedarf. Berlin-Brandenburgische Akademie der Wissenschaften. Interdisziplinäre Arbeitsgruppe Zukunftsorientierte Nutzung ländlicher Räume, Expertengutachten, www.bbaw.de/bbaw/Forschung/Forschungsprojekte/Land/de/bilder/arbeitspapier1.pdf

Schellinger 2008: Erster Energiewald in Bad Schussenried gepflanzt – Schellinger KG sichert Rohstoff für Pelletproduktion durch Begründung von Kurzumtriebswäldern. Pressemitteilung vom 16.04.2008

Schütte, A. 1999: Vorwort des Herausgebers. In: Modellvorhaben schnellwachsende Baumarten. Zusammenfassender Abschlußbericht, FNR Schriftenreihe „Nachwachsende Rohstoffe" 13: 11–14

Schmitz, P.M. 2008: Internationale Nahrungsmittelkrise: Ursachen und Maßnahmen. Wirtschaftsdienst 5/2008: 286–287

SRU (Sachverständigenrat für Umweltfragen) (2007): Sondergutachten Klimaschutz durch Biomasse. Sondergutachten des Sachverständigenrats für Umweltfragen ist ein wissenschaftliches Beratungsgremium der Bundesregierung, www.umweltrat.de/02gutach/downlo02/sonderg/SG_Biomasse_2007_Hausdruck.pdf

Thomasius, H. 1991: Anlage und Bewirtschaftung von Fichten-Holzproduktionsplantagen. In: Die Fichte, Bd. 2, Teil 3. Verlag Paul Parey, Hamburg, Berlin

Unseld, R., Möndel, A., Textor, B. 2008: Anlage und Bewirtschaftung von Kurzumtriebsplantagen in Baden-Württemberg. Ministerium für Ernährung und ländlichen Raum Baden-Württemberg, Broschüre, 54 S.

Volk, T.A., Abrahamson, L.P., Nowak, C.A., Smart, L.B., Tharakan, P.J., White, E.H. 2006: The development of short-rotation willow in the northeastern United States for bioenergy and bioproducts, agroforestry and phytoremediation. Biomass & Bioenergy 30: 715–727

Viessmann 2007: Partnerschaft für Innovation und Umweltschutz – Viessmann und NABU beschließen Kooperation. Pressemitteilung November 2007

WBA (Wissenschaftlicher Beirat für Agrarpolitik beim Bundesministerium für Ernährung, Landwirtschaft und Verbraucherschutz) 2007: Nutzung von Biomasse zur Energiegewinnung – Empfehlungen an die Politik. Gutachten des WBA, www.bmelv.de/cln_044/nn_751706/ SharedDocs/downloads/14-WirUeberUns/Beiraete/Agrarpolitik/GutachtenWBA.html

Werner, A., Vetter, A., Reinhold, G. 2006: Leitlinie zur effizienten und umweltverträglichen Erzeugung von Energieholz. Thüringer Landesanstalt für Landwirtschaft. Broschüre, 21 S., www.tll.de/ainfo/pdf/holz1206.pdf

2
Kurzumtriebsplantagen – rechtliche Rahmenbedingungen

Albrecht Bemmann, Peter Lohner, Martina Marx, Dieter Murach,
Armin Vetter und Peter Wagner

2.1
Agrarrecht der Europäischen Union

Der Anbau nachwachsender Rohstoffe ist in der Europäischen Union (EU) durch eine Vielzahl von Gesetzen, Verordnungen und Bestimmungen rechtlich geregelt. Grundlage dafür sind das EU-Agrarrecht und darauf aufbauendes nationales Recht.

Nach dem EU-Agrarrecht können Dauerkulturen und demzufolge auch Forstpflanzen als nachwachsende Rohstoffe unter bestimmten Bedingungen auf landwirtschaftlichen Flächen beihilfefähig im Sinne der Betriebsprämienregelung angebaut werden. Das betraf bislang den Anbau von „Niederwald im Kurzumtrieb" (im Weiteren „Kurzumtriebsplantagen") auf Stilllegungsflächen oder bei Beantragung als Energiepflanzen (VO/EG/Nr. 1782/2003; VO/EG/Nr. 1973/2004[1]; VO/EG/Nr. 795/2004; VO/EG/Nr. 1701/2005). Da jedoch mit der Verordnung (EG) Nr. 1107/2007 des Rates die Pflichtstilllegung im Jahr 2008 ausgesetzt wurde, besteht gegenwärtig lediglich die Möglichkeit, mit Kurzumtriebsplantagen die Flächenbeihilfefähigkeit zu behalten, wenn gleichzeitig für diese Flächen die Energiepflanzenprämie beantragt wird (VO/EG/Nr. 1782/2003; VO/EG/Nr. 1973/2004; VO/EG/Nr. 795/2004). Mit der Verordnung (EG) Nr. 270/2007 des Rates wurde das Verfahren zum Anbau mehrjähriger Kulturen (Artikel 25) als Energiepflanzen neu geregelt und im Vergleich zum bisherigen Verfahren deutlich vereinfacht. Unter anderem ist es bei mehrjährigen Energiepflanzen nun ausreichend, eine Anbauerklärung zu verfassen und den konkreten Abnahmevertrag erst im Jahr der Ernte zu schließen. Die Entrichtung einer Kaution bei Verwendung im eigenen Betrieb entfällt.

Der Vorschlag der Kommission der Europäischen Gemeinschaft für eine Verordnung des Rates mit gemeinsamen Regeln für Direktzahlungen im Rahmen der Gemeinsamen Agrarpolitik und mit bestimmten Stützungsregelungen für

---

1) Nach VO/EG/Nr. 1973/2004, Anhang XXII gehören zu den nachwachsenden Rohstoffen auf stillgelegten Flächen auch „Schnellwüchsige Forstgehölze mit einer Umtriebszeit von höchstens 20 Jahren".

Anbau und Nutzung von Bäumen auf landwirtschaftlichen Flächen.
Herausgegeben von T. Reeg, A. Bemmann, W. Konold, D. Murach und H. Spiecker
Copyright © 2009 WILEY-VCH Verlag GmbH & Co. KGaA, Weinheim
ISBN: 978-3-527-32417-0

Inhaber landwirtschaftlicher Betriebe[2]) sieht ab 01. Januar 2009 in Artikel 35 (2) Folgendes vor:

„Der Ausdruck „beihilfefähige Hektarfläche" bezeichnet jede landwirtschaftliche Fläche des Betriebes, einschließlich der Fläche mit Niederwald mit Kurzumtrieb (KN-Code ex 0602 90 41), die für eine landwirtschaftliche Tätigkeit genutzt wird, oder, falls Flächen auch für nichtlandwirtschaftliche Tätigkeiten genutzt werden, hauptsächlich für eine landwirtschaftliche Tätigkeit genutzt wird…"

D. h., dass künftig auch die mit der Dauerkultur „Kurzumtriebsplantage" angelegten Flächen beihilfefähige Flächen sind, mit denen Zahlungsansprüche genutzt werden können. Die Notwendigkeit der Anmeldung von Dauerkulturen als Stilllegungs- oder Energiepflanzenfläche gemäß Verordnung EG 1701/2005 entfiele somit künftig.

2.2
Bundeswaldgesetz

Diesen EU-rechtlichen Regelungen für die Anlage von Kurzumtriebsplantagen auf landwirtschaftlichen Flächen stehen national das Bundeswaldgesetz (Gesetz zur Erhaltung des Waldes und zur Förderung der Forstwirtschaft)[3]) sowie die meisten Waldgesetze der Bundesländer formaljuristisch entgegen. So ist im § 2 (Absatz 1) des Bundeswaldgesetzes formuliert, dass „Wald im Sinne dieses Gesetzes … jede mit Forstpflanzen bestockte Grundfläche" ist. Damit würden landwirtschaftliche Flächen, auf denen Kurzumtriebsplantagen angelegt werden, nach diesem Gesetz ihren ursprünglichen Rechtsstatus „landwirtschaftliche Nutzfläche" verlieren und rechtlich zu „Wald" werden. Die Bundesländer Bayern, Schleswig-Holstein, Hessen und Niedersachsen haben in ihren Landeswaldgesetzen Kurzumtriebsplantagen auf landwirtschaftlichen Flächen aus der Walddefinition explizit herausgenommen. So ist im Landeswaldgesetz Bayerns fixiert: „In Feld und Flur gelegene … Kurzumtriebskulturen … sind nicht Wald im Sinne dieses Gesetzes" (Waldgesetz für Bayern, 2005). Auch nach dem Waldgesetz Schleswig-Holsteins sind „Schnellwuchsplantagen" vom Waldbegriff ausgenommen (Waldgesetz für das Land Schleswig-Holstein, 2004). Hessen schließt „Kurzumtriebsplantagen zur Holzproduktion für energetische und stoffliche Zwecke auf landwirtschaftlichen Nutzflächen mit einem Aufwuchsalter bis zu 20 Jahren" vom Waldbegriff aus (Hessisches Forstgesetz, 2002), und Niedersachsen zitiert in seinem Waldgesetz die Vorschriften des Gleichstellungsgesetzes (siehe unten) und schließt damit ebenfalls die Kurzumtriebsplantagen vom Waldbegriff aus (Niedersächsisches Waldgesetz, 2002).

Als das Bundeswaldgesetz am 8. Mai 1975 in Kraft trat, spielten Kurzumtriebsplantagen in der ökonomischen und ökologischen Diskussion noch keine Rolle. Bewusst hat man den Waldbegriff ausschließlich am äußeren Erscheinungsbild

---

2) KOM(2008) 306/4

3) Bundeswaldgesetz vom 02. Mai 1975, zuletzt geändert durch Artikel 213 der Verordnung vom 31. Oktober 2006.

festgemacht und damit einen Schutz geschaffen, der sich in den vergangenen Jahrzehnten durchaus bewährt hat. Rechtssystematisch ist es nun aber schwierig, bestimmte Flächen von diesem Waldbegriff auszunehmen, da sich die gewünschten Ausnahmen in der Regel nicht eindeutig durch ihr Erscheinungsbild definieren lassen. Hinzu kommt, dass z. B. Kurzumtriebsplantagen, wenn sie über die gesetzlich festgelegte maximale Rotationsdauer (s. o.) von 20 Jahren wachsen, sich durchaus zu einem „normalen" Wald entwickeln können.

2.3
Gleichstellungsgesetz

Absatz 1 der Änderung des Gesetzes zur Gleichstellung stillgelegter und landwirtschaftlich genutzter Flächen[4] wurde wie folgt neu gefasst:

„(1) Flächen, die nach Maßgabe der Rechtsakte der Organe der Europäischen Gemeinschaften über Direktzahlungen im Rahmen der Gemeinsamen Agrarpolitik oder über sonstige Stützungsregelungen für Inhaber landwirtschaftlicher Betriebe stillgelegt worden sind, gelten weiterhin als landwirtschaftlich genutzte Flächen. Als stillgelegt gelten auch die Flächen, die nach Maßgabe der Rechtsakte der Organe der Europäischen Gemeinschaften über Direktzahlungen im Rahmen der Gemeinsamen Agrarpolitik

    1. für den Anbau von Kurzumtriebswäldern genutzt oder

    2. nicht mehr für die Erzeugung genutzt werden,

soweit diese Flächen für die Nutzung von Zahlungsansprüchen für die einheitliche Betriebsprämie angemeldet worden sind."

Nach dem derzeitigen Stand der Diskussion in der Bundesrepublik Deutschland ist beabsichtigt, im Zuge einer Änderung des Bundeswaldgesetzes Kurzumtriebsplantagen auf landwirtschaftlichen Flächen aus dem Waldbegriff auszunehmen. Dies ist umso wichtiger, da der „Vorschlag der Kommission der Europäischen Gemeinschaften für eine Verordnung des Rates mit gemeinsamen Regeln" (vgl. Fußnote 1) vorsieht, sowohl die obligatorische Stilllegung (ab 2009) als auch die Energiepflanzenprämie (ab 2010) generell abzuschaffen und der juristische Begriff der „Stilllegungsfläche" in der EU demzufolge künftig keinen Bestand mehr hätte.

Obwohl es forstpolitisches Anliegen ist, in Wäldern die Zielsetzung einer nachhaltigen, naturnahen Waldbewirtschaftung zu gewährleisten, werden gegenwärtig aufgrund der zunehmenden Nachfrage nach Holz für die stoffliche und energetische Nutzung bewährte Waldbau- und Waldbewirtschaftungssysteme hinterfragt. Dazu gehören auch Diskussionen zur Senkung der Umtriebszeiten und zu Wäldern mit einem „kurzen Umtrieb". Der o. g. avisierte Ausschluss von Kurzumtriebsplantagen aus dem Waldbegriff hätte den Nebeneffekt, dass für

---

4) Vgl. Artikel 62a des „Gesetzes zur Bereinigung des Bundesrechts im Zuständigkeitsbereich des Bundesministeriums für Verbraucherschutz, Ernährung und Landwirtschaft (2006)".

die „Umwandlung" von Waldflächen in Kurzumtriebsflächen eine Rodungsgenehmigung erforderlich würde. Will man die Option von kurzen Umtrieben im Wald erhalten, darf sich der Ausschluss nur auf Kurzumtriebsplantagen auf landwirtschaftlichen Flächen beziehen.

2.4
Grünland

Grünland darf nur umgebrochen werden, wenn dem nicht gesonderte prämienrelevante Verordnungen oder andere, insbesondere natur- und umweltschutzrechtliche Regelungen entgegenstehen. So ist im Freistaat Sachsen nach dem Sächsischen Naturschutzgesetz ein Grünlandumbruch von mehr als 5000 m^2 anzeigepflichtig[5].

Grundsätzlich gilt ein Grünlanderhaltungsgebot gemäß:

Artikel 5 der Verordnung (EG) Nr. 1782/2003: „Mitgliedstaaten müssen sicherstellen, dass Flächen, die zu dem für die Beihilfeanträge „Flächen" für 2003 vorgesehenen Zeitpunkt als Dauergrünland genutzt wurden, als Dauergrünland erhalten bleiben."

Artikel 3 und 4 der Verordnung (EG) Nr. 796/2004: „Die Mitgliedstaaten haben sicherzustellen, dass die Abweichung des Dauergrünlandanteils nicht mehr als 10 % vom Basiswert beträgt."

Grünland fällt häufig auch unter Regelungen zum Biotopschutz. Die Richtlinie 79/409/EWG über die Erhaltung der wild lebenden Vogelarten (Vogelschutzrichtlinie) hat die Erhaltung aller europäischen wild lebenden Vogelarten zum Ziel. Sie ist sowohl innerhalb als auch außerhalb von Vogelschutzgebieten zu beachten und beinhaltet beispielsweise das Beseitigungsverbot bestimmter Landschaftselemente. Die Richtlinie 92/43/EWG zur Erhaltung der natürlichen Lebensräume sowie der wild lebenden Tiere und Pflanzen, auch FFH-Richtlinie genannt, verpflichtet die Mitgliedsstaaten, die in FFH-Gebieten geschützten Lebensraumtypen und Arten in einem guten Erhaltungsstand zu bewahren und vor negativen Einflüssen zu schützen. Für den Landwirt ergeben sich insbesondere dann konkrete Bewirtschaftungsvorgaben, wenn diese von den Ländern in den Schutzgebietsverordnungen und Einzelanordnungen benannt wurden (BMELV 2006).

2.5
Forstvermehrungsgutgesetz

Für die Herkunftssicherheit und die genetische Vielfalt der forstlich genutzten Bäume ist das Forstvermehrungsgutgesetz[6] die rechtliche Grundlage. Dieses Gesetz ist bei der Erzeugung, dem Inverkehrbringen sowie der Ein- und Ausfuhr

---

5) vgl. § 8 des „Sächsischen Gesetzes über Naturschutz und Landschaftspflege, rechtsbereinigt mit Stand vom 01. Januar 2006".

6) vom 22. Mai 2002 (BGBl. I S. 1658)

von forstlichem Vermehrungsgut, welches für die Verwendung im Wald vorgesehen ist, anzuwenden. Unter die Regelungen dieses Gesetzes fallen neben 26 einheimischen und eingebürgerten Baumarten alle Pappelarten und Pappelhybriden, nicht aber die Weiden. In der Begründung zu diesem Gesetz ist angeführt, dass auch Kurzumtriebs- bzw. Schnellwuchsplantagen den forstlichen Zweck umfassen. Bundesweit besteht aber kein Konsens darüber, ob dieses Gesetz auch auf derartige Plantagen auf landwirtschaftlichen Flächen anzuwenden ist. In dem Gesetz ist nur formuliert, dass es anzuwenden ist, wenn damit ein „forstlicher Zweck" verfolgt wird, wobei dieser forstliche Zweck nicht definiert ist. So gibt es z. B. in Brandenburg die Auffassung, dieses Gesetz für Bäume in Kurzumtriebsplantagen auf landwirtschaftlichen Flächen nicht anzuwenden, da diese keinen forstlichen Zweck verfolgen (Hohm 2007).

2.6
Bundes-Umweltverträglichkeits-Prüfungsgesetz

Bei Aufforstungen (Umwandlung in Wald) mit einer Fläche über 50 ha ist eine Umweltverträglichkeitsprüfung nach dem Bundes-Umweltverträglichkeits-Prüfungsgesetz notwendig. Bei Flächen unter 50 ha erfolgt eine Einzelfallprüfung nach den entsprechenden Gesetzen der Bundesländer. Diese Vorschriften gelten für „Kurzumtriebsplantagen" nur, wenn der Waldbegriff in den Landeswaldgesetzen die „Kurzumtriebsplantagen" einschließt und als ordnungsgemäße Forstwirtschaft betrachtet wird und somit „Kurzumtriebsplantagen" im Wald rechtlich möglich sind.

2.7
Bundesnaturschutzgesetz

Das Bundesnaturschutzgesetz legt fest, dass die Landwirtschaft die Grundsätze der guten fachlichen Praxis zu beachten hat, von denen einige Beispiele in § 5 Abs. 4 BNatSchG genannt werden. Insbesondere muss danach bei der landwirtschaftlichen Nutzung die Bewirtschaftung standortangepasst erfolgen und die nachhaltige Bodenfruchtbarkeit und langfristige Nutzbarkeit der Flächen gewährleistet werden. Zudem sind vermeidbare Beeinträchtigungen von Biotopen zu vermeiden.

Es fehlt allerdings bis jetzt eine Anpassung der Grundsätze der guten fachlichen Praxis an die speziellen Anforderungen des Agrarholzanbaus. Die vorliegenden Beschlüsse der Agrarministerkonferenz vom 28. September 2007 (AMK 2007) und der 69. Umweltministerkonferenz vom 15.–16. November 2007 (UMK 2007) legen zwar nahe, dass die Agrarholzproduktion aus politischer Sicht als konform mit den Grundsätzen der guten fachlichen Praxis angesehen wird, bilden aber keine ausreichende rechtsverbindliche Grundlage für die Verwaltungsbehörden. Somit könnte eine landwirtschaftliche Bodennutzung durch

Agrarholzanbau von den Behörden im Einzelfall als Eingriff in Natur und Landschaft nach § 18 BNatSchG gewertet werden.

In Schutzgebieten sind die Schutzziele in den jeweiligen Verordnungen festgelegt und können die landwirtschaftliche Nutzung einschränken oder mit Auflagen belegen. Erfolgt die landwirtschaftliche Produktion gemäß der guten fachlichen Praxis, ist die Bewirtschaftung in den meisten Zonen der Schutzgebiete prinzipiell zulässig.

2.8
Zusammenfassung

Der Anbau von Agrarholz auf landwirtschaftlichen Flächen ist in Deutschland rechtlich zwar bereits möglich, jedoch im Detail z. T. noch ungeklärt oder noch nicht rechtsverbindlich verankert. Eine klare Abgrenzung des Agrarholzanbaus zur Forstwirtschaft wird derzeit erschwert durch die Regelung in § 2 Abs. 1 S. 1 des Bundeswaldgesetzes, nach der Wald im Sinne dieses Gesetzes jede mit Forstpflanzen bestockte Grundfläche ist. Eine Umsetzung der geplanten Ausgrenzung der Kurzumtriebsplantagen vom Waldbegriff, zumindest für Kurzumtriebsplantagen auf landwirtschaftlichen Flächen, sollte schnellstmöglich erfolgen.

Kurzumtriebsplantagen konnten bis 2007 als nachwachsende Rohstoffe auf Stilllegungsflächen und im Rahmen des Energiepflanzenanbaus auf nicht stillgelegten Ackerflächen beihilfefähig angelegt werden. Mit Aussetzung der obligatorischen Stilllegung ist dies im Jahr 2008 nur noch im Rahmen des Energiepflanzenanbaus möglich. Ab 2009 fällt die obligatorische Stilllegung, ab 2010 auch die Energiepflanzenprämie weg. Dafür sollen ab 01.01.2009 auch Dauerkulturen (einschließlich Niederwald mit Kurzumtrieb) Beihilfefähigkeit erlangen.

Bei der Anlage von Kurzumtriebsplantagen müssen die entsprechenden Bundes- bzw. Ländergesetze für die Umweltverträglichkeits-Prüfung, den Naturschutz und das Forstvermehrungsgutgesetz beachtet werden. Für das Forstvermehrungsgutgesetz gibt es Klärungsbedarf, inwieweit es auch für den Anbau von Kurzumtriebsplantagen auf landwirtschaftlichen Flächen gilt.

Beim Anbau von Kurzumtriebswald auf Dauergrünland greifen die Umbruchsbeschränkungen gemäß Cross Compliance und der Naturschutzgesetzgebung der Länder. Das Grünlanderhaltungsgebot gemäß VO (EG) 1782/2003 und VO (EG) Nr. 796/2004, wonach das Grünland um nicht mehr als 10 % vom Basiswert verringert werden darf, ist zu beachten.

Literatur

Änderung des Gesetzes zur Gleichstellung stillgelegter und landwirtschaftlich genutzter Flächen (Gleichstellungsgesetz) vom 24. April 2006 (BGBl. I, S. 863)

AMK (Agrarministerkonferenz) 2007: Ergebnisprotokoll der Agrarministerkonferenz vom 28. September 2007 in Saarbrücken. www.agrarministerkonferenz.de/uploads/AMK__Saarbruecken_793.pdf (22.03.08)

BMELV (Bundesministerium für Ernährung, Landwirtschaft und Verbraucherschutz) 2006: Die EU-Agrarreform - Umsetzung in Deutschland, Ausgabe 2006. www.bmelv.de/_750578//downloads/01-Broschueren/euagrarreform2006,templateId=raw,=publicationFile.pdf/eu-agrarreform2006.pdf (09.02.08)

Gesetz über Naturschutz und Landschaftspflege (Bundesnaturschutzgesetz) vom 25. März 2002 (BGBl. I S. 1193), zuletzt geändert durch Artikel 2 des Gesetzes vom 08. April 2008 (BGBl. I S. 686)

Forstvermehrungsgutgesetz vom 22. Mai 2002 (BGBl. S. 1658), geändert durch Art. 214 v. 31. Oktober 2006 I 2407

Gesetz zur Erhaltung des Waldes und zur Förderung der Forstwirtschaft (Bundeswaldgesetz) vom 2. Mai 1975 (BGBl. I, S. 1037), geändert durch das Erste Gesetz zur Änderung des Bundeswaldgesetzes vom 27. Juli 1984 (BGBl. I, S. 1034), Bundesministerium für Ernährung, Landwirtschaft und Forsten, Bonn 1997

Hessisches Forstgesetz vom 10. November 1954 GVBl. S. 211 in der Fassung vom 10. September 2002 GVBl. I S. 582

Hohm, Ch. 2007: Kurzumtriebswälder. Rechtliche Grundlagen in Brandenburg. Fachtagung „Energiepflanzen im Aufwind", 13.06.2007, Potsdam

Niedersächsisches Gesetz über den Wald und die Landschaftsordnung, Hannover 2002, Fassung vom 21. März 2002

Sächsisches Gesetz über Naturschutz und Landschaftspflege (Sächsisches Naturschutzgesetz – SächsNatSchG), rechtsbereinigt mit Stand vom 01. Januar 2006

UMK (Umweltministerkonferenz) 2007: Endgültiges Ergebnisprotokoll der 69. Umweltministerkonferenz vom 15.–16. November 2007 auf Schloss Krickenbeck mit Stand 13.12.2007. https://www.umweltministerkonferenz.de//uploads/_Protokoll_UMK_Fassung_13_44b.pdf (22.03.08)

Verordnung (EG) Nr. 1782/2003 des Rates vom 29. September 2003 mit gemeinsamen Regeln für Direktzahlungen im Rahmen der Gemeinsamen Agrarpolitik und mit bestimmten Stützungsregelungen für Inhaber landwirtschaftlicher Betriebe und zur Änderung der Verordnungen (EWG) Nr. 2019/93, (EG) Nr. 1452/2001, (EG) Nr. 1453/2001, (EG) Nr. 1454/2001, (EG) Nr. 1868/94, (EG) Nr. 1251/1999, (EG) Nr. 1254/1999, (EG) Nr. 1673/2000, (EWG) Nr. 2358/71 und (EG) Nr. 2529/2001

Verordnung (EG) Nr. 795/2004 der Kommission vom 21. April 2004 mit Durchführungsbestimmungen zur Betriebsprämienregelung gemäß der Verordnung (EG) Nr. 1782/2003 des Rates mit gemeinsamen Regeln für Direktzahlungen im Rahmen der Gemeinsamen Agrarpolitik und mit bestimmten Stützungsregelungen für Inhaber landwirtschaftlicher Betriebe

Verordnung (EG) Nr. 796/2004 der Kommission vom 21. April 2004 mit Durchführungsbestimmungen zur Einhaltung anderweitiger Verpflichtungen, zur Modulation und zum Integrierten Verwaltungs- und Kontrollsystem nach der Verordnung (EG) Nr. 1782/2003 des Rates mit gemeinsamen Regeln für Direktzahlungen im Rahmen der Gemeinsamen Agrarpolitik und mit bestimmten Stützungsregelungen für Inhaber landwirtschaftlicher Betriebe

Verordnung (EG) Nr. 1973/2004 der Kommission vom 29. Oktober 2004 mit Durchführungsvorschriften zu der Verordnung (EG) Nr. 1782/2003 des Rates hinsichtlich der Stützungsregelungen nach Titel IV und IV a der Verordnung und der Verwendung von Stilllegungsflächen für die Erzeugung von Rohstoffen

Verordnung (EG) Nr. 1701/2005 der Kommission vom 18. Oktober 2005 zur Änderung der Verordnung (EG) Nr. 795/2004 mit Durchführungsbestimmungen zur Betriebsprämienregelung gemäß der Verordnung (EG) Nr. 1782/2003 des Rates mit gemeinsamen Regeln für Direktzahlungen im Rahmen der Gemeinsamen Agrarpolitik und mit bestimmten Stützungsregelungen für Inhaber landwirtschaftlicher Betriebe

Verordnung (EG) Nr. 1107/2007 des Rates vom 26. September 2007 zur Abweichung von der Verordnung (EG) Nr. 1782/2003 mit gemeinsamen Regeln für Direktzahlungen im Rahmen der gemeinsamen Agrar und mit bestimmten Stützungsregelungen für Inhaber landwirtschaftlicher Betriebe hinsichtlich der Flächenstilllegung für das Jahr 2008

Verordnung (EG) Nr. 270/2007 der Kommission vom 13. März 2007 zur Änderung der Verordnung (EG) Nr. 1973/2004 mit Durchführungsvorschriften zu der Verordnung (EG) Nr. 1782/2003 des Rates hinsichtlich der Stützungsregelungen nach Titel IV und IV a der Verordnung und der Verwendung von Stilllegungsflächen für die Erzeugung von Rohstoffen

Waldgesetz für das Land Schleswig-Holstein, Kiel 2004, Fassung vom 5. Dezember 2004

Waldgesetz für Bayern, München 2005, Fassung vom 22. Juli 2005

3
Auswirkungen von absehbarem Klimawandel auf Kurzumtriebsplantagen

Joachim Rock, Petra Lasch und Chris Kollas

3.1
Absehbarer Klimawandel – was wird sich nach heutigem Kenntnisstand ändern?

3.1.1
Historischer Klimawandel

Unter Klima versteht man die durchschnittlichen Zustände der Atmosphäre an einem Punkt der Erde sowie die möglichen Schwankungen um diese Durchschnittswerte, die typische Aufeinanderfolge dieser Wettererscheinungen und ihre tages- bzw. jahreszeitlichen Schwankungen.

Die mittlere, weltweite Temperatur ist seit ca. 1850 um 0,7 °C angestiegen (IPCC 2007), wovon nur 0,2 °C natürlichen Ursachen zugeschrieben werden können. Aus den Daten deutscher Wetterstationen lassen sich für alle Regionen Trends in der Entwicklung von Temperatur und Niederschlag berechnen (Gerstengarbe & Werner 2007). Im Zeitraum von 1900 bis 2000 sind die mittleren Lufttemperaturen in Deutschland nach diesen Analysen um ca. 1,2 °C angestiegen, wobei grob vereinfacht der Anstieg im Süden und Westen Deutschlands höher (bis 2,3 °C) ausfiel als im Norden und Osten (teilweise keine Erhöhung nachweisbar). Kleinräumige Abweichungen aufgrund der Topographie oder Landschaftsstruktur sind möglich. Die Niederschläge sind im gleichen Zeitraum in West- und Süddeutschland überwiegend angestiegen (von wenigen kleinräumigen Ausnahmen abgesehen), und zwar um bis zu 20 % in einigen Mittelgebirgsregionen und im Voralpenraum. In Ostdeutschland hingegen erfolgte großräumig ein Rückgang der Niederschläge um bis zu 20 %. Wo es Zunahmen gab, z. B. in Küstennähe und/oder Mittelgebirgsregionen, waren sie in aller Regel unterhalb der 10%-Schwelle.

Anbau und Nutzung von Bäumen auf landwirtschaftlichen Flächen.
Herausgegeben von T. Reeg, A. Bemmann, W. Konold, D. Murach und H. Spiecker
Copyright © 2009 WILEY-VCH Verlag GmbH & Co. KGaA, Weinheim
ISBN: 978-3-527-32417-0

Klimamodelle

Aussagen über zukünftiges Klima sind nur auf der Basis von Szenarienbetrachtungen möglich. Szenarien sind vereinfachte Beschreibungen einer möglichen Zukunft, sie sind keine Vorhersagen. Zufällige Ereignisse – z. B. Stürme – sind dabei nicht genau vorherzusagen, nur relativ grobe Aussagen über ihre mögliche Häufigkeit können getroffen werden. Um die Analyse möglicher Entwicklungen systematisch zu gestalten, wurde im Zwischenstaatlichen Ausschuss für Klimaänderungen (engl. IPCC) eine Schar von Szenarien erstellt, die als Leitlinien für die Analysen verwendet werden. Sie sollen alle möglichen zukünftigen Entwicklungen (ohne Katastrophen) abbilden. Einige Szenarien sind dabei derzeit „wahrscheinlicher" als andere, aber alle sind möglich. Generell orientieren sich die Szenarien zum einem an dem Spannungsfeld ökonomische ⇔ ökologische Orientierung (A- bzw. B-Szenarien) und zum anderen am Spannungsfeld Globalisierung ⇔ Verhaftung an lokalen Werten und Traditionen (1-er bzw. 2-er Szenarien). Vielfach wird vor dem Hintergrund aktueller Trends angenommen, dass die wahrscheinlichste Entwicklung etwa entlang des A1-Unterszenarios A1B verlaufen wird. Dieses Szenario beschreibt eine globalisierte Welt, in der technologische Neuerungen schnell weltweit verfügbar sind und eine Energieerzeugung aus fossilen und regenerativen Energieträgern angestrebt wird. Von den vielen verfügbaren globalen Klimamodellen hat sich das Modell ECHAM4 bzw. ECHAM5 des Max-Planck-Instituts Hamburg für Mitteleuropa als besonders geeignet erwiesen. Die Ausführungen in diesem Kapitel beziehen sich deshalb auf Ergebnisse, die auf der Basis von Modellsimulationen mit dem Emissionsszenario A1B mit ECHAM 4 bzw. 5 gewonnen wurden.

3.1.2
Aktueller Klimawandel

Die maßgeblichen Klimafaktoren, die sich voraussichtlich ändern werden und die direkt auf das Wachstum der Pflanzen einwirken, sind die Temperatur, der Niederschlag und die Konzentrationen von Kohlendioxid und Ozon in der Luft, sowie die jahreszeitliche Veränderung dieser Faktoren. Wie sich die Änderung eines Faktors auswirkt, hängt von den anderen Umweltbedingungen ab. Ein Rückgang an Niederschlägen in einer regen- und wolkenreichen Region ist anders zu werten als in einer kontinental geprägten, eher trockenen Gegend. Generelle Aussagen für jeden Standort und über ganz Deutschland sind deshalb nicht möglich oder aber – im wahrsten Sinne des Wortes – natürlich unpräzise. Trotz der klimatischen Trends werden Wetterereignisse wie z. B. lang anhaltende Hochdruckwetterlagen über Osteuropa, die insbesondere im Osten Deutschlands im Winter zu Kälteeinbrüchen führen, zwar wahrscheinlich seltener vorkommen, jedoch nicht völlig verschwinden. Jahrestemperaturamplituden (Differenz zwischen niedrigster und höchster Temperatur im Jahr) von ca. 50 °C werden z. B.

für Brandenburg weiterhin normal bleiben und entsprechende Sortenwahlen bei der Anlage von Kurzumtriebsplantagen (KUP) erfordern.

Temperatur

Steigende Temperaturen erhöhen die Entwicklungsgeschwindigkeit von Lebensprozessen, insbesondere auch die Photosyntheseleistung der Pflanzen sowie die Veratmung der Photosyntheseprodukte. Beide Prozesse sind unterschiedlich von der Temperatur beeinflusst, so dass in einem breiten Temperaturbereich die Photosyntheseleistung über der Atmung liegt und die Pflanze eine positive Netto-Photosyntheseleistung aufweist, also Biomasse aufbauen kann. Oberhalb einer – je nach Baumart unterschiedlichen – Temperaturschwelle steigt die Atmung jedoch auf das Niveau der Photosynthese und die Netto-Photosyntheseleistung wird Null, danach negativ (Larcher 1984). Der optimale Bereich liegt je nach Pflanzenart für die Pflanzen der gemäßigten Breiten bei ca. 18–25 °C. Wird dieser Bereich überschritten, ist mit Zuwachsrückgängen zu rechnen.

Temperatursteigerungen gehen einher mit einem ansteigenden Wasserbedarf, was bei geringer Wasserverfügbarkeit zu Trockenstress führen kann. Wichtig für die Auswirkungen ist, in welcher Entwicklungsphase der Kultur welche Temperaturen erreicht oder überschritten werden. Zu hohe Temperaturen können verschiedene phänologische Prozesse auch hemmen oder sogar unmöglich machen (z. B. Winterruhe).

Niederschläge

Niederschlagsänderungen sind regional stark unterschiedlich zu erwarten. Generell sind Aussagen über Niederschläge viel unsicherer als über Temperaturen, da Niederschlagsereignisse von vielen kleinräumigen Elementen des Wetters abhängen, die die Modelle nicht alle erfassen können (Werner & Gerstengarbe 2007). Absehbar ist derzeit eine Verschiebung der Niederschläge in die Wintermonate bei über das Jahr meist gleichbleibender Gesamthöhe (Spekat *et al.* 2007). Dies kann im Sommer durch fehlendes Wasser in einigen Regionen den Trockenstress noch verschärfen. Im Winter steigt auf bestimmten Standorten jedoch das Risiko, dass eine Befahrung der Böden unmöglich wird.

CO_2

Steigende CO_2-Konzentrationen wirken als Dünger für Pflanzen (Larcher 1984), da mit steigendem Angebot an CO_2 in der Luft auch die Photosyntheseleistung zunimmt. Bei Pappeln sind neben einer gesteigerten Holz- oder Biomasseproduktion geänderte Verteilungsmuster der Biomasse auf Stamm, Äste und/oder Wurzeln beobachtet worden (mehr Ast-, weniger Stammwachstum, Liberloo *et al.* 2006). Gleichzeitig stiegen in Versuchen, bei denen man die Pappeln künstlich einer höheren CO_2-Konzentration in der Luft aussetzte, die Wasser- und Stickstoffnutzungseffizienz der Pflanzen sowie ihre Toleranz gegen z. B. Ozonoder Trockenstress generell an. Bei gleichem Nährstoffangebot kann unter diesen Umständen also mehr Biomasse aufgebaut werden. In Blättern wurden zudem höhere C/N-Werte nachgewiesen, was wiederum Einfluss auf das Verhalten von blattfressenden Insekten haben kann, von verstärktem Fraß bis zur Meidung dieser Art (Veteli *et al.* 2002). Je nach Art kann es auch zu einer Ausweitung der Vegetationsperiode kommen, da eine Erhöhung des CO_2-Gehalts der Atmosphäre zu einem späteren Laubfall führen kann (Taylor *et al.* 2008). Solange CO_2 der begrenzende Faktor für die Photosynthese ist, ist mit der Steigerung der CO_2-Konzentration auch eine Zunahme der Produktivität zu erwarten.

Problematisch ist es jedoch, dass viele Versuche an Kleinpflanzen und/oder in Gewächshäusern durchgeführt wurden und oft noch nicht sicher ist, ob die so gewonnenen Ergebnisse auf Großpflanzen unter Freilandbedingungen übertragbar sind. Körner (2006) wies zusätzlich darauf hin, dass die positiven Effekte aus den Gewächshäusern, über mehrere Jahre betrachtet, verschwinden können und eine Sättigung eintritt. Von den für KUP interessanten Baumarten liegen nur Untersuchungen an verschiedenen Pappeln, Pappelhybriden und Aspen vor. Die Ergebnisse dieser Untersuchungen zeigen zwar Unterschiede zwischen verschiedenen Arten, Klonen und Herkünften, jedoch keine gravierenden Abweichungen von den hier dargestellten Reaktionsmustern (Calfapietra *et al.* 2007).

Ozon

Ozon (O_3) verringert allein genommen den Chlorophyllgehalt und damit die Photosyntheseleistung der Bäume (vor allem junger Pflanzen) und führt zu Änderungen in der Aufteilung der neu gebildeten Pflanzenbiomasse (Skarby *et al.* 1998), aber auch hier sind Untersuchungen an Altbäumen selten. In kombinierten Versuchen, in denen Pappeln mit CO_2 und Ozon begast wurden, erfolgte häufig eine Neutralisation des negativen Einflusses des O_3 durch das CO_2 (Dickson *et al.* 2001). Da die Tageskonzentrationen an O_3 in Abhängigkeit von Wetterlage und Topographie stark schwanken können, sind derzeit keine belastbaren Aussagen über künftig mögliche Spitzenwerte zu treffen. Im Rahmen der bekannten Änderungstrends kann man jedoch davon ausgehen, dass meistens die Effekte von O_3 durch CO_2 oder andere positive Einflüsse überlagert werden können.

Extremereignisse

Die Besonderheit von Extremereignissen ist ihre Seltenheit. Sie lassen sich schwer „vorhersagen", und Analysen über die Änderung ihrer Häufigkeit in der Zukunft sind schwierig. Bei steigender Temperatur in der Atmosphäre kann man z. B. davon ausgehen, dass Stürme stärker werden, weil die Energie in der Atmosphäre zunimmt. Ihre Häufigkeit wird sich jedoch nicht unbedingt ändern, da es zur Bildung der großen Tiefdruckgebiete eine gewisse Zeit braucht. Für Deutschland zeigen erste Analysen, dass die Wahrscheinlichkeit für heiße Sommer in den letzten 100 Jahren zugenommen hat. An vielen Orten in Deutschland hat die Wahrscheinlichkeit sowohl für trockene als auch für feuchte Jahre zugenommen (Schönwiese 2007), das Klima ist variabler und weniger gleichmäßig geworden. Generell besteht ein Trend zu vermehrten Extremniederschlägen in den Wintermonaten, in Süddeutschland auch in den Sommermonaten. Bei Stürmen ist in Deutschland derzeit noch keine Änderung der Stärke oder Häufigkeit nachweisbar (Schönwiese 2007). Ihre Schadwirkung kann sich gleichwohl ändern, da diese auch von den betroffenen Objekten (z. B. Wäldern, Bäumen) und ihrer Empfindlichkeit beeinflusst wird. Frostfreie, feuchte Witterung im Winter verringert die Verankerung der Bäume im Boden und bewirkt so höhere Mengen an geworfenen Stämmen, was jedoch für KUP keine Gefährdung darstellen sollte.

Pflanzenschutz

Milde, feuchte Witterung erleichtert das Wachstum von Pilzen und könnte den Befall von KUP-Bäumen mit Rostpilzen erleichtern. Im Gegenzug können in warmen Wintern auch die Überwinterungsstadien von Insekten durch Pilze negativ beeinflusst werden, so dass die Bäume hiervon profitieren. Genaue Aussagen sind zu diesen sich gegenseitig beeinflussenden Wirkungen derzeit jedoch noch nicht möglich, da unter anderem das Zusammenspiel verschiedener Faktoren wie Temperatursummen und Tageslänge bei der Populationsökologie von Insekten noch nicht für alle Arten hinreichend bekannt ist. Effekte können sich gegenseitig verstärken (Wasserstress und Befall durch Blattkäfer) oder aber kompensieren.

3.2
Potentiale von Kurzumtriebsplantagen und mögliche zukünftige Entwicklungen

Derzeit liegen Ergebnisse zur Leistungsfähigkeit von KUP aus verschiedenen Versuchsanbauten vor. Sie zeigen auf vielen Standorten gute Biomasseleistungen. Da jedoch nicht für alle Standorte und alle Klimabedingungen Versuche vorliegen, wurde am Potsdam-Institut für Klimafolgenforschung (PIK) das prozessbasierte Waldwachstumsmodell 4C so erweitert, dass es auch für die KUP-Wirtschaft geeignet ist.

3.2.1
Das Waldwachstumsmodell 4C

Das am PIK entwickelte Modell 4C steht für Simulationsstudien zu Waldwachstum und Stoffflüssen zur Verfügung (Lasch *et al.* 2005). Neben den mitteleuropäischen Hauptbaumarten ist die Aspe (*Populus tremula* (L.), *P. tremuloides* (Michx.)) im Modell verfügbar. 4C berechnet Stoffflüsse (Wasser, Kohlenstoff, Stickstoff) und die für das Wachstum charakteristischen Größen wie Brusthöhendurchmesser, Höhe und Biomasse der Bäume in einem gewählten Zeitraum. Das Wachstum ist abhängig von den Umweltbedingungen Temperatur, Niederschlag, Strahlung, relative Luftfeuchte und der atmosphärischen CO_2-Konzentration.

Mit dem Modell können verschiedene Bewirtschaftungsformen von Waldbeständen simuliert werden. Für diese Untersuchungen wurden Stockausschlagsbetrieb und Kurzumtriebswirtschaft, die in der normalen Forstwirtschaft nicht praktiziert werden, im Modell implementiert. Als Ertragsgröße wird die Biomasse aus Stämmen, Ästen und Zweigen berechnet. Das Modell wurde mit Versuchsdaten u. a. aus Liesebach *et al.* (1999), Wolf & Böhnisch (2003) und von Wühlisch (2006) überprüft (Rock *et al.* im Review). Die Aspe wurde als Referenzbaumart gewählt, da ihre Standortsansprüche geringer sind als die vieler Weiden und Pappeln (Hofmann 1999), ihre Erträge auf verschiedenen Standorten geringer voneinander abweichen als die der verschiedenen Pappelarten und -klone (Hofmann 1999) und nur von ihr alle notwendigen biologischen Parameter verfügbar waren.

3.2.2
Modellanwendung: Simulationsstudie Ostdeutschland

Im Rahmen einer durch die BVVG (Bodenverwertungs- und -verwaltungs GmbH) finanzierten Studie wurde das Ertragspotential von KUP mit Aspen auf landwirtschaftlichen Flächen in Ostdeutschland abgeschätzt (Wechsung *et al.* 2008). Untersuchungen über ganz Deutschland liegen derzeit noch nicht vor. Für diese Studie wurden Flächen ausgewählt, die eine Ackerzahl kleiner als 50 aufweisen. Die hier aufgeführten Erträge sind deshalb kein Maß für das absolut mögliche Leistungsniveau, sondern müssen mit Kulturen auf gleichen Standorten verglichen werden. Es wurden Aspen-KUP mit vier Ernten in 20 Jahren und anschließender Neupflanzung unter Gegenwartsklima und bei geändertem Klima simuliert (Kollas *et al.* 2008).

Das verwendete Klimaszenario entspricht dem oben genannten A1B-Szenario (siehe Box) und wurde am PIK mit dem Modell STAR für den Zeitraum 2004–2055 hergestellt. Es zeigt **eine** mögliche Entwicklung des Klimas auf. Der gemittelte Temperaturanstieg des Szenarios liegt bei 2,7° C (1951–2003 zu 2046–2055), der räumlich sehr variable Jahresniederschlag nimmt im Mittel um 11 mm ab, und die atmosphärische CO_2-Konzentration steigt von 378 ppm im Jahr 2004 auf 542 ppm im Jahr 2055. Für die Böden lagen als Datengrundlage die Referenzprofile der Bodenübersichtskarte 1:1 000 000 (BÜK 1000, BGR 1998) vor. Da keine Bodendaten von Einzelflächen zur Verfügung standen, sind die Ergebnisse über den jeweiligen Landkreis gemittelt. Die realen Potentiale auf einer Fläche können sehr deutlich von den hier dargestellten Werten abweichen.

3.2.3
Ergebnisse für Ostdeutschland

Verschiedene naturräumliche Gegebenheiten bedingen unterschiedliche Erträge. Unter aktuellen Klimabedingungen wachsen Aspen-KUP besonders gut entlang des Elbeflusslaufes und im Oderbruch (Abbildung 3.1a–b). Hier sind die Böden besonders ergiebig und Feuchtigkeit steht ausreichend zur Verfügung. Erträge zwischen 8 und 12 Tonnen Trockenmasse pro Hektar und Jahr wurden errechnet. Der im Norddeutschen Tiefland gelegene Landkreis Ludwigslust zeigt wegen der tiefgründigen Böden und ausreichenden Niederschlägen sehr hohe, der im Vorland der Mittelgebirge liegende Saale-Orla-Kreis hingegen wegen der höhenlagenbedingten geringeren Temperaturen geringere Erträge. Nicht untersucht wurden Landkreise, in denen die mittlere Ackerzahl der betrachteten Flächen über 50 lag, sowie Großstädte.

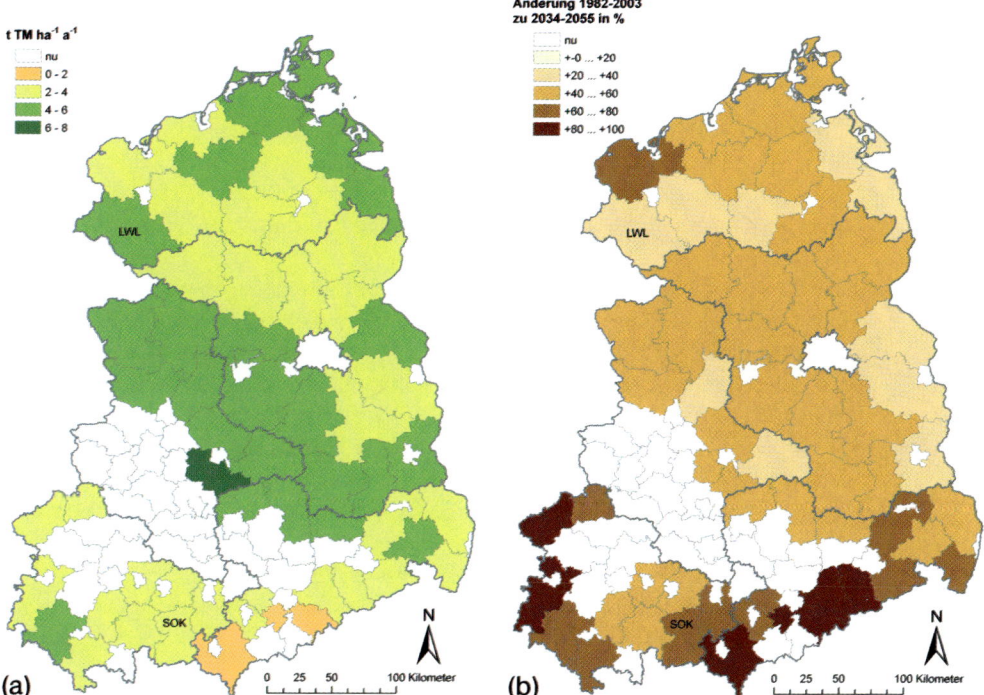

Abb. 3.1 Trockenmasseerträge von Aspen-KUP auf landwirtschaftlichen Böden geringer Ackerzahlen in Ostdeutschland unter (a) gegenwärtigem Klima (b) prozentuale Änderung bei anzunehmendem Klimawandel, auf Kreisebene aggregiert; nu: nicht untersucht.

In der Abbildung 3.1b sind die relativen Ertragszuwächse für den Zeitraum 2034 bis 2055 gegenüber den gegenwärtig zu erwartenden Erträgen (Abbildung 3.1a) dargestellt. Hier ergibt sich ein anderes Bild: Im Vorland des Erzgebirges, wo sich der Temperaturanstieg stark bemerkbar macht und die Niederschläge ausreichend sind, verbessert sich das Wachstum der Aspen-KUP am stärksten. Im südlichen Mecklenburg-Vorpommern ändern sich die Erträge nur wenig, da hier (beim angenommenen Klimaszenario) der Niederschlag zurückgeht. Dennoch zeichnen sich in allen untersuchten Regionen Zuwachsgewinne ab. Die höchsten Erträge pro Hektar und Jahr werden entsprechend der Simulation in Mecklenburg, im Norden Sachsens und Sachsen-Anhalts und im Nordosten Brandenburgs erzielt.

Der Bodentyp ist für das Wachstum der Aspen-KUP von hoher Bedeutung. Aus der aufgeführten Studie und einer nur auf Brandenburg bezogenen Untersuchung (Rock *et al.* 2007) geht hervor, dass die Unterschiede in der Biomasseleistung zwischen verschiedenen Standortstypen größer sind als die Änderungen, die sich aus Klimawandeleffekten ergeben.

3.3
Zusammenfassung

In Deutschland ist in den kommenden Jahrzehnten eine weitere Erhöhung der Temperatur um bis zu 2,4 °C (bis ca. 2050) zu erwarten. Gleichzeitig sind regional unterschiedliche Niederschlagsrückgänge um bis zu 300 mm im Jahr, aber auch Zunahmen bis ca. 100 mm pro Jahr und eine generell höhere Variabilität der Niederschlagssummen zwischen den Jahren möglich. Eine Umverteilung des Niederschlags im Jahresverlauf, d. h. eine Abnahme im Sommer und eine Zunahme im Winter, ist wahrscheinlich. Für die Kurzumtriebsplantagenwirtschaft bedeutet dies steigende Trockenheitsgefahren im Sommerhalbjahr, jedoch ebenfalls auf schlecht drainierten Standorten Probleme mit der Befahrbarkeit in regenreichen Jahren. Hinzu kommen steigende Konzentrationen von CO_2 und Ozon in der Atmosphäre, die sich in ihrer Wirkung jedoch gegenseitig kompensieren können. Die Nettoeffekte der CO_2-Düngung sind auf jeden Fall positiv.

Bei Ertragssimulationen unter geändertem Klima zeigte sich auf tendenziell ertragsschwachen Standorten Ostdeutschlands ein geringer Einfluss der Klimaänderungen auf die erreichbaren Erträge von Aspen. Die längeren Produktionszeiten gleichen schlechte Jahre durch vermehrten Zuwachs in guten Jahren aus, so dass derzeit als einziger klimabezogener Risikofaktor die Witterung im Anlagejahr der KUP deutlich wird. Einmal etabliert, sind Standortsunterschiede für die Leistung der KUP wichtiger als derzeit absehbare Klimaänderungen.

Auswirkungen des Klimawandels auf biotische und abiotische Schäden sind derzeit nicht analysierbar, da gerade im Bereich der Schadinsekten die Dynamik der Pflanze-Insekt-Gegenspieler-Beziehungen noch nicht ausreichend bekannt ist.

Literatur

BGR (Bundesanstalt für Geowissenschaften und Rohstoffe) 1998: Bodenübersichtskarte der Bundesrepublik Deutschland 1:1.000.000 (BÜK 1000). Hannover

Calfapietra, C., De Angelis, P., Gielen, B., Lukac, M., Moscatelli, M.C., Avino, G., Lagomarsino, A., Polle, A., Ceulemans, R., Mugnozza, G.S., Hoosbeek, M.R., Cotrufo, M.F. 2007: Increased nitrogen-use efficiency of a short-rotation poplar plantation in elevated CO_2 concentration. Tree Physiology 27 (8): 1153–1163

Dickson, R.E., Coleman, M.D., Pechter, P., Karnosky, D. 2001: Growth and crown architecture of two aspen genotypes exposed to interacting ozone and carbon dioxide. Env. Poll. 115 (3): 319–334

Gerstengarbe, F.W., Werner, P.C. 2007: Der rezente Klimawandel. In: Endlicher, W., Gerstengarbe, F.W (Hrsg.): Der Klimawandel – Einblicke, Rückblicke und Ausblicke. Mathematisch-Naturwissenschaftliche Fakultät II, Geographisches Institut, Humboldt-Universität Berlin: 34–43 http://edoc.hu-berlin.de/miscellanies/klimawandel-28044/34/PDF/34.pdf

Hofmann, M. (Hrsg.) 1999: Modellvorhaben „Schnellwachsende Baumarten" – zusammenfassender Abschlussbericht. Landwirtschaftsverlag, Münster, 476 S.

IPCC (Intergovermental Panel on Climate Change) 2007: Climate Change 2007 – Impacts, Adaptation and Vulnerability. Summary for Policymakers. In: Parry, M.L.,

Canziani, O.F., Palutikof, J.P., van der Linden, P.J., Hanson, C.E. (Hrsg.) 2007: Climate Change 2007: Impacts, Adaptation and Vulnerability. Contribution of Working group II to the Fourth Assessment Report. Intergovernmental Panel on Climate Change. Cambridge University Press: 7–22

Kollas, C., Lasch, P., Suckow, F., Gerstengarbe, F.W., Werner, P.C. 2008: Ertragspotenziale des Kurzumtriebs von Aspen (*Populus tremula* L.) unter möglichen Klimaänderungen. Cottbuser Schriften zur Ökosystemgenese und Landschaftsentwicklung 6: 199–202

Körner, C. 2006: Plant CO_2 responses: an issue of definition, time and resource supply. New Phytologist 172 (3): 393–411

Larcher, W. 1984: Ökologie der Pflanzen. Ulmer, Stuttgart, 403 S.

Lasch, P., Badeck, F.W., Suckow, F., Lindner, M., Mohr, P. 2005: Model based analysis of management alternatives at stand and regional level in Brandenburg (Germany). For. Ecol. Manage. 207 (1–2): 59–74

Liberloo, M., Calfapietra, C., Lukac, M., Godbold, D., Luo, Z.-B., Polle, A., Hoosbeek, M.R., Kull, O., Marek, M., Raines, C., Rubino, M., Taylor, G., Scarascia-Mugnozza, G., Ceulemans, R. 2006: Woody biomass production during the second rotation of a bio-energy *Populus* plantation increases in a future high CO_2 world. Global Change Biology 12 (6): 1094–1106

Liesebach, M., v. Wühlisch, G., Muhs, H.-J. 1999: Eignung der Baumart Aspe und Prüfung von Aspenhybriden für die Biomasseerzeugung in Kurzumtriebsplantagen. In: Hofmann, M. (Hrsg.) (1999): Modellvorhaben „Schnellwachsende Baumarten", zusammenfassender Abschlussbericht. Landwirtschaftsverlag, Münster: 240–313

Rock, J., Lasch, P., Suckow, F., Badeck, F. 2007: Nachhaltigkeit von Biomassepotentialen in Kurzumtriebsplantagen unter Klimawandel. In: Nagel, J. (Hrsg.): Jahrestagung der DVFFA Sektion Ertragskunde. Alsfeld, DVFFA: 106–113

Rock, J., Lasch, P., Suckow, F., Badeck, F.-W., Wolf, H., v. Wühlisch, G. (in Review): Current and future potentials of short-rotation coppice plantations – an example from Germany.

Schönwiese, C.-D. 2007: Wird das Klima extremer? – Eine statistische Perspektive. In: Endlicher, W., Gerstengarbe, F.W. (Hrsg.): Der Klimawandel – Einblicke, Rückblicke und Ausblicke. Mathematisch-Naturwissenschaftliche Fakultät II, Geographisches Institut, Humboldt-Universität Berlin: 60–66. http://edoc.hu-berlin.de/miscellanies/klimawandel-28044/60/PDF/60.pdf

Skarby, L., Ro-Poulsen, H., Wellburn, F.A.M., Sheppard, L.J. 1998: Impacts of ozone on forests: a European perspective. New Phytologist 139 (1): 109–122

Spekat, A., Enke, W., Kreienkamp, F. 2007: Neuentwicklung von regional hoch aufgelösten Wetterlagen für Deutschland und Bereitstellung regionaler Klimaszenarios auf der Basis von globalen Klimasimulationen mit dem Regionalisierungsmodell WETTREG auf der Basis von globalen Klimasimulationen mit ECHAM5/MPI-OM T63L31 2010 bis 2100 für die SRES-Szenarios B1, A1B und A2. Climate & Environment Consulting Potsdam GmbH, Potsdam. 149 S.

Taylor, G., Tallis, M.J., Giardina, C.P., Percy, K.E., Miglietta, F., Gupta, B. Gioli, P.S., Calfapietra, C., Gielen, B., Kubiske, M.E., Scarascia-Mugnozza, G.E., Kets, K., Long, S.P., Karnosky, D.F. 2008: Future atmospheric CO_2 leads to delayed autumnal senescence. Global Change Biology 14 (2): 264–275

Veteli, T.O., Kuokkanen, K., Julkunen-Tiitto, R., Roininen, R., Tahvanainen, J. 2002: Effects of elevated CO_2 and temperature on plant growth and herbivore defensive chemistry. Global Change Biology 8 (12): 1240–1252

v. Wühlisch, G. 2006: Ergebnisse der Züchtung von Pappeln und Aspen in Großhansdorf - Perspektiven für die Energie- und Rohstofferzeugung. Vortr. Pflanzenzüchtg. 70: 157–172

Wechsung, F., Gerstengarbe, F.W., Lasch, P., Lüttger, A. (Hrsg.) 2008: Regionaler Klimawandel in Ostdeutschland und die Folgen für die Ertragsfähigkeit von Ackerflächen. Abschlussbericht im Auftrag der BVVGmbH. Potsdam, PIK, 93 S.

Werner, P., Gerstengarbe, F.W. 2007: Welche Klimaänderungen sind in Deutschland zu erwarten? In: Endlicher, W., Gerstengarbe, F.W. (Hrsg.): Der Klimawandel – Einblicke,

Rückblicke und Ausblicke. Mathemathisch-Naturwissenschaftliche Fakultät II, Geogr. Inst., Humboldt-Universität Berlin: 56–59. http://edoc.hu-berlin.de/miscellanies/klimawandel-28044/56/PDF/56.pdf

Wolf, H., Böhnisch, B. 2003: Modellvorhaben StoraEnso / Verbundvorhaben Pappelanbau für die Papierherstellung. LFP Sachsen, Pirna. 73 S.

4
Standortsbasierte Leistungsschätzung in Agrarholzbeständen in Brandenburg und Sachsen

Dieter Murach, Holger Hartmann, Yasmin Murn, Mareike Schultze, Ali Wael und Heinz Röhle

Vorzugsstandorte für Agrarholz[1] sind Flächen, auf denen das Agrarholz im Vergleich zu annuellen Kulturen deutlich höhere Erträge liefert. Man kann diese Flächen mithilfe von geografischen Informationssystemen identifizieren, wenn die entsprechenden Ertragsfunktionen zur Verfügung stehen, die die Ertragsleistung einer Kultur in Abhängigkeit von den wichtigsten Standortfaktoren quantifizieren.

Bisher liegen für Deutschland aber keine Ertragsfunktionen für Agrarholzarten vor. Für Pappeln und Weiden gibt es bisher nur Daten für einzelne Flächen, die auf Versuchen mit verschiedenen Sorten und Klonen, unterschiedlichen Pflanzverbänden und unterschiedlichen Behandlungen basieren und die daher häufig nicht vergleichbar sind.

Ein Ziel der ertragskundlichen Untersuchungen in den Projekten *Dendrom* und *Agrowood* war deshalb die Entwicklung von standortsbezogenen Ertragsfunktionen für die Bundesländer Brandenburg und Sachsen auf der Grundlage vorhandener Daten von Versuchs- und Praxisflächen. Wegen der unterschiedlichen Dichte der Versuchsflächen in den beiden Bundesländern wurden verschiedene Untersuchungsansätze gewählt. In Sachsen wurde insbesondere der Einfluss verschiedener Standortfaktoren untersucht. Im Brandenburger Untersuchungsansatz stand der Einfluss verschiedener Klone und Pflanzverbände im Vordergrund.

---

[1] Anbau schnellwachsender Baumarten im Kurzumtrieb unter 20 Jahren

Anbau und Nutzung von Bäumen auf landwirtschaftlichen Flächen.
Herausgegeben von T. Reeg, A. Bemmann, W. Konold, D. Murach und H. Spiecker
Copyright © 2009 WILEY-VCH Verlag GmbH & Co. KGaA, Weinheim
ISBN: 978-3-527-32417-0

4.1
Herleitung von Pappeln- und Weiden-Ertragsfunktionen für Brandenburg

4.1.1
Schätzung der Wasserversorgung

Die Wasserversorgung ist ein wichtiger Wachstumsfaktor für Pappeln und Weiden (Lindroth & Båth 1999, Stephens *et al.* 2001, Hall 2003). Die Wasserversorgung lässt sich durch die Wassermenge charakterisieren, die für die potentielle Transpiration der Bäume zur Verfügung steht – das Transpirationswasserangebot (TWA). Lindroth & Båth (1999) haben Modelle entwickelt, um den Einfluss des TWA auf die Erträge von Weide zu quantifizieren. Im Gegensatz zur Wasserversorgung lässt sich die Nährstoffversorgung auf landwirtschaftlichen Böden durch Düngung auch in der Praxis mit deutlich geringerem Aufwand optimieren. In einer ersten Näherung lässt sich die Standortsdifferenzierung für den Pappel- und Weidenanbau daher auf Unterschiede in der Wasserversorgung reduzieren.

Das TWA für nicht grundwasserbeeinflusste Standorte lässt sich nach folgender Gleichung berechnen:

$$\text{TWA} = \text{nWSK} + (\text{NS}_{\text{Veg}} - \text{I}),$$

wobei

nWSK: Nutzbare Wasserspeicherkapazität in mm/5 dm (Herleitung über AK Standortskartierung (1997), Hauptwurzelraum mit 50 cm Bodentiefe angenommen)

NS_{Veg}: Niederschlag in der Vegetationszeit in mm/Jahr

I: Interzeption (35 % von NS_{Veg} nach Lindroth & Båth 1999) für TWA $\leq \text{ET}_{\text{pot}}$[2]

Für Untersuchungsstandorte mit Grundwassereinfluss, der über die Standortkartierung oder durch Blattwasserpotentialmessungen[3] belegt werden kann, wird ein TWA von 500 mm angenommen. Dieser Wert wird als Transpirationsrate von Weiden bei optimaler Wasserverfügbarkeit angegeben (Lindroth & Båth 1999, Hall 2003). Petzold *et al.* (2008) konnten diesen Wert auch für ostdeutsche Pappelbestände bestätigen (siehe Kapitel 16, den Beitrag von Petzold *et al.*).

---

[2] Ein TWA, das über die potentielle Evapotranspiration (ET_{pot}) hinausgeht, kann von den Bäumen nicht in Biomasse umgesetzt werden.

[3] Blattwasserpotentialmessungen wurden mit der von Scholander entwickelten Druckkammermethode durchgeführt. Bäume, die Anschluss ans Grundwasser haben, weisen im Sommer deutlich niedrigere Blattwasserpotentiale vor Sonnenaufgang auf als Bäume ohne Grundwasseranschluss (Mitlöhner 1998).

4.1.2
Bonitierung der Agrarholzbestände über die Bestandeshöhe

In der Forstwirtschaft ist es üblich, die Einschätzung der Ertragsleistung eines Standortes (Bonitierung) über die Wuchsleistung des aufstockenden Bestandes durchzuführen. Da bei der Bonitierung der Agrarholzbestände lediglich der Standort als Einflussgröße auf die Agrarholzerträge Berücksichtigung finden soll, müssen Behandlungseffekte, insbesondere die Effekte der Pflanzenzahl weitgehend ausgeschaltet werden. Dazu wird analog zum Vorgehen bei der forstlichen Ertragskunde die Bestandeshöhe zur Bonitierung ausgewählt, da sie weniger von der Behandlung beeinflusst wird als andere Pflanzenkenngrößen, wie z. B. der Durchmesser oder die Gesamtwuchsleistung. Zur Standardisierung der Höhe wird für Pappel und Weide ein Bezugsalter festgelegt:
– Pappel: Wurzel 5 Jahre, Trieb 5 Jahre (Alter 5/5)
– Weide: Wurzel 4 Jahre, Trieb 3 Jahre[4] (Alter 4/3).

4.1.3
Herleitung standortsbezogener Erträge mit der Boundary-Line-Methode

Die Boundary-Line-Methode (Webb 1972, Walworth *et al.* 1986) ist ein vergleichsweise neuer Ansatz in der Agrar- und Forstwirtschaft (Schübeler 1997, Black & Abrams 2003) zur Identifikation wichtiger Einflussfaktoren auf das Wachstum von Bäumen unter Freilandbedingungen. Dabei wird eine Pflanzenkenngröße in einem Punktdiagramm zu einem Umweltfaktor in Beziehung gesetzt, wobei möglichst der gesamte Wertebereich des Umweltfaktors und die natürliche Variabilität der ausgewählten Pflanzenkenngröße abgebildet werden. Die obere Grenzlinie der entstehenden Punktwolke macht den Einfluss des betrachteten Umweltfaktors auf die Pflanzenkenngröße kenntlich. Die vertikale Streuung der Pflanzenkenngröße unterhalb der Grenzlinie ist durch andere Wachstumsfaktoren (z. B. Klon- oder Sortenunterschiede, Nährstoffversorgung) bestimmt. Obwohl mögliche Wechselwirkungen zwischen Wachstumsfaktoren vernachlässigt werden, ist diese Methode ausreichend, um den begrenzenden Einfluss eines einzelnen Faktors abzuschätzen.

Die Funktion, die durch die Maximalwerte der Punktwolke festgelegt wird (Beispiel für Weide in Abbildung 4.1 und Pappel in Abbildung 4.2), schätzt ausschließlich den Einfluss des TWA auf das Höhenwachstum der Triebe. Diese Werte können in der Praxis nur bei optimaler Pflege und Nährstoffversorgung erreicht werden. Sie gelten auch nur für die Klone und Standortbedingungen, die in die Untersuchung eingingen. Der Einfluss verschiedener Klone erklärt einen großen Teil der Streuung der Höhenwerte bei gegebenem TWA und deutet auch die Wechselwirkungen zwischen Klonen und Wasserversorgung an.

---

4) Die Alterskombination bei der Weide geht auf den Großteil der polnischen Datensätze zurück, bei denen vielfach die Triebe nach der 1. Vegetationsperiode zurück geschnitten wurden, um die Verzweigung anzuregen und Stecklinge zu gewinnen.

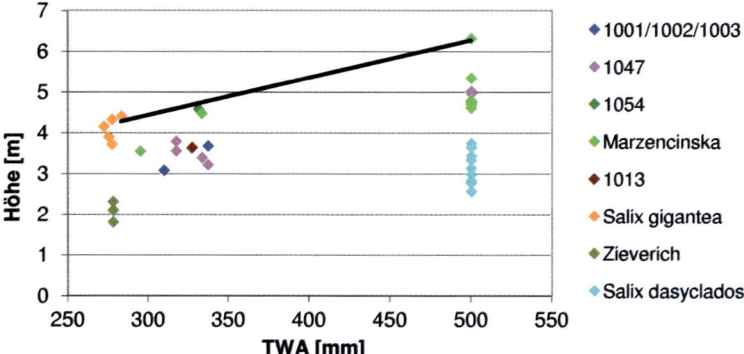

Abb. 4.1 Boundary-Line: Darstellung des Einflusses des TWA auf die Triebhöhe im Alter 4/3 für die Weide im 3-jährigen Kurzumtrieb.

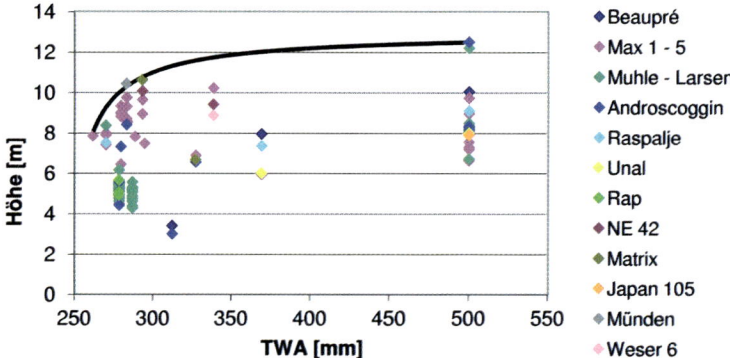

Abb. 4.2 Boundary-Line: Darstellung des Einflusses des TWA auf die Triebhöhe im Alter 5/5 für die Pappel im 5-jährigen Kurzumtrieb.

4.1.4
Schätzung der standortsbezogenen Massenleistungen

Die Gesamtwuchsleistung eines Bestandes kann unabhängig vom Alter in Abhängigkeit von der standardisierten Mittelhöhe und der Pflanzenzahl dargestellt werden (siehe Abbildung 4.3 und Abbildung 4.4). Für eine beliebige Höhe und eine vorgegebene Pflanzenzahl kann aus der Funktionsgleichung die Gesamtwuchsleistung und über das Bestandesalter auch ein gemittelter jährlicher Ertrag geschätzt werden.

Mit Hilfe dieser Beziehungen kann dann auch die Massenleistung von Pappeln und Weiden als Funktion des TWA dargestellt werden (Abbildung 4.5 und Abbildung 4.6). Die Pflanzenzahlen basieren auf dem Doppelreihenverband. Mit bis zu 22 000 Pflanzen pro Hektar bei der Weide in 3-jähriger und bis zu 15 000 Pflanzen pro Hektar bei der Pappel in 5-jähriger Rotation wurden vergleichsweise

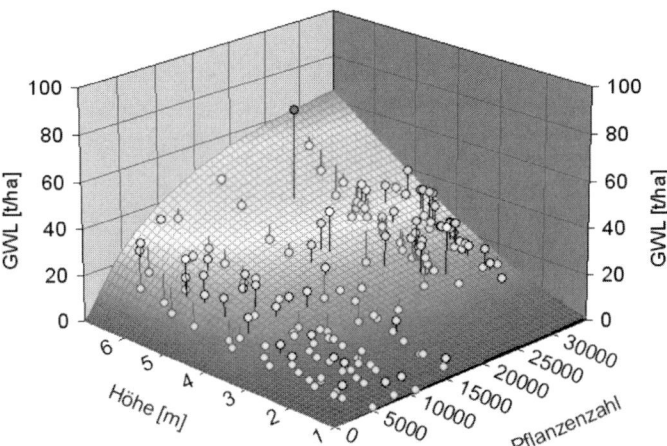

Abb. 4.3 Beziehung von Höhe, Pflanzenzahl und Gesamtwuchsleistung (GWL) bei Weide.

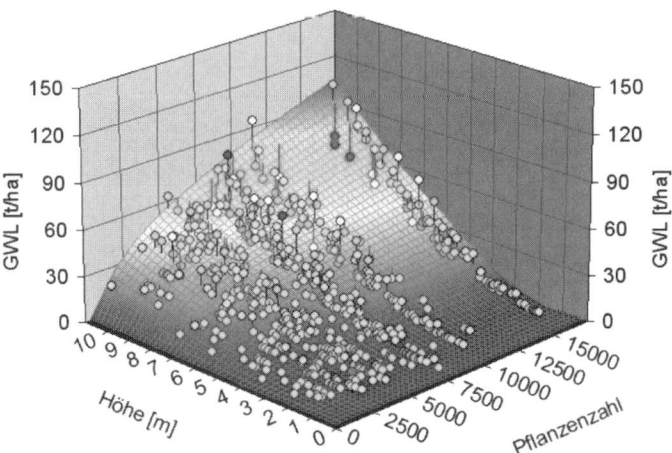

Abb. 4.4 Beziehung von Höhe, Pflanzenzahl und Gesamtwuchsleistung (GWL) bei Pappel.

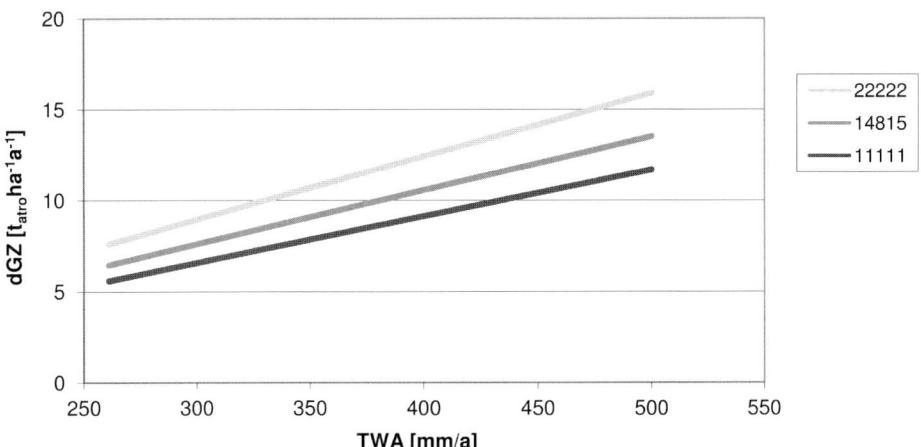

Abb. 4.5 Potentielle Massenerträge von Weiden im Kurzumtrieb (3 Jahre) in Abhängigkeit von dem Transpirationswasserangebot und den Pflanzenzahlen.

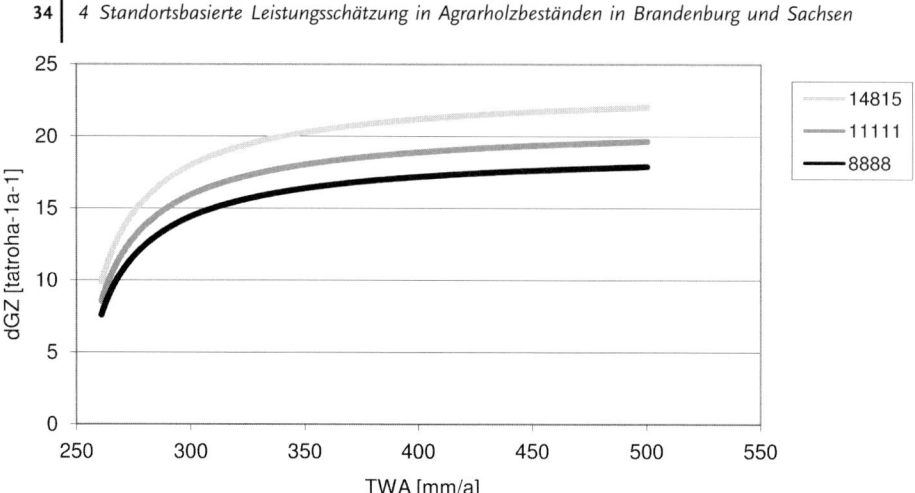

Abb. 4.6 Potentielle Massenerträge von Pappeln im Kurzumtrieb (5 Jahre) in Abhängigkeit von dem Transpirationswasserangebot und den Pflanzenzahlen.

hohe Pflanzenzahlen gewählt, da Pappel-Verbandsversuche des ehemaligen Forschungsinstitutes für schnellwachsende Baumarten in Hessen und polnische Weidenflächen gezeigt haben, dass im Kurzumtrieb die höchsten Erträge bei diesen Pflanzenzahlen zu erzielen sind (Murach *et al.* 2008a).

4.2
Aufstellung von Standort-Leistungsbeziehungen für Pappeln in Sachsen

Am Institut für Waldwachstum und Forstliche Informatik der Technischen Universität Dresden werden seit 1998 Ertragsuntersuchungen in Kurzumtriebsplantagen mit Pappel und Weide durchgeführt. Die untersuchten Bestände in Sachsen, Brandenburg und Mecklenburg-Vorpommern decken mit Böden von Ackerzahlen zwischen 15 und 67 und Jahresniederschlägen von 550 mm bis über 850 mm ein weites Standortspektrum ab (Röhle *et al.* 2006). Auf einem Großteil dieser Standorte kommen Pappeln der Klone Max 1 bis Max 4 vor, die sich durch ein recht einheitliches Wuchsverhalten auszeichnen. Aufbauend auf diesem Datenmaterial gelang es Ali (2007) mittels nichtlinearer Regressionsanalyse die Zusammenhänge zwischen den Standortfaktoren Ackerzahl, Mitteltemperatur April bis Juli, Niederschlagssumme Mai bis Juni und nutzbare Feldkapazität im effektiven Wurzelraum und der Wuchskraft der Pappel bei gegebenem Alter zu beschreiben: Die Oberhöhe lässt sich auf diese Weise mit einem Bestimmtheitsmaß (R^2) von 0,98 schätzen, d. h. die Standortvariablen erklären 98 % der Streuung der Bestandeshöhe. Eine weitere, ebenfalls sehr straffe Regressionsbeziehung (R^2=0,92) verknüpft die Oberhöhe mit dem Biomassevorrat in t_{atro} ha^{-1} a^{-1}.

Mit Hilfe dieser Beziehungen lässt sich zeigen, dass wirtschaftlich interessante Biomassezuwächse von mehr als 8 bis 10 t_{atro} ha^{-1} a^{-1} nur auf mittleren bis besseren Standorten und bei ausreichender Wasserversorgung erreicht werden.

4.3
Bewertung der Untersuchungsansätze und der Datengrundlage

Für die Herleitung der aktuellen Ertragsfunktionen kann durch die Einbeziehung der sächsischen Pappel-Versuchsflächen auf Datenmaterial von nunmehr 18 statt bisher von acht Standorten (Murach *et al.* 2008b) zurückgegriffen werden. Das Standortspektrum für Weide ist mit 15 überwiegend polnischen Standorten vergleichbar. Es ist allerdings zu berücksichtigen, dass die neueren ertragsstarken schwedischen Klone bei den Weiden noch nicht vertreten sind. Die aus diesen Daten abgeleiteten Ertragsfunktionen können daher nur als ein erster Ansatz zur Abschätzung standortbezogener Agrarholzerträge gewertet werden. Die vorliegende Ertragsfunktion für die Weide zeigt eine gute Übereinstimmung mit der Ertragsfunktion, die aus den Daten von Lindroth & Båth (1999) berechnet wurde. Dies kann als Hinweis dafür gewertet werden, dass sowohl die Annahme des TWA als entscheidender Standortfaktor als auch die Herleitung der Ertragsfunktion über die Höhenbonitierung und den Boundary-Line-Ansatz sinnvoll ist.

Der Vergleich der Ertragsfunktionen für Pappel mit denen für Weide (Abbildung 4.5 und Abbildung 4.6) zeigt höhere jährliche Erträge für die Pappel bei vergleichbarem Wasserangebot, aber höherer Umtriebszeit und geringeren Pflanzenzahlen. Insbesondere auf Standorten ohne Grundwasseranschluss sind die Ertragsdifferenzen deutlich.

Die Ertragsschätzungen nach dem Brandenburger und dem sächsischen Ansatz kommen für Pappeln auf Standorten ohne Grundwasseranschluss zu vergleichbaren Ergebnissen. Auf gut wasserversorgten aber grundwasserfernen Standorten kann bei optimalen Bedingungen und einem Pflanzverband zwischen 5000 und 10 000 Pflanzen pro Hektar mit Erträgen von bis zu 15 t_{atro} ha^{-1} a^{-1} gerechnet werden. Als Richtwert für grundwasserferne schwachhumose, schwachlehmige Sandböden in Brandenburg mit einer Bodenzahl um 30 und durchschnittlichen Jahresniederschlägen von etwa 480 mm (entsprechend einem TWA von etwa 250 mm) kann nach den Ergebnissen von Scholz *et al.* (2004) für Pappeln bei einer Pflanzenzahl von etwa 12 000 Stück pro Hektar von einem Ertrag von etwa 10 t_{atro} ha^{-1} a^{-1} ausgegangen werden.

Für grundwassernahe Standorte weist das Brandenburger Modell Erträge von über 20 t_{atro} ha^{-1} a^{-1} bei Pflanzenzahlen über 10 000 Stück pro Hektar aus. Vergleichbar hohe Erträge werden für einzelne Flächen bzw. einzelne Rotationen von Boelcke (2006), Röhle (2008), Röhle *et al.* (2008)[5] und Werner *et al.* (2006) bestätigt.

Die untersuchten Weidensorten können die geringere Wuchsleistung der Einzelpflanze auch auf grundwasserbeeinflussten Standorten nicht durch eine er-

---

[5] Siehe Beitrag Röhle *et al.* Kapitel 5

höhte Pflanzenzahl ausgleichen: Während Weiden hier ca. 16 t_{atro} ha^{-1} a^{-1} leisten, liegen die Schätzungen für Pappeln bei etwa 20 t_{atro} ha^{-1} a^{-1}. Auf einzelnen Flächen konnten für Weiden allerdings vergleichbare Erträge gemessen werden. Die Ertragsunterschiede zwischen Pappeln und Weiden auf grundwassernahen Standorten können also nicht als gesichert gelten.

4.4
Agrarholzvorzugsstandorte in Brandenburg

Untersuchungen zur Verfahrensökonomie im Rahmen des DENDROM-Projektes haben gezeigt, dass der Anbau von Agrarholz auf Standorten mit geringer Ackerzahl, auf denen die Bäume im Gegensatz zu landwirtschaftlichen Kulturen noch Grundwasseranschluss haben, aufgrund der hohen Massenleistungen der Bäume ökonomisch konkurrenzfähig ist (Grundmann & Eberts 2008). Für Agrarholz-Vorzugsflächen wurden daher folgende Randbedingungen festgelegt, um deren flächenmäßigen Anteil in Brandenburg quantifizieren zu können:
– Pappel und Weide auf Böden mit Ackerzahlen unter 35 [6] und
  Anschluss an tiefer liegendes Grundwasser, das von den
  annuellen Ackerkulturen nicht erreicht werden kann [7].
– Robinie auf Flächen mit Ackerzahlen unter 23 (LBG V), wo sie
  nach Grünewald (2005) und Peters *et al.* (2007) im Vergleich zu
  Pappel und Weide konkurrenzfähig ist [8].

Die Konzentration auf Ackerstandorte mit geringer Ackerzahl ist für Tieflandstandorte sinnvoll, wo auf großen Flächen Grundwasser verfügbar ist. Auf grundwasserfernen Böden muss beim Agrarholzanbau auf eine höhere Wasserspeicherfähigkeit geachtet werden, die nur auf lehmhaltigen oder schluffreichen Böden zu erwarten ist, also auf Böden, die gleichzeitig auch eine hohe Ackerzahl haben.

Um die Agrarholz-Vorzugsflächen in Brandenburg zu quantifizieren, muss die unabhängige Variable der Ertragsfunktion, das Transpirationswasserangebot, in ein geographisches Informationssystem (GIS) umgesetzt werden (Murn 2008). Das TWA-Modell im GIS besteht aus den drei Komponenten Niederschlag, nutzbare Wasserspeicherkapazität (nWSK) und kapillarer Aufstieg aus dem Grundwasser (KR).

Abbildung 4.7 zeigt die für Robinie, Weide und Pappel ausgewiesenen Vorzugsflächen. Sie nehmen eine Fläche von ca. 200 000 ha oder etwa ein Sechstel der Ackerfläche in Brandenburg ein. Knapp 135 000 ha entfallen auf Pappel und Weide in den LBG III und IV und 77 000 ha im LBG V auf die Robinie.

---

6) Das entspricht den Landbaugebieten (LBG) III bis V in Brandenburg (LVLF 2005).
7) Dabei werden für Ackerkulturen 0,5 m Wurzelraum und für Agrargehölze 2,5 m Wurzelraum angenommen. Standorte, auf denen der kapillare Aufstieg in weniger als 0,5 m Bodentiefe relevant oder der Grundwasserspiegel auch für Agrarholz nicht erreichbar ist, werden nicht als Agrarholz-Vorzugsflächen bewertet.
8) Laut LVLF (2005) fallen in Brandenburg 6,9 % der Ackerflächen in diese Kategorie.

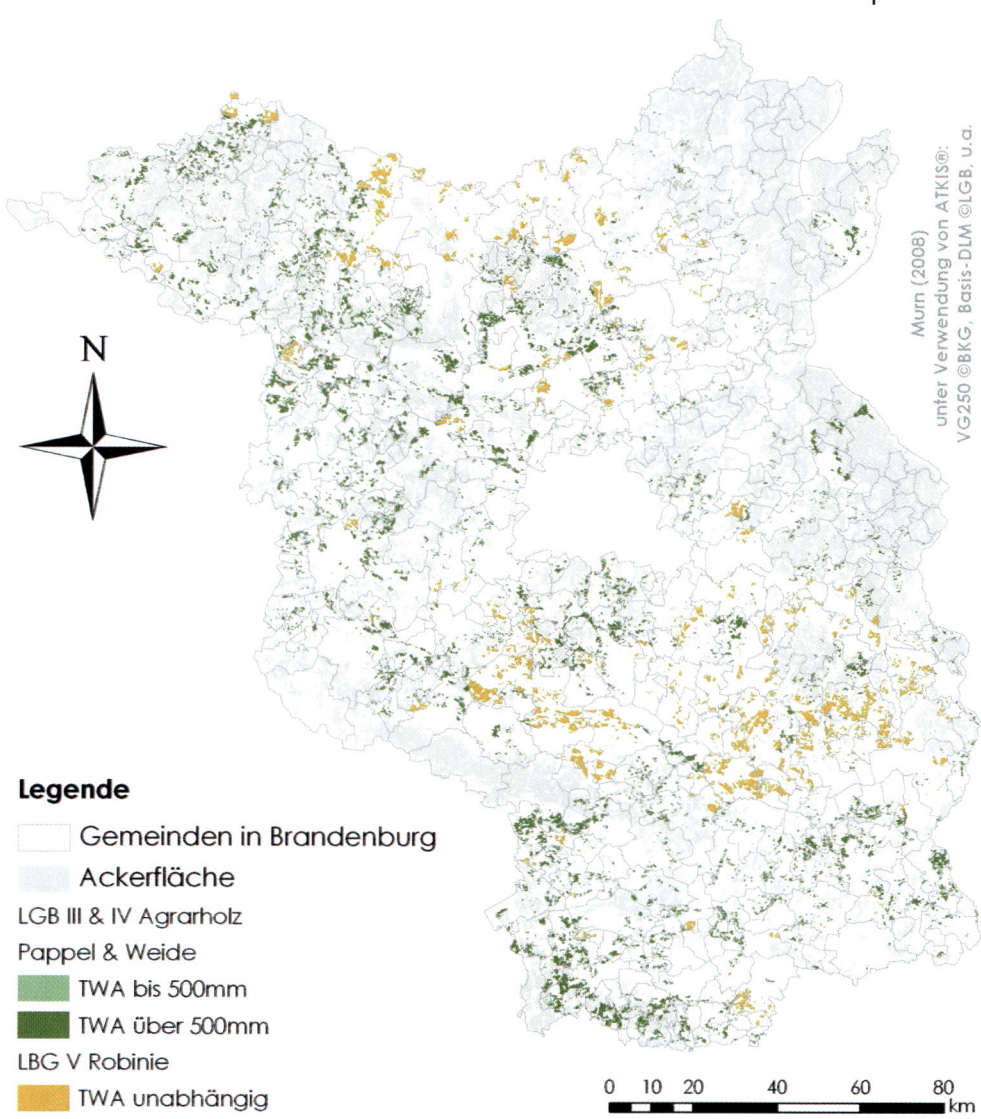

Legende

Gemeinden in Brandenburg

Ackerfläche

LGB III & IV Agrarholz

Pappel & Weide

TWA bis 500mm

TWA über 500mm

LBG V Robinie

TWA unabhängig

Abb. 4.7 Agrarholzvorzugsstandorte in Brandenburg.

Die Vorzugsstandorte für den Agrarholzanbau in Brandenburg machen aufgrund des hohen Anteils an grundwassernahen Standorten einen beachtlichen Flächenanteil aus.

Brandenburg ist durch extreme Verhältnisse im Wasserhaushalt gekennzeichnet. Auf der einen Seite ist es das niederschlagärmste Bundesland mit einem hohen Anteil an Flächen mit negativer klimatischer Wasserbilanz, auf der anderen Seite ist es eines der gewässerreichsten Bundesländer mit mehr als einem

Drittel aller natürlichen Seen in Deutschland (Eulenstein & Wenkel 2002). Hydrologisch müssen die Feuchtgebiete in den Niederungen von den trockenen Hochflächen getrennt werden. Der Anteil der Agrarholz-Vorzugsflächen verteilt sich zu jeweils etwa 100 000 ha auf beide Flächentypen. Dabei sind die Hochflächen für die Robinie vorbehalten. Die Niederungen und hier v. a. Flächen mit Grundwasseranschluss und damit hohen Ertragserwartungen für Pappel und Weide haben eine besondere Bedeutung.

Die standörtlichen Verhältnisse mit geringen Niederschlägen und dem hohen Anteil an schwachen, aber grundwasserbeeinflussten Böden weisen Brandenburg als prädestiniertes Gebiet für den Agrarholzanbau aus. Dies wird noch unterstützt durch den hohen Anteil an großen Betrieben[9] und die günstigen Boden-(pacht)preise.

4.5
Zusammenfassung

Ein wichtiger Faktor für das Wachstum von Pappel und Weide ist das Wasserangebot, das für die potentielle Transpiration der Bäume zur Verfügung steht. Das Transpirationswasserangebot wird bestimmt durch den Niederschlag, die Wasserspeicherfähigkeit des Bodens und die Grundwasserverfügbarkeit. Das Grundwasser spielt insbesondere im Tiefland eine wichtige Rolle und kann hier ein niedriges Wasserspeichervermögen des Bodens und geringe Niederschläge kompensieren.

Die Pappel hat bei vergleichbarem Wasserangebot, höherer Umtriebszeit und geringeren Pflanzenzahlen vor allem auf nicht grundwasserbeeinflussten Standorten höhere Massenerträge als die Weide. Während die Weide auf grundwasserfernen Standorten etwa 8–10 t_{atro} ha^{-1} a^{-1} leistet, liegen die Schätzungen für die Pappel bei etwa 10–15 t_{atro} ha^{-1} a^{-1}.

Allerdings können diese Ertragsunterschiede noch nicht als gesichert gelten, da Untersuchungen zu neueren ertragsstärkeren Weidenklonen noch ausstehen.

Agrarholzvorzugsflächen werden für Brandenburg, wo große Teile der Ackerflächen Anschluss ans Grundwasser haben, für Pappel und Weide auf Böden mit Ackerzahlen unter 35 und Anschluss an tiefer liegendem Grundwasser (0,5–2,5 m), das von den Pappeln und Weiden, nicht aber von den annuellen Ackerkulturen erreicht werden kann, gesehen. Für Robinie kommen Flächen mit Ackerzahlen unter 23 (LBG V), wo sie nach Grünewald (2005) und Peters *et al.* (2007) im Vergleich zu Pappel und Weide konkurrenzfähig ist, in Frage.

Diese Vorzugsflächen für Agrarholz machen einen beträchtlichen Anteil an den Ackerflächen in Brandenburg aus. Sie verteilen sich zu jeweils etwa 100 000 ha auf Feuchtgebiete in den Niederungen mit Pappel und Weide und trockenere Hochflächen mit Robinie. Generell weisen die standörtlichen Verhält-

9) Etwa 600 000 ha Ackerfläche werden in Brandenburg von Betrieben mit mehr als 1000 ha Ackerfläche bewirtschaftet.

nisse Brandenburgs mit geringen Niederschlägen und dem hohen Anteil an schwachen, aber grundwasserbeeinflussten Böden die gesamte Region als prädestiniertes Gebiet für den Agrarholzanbau aus.

Literatur

Ali, W. 2007: Estimation of production potential of short rotation forestry on agricultural land in Saxony. Deutscher Verband Forstlicher Forschungsanstalten, Sektion Ertragskunde, Tagung 21.-23.5.2007, Alsfeld-Eudorf, Tagungsbericht: 101–105

Black, B.A., Abrams, M.D. 2003: Use of the boundary-line growth patterns as a basis for dendrochronological release criteria. Ecological Applications 13(6): 1733–1749

Boelcke, B. 2006: Schnellwachsende Baumarten auf landwirtschaftlichen Flächen – Leitfaden zur Erzeugung von Energieholz. Ministerium für Ernährung, Landwirtschaft, Forsten und Fischerei Mecklenburg – Vorpommern, Schwerin, 36 S.; www.dendrom.de/daten/downloads/ boelcke_leitfaden%20energieholz.pdf (03.06.2008)

Eulenstein, F., Wenkel K.-O. 2002: Wasserrückhalt in Agrarlandschaften: Beitrag der Landnutzung an der Versickerung von Wasser zur Grundwasserneubildung am Beispiel Mittlerer Fläming. 3. Brandenburger Beregnungstag, Güterfelde, 21.11.2002, Kurzfassung der Vorträge: 20–34, Güterfelde (Landesamt für Verbraucherschutz und Landwirtschaft)

Grundmann, P., Eberts, J. 2008: Betriebliche und regionale Entscheidungsmodelle. In: Murach D. et al. 2008: DENDROM – Zukunftsrohstoff Dendromasse, Vorläufiger Endbericht 2008, Eberswalde – Berlin – Cottbus. Tagungsband des Abschluss-Symposiums DENDROM am 10./11.07.08 in Berlin tzt1.pdf;http://www.dendrom.de/ daten/downloads/murach_geschützt1.pdf (31.7.08)

Grünewald, H. 2005: Anbau schnellwachsender Gehölze für die energetische Verwertung in einem Alley-Cropping-System auf Kippsubstraten des Lausitzer Braunkohlereviers, Cottbuser Schriften zu Bodenschutz und Rekultivierung 28, 124 S.

Hall, R. 2003: Short rotation coppice for energy production – hydrological guidelines. Report of the DTI New and Renewable Energy Programme, Centre for Ecology and Hydrology, 21 S. www.berr.gov.uk/files/ file14960.pdf (30.11.2007)

Lindroth, A., Båth, A. 1999: Assessment of regional willow coppice yield in Sweden on basis of water availability. Forest Ecology and Management 121 (1–2): 57–65

LVLF (Landesamt für Verbraucherschutz, Landwirtschaft und Flurneuordnung, Hrsg.) 2005: Datensammlung für die Betriebsplanung und die betriebswirtschaftliche Bewertung landwirtschaftlicher Produktionsverfahren im Land Brandenburg, Schriftenreihe des Landesamtes für Verbraucherschutz, Landwirtschaft und Flurneuordnung, Frankfurt (Oder), Reihe Landwirtschaft, H.1.

Mitlöhner, R. 1998: Pflanzeninterne Potentiale als Indikatoren für den tropischen Standort. Shaker Verlag, Aachen, 238 S.

Murach, D. Hartmann, H., Walotek, P. 2008a: Ertragsmodelle für landwirtschaftliche Dendromasse. Vorläufiger Endbericht 2008, Eberswalde – Berlin – Cottbus. Tagungsband des Abschluss-Symposiums DENDROM am 10./11.07.08 in Berlin tzt1.pdf;http://www.dendrom.de/daten/ downloads/murach_geschützt1.pdf (31.7.08)

Murach, D., Murn, Y., Hartmann, H. 2008b: Ertragsermittlung und Potenziale von Agrarholz. Forst u. Holz 63 (6): 18–23

Murn, Y. 2008: Modelling potentials of short rotation coppice systems in Brandenburg with GIS. Master Thesis, Fachbereich Wald und Umwelt, Fachhochschule Eberswalde

Peters, K., Bilke, G., Strohbach, B. 2007: Ertragsleistung sechsjähriger Robinien (*Robinia pseudoacacia*) auf vier ehemaligen Ackerstandorten unterschiedlicher Bodengüte in Brandenburg. Archiv für Forstwesen und Landschaftsökologie 41: 26–29

Petzold, R., Feger, K.-H., Schwärzel, K 2008: Transpiration einer 9-jährigen Pappelplantage in Mittelsachsen. Cottbuser Schriften zur Ökosystemgenese und Landschaftsentwicklung 6: 187–188

Röhle, H., Hartmann, K.-U., Gerold, D., Steinke, C., Schröder, J. 2006: Aufstellung von Biomassefunktionen für Kurzumtriebsbestände. Allgemeine Forst- und Jagdzeitung 177 (10/11): 178–187

Röhle, H. 2008: Methoden zur Schätzung der Ertragsleistung in Kurzumtriebsbeständen. Cottbuser Schriften zur Ökosystemgenese und Landschaftsentwicklung 6: 91–100

Scholz, V., Hellebrand, H.J., Höhn, A. 2004: Energetische und ökologische Aspekte der Feldholzproduktion. Bornimer Agrartechnische Berichte 35: 15–31

Schübeler, D. 1997: Untersuchungen zur standortsabhängigen Wachstumsmodellierung bei der Fichte. Dissertation, Fakultät für Forstwissenschaften und Waldökologie, Georg-August-Universität Göttingen, 155 S.

Stephens, W., Hess, T., Knox, J. 2001: Review of the effects of energy crops on hydrology. Report NF0416 to Ministry of Agriculture, Fisheries And Food by Institute of Water and the Environment, Cranfield University, Silsoe, 29 S. www.torridge.gov.uk/media/adobe/g/g/8_Supplementary_Information.pdf (30.11.2007)

Walworth, J.L., Letzsch, W.S., Summer, M.E. 1986: Use of boundary lines in establishing diagnostic norms. Soil Sci. Soc. Am. J. 50: 123–128

Webb, R. A. 1972: Use of the Boundary Line in the analysis of biological data. J. Hort. Sci. 47: 309–319

Werner, A., Vetter, A., Reinhold, G. 2006: Leitlinie zur effizienten und umweltverträglichen Erzeugung von Energieholz. Thüringer Landesanstalt für Landwirtschaft, Jena, 21 S. http://www.dendrom.de/daten/downloads/vetter_leitlinie%20energieholz%202006.pdf (03.06.08)

5
Leistungsvermögen und Leistungserfassung von Kurzumtriebsbeständen

Heinz Röhle, Kai-Uwe Hartmann, Christian Steinke und Dieter Murach

In Deutschland hat sich die Nachfrage nach dem Rohstoff Holz seit einigen Jahren spürbar belebt. Die Ankündigung der Europäischen Union, bis zum Jahr 2020 rund 20 % der Primärenergie aus erneuerbaren Energien zu gewinnen, wird diesen Trend weiter verstärken. Zur Deckung des Rohstoffbedarfs wird deshalb die Produktion von Holz in Kurzumtriebsplantagen (KUP) an Bedeutung gewinnen.

KUP werden in der Regel auf landwirtschaftlichen Nutzflächen angelegt. Ökonomisch gesehen konkurrieren sie mit den Deckungsbeiträgen, die traditionelle landwirtschaftliche Kulturen auf demselben Standort erzielen. Von besonderer Bedeutung sind deshalb

- Informationen über die Ertragsleistungen verschiedener Baumarten und Klone auf Standorten unterschiedlicher Güte und
- Verfahren zur raschen Ermittlung der Biomasseleistung von KUP vor Ort.

5.1
Ertragsleistungen von Kurzumtriebsplantagen

Die Ertragsleistungen[1] schnellwachsender Baumarten im Kurzumtrieb werden in Ostdeutschland und Nordwestdeutschland seit Mitte der 1990er Jahre von verschiedenen Institutionen auf einer Reihe von Versuchsfeldern erforscht. In erster Linie und auf fast allen Versuchsstandorten kam dabei Pappel (Abbildung 5.1) zum Einsatz, während Weide (Abbildung 5.2) und vor allem Robinie sowohl be-

---

[1] Zur Beurteilung der Leistungsfähigkeit von KUP dient die produzierte Holzmasse (und nicht das Holzvolumen wie in der traditionellen Forstwirtschaft). Um Vergleiche zwischen verschiedenen Baumarten, Klonen und Standorten zu ermöglichen und Verzerrungen durch abweichende Holzfeuchtegehalte zu vermeiden, wird die Biomasse in Tonnen Trockensubstanz (t_{atro}) angegeben. Als Leistungsgröße findet der durchschnittliche Gesamtzuwachs an Biomasse in Tonnen Trockensubstanz pro Hektar und Jahr Verwendung (dGZ t_{atro} ha^{-1} a^{-1}], oberirdische Biomasse im unbelaubten Zustand).

Anbau und Nutzung von Bäumen auf landwirtschaftlichen Flächen.
Herausgegeben von T. Reeg, A. Bemmann, W. Konold, D. Murach und H. Spiecker
Copyright © 2009 WILEY-VCH Verlag GmbH & Co. KGaA, Weinheim
ISBN: 978-3-527-32417-0

Abb. 5.1 9-jähriger Pappel-
bestand auf einem Kurz-
umtriebs-Versuchsfeld in
Mittelsachsen (Kreis Mitt-
weida), die Bäume haben
hier im Durchschnitt Höhen
von 15 m erreicht.

Abb. 5.2 Stammzahlreicher, 3-jähriger Weiden-Stockausschlag
in Folgerotation, aus erntetechnischen Gründen im Doppel-
reihen-Verband begründet.

züglich der Anzahl an ausgebrachten Klonen als auch hinsichtlich der Größe der kultivierten Fläche deutlich in den Hintergrund treten. Aus Polen liegen darüber hinaus von mehreren über das ganze Land verteilten Weidenflächen Ertragsdaten vor, die von der Arbeitsgruppe um Prof. Murach an der FH Eberswalde erhoben wurden[2].

5.1.1
Pappel

Auf den bisher untersuchten, meist mittleren bis besseren Standorten wurden in der ersten Umtriebszeit (Rotation) dGZ-Werte von 6–14 t_{atro} ha^{-1} a^{-1} ermittelt. In Ausnahmefällen stellen sich auch Erträge von bis zu 20 t_{atro} ha^{-1} a^{-1} ein (Hofmann 1995, Makeschin 1999, Bungart *et al.* 2004), dies jedoch häufig erst nach der ersten Ernte, d. h. ab der zweiten Rotation (Scholz *et al.* 2004, Hofmann 2005). Lediglich bei sehr hohen Dichten (Stammzahlen über 15 000/ha), wie sie auf einem Versuchsfeld in Mecklenburg-Vorpommern festgestellt wurden, konnten für zwei neunjährige Pappelklone auch im ersten Umtrieb Leistungen von bis zu 24 t_{atro} ha^{-1} a^{-1} nachgewiesen werden (Röhle *et al.* 2006). In der zweiten und in weiteren Folgerotationen steigen die Wuchsleistungen z. T. drastisch an: So wurden bei Pappel auf einer Versuchsanlage der Landesanstalt für Landwirtschaft und Fischerei in Mecklenburg-Vorpommern dGZ-Werte über 26 t_{atro} ha^{-1} a^{-1} registriert (Boelke 2006), während in der ersten Rotation nur Werte um 15 t_{atro} ha^{-1} a^{-1} erreicht wurden. Ausschlaggebend für die Leistungssteigerung in Folgerotationen sind das überproportional entwickelte Wurzelsystem der Unterlage und die höheren Stamm- bzw. Triebzahlen der Stockausschläge.

5.1.2
Weide

Auf besseren, gut wasserversorgten Böden und bei hohen Stammzahlen pro Hektar sind bei Weide auf den Versuchsfeldern in Nordwestdeutschland und in Polen dGZ-Leistungen von maximal 15 t_{atro} ha^{-1} a^{-1} möglich (Walotek & Murach 2006), in Sachsen dagegen wurden auch bei sehr hohen Stammzahlen höchstens Biomassezuwächse von bis zu 10 t_{atro} ha^{-1} a^{-1} gemessen (Röhle *et al.* 2005). Diese hohen Leistungen stellen sich meist erst ab dem zweiten Umtrieb ein. Auf nährstoffärmeren, schlechter wasserversorgten Standorten oder bei geringeren Begründungsdichten brechen die Leistungen bis auf Werte unter 4 t_{atro} ha^{-1} a^{-1} ein.

2) Der vorliegende Beitrag bezieht sich nur auf die genannten Regionen; Ergebnisse von Untersuchungen aus Süddeutschland werden nicht betrachtet. In diesem Zusammenhang sei auf die an der Bayerischen Landesanstalt für Wald und Forstwirtschaft (LWF) veröffentlichten Arbeiten von Burger (2006, 2007) verwiesen, welche über Ertragsleistungen bayerischer Versuchsflächen mit Balsampappel, Weide, Roterle und Aspe informieren.

5.1.3
Robinie

Deutlich niedriger, aufgrund des geringeren Umfangs an Untersuchungsflächen allerdings auch nur von bedingter Aussagekraft, liegen die dGZ-Werte bei Robinie mit einer Spanne von 2–6 t_{atro} ha^{-1} a^{-1}. Damit erreichen die Maximalerträge der Robinie auf Standorten in Ostdeutschland nicht annähernd die in Pappel- und Weidenbeständen gemessenen Werte. Wegen ihrer ausgeprägten Trockentoleranz hat der Anbau dieser Baumart im Kurzumtrieb auf schlechter wasserversorgten Standorten trotzdem seine Berechtigung (Zeckel 2007).

5.1.4
Zusammenfassende Bewertung

Die durchschnittlichen Gesamtzuwächse an Biomasse streuen in einem weiten Bereich, was insbesondere für Pappel und Weide deutlich wird. Die enorme Bandbreite ist sowohl auf standörtliche Faktoren als auch auf die Begründung, Bestandesbehandlung und Rotationslänge zurückzuführen. Ackerstandorte mit mittlerer bis guter Nährstoffausstattung sind, durchschnittliche Jahresmitteltemperaturen von über 7 °C vorausgesetzt, aufgrund ihrer Wuchskraft grundsätzlich für die Anlage von KUP geeignet. Von entscheidender Bedeutung ist jedoch die Wasserverfügbarkeit (Petzold *et al.* 2006): Da Pappel und Weide bei optimalem Wachstum ernorme Transpirationsraten aufweisen, stellen Niederschläge von mindestens 300 mm während der Vegetationszeit und eine hohe nutzbare Feldkapazität im effektiven Wurzelraum wichtige Charakteristika geeigneter Anbauflächen dar. Geringere Niederschlagsmengen in der Vegetationszeit oder schlechtere Wasserspeicherfähigkeit des Bodens können jedoch durch direkten Grundwasseranschluss kompensiert werden, z. B. im Nahbereich von Flüssen oder Vorflutern.

Nach der ersten Ernte, d. h. ab der zweiten und in weiteren Folgerotationen, stellt sich im Regelfalle eine deutliche Steigerung der Wuchsleistungen ein. Sollen bereits in der ersten Rotation und hier insbesondere nach wenigen Jahren hohe Biomasseleistungen erzielt werden, ist die Begründung mit einer großen Anzahl von Stecklingen erforderlich, damit bereits von Beginn an der Standraum optimal ausgenutzt werden kann.

Tabelle 5.1 informiert für Pappel und Weide anhand der von der TU Dresden betreuten Versuchsflächen in Sachsen, Brandenburg und Mecklenburg-Vorpommern über die Bandbreite der Wuchsleistungen, die sich auf den Versuchsfeldern in Abhängigkeit von Klon, Standorteigenschaften, Alter, Stammzahl/ha und Rotationslänge einstellten.

5.2
Ertragsermittlung in Kurzumtriebsbeständen

In Hochwaldbeständen kann zur Ermittlung von Vorrat und Zuwachs auf eine breite Palette bestens erprobter, standardisierter Messverfahren (z. B. Winkelzählprobe) und Schätzhilfen (z. B. Ertragstafeln) zurückgegriffen werden, weshalb sich der Aufwand zur Ertragsermittlung im konkreten Einzelfall auf ein Minimum beschränkt. Für schnellwachsende Baumarten im Kurzumtrieb liegen standardisierte Verfahren bisher noch nicht vor. Die Ermittlung aller relevanten Ertragsgrößen gestaltet sich deshalb ungleich zeit- und kostenintensiver als im Hochwald.

Prinzipiell eignen sich vier Verfahren zur Ertragsermittlung von Kurzumtriebsbeständen, die alle destruktiven Charakter besitzen, d. h. die Entnahme von Probematerial voraussetzen. Um der Praxis ein leicht anwendbares Verfahren anbieten zu können, müssen allgemeingültige Schätzhilfen entwickelt werden, die zerstörungsfrei arbeiten. Solche Schätzhilfen liegen derzeit noch nicht vor, befinden sich aber in der Entwicklung (Röhle *et al.* 2006).

5.2.1
Vollerntemethode

Bei diesem in der Landwirtschaft üblichen Verfahren wird eine Fläche komplett beerntet und das Erntegut verwogen. Durch Trocknung einer Stichprobe des Erntegutes wird der Feuchtegehalt bestimmt und mit dessen Hilfe die Trockenbiomasse des gesamten geernteten Materials berechnet. In der praktischen Anwendung erfordert dieses Verfahren einen hohen Aufwand und gestattet nur die einmalige Ertragsermittlung zum jeweiligen Erntezeitpunkt.

5.2.2
Teilerntemethode

Bei der Teilerntemethode werden in dem zu beprobenden Bestand Stichprobenflächen systematisch oder zufällig ausgewählt und alle Individuen auf diesen Stichprobenflächen geerntet. Bei der Trockengewichtsbestimmung des Erntegutes wird wie unter Abschnitt 5.2.1 vorgegangen und anschließend die Gesamtbiomasse des Bestandes über das Verhältnis von Stichprobenfläche zu Gesamtfläche hergeleitet.

5.2.3
Probebaumverfahren (Stockerntemethode)

Diese Methode basiert auf der Auswahl und Beerntung einer Stichprobe von Individuen (Bäumen bzw. Stöcken ab der zweiten Rotation) eines Bestandes. An den beprobten Individuen erfolgt die Bestimmung des Frisch- und Trockengewichtes.

Tabelle 5.1 Standorteigenschaften und Wuchsleistungen auf ostdeutschen Pappel- und Weidenversuchsfeldern

Ort (Bundesland)	Ackerzahl	Höhenlage über NN in m	Mittlere Jahrestemperatur in °C	Niederschlagsmenge/Jahr in mm	Klone	Rotationslänge (Triebalter/ Wurzelalter)	Stammzahl/ ha	Mittelhöhe in m	dGZ in t_{atro} ha^{-1} a^{-1}
Pappel									
Arnsfeld (Sachsen)	29	600–650	< 7,0	> 850	Androscoggin, Matrix, Max1	4/4–7/7	1400–1600	5,2–8,5	1,1–4,2
Methau I (Sachsen)	58	180–220	8,1	690	275, Matrix, Max3, Max4	3/3–10/10	1200–3800	6,0–19,8	3,7–12,9
Methau II (Sachsen)	67	180–220	8,1	690	Androscoggin, Beaupre, Matrix, Max1, Max4, Münden	4/4–7/7	900–3200	6,7–13,0	2,1–9,2
Nochten (Sachsen)	30 (ehem. Braunkohlenkippe)	140	8,5	620–660	Androscoggin, Max4, Münden	4/4	2100–2900	3,2–3,8	0,4–0,8
Skäßchen (Sachsen)	38	120	8,5	550–600	Androscoggin, Max1, Max4, Münden	4/4–7/7	800–2900	2,9–8,6	0,2–2,9

Thammenhain (Sachsen)	42	130	8,5	550–600	Androscoggin, Max1, Max2, Münden	4/4–7/7	500–3000	4,4–10,9	0,2–7,7
Großthiemig (Brandenburg)	35 (grundwassernah)	113	8,5	575	Androscoggin, Muhle-Larsen	1/3–1/4	39000–54000	2,8–3,3	4,7–7,0
Kuhstorf (Mecklenburg-Vorpommern)	15–35	22	8,2	616	Japan 105	1/1–4/4	14000–25000	1,5–6,2	1,0–7,7
Laage (Mecklenburg-Vorpommern)	38–42	30	8,0	600–660	Beaupre, Max1, Max3, Max4, Muhle-Larsen, Raspalje	4/4–9/10	7000–22000	5,6–13,9	2,9–23,9
Weide								
Methau I (Sachsen)	58	180–220	8,1	690	Jorr, Tora, Ulv	1/4–10/10	20000–130000	2,0–9,0	2,8–9,9
Kuhstorf (Mecklenburg-Vorpommern)	15–35	22	8,2	616	Jorr, Orm, Ulv	4/4	40000–60000	2,5–5,2	1,5–7,6

Im Einzelnen fallen folgende Arbeitsschritte an:

1. Ermittlung der Individuenanzahl auf der Fläche,
2. Entnahme einer Stichprobe (systematische oder zufällige Auswahl der zu beprobenden Individuen),
3. Ermittlung der Frischgewichte der beprobten Individuen,
4. Trocknung bei 103,5 °C bis zur Gewichtskonstanz und Herleitung des Durchschnittstrockengewichts (DTG) der beprobten Individuen (mittleres Baum- bzw. Stockgewicht),
5. Berechnung der Biomasse in t_{atro} durch Multiplikation der Individuenanzahl mit dem DTG.

Nach Walotek & Murach (2006) ist bei dieser Methode insbesondere die Schätzung der Stockanzahl (Pflanzverband) mit Unsicherheiten behaftet, falls die Verbandsweite nicht streng gleichmäßig ist und/oder eine größere Anzahl der Steckhölzer nach der Pflanzung ausgefallen ist. Wie Untersuchungen von Niemann (2008) auf der Pappel-Versuchsfläche Großthiemig in Südbrandenburg zeigen, kann der Stichprobenumfang, d. h. die Anzahl der zu beprobenden Individuen, je nach Homogenität oder Heterogenität des Bestandes sowie maximal zulässigem Fehler des mittleren Stockgewichtes durchaus respektable Größenordnungen annehmen (im vorliegenden Fall 97 Stöcke, vgl. Abschnitt 5.2.5), was den zu veranschlagenden Aufwand wesentlich beeinflusst.

5.2.4
Regressionsmethode

Bei der Regressionsmethode werden Beziehungen zwischen dem Baum- oder Triebgewicht und anderen, leicht messbaren Dimensionsgrößen (z. B. Durchmesser, Baumhöhe) aufgestellt und mit Hilfe von Regressionsgleichungen beschrieben (Verwijst & Telenius 1999). Diese Gleichungen werden als Biomassefunktionen bezeichnet.

Untersuchungen an Versuchsflächen in Pappel- und Weidenplantagen in Ostdeutschland zeigten, dass eine Vielzahl mathematischer Funktionen mit unterschiedlichen Erklärungsvariablen die meist sehr straffen Beziehungen zwischen Einzelbaumbiomasse und Dimensionsgrößen zufriedenstellend beschreibt (adjustiertes Bestimmtheitsmaß $R^2 > 0,95$). Nach Röhle *et al.* (2006) werden allerdings mit dem Brusthöhendurchmesser (Bhd)[3] als einzige Erklärungsvariable bereits beste Ergebnisse erzielt, die Einbeziehung der Baumhöhe oder weiterer Dimensionsgrößen führt zu keiner signifikanten Steigerung des Bestimmtheitsmaßes.

---

3) Der Brusthöhendurchmesser wird in der Höhe von 1,3 m über dem Boden gemessen und ist eine in der Forstwirtschaft gebräuchliche Bezugsgröße. Untersuchungen von Röhle *et al.* (2006) zeigten, dass der Bhd zur Aufstellung von Biomassefunktionen uneingeschränkt empfohlen werden kann. Die Verwendung von Durchmessern in abweichenden Baumhöhen, z. B. in 0,1 m bzw. 0,6 m über dem Boden, führte zu keiner Verbesserung der Schätzgenauigkeit der Biomassefunktionen.

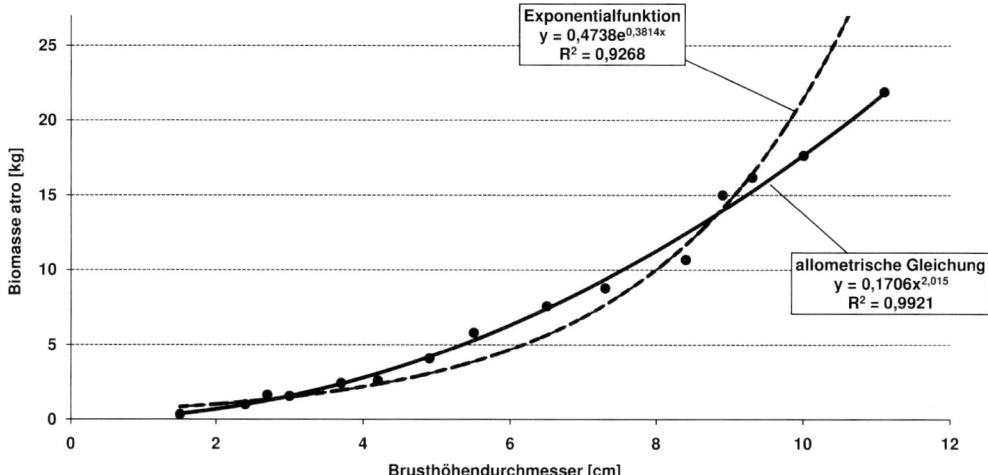

Abb. 5.3 Biomassefunktion für Pappel. In diesem Beispiel tritt die bessere Anpassung der allometrischen Gleichung an die Messwerte im Vergleich zu einer Exponentialfunktion klar hervor.

Als geeignete Standardfunktion bietet sich deshalb die allometrische Gleichung

$$b = a_0 \cdot d^{a_1}$$

b: Trockenbiomasse in kg
d: Bhd in cm
a_0, a_1: Regressionskoeffizienten

an, die mit dem Bhd nur eine Eingangsgröße erfordert und von einer Vielzahl von Autoren an verschiedenen Baumarten erfolgreich verwendet wurde (Abbildung 5.3). Zur Herleitung dieser Funktion ist die Beprobung von 15 Individuen, die das gesamte Bhd-Spektrum je Bestand abdecken, ausreichend.

Die Regressionsmethode basiert ebenfalls auf der Auswahl und Beerntung einer Stichprobe von Individuen (Bäumen bzw. Trieben ab der zweiten Rotation). An diesen Individuen erfolgt die Bestimmung des Frisch- und Trockengewichtes. Im Einzelnen fallen folgende Arbeitsschritte an:

1. Bhd-Messung aller Individuen oder einer repräsentativen Teilfläche eines Bestandes,
2. Ernte von Individuen über das gesamte Bhd-Spektrum,
3. Bestimmung des Frischgewichtes der geernteten Individuen,
4. Trocknung der Proben bei 103,5 °C bis zur Gewichtskonstanz und Ermittlung des Trockengewichts,
5. Aufstellung einer Biomassefunktion (Beziehung zwischen dem Bhd und der Trockenbiomasse) anhand der Daten der geernteten Individuen,
6. Berechnung der Flächen- bzw. Hektardaten durch Einsetzen der Bhd-Werte aller Individuen in die Biomassefunktion.

5.2.5
Vergleichende Bewertung der Verfahren

KUP sind mehrjährige Kulturen, weshalb zu einer umfassenden Leistungsbeurteilung nicht nur die am Ende der Umtriebszeit produzierte Biomasse von Interesse ist. Vielmehr müssen, z. B. zur Herleitung zuwachsoptimaler Bestandesdichten und Rotationslängen, schon während des Heranwachsens der Bestände Angaben zum aktuellen Biomasseertrag bzw. zur Entwicklung der Biomassevorräte über der Zeit bereitgestellt werden. Die aus der Landwirtschaft bekannte **Vollerntemethode** ist insofern ungeeignet, da mit Hilfe dieses Verfahrens die Ertragsleistung lediglich zum Zeitpunkt der Ernte bestimmt werden kann.

Die **Teilerntemethode** liefert, wenn Stichprobenflächen in ausreichender Anzahl beerntet wurden, ähnlich präzise Resultate wie die Vollerntemethode. Allerdings darf hierbei der Aufwand nicht unterschätzt werden. Außerdem verringert sich die Gesamtfläche nach jeder Beprobung um die Größe der beernteten Stichprobenflächen, weshalb die Teilerntemethode nur bei sehr großen Beständen geeignet sein dürfte (das betrifft insbesondere Bestände mit Rotationslängen von acht und mehr Jahren, bei denen z. B. im Ein- oder Zweijahresturnus eine Beprobung zur Ertragskontrolle stattfinden soll).

Beim **Probebaumverfahren (Stockerntemethode)** und bei der **Regressionsmethode** fällt der zur Beprobung erforderliche Aufwand vergleichsweise gering aus, weil bei beiden Verfahren nur eine begrenzte Anzahl von Individuen geerntet werden muss. Beide Verfahren eignen sich zur wiederholten Beprobung mehrjähriger Kulturen, wobei der Regressionsmethode aus zwei Gründen der Vorzug vor dem Probebaumverfahren zu geben ist:

– In sehr inhomogenen Beständen steigt der Aufwand beim
  Probebaumverfahren drastisch an.
– Nur mit Hilfe der Regressionsmethode können allgemeingültige, praxistaugliche Schätzhilfen entwickelt werden, die eine
  rasche und zerstörungsfreie Ermittlung der Biomasseleistung
  von Kurzumtriebsplantagen vor Ort gestatten.

Im Folgenden werden diese beiden Aspekte näher beleuchtet.

Niemann (2008) verglich auf dem Pappel-Versuchsfeld Großthiemig Schätzgenauigkeit und Aufwand von Probebaumverfahren und Regressionsmethode. Dazu wurde auf einem bereits mehrfach beernteten Mutterquartier für die Klone Androscoggin und Muhle-Larsen je eine aus einer Doppelreihe bestehende streifenförmige Versuchsfläche eingerichtet, die wiederum auf ganzer Länge in 10 m lange Parzellen unterteilt war. Auf diesen Versuchsflächen wurden aus dem gesamten Bhd-Spektrum Triebe zur Herleitung von Biomassefunktionen (Regressionsmethode) entnommen. Zur Berechnung der klonspezifischen mittleren Stockgewichte (Probebaumverfahren) dienten nach systematischen Kriterien ausgewählte und beprobte Stöcke. Wie Abbildung 5.4 am Beispiel des Klons Muhle-Larsen zeigt, bestehen zwischen den tatsächlichen Trockengewichten der entnommenen 18 Stöcke und den mit Hilfe der Regressionsmethode geschätzten Stockgewichten

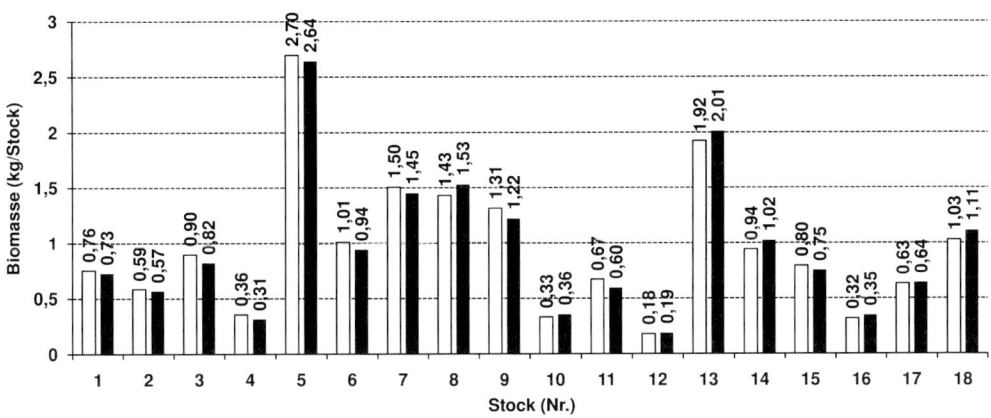

Klon Muhle-Larsen, Stockgewichte nach Probebaumverfahren und Regressionsmethode

☐ Regressionsmethode: geschätztes Stockgewicht (kg)
■ Probebaumverfahren: tatsächliches Stockgewicht (kg)

Abb. 5.4 Vergleich der tatsächlichen Trockengewichte der 18 beernteten Stöcke nach dem Probebaumverfahren (schwarze Säulen) mit den geschätzten Trockengewichten nach der Regressionsmethode (weiße Säulen) für den Klon Muhle-Larsen. Ergänzend sind die gemessenen bzw. geschätzten Trockengewichte in kg über den Säulen angegeben.

keine statistisch signifikanten Unterschiede. Das Gewicht einzelner Stöcke lässt sich demzufolge mit der Regressionsmethode mit hoher Genauigkeit schätzen.

Vollkommen konträr sind jedoch die Ergebnisse für den Gesamtvorrat an Biomasse, dargestellt am Beispiel des Klons Muhle-Larsen: Hier ergibt die Regressionsmethode eine Biomasse von 4,41 t_{atro} ha^{-1}, die Probebaummethode dagegen von 5,33 t_{atro} ha^{-1}, was immerhin eine Differenz von etwa 20 % darstellt. Betrachtet man die für alle 10 m langen Parzellen nach beiden Methoden berechneten Vorräte an Biomasse (Abbildung 5.5), so fällt zunächst auf, dass die Biomasse auf den 28 Parzellen der Versuchsfläche des Klons Muhle-Larsen stark variiert (nach der Probebaummethode in einem Bereich zwischen 1,2 t_{atro} ha^{-1} und 8,3 t_{atro} ha^{-1}). Weiterhin werden auf einigen Parzellen mit der Regressionsmethode, auf anderen Parzellen mit der Probebaummethode höhere Biomassen geschätzt. Ursächlich dafür ist die Inhomogenität dieser Versuchsfläche, weshalb die Entnahme von 18 Stöcken keine ausreichend genaue Schätzung der Biomasse mit dem Probebaumverfahren ermöglicht. Im vorliegenden Fall lag das mit einer systematischen Stichprobe von 18 Stöcken ermittelte Stockmittelgewicht höher als der tatsächliche Gewichtsmittelwert. Auf diesem Standort wäre für den Klon Muhle-Larsen bei Akzeptanz eines Fehlers von ±10 % ein Stichprobenumfang von 97 Stöcken erforderlich gewesen, was den erforderlichen Aufwand im Vergleich zur Regressionsmethode drastisch gesteigert hätte.

Untersuchungen von Röhle *et al.* (2006) in Ostdeutschland zeigten, dass sich zumindest für die dort beprobten Pappel-Versuchsfelder Gesetzmäßigkeiten hin-

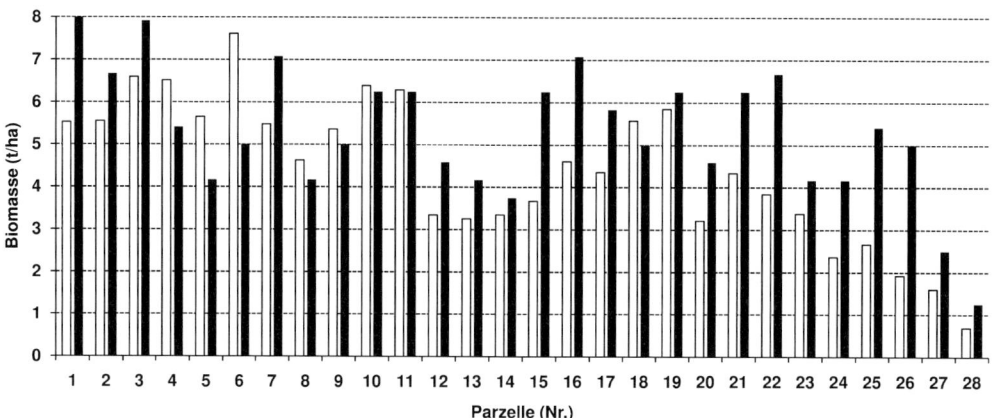

Klon Muhle-Larsen, Biomasse parzellenweise nach Probebaumverfahren und Regressionsmethode

Abb. 5.5 Vergleich der Biomassen der 28 Parzellen der Versuchsfläche nach den Ergebnissen der Probebaumverfahren (schwarze Säulen) und der Regressionsmethode (weiße Säulen) für den Klon Muhle-Larsen.

sichtlich Lage und Form der Biomassefunktionen herausarbeiten lassen, was die Aufstellung allgemeingültiger Schätzhilfen erlaubt: So wurden für die Werte der Koeffizienten a_0 und a_1 der allometrischen Funktion keine statistisch signifikanten Unterschiede zwischen den auf den Versuchsfeldern beprobten Klonen gefunden. Allerdings konnten signifikante Einflüsse sowohl der Bestandesmittelhöhe als auch der Bestandesdichte auf die Koeffizienten belegt werden. Die dabei gefundenen Abhängigkeiten sind plausibel und gut interpretierbar: So verlagern sich die Biomassefunktionen mit zunehmender Mittelhöhe leicht nach oben (höhere Bäume haben bei gleichem Bhd eine größere Biomasse). Außerdem nimmt die Biomasse von Bäumen bei Konstanthaltung von Bhd und Höhe mit abnehmender Bestandesdichte zu, da Bäume mit gleichen Schaftdimensionen bei geringeren Bestandesdichten eine vergleichsweise größere Krone ausbilden und infolgedessen eine höhere Biomasse besitzen (Abbildung 5.6). Diese zumindest für die Untersuchungsstandorte vorgefundenen Beziehungen zwischen den Koeffizienten der allometrischen Funktion und den Bestandescharakteristika unterstützt die Aufstellung von Schätzhilfen, bei deren Anwendung neben den Einzelbaumdurchmessern nur wenige, leicht bestimmbare Bestandesparameter erhoben werden müssen.

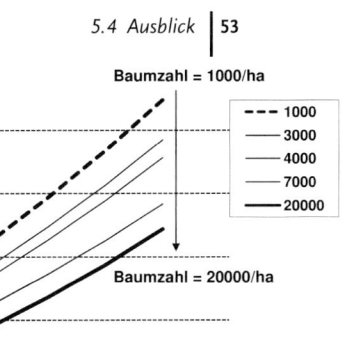

Abb. 5.6 Modellhafte Darstellung von Biomassefunktionen für Pappelklone in Sachsen bei unterschiedlichen Bestandesdichten (Baumzahlen von 1000/ha bis 20 000/ha).

5.3
Ausblick

Zweifelsohne ist die Kurzumtriebswirtschaft auch unter dem Aspekt des Klimaschutzes eine zukunftsfähige Form der Bodenbewirtschaftung, die bei richtiger Standortwahl und der Verwendung geeigneter Baumarten und Klone im Vergleich zur landwirtschaftlichen Produktion attraktive Renditeaussichten verspricht. Die dazu erforderlichen hohen Biomasseleistungen sind jedoch nur dann realisierbar, wenn insbesondere die für schnellwachsende Baumarten notwendige gute Wasserversorgung langfristig gesichert ist.

Zur Ermittlung der Biomasse des aufstockenden Bestandes bieten sich in mehrjährigen Kulturen aus Gründen der Praktikabilität, aber auch aus Zeit- und Kostenaspekten, nur zerstörungsfreie Verfahren an, die auf der Basis einfach zu ermittelnder Ertragsgrößen die Biomasse hinreichend genau schätzen. Diesem Anspruch wird im engeren Sinne nur die Regressionsmethode gerecht. Deshalb sollten künftig alle Anstrengungen darauf ausgerichtet sein, allgemein anwendbare und damit klon- und standortübergreifend gültige Biomassefunktionen für KUP zu entwickeln. Darüber hinaus sind Modelle aufzustellen, mit deren Hilfe allein auf der Basis von Standortdaten für die wichtigsten schnellwachsenden Baumarten und Klone der zu erwartende Biomasseertrag bei unterschiedlichen Bestandesdichten modelliert werden kann. Erste erfolgversprechende Ansätze dazu werden in Kapitel 4, dem Beitrag von Murach *et al.* vorgestellt.

5.4
Zusammenfassung

Für den Kurzumtrieb eignen sich Baumarten mit raschem Jugendwachstum. Je nach Standortverhältnissen sind dies Pappel- und Weidenarten sowie bei angespannter Wasserversorgung die Robinie.

Die durchschnittlichen Gesamtzuwächse (dGZ) an Biomasse streuen je nach den standörtlichen Gegebenheiten in einem weiten Bereich: Bei Pappel reicht die Bandbreite von etwa 4 bis zu mehr als 20 t_{atro} ha^{-1} a^{-1}, bei Weide von ebenfalls etwa 4 bis zu ca. 15 t_{atro} ha^{-1} a^{-1} und bei Robinie von 2 bis 6 t_{atro} ha^{-1} a^{-1}. Die höchsten Leistungen werden auf gut wasserversorgten Böden und bei hohen Bestandesdichten erzielt. In der zweiten und in weiteren Folgerotationen ist eine deutliche Steigerung der Wuchsleistungen zu beobachten.

Zur Ermittlung der Biomasse in KUP existieren verschiedene Verfahren, bei deren Anwendung auf konkrete Bestände grundsätzlich Probematerial entnommen werden muss. Eines der Verfahren (Regressionsmethode), das sich auf die Herleitung bestandesspezifischer Biomassefunktionen zur Ertragsermittlung stützt, gestattet die Entwicklung allgemeingültiger Schätzhilfen. Damit soll in KUP die zur Abschätzung der zu erwartenden Rendite unerlässliche Ertragsermittlung zukünftig ähnlich zeitsparend erfolgen, wie dies seit langem in der traditionellen Forstwirtschaft durch die Anwendung von Massen- oder Ertragstafeln möglich ist.

Literatur

Boelcke, B. 2006: Schnellwachsende Baumarten auf landwirtschaftlichen Flächen. In: Ministerium f. Ernährung, Landwirtschaft, Forsten und Fischerei Mecklenburg-Vorpommern (Hrsg.): Leitfaden zur Erzeugung von Energieholz, 40 S.

Bungart, R., Preußner, K., Hüttl, R.F. 2004: Schnellwachsende Baumarten in der Bergbaufolgelandschaft. AFZ-Der Wald 59 (5): 232–237

Burger, F. 2006: Bayerische Erfahrungen bei der Bewirtschaftung von Kurzumtriebswäldern. Forst und Holz 61(11): 484–486

Burger, F. 2007: Potentiale von Energiewäldern auf landwirtschaftlichen Flächen. AFZ-Der Wald 62 (14): 749–750

Hofmann, M. 1995: Ertragsleistung von Pappel und Weide bei der Bewirtschaftung in kurzen Umtriebszeiten. Statusseminar Schnellwachsende Baumarten 23./24.10.1995 in Kassel, Tagungsband, Fachagentur Nachwachsende Rohstoffe e.V.: 51–56

Hofmann, M. 2005: Pappeln als nachwachsender Rohstoff auf Ackerstandorten – Kulturverfahren, Ökologie und Wachstum unter dem Aspekt der Sortenwahl. Schriftenreihe des Forschungsinstitutes für schnellwachsende Baumarten, Hann. Münden, Band 8, 143 S.

Makeschin, F. 1999: Short rotation forestry in central and northern Europe – introduction and conclusions. For. Ecol. Man. 121: 1–7

Niemann, R. 2008: Methodische Untersuchungen zur Biomassebestimmung in Kurzumtriebsplantagen. Diplomarbeit, Fachrichtung Forstwissenschaften, TU Dresden, 61 S.

Petzold, R., Feger, K.H., Siemer, B. 2006: Standörtliche Potenziale für den Anbau schnellwachsender Baumarten auf Ackerflächen. AFZ-Der Wald 60 (16): 855–857

Röhle, H., Hartmann, K.-U., Steinke, C., Wolf, H. 2005: Wuchsleistung von Pappel und Weide im Kurzumtrieb. AFZ-Der Wald 60 (14): 745–747

Röhle, H., Hartmann, K.-U., Gerold, D., Steinke, C., Schröder, J. 2006: Aufstellung von Biomassefunktionen für Kurzumtriebsbestände. Allgemeine Forst- und Jagdzeitung 177 (10/11): 178–187

Scholz, V., Hellebrand, H.J., Höhn, A. 2004: Energetische und ökologische Aspekte der Feldholzproduktion. Bornimer Agrartechnische Berichte 35: 15–32

Verwijst, T., Telenius, B. 1999: Biomass estimation procedures in short rotation forestry. Forest Ecology and Management 121: 137–146

Walotek, P., Murach, D. 2006: Methoden bei der ertragskundlichen und pflanzenökologischen Auswertung von Feldgehölzen. Fachtagung „Anbau und Nutzung von Bäumen auf landwirtschaftlichen Flächen I", 6./7.11.2006 in Tharandt, Tagungsband: 65–74

Zeckel, C. 2007: Betrachtung des Ertragspotenzials von Stockausschlägen der Robinie (*Robinia pseudoacacia* L.) von Waldstandorten geogenen und anthropogenen Ausgangssubstrates in der Niederlausitz. Diplomarbeit, Forschungsinstitut für Bergbaufolgelandschaften e.V. Finsterwalde, 73 S.

6
Begründung von Kurzumtriebsplantagen: Baumartenwahl und Anlageverfahren

Marek Schildbach, Holger Grünewald, Heino Wolf und Bernd-Uwe Schneider

6.1
Baumartenwahl

6.1.1
Anforderungen an Baumarten für Kurzumtriebsplantagen

Die Zielstellungen bei der Bewirtschaftung von Kurzumtriebsplantagen (KUP) und Wäldern unterscheiden sich in der Mehrzahl der Fälle. Aus diesem Grund werden abweichende Anforderungen an die Eigenschaften der verwendeten Baumarten gestellt. Für Waldbäume wichtige Eigenschaften (zum Beispiel Geradschaftigkeit, Feinastigkeit, gleichmäßiger Jahrringaufbau) verlieren auf KUP ganz oder teilweise an Bedeutung. Im Gegenzug treten andere gewünschte Eigenschaften in den Vordergrund:

- Hohe Biomasseleistung: Qualitätsaspekte spielen nur eine untergeordnete Rolle.
- Rasches Jugendwachstum: Die Hauptwachstumsphase sollte in den ersten drei bis zehn (max. 20) Jahren liegen.
- Gutes Stockausschlagvermögen: Der Wiederaustrieb aus den Wurzelstöcken sollte auch nach mehreren Ernten noch vital und reichlich sein.
- Einfache Vermehrbarkeit: Geeignetes Pflanzmaterial muss schnell und in ausreichendem Umfang zur Verfügung gestellt werden können.
- Hohe Anwuchssicherheit: Ausfälle reduzieren die Biomasseleistung bzw. gefährden durch Nachbesserungskosten die Wirtschaftlichkeit der Plantage.
- Jugenddichtstandsverträglichkeit: Je höher die Stammzahl, desto höher die Biomasseproduktion. Ausfälle aufgrund von Licht- und Wurzelkonkurrenz sind unerwünscht.
- Geringe Anfälligkeit für Schäden: Dies betrifft verschiedene Krankheiten (Rostpilze), aber auch Schäden durch Frost, Sturm sowie Wildverbiss (siehe Kapitel 8, Beitrag von Helbig & Müller).

Anbau und Nutzung von Bäumen auf landwirtschaftlichen Flächen.
Herausgegeben von T. Reeg, A. Bemmann, W. Konold, D. Murach und H. Spiecker
Copyright © 2009 WILEY-VCH Verlag GmbH & Co. KGaA, Weinheim
ISBN: 978-3-527-32417-0

Je nach Zielstellung und Standort können auch noch weitere Eigenschaften wie Geradschaftigkeit (bei der Produktion von Industrieholz), Trockenresistenz oder Staunässetoleranz gewünscht sein.

Aufgrund der geforderten Merkmale kommen in unseren Breiten vor allem Gattungen wie Pappel, Weide und Robinie in Betracht. Denkbar sind aber auch zum Beispiel Erle oder Birke.

6.1.2
Standortsabhängige Baumartenwahl

Die in Frage kommenden Baumarten unterscheiden sich in ihren Ansprüchen an Licht, Nährstoffe und Wasser. Die Wahl der für den jeweiligen Standort am besten geeigneten Art ist deshalb entscheidend für den Erfolg der Anlage. Die Ansprüche der wichtigsten Baumarten für KUP sind in Tabelle 6.1 dargestellt:

Tabelle 6.1 Ansprüche typischer Baumarten für KUP[a].

	Gattung Pappel (*Populus ssp.*)			Gattung Weide (*Salix ssp.*)	Robinie (*Robinia pseudoacacia*)
	Aigeiros (Schwarz-P.)	**Sektion** **Tacamahaca (Balsam-P.)[b]**	**Leuce (Aspen)**		
Jahresmittel-temperatur	> 8 °C [c]	> 6,5 °C [c]	> 6,5 °C [c]	> 5 °C [d]	> 8 °C [e]
Boden	mind. 40 cm tief, Ackerwertzahl über 30 für grundwasserferne Standorte, keine Bodenverdichtung				
Nährstoff-bedarf	hoch	mittel	gering bis mittel	mittel (hoher Stick-stoffbedarf)	sehr gering
Wasserhaus-haltsstufe [f]	nass bis frisch, erträgt kurze Staunässe	nass bis mäßig frisch	grund-feucht bis mäßig frisch	nass bis frisch, erträgt Stau-nässe	feucht bis mäßig trocken, erträgt keine Staunässe
Niederschlag	> 600 mm, davon mind. 300 mm in der Vegetationszeit[g]				> 500 mm
Lichtbedarf	hoch	mittel	hoch	hoch	hoch
Sonstiges	–	keine wind-exponierte Lage	–	–	unempfindlich auf Hitze und Trockenheit

a) Die Angaben in Tabelle 6.1 sind als Richtwerte zu verstehen. Je nach Art und Sorte können die Ansprüche auch innerhalb der einzelnen Sektionen (bzw. Gattung) voneinander abweichen.
b) Inkl. intersektionelle Hybriden mit der Schwarzpappel
c) Quelle: Nebenführ (2007)
d) Abgeleitet aus Anonym 2008a, b und c.
e) Quelle: Führer (2005)
f) Quelle: Asche (2001)
g) Bei vorhandenem Grundwasseranschluss ist der Niederschlag nicht von Bedeutung.

In Deutschland handelt es sich bei den potentiellen Anbauflächen für KUP vorwiegend um mineralische Standorte ohne Grundwassereinfluss mit geringer bis mittlerer Trophie. Dementsprechend gering ist auch die potentielle Anbaufläche für Schwarzpappeln. Aspen kommen ebenfalls nur eingeschränkt für den Anbau in Frage, da ihr Zuwachs im Vergleich zu den anderen Pappelsektionen relativ spät kulminiert. Die Robinie hat vor allem auf den trockeneren Standorten in Ostdeutschland Vorteile gegenüber den anderen Baumarten, so dass sie dort stärker vertreten sein wird, während auf den restlichen Flächen Weiden und Balsampappeln am besten geeignet erscheinen. Bei allen Baumarten ist die Wasserversorgung von herausragender Bedeutung für die Wuchsleistung der Plantagen.

6.1.3
Zielstellungsbedingte Baumartenwahl

Die unterschiedlichen Zielstellungen bei der Anlage von KUP wirken sich auch auf die Baumartenwahl aus.

Produktbezogene Zielstellung
Ist die Anlage einer KUP mit einem festen Zielprodukt verknüpft, so kommen überwiegend die Varianten der Tabelle 6.2 in Betracht.

In kleinerem Rahmen lassen sich auch Nischenprodukte auf KUP erzeugen, zum Beispiel Weiden für die Salicingewinnung oder als Ruten für den Landschaftsbau sowie Pfähle aus Robinien.

Tabelle 6.2 Baumartenwahl anhand des Zielprodukts.

Zielprodukt	Eignung
Energieholz (Hackschnitzel)	W, B, R, S
Industrieholz/Stammholz	B, S, A

A – Aspen, B – Balsampappel inkl. intersektionelle Hybriden mit der Schwarzpappel, R – Robinie, S – Schwarzpappel, W – Weide

Ökonomische Zielstellung
Sind vor allem finanzielle Überlegungen für die Anlage einer KUP ausschlaggebend, so sind die Varianten der Tabelle 6.3 vorstellbar.

Bewirtschaftungsbedingte Zielstellung
Gelegentlich wird die Anlage von KUP auch in Erwägung gezogen, wenn die bisherige Bewirtschaftung bestimmter Flächen geändert werden soll. Die passende Baumartenwahl ist in Tabelle 6.4 zusammengestellt.

Tabelle 6.3 Baumartenwahl anhand ökonomischer Kriterien.

Zielstellung	Eignung
Geringe Anlagekosten	B, S, (A) – jeweils in sehr geringer Anzahl (Nutzung als Industrie- bzw. Stammholz) W – energetische Nutzung
Schneller Kapitalrückfluss	W – energetische Nutzung: vergleichsweise geringe Anlagekosten, erste Erträge bereits nach drei Jahren; nur lohnend bei vollmechanisierter Ernte (ab ca. 10 ha)
Hohe Rendite	S – stoffliche Nutzung, nur auf Aueböden; Andere Baumarten je nach Rahmenbedingungen

A – Aspen, B – Balsampappel inkl. intersektionelle Hybriden mit
der Schwarzpappel, R – Robinie, S – Schwarzpappel, W – Weide

Tabelle 6.4 Baumartenwahl anhand bewirtschaftungsbedingter Zielstellungen.

Zielstellung	Eignung
Bestockung problematischer Flächen (zu klein, zu trocken, Hangneigung, ...)	B, S, R, A – je nach Standort; geringe Stammzahlen
Sehr extensive Flächennutzung	B, S, R, A – je nach Standort; geringe Stammzahlen
Landschaftsgliederung	W, A, R, B, (S)

A – Aspen, B – Balsampappel inkl. intersektionelle Hybriden mit
der Schwarzpappel, R – Robinie, S – Schwarzpappel, W – Weide

6.1.4
Klon- und Sortenwahl[1]

Die Auswahl von geeignetem Vermehrungsgut ist in hohem Maße entscheidend für Ertrags- und Betriebsicherheit einer KUP. Ungeeignete Sorten können zum wirtschaftlichen Totalschaden führen.

Grenzen der Sortenwahl
Im Gegensatz zu den Weiden unterliegen Pappeln und Robinien dem Forstvermehrungsgutgesetz (FoVG) (BGBl 2002), das der Sicherstellung von Identität und Qualität von forstlichem Vermehrungsgut dient. Um vegetatives Vermehrungsgut dieser Baumarten in Deutschland erzeugen und in den Verkehr bringen

[1] Es gibt eine Reihe von Internetseiten, auf
denen Erfahrungen zur Kloneignung sowie
dazugehörige Themen publiziert werden
(siehe Serviceteil).

zu können, ist eine Zulassung des Ausgangsmaterials in der Kategorie „Geprüft" erforderlich. Für verschiedene Pappel- und Weidenklone besteht ein europäischer Sortenschutz. Aktuelle Informationen finden sich beim Gemeinschaftlichen Sortenamt (siehe www.cpvo.fr). Die Schutzbestimmungen sind bei Erzeugung und Vertrieb von Vermehrungsgut zu berücksichtigen.

Für die Anlage von KUP steht derzeit mangels Nachfrage in der Vergangenheit nur eine begrenzte Anzahl von Pappelklonen aus Deutschland zur Verfügung. Darüber hinaus bestehen in einigen EU-Staaten Zulassungen für Pappeln in der Kategorie „Geprüft". Einschränkend ist Folgendes zu bemerken:
- Viele der heute vorhandenen Klone wurden für die Produktion von Stammholz im Wald gezüchtet.
- Erfahrungen mit dem Anbau in anderen Ländern lassen sich nicht ohne weiteres auf Deutschland übertragen.
- Eine systematische Vergleichsprüfung des gesamten in der EU verfügbaren Spektrums an Klonen hat in Deutschland bisher noch nicht stattgefunden.

Aussagen über die Eignung des verfügbaren Klonspektrums für die Anlage von KUP unter hiesigen Standortsverhältnissen sind daher nur bedingt möglich.

Aufgrund des zunehmenden Interesses an KUP wurden in den letzten Jahren in verschiedenen europäischen Ländern Sortenversuche zur Klonprüfung angelegt (Anonym 2008d und 2008e, Hofmann 2007). Mittelfristig werden sich also die Kenntnisse zur Kloneignung deutlich verbessern.

Eignung verschiedener Pappelklone

Aus den bisherigen Forschungsarbeiten verschiedener Institutionen lassen sich für einige, häufiger untersuchte Pappelklone bereits Aussagen über deren Eignung im Kurzumtrieb ableiten (Tabelle 6.5).

Die Klone 10/85, 20/85, 77/56, Barn, Kamabuchi, Koreana, Matrix, Trichobel und Weser 6 fielen ebenfalls durch ein gutes Wachstum auf, während die Erträge der Sorten Boelare, Donk, Fritzi-Pauley, Oxford, Rap, Raspalje, Rochester, Scott-Pauley und Unal stark variieren. Die Sorten Beaupré, Donk, Rap, Raspalje und Unal fielen auf verschiedenen Standorten nach Pilzbefall sogar total aus (Döhrer 2007, Boelcke 2007).

Eignung verschiedener Weidenklone

In Schweden werden seit vielen Jahren gezielt Weiden für den Kurzumtrieb gezüchtet. Einige Sorten, wie TORA, TORDIS und JORR, zeigen auch auf deutschen Versuchsflächen ein gutes Wachstum (eigene Daten). In Österreich gibt es ebenfalls längere Erfahrungen mit dem Weidenanbau (Raschka 1997).

Eignung verschiedener Robiniensorten

In der Vergangenheit wurde in Deutschland in der Praxis überwiegend Robinienpflanzmaterial verwendet, dessen Herkunft unbekannt war, da die Robinie erst 2003 in das Forstvermehrungsgutgesetz aufgenommen wurde. Bei Anbauversu-

Tabelle 6.5 Pappelklone für den Kurzumtrieb.

Klon[a]	Eignung/Eigenschaften
Max 1, 3 u. 4 (= Japan 101, 106 u. 105)	mittleres bis überdurchschnittliches Wachstum auch auf wärmeren und trockeneren Standorten, Kronenbruchneigung
Hybride 275 (=NE 42)	überdurchschnittliches Wachstum vor allem auf kühleren und feuchteren Standorten
Muhle Larsen	mittleres Wachstum auf allen Standorten
Androscoggin	mittleres Wachstum auf allen Standorten
Beaupré	überdurchschnittliches Wachstum, aber stark durch Pilzbefall gefährdet!

[a] Alle hier angeführten Klone sind in Deutschland zugelassen.

chen wurde z. T. darauf geachtet, Pflanzmaterial mit Herkunftsnachweis zu verwenden. Positive Erfahrungen für Brandenburg liegen zum Beispiel mit Pflanzmaterial aus brandenburgischen und ungarischen Herkünften vor (Grünewald *et al.* 2007, Peters *et al.* 2007). Es wird davon ausgegangen, dass die bisher vernachlässigte Selektion und Züchtung noch ein erhebliches Potenzial zur Ertragssteigerung bieten.

Konsequenzen für den Anbau
Aufgrund der derzeit noch recht geringen Zahl geeigneter und verfügbarer Klone sollte bei der Anlage größerer KUP immer mit einer möglichst hohen Anzahl verschiedener Klone gearbeitet werden. So lässt sich das Betriebsrisiko verringern und die Kenntnis zur Kloneignung kontinuierlich erweitern.

6.1.5
Pflanzmaterial

Die Wahl des Pflanzmaterials zur Flächenanlage hängt von der zu pflanzenden Baumart, aber auch von der Zielstellung und den standörtlichen Rahmenbedingungen ab. Grundlegende Qualitätsmerkmale müssen überall Beachtung finden: Das Pflanzmaterial sollte in der Regel frisch, gut verholzt und gerade sein und darf keine Anzeichen von Pilzbefall, Quetschungen, Rindenverletzungen, Nekrosen, Fäule oder Dürreschäden aufweisen. Bei unbewurzeltem Material dürfen die Knospen zum Zeitpunkt der Pflanzung noch nicht angetrieben sein.
   – Steckhölzer: ca. 20 cm lange und 1–2 cm dicke Abschnitte
      einjähriger Triebe. Sie sollten mindestens 2–3 Knospen
      besitzen.
   – Setzruten: einjährige Triebe ohne Seitenzweige mit einer Länge
      von 0,8 bis 2,5 m.

Tabelle 6.6 Eignung der verschiedenen Pflanzmaterialien.

Pflanzmaterial	Baumart/ -gattung	Vorteile	Nachteile	Eignung
Steckhölzer	W, S, B	kostengünstig, einfache Pflanzung	bei S und B geringere Anwuchsraten, starker Einfluss der Konkurrenzvegetation	Energieholz
Setzruten	S, B, (W)	Vorsprung vor der Begleitvegetation, bessere Wasserversorgung	höherer Pflanzaufwand	Energie- und Industrieholz
Setzstangen	S, B	Vorsprung vor der Begleitvegetation, geringe Flächenvorbereitung nötig	sehr kostenintensiv, jeder Ausfall sollte nachgebessert werden	Industrie- und Stammholz
Legeruten	S, B, (W)	Verwendung von krummen Trieben möglich	geringe Erfahrungen, ungleichmäßige Bestandesdichte	Energieholz
Wurzelnackte Pflanzen	R, A, (S, B)	Vorsprung vor der Begleitvegetation, bessere Wasserversorgung in der Etablierungsphase	kostenintensiv, Lockerung durch Wind und Wild möglich, höherer Pflanzaufwand	Energie- und Industrieholz
Bewurzelte Steckhölzer	S, B	Vorsprung vor der Begleitvegetation, bessere Wasserversorgung in der Etablierungsphase	kostenintensiv, höherer Pflanzaufwand	Energie- und Industrieholz
Wurzelstecklinge	R, A	Bereitstellung genetisch identischen Materials bei R und A	kostenintensiv, höherer Pflanzaufwand	Energie- und Industrieholz
Meristemvermehrte Pflanzen	A (B, S, R)	bessere Wasserversorgung in der Etablierungsphase, schnelle Bereitstellung großer Pflanzenmengen	kostenintensiv, höherer Pflanzaufwand	Energie- und Industrieholz

A – Aspen, B – Balsampappel inkl. intersektionelle Hybriden mit der Schwarzpappel, R – Robinie, S – Schwarzpappel, W – Weide

- Setzstangen: zwei- bis vierjährige Triebe mit einer Länge von 2 bis 6 m, deren Äste und Gipfelknospe entfernt wurden (Hofmann 2002).
- Legeruten: einjährige Triebe, welche in Furchen gelegt werden. Hier eignen sich auch krumme Exemplare.
- Wurzelnackte Pflanzen: ein- bis zweijährige Pflanzen mit einer Höhe von mindestens 60 cm aus generativer (aus Samen) oder vegetativer (aus Steckhölzern) Vermehrung.
- Bewurzelte Steckhölzer: einjährige Pflanzen aus Steckhölzern, welche auf eine Höhe von rund 20 cm zurückgeschnitten werden.
- Meristemvermehrte Pflanzen: aus Gewebekultur entstandene bewurzelte Pflanzen.

In Tabelle 6.6 sind die verschiedenen Pflanzmaterialien mit ihren wichtigsten Vor- und Nachteilen sowie ihrer besten Eignung zusammengestellt.

6.2
Planung und Anlage

6.2.1
Flächenauswahl unter Berücksichtigung der Ernteverfahren

Bei der Auswahl der künftigen Plantagenfläche müssen neben den standörtlichen und den rechtlichen Rahmenbedingungen auch die Ernteoptionen berücksichtigt werden. Wenn es sich nur um eine kleinere Fläche zur Eigenproduktion für einen Haushalt oder Betrieb handelt, sind die Anforderungen geringer. Bei größeren Flächen, die ausschließlich maschinell beerntet werden sollen, ist die Beachtung folgender Aspekte mit entscheidend für den wirtschaftlichen Erfolg:
- Befahrbarkeit: Die Befahrbarkeit außerhalb der Vegetationszeit muss gegeben sein (trockener oder gefrorener Boden).
- Hangneigung: Bei Hackschnitzelvollernteverfahren muss auch ein Schlepper mit vollem Anhänger auf der Fläche fahren können. Die Hangneigung sollte deshalb bei hangparallelen Reihen 5 % und bei hangsenkrechten Reihen 15–20 % nicht überschreiten. Bei der Produktion von Industrieholz mit forstlichen Erntemaschinen sind auch größere Hangneigungen möglich.
- Infrastruktur: Die Plantage muss im Winter mit den Erntemaschinen erreichbar sein. Zufahrts- und Wendemöglichkeiten für die Transportfahrzeuge müssen zur Verfügung stehen und auch für große LKWs (Ferntransport) ausreichend dimensioniert sein.
- Lagerplätze: Je nach Zielstellung und Verwertungsoptionen ist ein Lagerplatz für Ganzbäume, Stammholz oder Industrieholz

mit ausreichender Arbeitsfreiheit für die entsprechenden Maschinen einzuplanen. Die Zwischenlagerung von Hackschnitzel wird aufgrund der höheren Kosten durch das Ab- und Aufladen nicht empfohlen. Eine Ausnahme bildet die Lagerung auf befestigten Flächen in Zusammenhang mit der Trocknung.

Bezüglich der Erntetechnik siehe auch den Beitrag von Scholz *et al.* in Kapitel 9.

6.2.2
Räumliche Ordnung und Pflanzverband

Planung

Vor der Pflanzung sollte man einen genauen Flächen- und Pflanzplan erstellen, bei dem besonders die Befahrbarkeit berücksichtigt wird. Sinnvoll erscheint eine Einteilung in Bewirtschaftungsblöcke, welche durch Fahrgassen und gegebenenfalls Wendeplätze gegliedert werden. In Hanglagen empfiehlt es sich, die Pflanzreihen senkrecht zum Hang auszurichten, um ein seitliches Verrutschen der Erntemaschinen zu vermeiden.

Werden mehrere Baumarten oder Klone angebaut, so wird empfohlen, diese in sortenreinen Blöcken (zum Beispiel in den Bewirtschaftungsblöcken) anzubauen, um bei einem möglichen Ausfall einzelner Sorten diese problemlos beernten und ersetzen zu können.

Eine der wichtigsten Entscheidungen bei der Planung einer KUP ist die Wahl des Pflanzverbandes, weil damit eine Zielstellung und häufig auch eine bestimmte Erntetechnik festlegt wird. Grundlegend ist die Wahl zwischen einem Einzel- und einem Doppelreihensystem.

Einzelreihensystem

Das Einzelreihensystem (Abbildung 6.1) sollte auf jeden Fall bei der Erzeugung von Industrie- oder Stammholz verwendet werden. Abhängig von der gewünschten Dimension und der Umtriebszeit pflanzt man dazu 200 bis 2000 Bäume pro Hektar. Einzelreihenverbände eignen sich mit höheren Stammzahlen (ca. 8000 bis 12 000 pro ha) auch für die Energieholzproduktion. Aus Gründen der Flächenbefahrbarkeit sollte der Reihenabstand größer als die halbe Spurbreite der Erntemaschine sein.

Doppelreihensystem

Das Doppelreihensystem (Abbildung 6.2) ist für die Anlage von (Weiden-) Energieholzplantagen mit vollmechanisierter Hackschnitzelernte und sehr kurzer Umtriebszeit (ca. drei Jahre) konzipiert. In Schweden gibt es über 15 000 ha Weidenplantagen mit diesem Pflanzsystem. Die beiden Einzelreihen liegen dabei 0,75 m auseinander, der Abstand zur nächsten Doppelreihe beträgt 1,5–2,5 m. Der Abstand in der Reihe wird so festgesetzt, dass sich bei Pappel und Robinie mindestens 8000, bei Weide mindestens 10 000 Bäume pro Hektar ergeben. Diese Zahlen sind als Orientierungswerte zu betrachten. Die optimale Pflanzen-

Abb. 6.1 Pappelklon Hybride 275 (12-jährig) im Pflanzverband 2,5 × 2 m (Methau I, Sachsen).

Abb. 6.2 Weidenklon Tora (10jährig) im Pflanzverband 1,75/0,75 × 0,5 m (Methau I, Sachsen).

zahl variiert in Abhängigkeit von Standort, Klima, Baumart, Umtriebszeit, Zielstellung sowie den wirtschaftlichen Rahmenbedingungen und kann auch deutlich über der genannten Mindestanzahl liegen.

Einen Überblick über verschiedene Pflanzverbände gibt die folgende Tabelle 6.7.

Tabelle 6.7 Beispiele verschiedener Pflanzverbände.

Zielprodukt	Pflanzsystem	Umtriebszeit (Jahre)	Pflanzdichte (Pflanzen/ha)	Pflanzverband (Bsp.)
Stammholz (S, B, A)	Einzelreihen	15–20	200	7 × 7 m
Industrieholz (S, B, A)	Einzelreihen	> 10	1700	3 × 2 m
Energieholz (S, B, R)	Einzelreihen	3–5	10 000	1,5 × 0,7 m
Energieholz (S, B, R)	Doppelreihen	3–5	10 000	0,75/1,6 × 0,9 m
Energieholz (W)	Doppelreihen	2–5	11 000	0,75/1,6 × 0,8 m

A – Aspe, B – Balsampappel inkl. intersektionelle Hybriden mit der Schwarzpappel, R – Robinie, S – Schwarzpappel, W – Weide

6.2.3
Flächenvorbereitung und Pflanzzeitpunkt

Zur Vorbereitung der Pflanzung ist eine vollflächige Bodenbearbeitung am gebräuchlichsten: Die Fläche wird im Herbst vor der Anlage gepflügt und gegebenenfalls mit einem Totalherbizid behandelt. Im Frühjahr vor der Pflanzung erfolgt eine Pflanzbeetbereitung mittels Feingrubber. Die Applikation eines Vorauflaufmittels wird empfohlen, wobei zu beachten ist, dass es in Deutschland derzeit kein für KUP zugelassenes Herbizid gibt. Es ist dafür eine Ausnahmegenehmigung nach § 18b des Pflanzenschutzgesetzes einzuholen.

Die Vorbereitungsarbeiten lassen sich auch variieren. Eine Möglichkeit besteht im Fräsen von schmalen Pflanzreihen, in die später die Pflanzen eingebracht werden. Des Weiteren gibt es Pflanzmaschinen, die in einem Arbeitsgang fräsen und die Pflanzen einbringen. Bei der Verwendung von Setzstangen ist überhaupt keine Bodenvorbereitung nötig.

Die Pflanzung selbst sollte zwischen März und Mitte Mai erfolgen. Eine frühe Pflanzung hat den Vorteil, dass mögliche Frühjahrstrockenheiten besser überstanden werden und die Pflanze auch insgesamt die erste Vegetationsperiode besser für ihre Etablierung ausnutzen kann.

Mit wurzelnackten Pflanzen und bewurzelten Steckhölzern ist auch eine Herbstpflanzung möglich.

6.2.4
Pflanzverfahren und Technik

Für die Anlage der Plantagen kommen verschiedene Verfahren in Betracht. Auf kleineren Flächen bis ungefähr drei Hektar ist die manuelle Pflanzung am einfachsten. Auf größeren Flächen ist eine maschinelle Pflanzung meist wirtschaftlicher.

Bei allen Verfahren muss zum Schutz vor Vertrocknung ein guter Bodenschluss des Pflanzmaterials gewährleistet sein; bei größerem Pflanzmaterial (bewurzelte Pflanzen, Steckruten, Setzstangen) ist außerdem noch die Standfestigkeit sehr wichtig.

Wenn das Pflanzmaterial nicht sofort in den Boden gebracht wird, empfiehlt sich ein Einschlag an einem schattigen Platz vor Ort. Besonders wichtig ist dies bei bewurzeltem Pflanzmaterial. Steckhölzer sollten vor der Pflanzung 24 Stunden gewässert werden. Sie werden ebenerdig abgesteckt, lediglich auf schweren Böden dürfen sie auch ein klein wenig herausragen.

6.2.5
Manuelle Pflanzung

Die manuelle Pflanzung ist für alle Pflanzmaterialtypen geeignet. Als Arbeitsmittel können dabei einfache Steckeisen (für die Steckholzpflanzung), aber auch Spaten, Hohlspaten oder ähnliche Werkzeuge eingesetzt werden. Für Setzstangen können Löcher mit verschiedenen Erdbohrern (z. B. Pflanzfuchs) vorgebohrt oder Pflanzfurchen mit einem Tiefenlockerer gezogen werden. Zur Einhaltung der Reihenabstände lassen sich Pflanzschnüre verwenden oder man zieht mit dem Schlepper Pflanzfurchen bzw. Fräs-Streifen.

6.2.6
Maschinelle Pflanzung

Für die maschinelle Pflanzung von Steckhölzern und bewurzelten Pflanzen eignen sich vielfach land- oder forstwirtschaftliche Pflanzmaschinen, die gegebenenfalls leicht modifiziert werden. In der Regel wird durch diese Maschinen eine Furche gezogen, die Pflanze oder das Steckholz hineingebracht (manuell oder durch die Maschine) und anschließend die Furche von der Maschine wieder zugedrückt.

In Ländern mit deutlich mehr KUP als in Deutschland gibt es spezielle Maschinen, die eine höhere Flächenleistung erbringen. Sogenannte „Step-planter" eignen sich für die Anlage von Weidenplantagen. Dabei werden einjährige Weidentriebe während der Pflanzung in einem Arbeitsgang in Steckhölzer zerteilt und in den Boden eingebracht. Aus Italien sind Pflanzmaschinen bekannt, die die Stecklinge hydraulisch in den Boden drücken.

6.3
Weitere Bewirtschaftungsaspekte

6.3.1
Wildmanagement und Zäunung

KUP stellen ein attraktives Äsungsangebot für Rehwild dar, wobei Weiden (sortenabhängig), Aspen und Robinien im Allgemeinen stärker verbissen werden als Schwarz- und Balsampappeln. Des Weiteren lassen sich Fege- und Schälschäden feststellen. Wirtschaftlich bedeutende Schäden können vor allem auf kleinen

Flächen, bei überhöhten Wilddichten und im ersten Umtrieb entstehen. In den Folgerotationen sinkt das Risiko aufgrund des schnelleren Wachstums.

Die wichtigste Maßnahme stellt eine Regulierung der Wilddichte dar. Auf kleineren Flächen (unter einem Hektar) kann eine Zäunung unter Umständen sinnvoll sein.

6.3.2
Mäuse

Besonders in den ersten Jahren ist eine Kontrolle der Mäusepopulation notwendig. Vor allem auf vergrasten Flächen kann eine Bekämpfung notwendig sein. Als erste Maßnahme können Sitzkrücken für Greifvögel aufgestellt werden; bei höherem Befall wird der Einsatz von Mäuseködern notwendig.

6.3.3
Begleitvegetation

Ob und in welchem Umfang auf KUP Pflegemaßnahmen zur Zurückdrängung der Konkurrenzvegetation durchgeführt werden müssen, hängt vom Pflanzmaterial und der Stärke der Begleitvegetation ab. Flächen, die mit Setzstangen begründet worden sind, müssen in der Regel nicht gepflegt werden. Bei Setzruten, wurzelnackten Pflanzen oder bewurzelten Steckhölzern kann im ersten Jahr eine mechanische Bekämpfung der Konkurrenzvegetation erfolgen, wenn diese zu groß wird. Auf mit Steckhölzern angelegten Plantagen kommt es bei starker Begleitvegetation zu hohen konkurrenzbedingten Ausfällen. Hier werden entsprechende Pflegemaßnahmen im ersten und gegebenenfalls auch zweiten Jahr empfohlen. Ab der zweiten Rotation kann aufgrund des schnelleren Wachstums auf eine Konkurrenzregulierung verzichtet werden.

Eine Untersaat (z.B. Klee) hat nach eigenen Erfahrungen eine verdämmende Wirkung auf Steckhölzer und wird deshalb nicht empfohlen (vgl. auch Scholz *et al.* 2004).

6.3.4
Rückschnitt

Ein Rückschnitt der Triebe nach dem ersten Jahr ist überwiegend negativ zu sehen: Er verursacht in erster Linie Kosten, man verliert den Zuwachs eines Jahres und wenn die Pflanzen noch nicht kräftig genug entwickelt sind, kann es im Folgejahr durch die Konkurrenzvegetation zu einem Totalausfall kommen. Mögliche Vorteile eines Rückschnitts sind in der ab dem nächsten Jahr erhöhten Triebzahl zu sehen. Gegebenenfalls kann auch das geschnittene Material zur Anlage weiterer Plantagenflächen verwendet werden.

Gänzlich abzulehnen ist ein „Rückschnitt" mittels mulchender Arbeitsgeräte. Hierbei werden die Triebe vielfach nicht abgetrennt, sondern nur umgeknickt und die Pflanze damit insgesamt geschwächt.

6.3.5
Düngung

Die Ernte von KUP erfolgt im laublosen Zustand. Der höchste Anteil der Nährstoffe befindet sich in den Blättern und verbleibt somit auch nach einer Ernte auf der Fläche. Bisherige Untersuchungen haben keinen signifikanten Nährstoffentzug durch die Bäume festgestellt, der durch eine Düngung ausgeglichen werden müsste (Hofmann-Schielle *et al.* 1999, Scholz *et al.* 2001). Lediglich bei Weiden wird im Gegensatz zur Pappel eine N-Düngung empfohlen (Scholz *et al.* 2006, Kahle *et al.* 2007).

6.3.6
Landschaftspflegerische Begleitmaßnahmen

Im Sinne einer ökologisch verträglichen Landnutzung und zur Vermeidung monotoner Wirtschaftsblöcke sollten bereits vor der Anlage der KUP landschaftspflegerische Begleitmaßnahmen wie zum Beispiel die Anlage von Hecken geprüft werden.

6.4
Zusammenfassung

Die Anlage von KUP auf landwirtschaftlichen Flächen erfordert im Vorfeld eine detaillierte Planung. Dabei ist zu prüfen, ob und wie die Zielstellung unter den gegebenen standörtlichen, baumphysiologischen und sonstigen Rahmenbedingungen erreicht werden kann. Die anschließende Konzeption der Anlage muss vor allen Dingen auch die Erntelogistik berücksichtigen. Der günstigste Zeitpunkt für die Pflanzung ist das zeitige Frühjahr. Qualitativ hochwertiges Pflanzmaterial und sorgfältige Pflanzung sind der Schlüssel zum Erfolg. Bis zur Etablierung der Plantage (erstes bis zweites Wuchsjahr) muss besonders auf mögliche Gefahren durch Trockenheit, Begleitvegetation, Mäuse und Wild geachtet und gegebenenfalls eingeschritten werden.

Literatur

Anonym 2008a: Jämförelsetabell Salix-sorter. www.agrobransle.se/salix/salixsorter/tabell. Stand: 26.05.2008
Anonym 2008b: Svensk Trädgards Zonkarta över Sverige www.tradgard.org/svensk_tradgard/zonkarta/zonkarta_stor.html. Stand: 26.05.2008

Anonym 2008c: Klimadiagramme weltweit. www.klimadiagramme.de. Stand: 26.05.2008
Anonym 2008d: Versuchs und Demonstrationsflächen zum Anbau schnell wachsender Baumarten im Kurzumtrieb. www.biodem.de. Stand: 27.05.2008
Anonym 2008e: Versuchsreferat Steiermark. Aktuelle Versuche und Versuchsberichte.

www.versuchsreferat.com/versuche.html. Stand: 27.05.2008

Asche, N. 2001: Standortsgerechte Baumartenwahl in Nordrhein-Westfahlen. AFZ Der Wald 56 (16): 826

BGBl (Bundesgesetzblatt) 2002: Forstvermehrungsgutgesetz vom 22. Mai 2002. Bundesgesetzblatt Teil I Nr. 32: 1658

Boelcke, B. 2007: Zur Sortenfrage schnellwachsender Baumarten im Kurzumtrieb. Mitt. Landesforschungsanstalt für Landw. und Fischerei M-V 37: 41–46

Döhrer, K. 2007: schriftliche Mitteilung

Führer, E. 2005: Robinienwirtschaft in Ungarn. Die Robinie im praktischen Waldbau. Forst und Holz 60 (11): 464–466

Grünewald, H., Scholz, V., Schneider, B.U., Hüttl, R.F. 2007: Baumartenwahl und Erntetechnik als Schlüsselfaktoren beim Anbau von schnellwachsenden Baumarten auf landwirtschaftlichen Flächen. Forst und Holz 62 (11): 22–27

Hofmann-Schielle, C., Jug, A., Makeschin, F., Rehfuess, K.E. 1999: Short-rotation plantations of balsam poplars, aspen and willows on former arable land in the Federal Republic of Germany. I. Site-growth relationships. For. Ecol. Manage. 121: 41–55

Hofmann, M. 2002: Anbau von Pappeln auf landwirtschaftlichen Stilllegungsflächen zur Erzeugung von Holzstoff für die Papierherstellung. Merkblatt 12, Forschungsinstitut für Schnellwachsende Baumarten Hann.Münden

Hofmann, M. 2007: Klon–Standort Wechselbeziehungen bei Pappel und Weide. www.sachsen-anhalt.de/LPSA/fileadmin/ Elementbibliothek/_Politik_und_/Bibliothek_LLFG/dokumente/KoNaRo/veranstaltungsbeitraege/fg_08_02_07_hofmann.pdf. Stand: 27.05.2008

Kahle, P., Hildebrand, E., Baum, C., Boelke, B. 2007: Long-term effects of short rotation forestry with willows and poplar on soil properties. Archives of Agronomy and Soil Science 53(6): 673–682

Nebenführ, W. 2007: Biomassegewinnung durch Pappel und Weide im Kurzumtrieb – eine Frage der Sorte. http://bfw.ac.at/050/ pdf/Folien_Nebenfuehr.pdf. Stand: 27.05.08.

Peters, K., Bilke, G., Strohbach, B. 2007: Ertragsleistung sechsjähriger Robinien (*Robinia pseudoacacia*) auf vier ehemaligen Ackerstandorten unterschiedlicher Bodengüte in Brandenburg. Archiv für Forstwesen und Landschaftsökologie 1: 26–28

Raschka, H.-D. 1997: Forstliche Biomasseproduktion im Kurzumtrieb. Abschlussbericht des Forschungsprojektes P/2/24 Versuche für die Produktion forstlicher Biomasse – Kurzumtriebversuche. FBVA-Berichte, Wien

Scholz, V., Krüger, K., Höhn, A. 2001: Vergleichende Untersuchungen zum umweltverträglichen und energieeffizienten Anbau von Energiepflanzen. Archiv für Acker-, Pflanzenbau und Bodenkunde 47: 333–361

Scholz, V., Hellebrand, H.-J., Höhn, A. 2004: Energetische und ökologische Aspekte der Feldholzproduktion. Bornimer Agrartechnische Berichte, Heft 35: 15–31

Scholz, V., Boelcke, B., Burger, F., Hofmann, M., Vetter, A. 2006: Merkblatt Produktion von Pappeln und Weiden auf landwirtschaftlichen Flächen. KTBL-Datensammlung Energiepflanzen, Potsdam-Bornim, 12 S. www.dendrom.de/daten/downloads/ ktbl_merkblatt.pdf

7
Bewirtschaftungsstrategien von Kurzumtriebsplantagen

Denie Gerold, Dirk Landgraf, Heino Wolf und Marek Schildbach

7.1
Überblick über die Bewirtschaftungsstrategien

Mögliche Bewirtschaftungsstrategien für Kurzumtriebsplantagen ergeben sich aus der Nutzungsstrategie und der Anbaustrategie. Diese sind durch die Verfügbarkeit von entsprechenden Anbauflächen geprägt. Die beiden grundsätzlichen Nutzungsstrategien von Kurzumtriebsplantagen (KUP) sind die stoffliche Nutzung und die energetische Nutzung. Darüber hinaus sind Spezifikationen dieser Nutzungsoptionen denkbar, wie etwa die Nutzung von Weidenruten im Landschaftsbau oder der Anbau von Weiden-KUP zur Salicingewinnung (vgl. Abschnitt 7.2.3). Darüber hinaus kann es nach der Anlage zur Verschiebung von Nutzungspräferenzen kommen, so kann eine KUP, welche für die stoffliche Nutzung mit einem weiten Pflanzverband angelegt wurde, durchaus für die energetische Nutzung herangezogen werden. Somit ist der Betreiber einer Kurzumtriebsplantage in seiner Entscheidungsfreiheit sehr flexibel und kann entsprechend der vorherrschenden Marktbedingungen reagieren.

Hinsichtlich des Anbaus von KUP haben sich in den letzten Jahren einige Anbaustrategien herausgebildet. Dazu gehören der Anbau auf Marginalflächen, die Schaffung großer Leitbeispiele und der Anbau auf anthropogen gestörten Flächen (z. B. Bergbaufolgeflächen, Rieselfelder etc.). Andere Anbaustrategien, wie die Verwendung schnellwachsender Hölzer als Landschaftselemente und der Anbau auf Grünflächen sind grundsätzlich denkbar, werden zum Teil auch schon heftig und kontrovers diskutiert, sind bislang jedoch noch wenig praktiziert. Die Nutzungs- und Anbaustrategien werden nachfolgend näher beschrieben und analysiert. Dabei werden besonders gute und schlechte Erfahrungen hervorgehoben.

Anbau und Nutzung von Bäumen auf landwirtschaftlichen Flächen.
Herausgegeben von T. Reeg, A. Bemmann, W. Konold, D. Murach und H. Spiecker
Copyright © 2009 WILEY-VCH Verlag GmbH & Co. KGaA, Weinheim
ISBN: 978-3-527-32417-0

7.2
Nutzungsstrategien

7.2.1
Stoffliche Nutzung

Das derzeit größte Potential für die stoffliche Nutzung von Kurzumtriebsholz in Deutschland liegt in der Bereitstellung von Faserrohstoff für die Papierherstellung und von Material für die Span- und Faserplattenindustrie. In beiden Fällen wird als Ausgangsmaterial Rundholz mit bestimmten Mindestdimensionen (ca. 7 cm Zopfdurchmesser) verwendet. Pappeln sind hierbei die geeignetsten Baumarten aufgrund ihres raschen Jugendwachstums und einer sehr geraden Wuchsform. Um in kurzen Zeiträumen Holz verwertbarer Dimension erzeugen zu können, muss ein relativ weiter Pflanzverband gewählt werden. Für normale Ackerböden eignen sich 1000 bis 2000 Pflanzen pro Hektar. Aus Frankreich ist bekannt, dass dort auf guten Auenböden sogar nur 150 bis 200 Bäume pro Hektar gepflanzt werden (Anonymus 2008).

Aufgrund der geringen Pflanzdichte muss ein hoher Anwuchserfolg sichergestellt werden. Bei der Verwendung von Stecklingen oder bewurzelten Stecklingen muss eine entsprechend konsequente Begleitwuchsregulierung sichergestellt werden. Alternativ können als Pflanzmaterial Setzstangen verwendet werden, die bereits einen Größenvorteil gegenüber der Begleitflora besitzen und von den Baumschulen aufgrund der großen Erfolge dieser Methode in den südeuropäischen Ländern (z. B. Italien und Ungarn) zunehmend angeboten werden. Die Holzernte erfolgt nach 10–20 Jahren mit bewährten forstlichen Erntemaschinen. Dazwischen kann bei besonders wüchsigen Beständen noch eine Durchforstung erforderlich sein. Die Bäume treiben nach der Ernte aufgrund ihres etablierten, großen und tief reichenden Wurzelsystems sehr stark wieder aus. Durch eine Vereinzelung der Schösslinge kann der Dimensionszuwachs auf die stärksten Triebe konzentriert werden.

Ob diese für die Dauer einer weiteren zehnjährigen Rotation stabil genug mit der Wurzel verwachsen sind, ist noch ungeklärt. Entsprechende Versuchsanlagen in Sachsen (Methau I) sind vielversprechend.

Erfahrungen zeigen, dass auf guten landwirtschaftlichen Böden (Ackerwertzahl > 60) bei rund 1800 Pflanzen pro Hektar in 10 Jahren Mitteldurchmesser von 15 cm erreicht werden können (Abbildung 7.1). Bei rund 1000 Pflanzen pro Hektar (Pflanzverband 3 × 3 m) wird dieser Wert bereits zwei Jahre früher erreicht. Mehr als 2000 Bäume pro Hektar sollten für die stoffliche Nutzung nicht gepflanzt werden. Sie behindern sich sonst gegenseitig in ihrer Dimensionsentwicklung. Eine gute Wasserversorgung der Flächen (mindestens 600 mm Niederschlag pro Jahr oder Grundwasseranschluss) ist obligatorisch, da der Zuwachs sonst unbefriedigend ist (siehe Kapitel 6, Beitrag Schildbach *et al.*).

Die stoffliche Nutzung von KUP hat eine Reihe von Vorteilen: Die Kosten für die Anlage sind aufgrund der geringen Pflanzenzahlen niedrig, das Verfahren ist sehr arbeitsextensiv und für die Ernte steht die seit Jahren bewährte Holzernte-

Abb. 7.1 Kurzumtriebsplantage zur stofflichen Nutzung
(Pappel, 12-jährig, Versuchsfläche Methau I).

technik und -logistik preiswert zur Verfügung. Der entscheidende Nachteil liegt
in der langen Kapitalbindung. Ein weiterer Nachteil ist die im Vergleich zu energetisch genutzten Plantagen geringere Biomasseleistung, da der Bestandes-
schluss der wenigen Bäume erst nach 5–6 Jahren erfolgt. Dennoch kann ein
durchschnittlicher Zuwachs von knapp 9 t_{atro} ha^{-1} a^{-1} nach eigenen Erfahrungen
erreicht werden.

7.2.2
Energetische Nutzung

Aufgrund der Verknappung der Weltölvorräte und der damit einhergehenden
Preissteigerung rücken Kurzumtriebsplantagen zur energetischen Verwertung
zunehmend in das Bewusstsein der Öffentlichkeit. Bei der energetischen Nutzung sind klassische Qualitätsmerkmale wie etwa Geradschaftigkeit, Feinastigkeit, etc. nahezu unbedeutend; wichtig ist in erster Linie eine möglichst hohe
Biomasseproduktion.

In Abhängigkeit von der Baumart und der verfügbaren Erntetechnik wird in
Einzel- oder Doppelreihen gepflanzt. Die Pflanzenzahl sollte mindestens 8000
Stück (bei Weide mindestens 10 000 Stück) pro Hektar betragen und in Abhängigkeit von Standort, Klima und Zielstellung variiert werden. Kürzere Umtriebszeiten oder schlechtere Standorte erfordern eine höhere Pflanzenzahl; teures
Pflanzmaterial erzwingt möglicherweise aus wirtschaftlichen Gründen eine geringere Anzahl. Die optimale Pflanzenzahl muss im jeweiligen Einzelfall ermittelt werden. Für die Ernte größerer Flächen eignen sich entsprechende Vollernte-

maschinen (siehe Kapitel 9, Beitrag Scholz *et al.*). Etwa alle zwei bis fünf Jahre (dimensionsabhängig) kann die Plantage beerntet werden, wobei der Zeitpunkt anhand der Bestandessituation festgelegt werden sollte.

Im Allgemeinen wird damit gerechnet, dass der Wiederaustrieb aus den Wurzelstöcken mindestens sechs bis sieben Mal vital und kräftig erfolgt, bevor seine Stärke nachlässt. Auf schlechten Standorten liegt die Biomasseleistung deutlich unter 10 t_{atro} ha^{-1} a^{-1}. Auf den besten Standorten lassen sich jährlich über 20 t_{atro} pro Hektar erzeugen (Boelcke 2007, Nardin *et al.* 2008). Als mittlerer Ertrag können somit 8 bis 12 t_{atro} ha^{-1} a^{-1} angenommen werden. Der Vorteil der energetisch genutzten Kurzumtriebsplantagen im Vergleich zu den stofflich genutzten liegt in der höheren Biomasseleistung. Außerdem kann bereits nach drei Jahren mit dem ersten Kapitalrückfluss gerechnet werden. Die momentan am Markt verfügbare Erntetechnik stellt einen deutlichen Hinderungsgrund der Anlage von Kurzumtriebsplantagen zur energetischen Nutzung für viele Praktiker dar. In Deutschland gibt es erfolgreich erprobte Erntetechnik, welche auch sehr zuverlässig arbeitet und relativ homogene Holzhackschnitzel produziert (Landgraf *et al.* 2007a). Diese ist jedoch nur bis zu bestimmten Durchmessern geeignet und vergleichsweise teuer. Andere Techniken sind zwar preiswerter, erzeugen jedoch qualitativ minderwertigeres Hackgut (siehe Beitrag Scholz *et al.*). Abgesehen von den geschilderten Schwächen der vorhandenen Technik ist diese noch nicht in entsprechenden Maschinenringen oder bei Forstdienstleistungsbetrieben verfügbar.

7.2.3
Weitere Nutzungsoptionen

Neben den schon dargestellten Nutzungsmöglichkeiten kommen prinzipiell auch noch andere Nutzungsoptionen als Nischenprodukte in Betracht. So lassen sich aus Kurzumtriebsplantagen mit Weide Salicin gewinnen und auch Ruten für den Landschaftsbau herstellen. Robinien im mittelfristigen Umtrieb ermöglichen gegebenenfalls nach wenigen Jahren gute Einnahmen durch den Verkauf von Zaunpfahlsortimenten (Landgraf *et al.* 2005).

7.3
Anbaustrategien

7.3.1
Anbau auf Marginalstandorten

Durch die Erfahrungen der letzten Jahre hat sich herauskristallisiert, dass für den Anbau schnellwachsender Baumarten andere Gewichtungen bei den Anbaukriterien als für traditionelle Ackerfrüchte vorzunehmen sind. So spielt die Bodenqualität im Vergleich zur Wasserverfügbarkeit eine untergeordnete Rolle. Auch der Zeitpunkt der Befahrbarkeit (z. B. bei sogenannten Minutenböden) kann bei KUP durch die sehr extensive Bewirtschaftungsform leicht gemanagt werden.

Somit kommen Flächen für die Anlage und erfolgreiche Bewirtschaftung von KUP in Betracht, die aus ackerbaulicher Sicht in Zeiten zunehmender Preissteigerungen für Betriebs-mittel (Diesel, Düngemittel, Pflanzenschutzmittel, etc.) zunehmend uninteressant sind. Damit kann eine unmittelbare Flächenkonkurrenz zwischen Nahrungsmitteln und holzartiger Biomasse ausgeschlossen werden.

Der Anbau durch landwirtschaftliche Betriebe
Durch Befragungen im Rahmen des *Agrowood*-Projektes in den Modellregionen Freiberg (Sachsen) und Schradenland (Brandenburg) kann davon ausgegangen werden, dass der Anbau schnellwachsender Hölzer auf ca. 1–10 % der Fläche eines landwirtschaftlichen Betriebes möglich ist. Wenn man davon ausgeht, dass die durchschnittliche Größe einer in den neuen Bundesländern wirtschaftenden Agrargenossenschaft ca. 1500 ha beträgt, könnten somit in den nächsten Jahren ca. 75 ha pro Betriebsflächeneinheit angelegt werden.

Der Anbau durch regional oder überregional agierende Firmen
Während im Osten Deutschlands vorwiegend große Agrargenossenschaften agieren, sieht es in den alten Bundesländern anders aus. So bewirtschafteten 2007 91,6 % aller deutschen landwirtschaftlichen Betriebe Flächen von weniger als 100 ha (Statistisches Bundesamt). Durch die schon erwähnten Steigerungen der Preise aller Betriebsmittel und einem prognostizierten Abbau der Betriebsflächenprämie durch die EU im Jahr 2013 werden zunehmend landwirtschaftliche Betriebe aufgegeben und deren Flächen verpachtet. Neben Landwirten, die sich durch Vergrößerung ihrer Produktion den neuen Bedingungen anpassen, sind zunehmend regional oder sogar überregional agierende Firmen der Holzverwertung an diesen landwirtschaftlichen Flächen interessiert. Seitdem die Bundesregierung die Rahmenbedingungen zur Einbindung nachwachsender Rohstoffe zur Energieversorgung vorgegeben hat, beschäftigen die sich zunehmend mit der Anlage und Bewirtschaftung von KUP zur nachhaltigen Sicherstellung ihres Holzbedarfes.

So hat die Heizungsfirma Viessmann im Frühjahr 2008 auf 120 ha aufgekaufter oder gepachteter landwirtschaftlicher Fläche in der Nähe ihres Stammwerkes in Allendorf/Eder Kurzumtriebsplantagen anlegen lassen (Abbildung 7.2). Für das kommende Jahr ist eine Erweiterung der KUP-Fläche um weitere 30 ha geplant. Die Bewirtschaftung der Plantagen wird durch Viessmann selbst durchgeführt.

Die Schellinger KG in Weingarten (Baden-Württemberg) hat angekündigt, in den nächsten Jahren rund 3000 ha mit schnellwachsenden Baumarten als Rohstoffquelle für die Pelletproduktion anzulegen und selbst zu bewirtschaften.

Lust but not least hat der Energiekonzern RWE durch seine Tochterfirma RWE Innogy Cogen angekündigt, in den nächsten vier Jahren in Deutschland bis zu 10 000 ha KUP anzulegen und bewirtschaften zu lassen. Zur Bereitstellung der genannten Flächengröße werden sowohl Flächen gekauft als auch gepachtet. Die Mindestlaufzeit dieser Pacht soll 20 Jahre betragen. Dabei stellt sich die Frage: welche Flächen stehen dafür zur Verfügung? Zuallererst wieder landwirt-

Abb. 7.2 Pappeln drei Monate nach der Anlage der Flächen für die Heizungsfirma Viessmann im hessischen Allendorf/Eder.

schaftliche Flächen, auf denen die Nutzung aufgegeben wurde oder durch Pensionierung in den nächsten Jahren aufgegeben werden soll. Des Weiteren sollen zunehmend Flächen aus Bundesliegenschaften (z. B. ehemalige Truppenübungsplätze) einbezogen werden. Durch Ausnahmeregelungen einzelner Bundesministerien (z. B. Nordrhein-Westfalen) ist aber auch die Anlage von KUP auf von Sturmereignissen betroffenen forstwirtschaftlichen Flächen ermöglicht worden.

7.3.2
Schaffung großer Leitbeispiele („Leuchttürme")

Die Etablierung großer und zusammenhängender Flächen zur kurz- und mittelfristigen Bereitstellung von Holz – so genannte Leitbeispiele mit „Leuchtturmwirkung", wird mittlerweile als wichtiger Beitrag zur praxistauglichen Umsetzung von ambitionierten Projekten angesehen. Notwendige Voraussetzungen für die Schaffung sind:
- Verfügbarkeit größerer, zusammenhängender Flächen
  (z. B. größer als 100 ha).
- **ein** Eigentümer dieser Flächen ist von großem Vorteil.
- **ein** Nutzungskonzept sollte vor Maßnahmebeginn zwingend
  erstellt werden.

Ein Beispiel, welches schon Gestalt annimmt, ist der „Energiewald Lauchhammer". Durch das Forschungsinstitut für Bergbaufolgelandschaften e.V. (FIB) wurde eine entsprechende Machbarkeitsstudie inklusive Landschaftsplan vorgestellt (Landgraf *et al.* 2007b). Im Auftrag der Stadt Lauchhammer wird die Lausitzer und Mitteldeutsche Braunkohlenverwertungsgesellschaft mbH (LMBV) in den nächsten Jahren eine Fläche von ca. 740 ha mit schnellwachsenden Baumarten bepflanzen. Im Frühjahr 2008 wurden davon schon 80 ha bepflanzt (siehe Kapitel 11, Beitrag Landgraf & Böcker).

Als weiteres Beispiel sollen an dieser Stelle die Berliner Rieselfelder genannt werden. Im Süden der Stadt Berlin sind noch ca. 600 ha ungenutzte Flächen, die früher als Rieselfelder genutzt wurden, verfügbar. Momentan wird überprüft, ob sich diese Flächen für den Anbau schnellwachsender Bäume eignen. In diesem Zusammenhang wird ein Konzept zur Anlage eines Energiewaldes erstellt, welches neben der nachhaltigen Produktion von holzartiger Biomasse auch ein Offenlandmanagement gestattet sowie wichtige Naturschutzflächen integriert.

7.3.3
Schnellwachsende Hölzer als Landschaftselemente

Wenn überhaupt, wurden Landschaftsstrukturen aus Sträuchern und Bäumen bisher nicht mit dem primären Ziel der energetischen Nutzung dieser holzartigen Biomasse angebaut. Es standen eher Fragen der Artenvielfalt, der Biotopvernetzung oder einer höchstmöglichen Biodiversität von Ökosystemen im Vordergrund. Die Biomasseerträge dieser Systeme sind sehr gering, betriebswirtschaftlich nicht darstellbar und damit nur durch Subventionierung durchzuführen. Gerade in großflächigen, ausgeräumten Agrarlandschaften sollte der Anbau von schnellwachsenden Hölzern vorangetrieben werden. Neben der mittelfristigen Bereitstellung von Holz können damit auch andere positive Effekte wie Verringerung der Winderosion, Biotopvernetzung, etc. erreicht werden. Zum permanenten Aufrechterhalten solcher Strukturen sind Systeme mit unterschiedlichen Rotationszeiten und einer diversifizierten Arten- und Sortenstruktur anzustreben. Breite Feldstreifen, von denen jeweils eine Hälfte beerntet wird, eignen sich für die energetische Nutzung.

Erste Ergebnisse zum Thema Feldstreifenanbau wurden bereits veröffentlicht (Röhricht *et al.* 2007). Sie bestätigen die getroffenen Aussagen. Um dieses Thema weiter zu verfolgen, hat die Fachagentur für Nachwachsende Rohstoffe (FNR) ein Verbundvorhaben zur wissenschaftlichen Bearbeitung von Agroforstsystemen unter Leitung der Thüringer Landesanstalt für Landwirtschaft initiiert.

7.3.4
Anbau auf Grünlandflächen

In der Europäischen Union gilt ein Grünlanderhaltungsgebot. Das heißt, dass die Flächen, welche im Jahr 2003 mit Grünland bestanden waren, erhalten bleiben sollen. Existierende Regelungen besagen, dass 5 % der Grünlandfläche eines Betriebes ohne Genehmigung umgebrochen werden darf. Für den Umbruch weiterer 5 % muss eine Genehmigung beim zuständigen Amt für Landwirtschaft eingeholt werden.

Prinzipiell dürfen auf Grünlandflächen keine Plantagensysteme angelegt werden. Der beihilfefähige Status dieser Flächen bleibt jedoch bestehen, wenn auf ihnen bis zu maximal 50 Bäume pro Hektar angepflanzt werden (Arbeitsdokument der Kommission AGRI/60363/2005-rev1, Bemmann 2007). Damit ist mit der momentanen Regelung durch die Europäische Union zwar eine Wertholzproduktion auf Grünland denkbar, eine auf Massenproduktion ausgerichtete Plantagenwirtschaft jedoch nicht möglich.

Das Gebot zum Erhalt von Grünland wurde in der Vergangenheit vor allem aus ökologischen Gründen festgelegt. So weist Grünland – im Vergleich zu Ackerland – eine höhere Kohlenstoffspeicherung im Boden sowie eine geringere Bewirtschaftungsintensität und damit eine niedrigere CO_2-Emission auf. Aufgrund der verstärkten Nachfrage nach dem Rohstoff Holz sollte jedoch eine Nutzung von Flächen, die nicht unter Schutz stehen, für Kurzumtriebsplantagen in Betracht gezogen werden. Besonders geeignet erscheinen die Grünlandflächen in Überflutungsgebieten, welche bisher entweder nur mit großem Risiko oder sehr extensiv für Mutterkuhhaltung etc. genutzt wurden. Im Freistaat Sachsen gibt es beispielsweise 55 000 ha nicht genutztes Grünland. Das sind rund 30 % der gesamten Dauergrünlandfläche (BRD: 4,8 Mio. ha Dauergrünland, davon 1,4 Mio. ha nicht genutzt).

7.4
Plantagenstruktur und Nachhaltigkeit

Die dauerhafte Versorgung der Verbraucher mit einer bestimmten jährlichen Menge an z. B. Hackschnitzeln ist an folgende Voraussetzungen gebunden:
- Vorhandensein einer Mindestfläche für die Deckung des benötigten Energiebedarfs,
- Realisierung eines bestimmten Ertragsvermögens (durchschnittlicher Zuwachs, Erntemenge) pro Flächeneinheit,
- Erreichung und Erhaltung einer nachhaltigen Struktur der gesamten Plantagenbetriebsklasse bestimmter Baumart bei gegebener Umtriebszeit.

Eine nachhaltige Bereitstellung von Holz aus KUP setzt voraus, dass von jedem Alter innerhalb des Umtriebszeitraumes gleich große Flächenanteile vorhanden sind. In Abbildung 7.3 ist ein entsprechendes Strukturschema dargestellt.

In diesem Beispiel beträgt die Fläche der Plantagenbetriebsklasse 100 ha. Bei einer unterstellten Umtriebszeit von 5 Jahren müssen von jedem Alter 20 ha vorhanden sein. Die ältesten Flächen (Alter: 5 Jahre) werden jeweils geerntet. Die jährliche Erntemenge bei einem durchschnittlichen Zuwachs von 8 t_{atro} pro Jahr und Hektar beträgt somit 800 t_{atro}. Das ist natürlich ein ideales Schema, das durch die jeweiligen Anlagestrategien und vor allem auch Risikofaktoren meist nicht in dieser Form erreichbar ist.

Landwirte allein können größere Plantagenbetriebsklassen nur aufbauen, wenn sie über entsprechende Betriebsflächen verfügen. Ist das nicht der Fall, müssen entsprechende Organisationsformen und Managementsysteme ent-

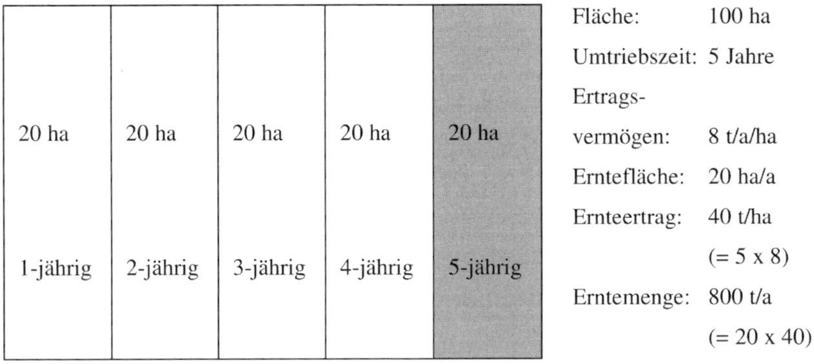

20 ha	20 ha	20 ha	20 ha	20 ha
1-jährig	2-jährig	3-jährig	4-jährig	5-jährig

Fläche: 100 ha

Umtriebszeit: 5 Jahre

Ertrags-
vermögen: 8 t/a/ha

Erntefläche: 20 ha/a

Ernteertrag: 40 t/ha
(= 5 x 8)

Erntemenge: 800 t/a
(= 20 x 40)

Abb. 7.3 Struktur einer nachhaltigen Plantagenbetriebsklasse (Umtriebszeit = 5 Jahre).

wickelt werden, um eine nachhaltige Versorgung von Holzverbrauchern zu gewährleisten. Das können zum Beispiel sein:
- Bildung von Erzeugergemeinschaften zur Produktion holzartiger Biomasse aus dem land- und forstwirtschaftlichen Bereich zur Schaffung regionaler Kreisläufe,
- Public Private Partnership (PPP) für großflächigen Betrieb,
- Aufkauf bzw. Pachtung größerer Flächen durch die Holzabnehmer (siehe Kapitel 11, Beitrag Landgraf & Böcker).

Insgesamt ist abzuschätzen, dass durch verschiedene Nutzungs-, Anbau- und Kooperationsstrategien angepasste regionale und überregionale Kreisläufe bedient werden können.

7.5
Zusammenfassung

Mögliche Bewirtschaftungsstrategien für Kurzumtriebsplantagen (KUP) ergeben sich aus der Nutzungsstrategie und der Anbaustrategie. Die beiden grundsätzlichen Nutzungsstrategien sind die stoffliche Nutzung und die energetische Nutzung.

Hinsichtlich des Anbaus von KUP haben sich in den letzten Jahren einige Anbaustrategien herausgebildet. Dazu gehören der Anbau auf Marginalflächen, die Schaffung großer Leitbeispiele und der Anbau auf anthropogen gestörten Flächen (z. B. Bergbaufolgeflächen, Rieselfelder etc.). Das derzeit größte Potential für die stoffliche Nutzung von Kurzumtriebsholz in Deutschland liegt in der Bereitstellung von Faserrohstoff für die Papierherstellung sowie von Material für die Span- und Faserplattenindustrie. Die stoffliche Nutzung von KUP hat eine Reihe von Vorteilen: Die Kosten für die Anlage sind aufgrund der geringen Pflanzenzahlen niedrig, das Verfahren ist sehr arbeitsextensiv und für die Ernte steht die seit Jahren bewährte Holzerntetechnik und -logistik preiswert zur Verfügung. Aufgrund der Verknappung der Weltölvorräte und der damit einhergehenden Preissteigerung rücken KUP zur energetischen Verwertung zunehmend in das Bewusstsein der Öffentlichkeit. Bei der energetischen Nutzung sind klassische Qualitätsmerkmale wie etwa Geradschaftigkeit, Feinastigkeit etc. nahezu unbedeutend; wichtig ist in erster Linie eine möglichst hohe Biomasseproduktion.

Die dauerhafte Versorgung der Verbraucher mit einer bestimmten jährlichen Menge an z. B. Hackschnitzeln ist an einige Voraussetzungen gebunden. Das sind zum Beispiel das Vorhandensein einer Mindestfläche für die Deckung des benötigten Energiebedarfs, die Realisierung eines bestimmten Ertragsvermögens und die Erreichung und Erhaltung einer nachhaltigen Struktur der gesamten Plantagenbetriebsklasse bestimmter Baumart bei gegebener Umtriebszeit. Landwirte allein können größere Plantagenbetriebsklassen nur aufbauen, wenn sie über entsprechende Betriebsflächen verfügen. Ist das nicht der Fall, müssen entsprechende Organisationsformen und Managementsysteme entwickelt werden, um eine nachhaltige Versorgung von Holzverbrauchern zu gewährleisten.

Literatur

Anonymus 2008: Peupliers de France. Les acteurs de la filière du peuplier. www.peupliersdefrance.org., Stand 26.05.08

Bemmann, A. 2007: Kurzumtriebsplantagen und Agroforstsysteme – Rechtliche Rahmenbedingungen. Vortrag zur Fachtagung „Anbau und Nutzung von Bäumen auf landwirtschaftlichen Flächen II", 2.–4. Juli 2007, Freiburg im Breisgau

Boelcke, B. 2007: Grundsätze des Anbaus schnellwachsender Baumarten und Ertragspotenziale in Mecklenburg-Vorpommern. Vortrag zur Fachtagung „Energieholzproduktion auf landwirtschaftlichen Flächen", 9. Mai 2007 in Güstrow. www.agrarnet-mv.de/index.php?/content/view/full/3363, Stand 05.08.08

Landgraf, D., Ertle, C., Böcker, L. 2005: Wuchspotenzial von Stockausschlägen der Robinie auf Bergbaufolgeflächen. AFZ - Der Wald 14: 748–749

Landgraf, D., Böcker, L., Oldenburg C. 2007a: Praxisrelevante Ernte einer Kurzumtriebsplantage. AFZ - Der Wald 14: 751–753

Landgraf, D., Böcker, L., Wiesner, S., Kempe, K. 2007b: Energiewald Lauchhammer – Chancen und Risiken für die Stadt Lauchhammer. Tagungsband zur Fachtagung „Anbau und Nutzung von Bäumen auf landwirtschaftlichen Flächen II", 2.–4. Juli 2007 in Freiburg i. Brsg.: 39–45

Nardin, F., Alasia, F. 2008: Use of selected hybrid poplars in SRC, the european experience from the field to the final transformer. Vortrag zum Symposium *Dendrom* am 10.–11. Juli 2008 in Berlin. www.dendrom.de/daten/downloads/Dendrom_Nardin_geschützt1.pdf, Stand 05.08.08

o.V.: Arbeitsdokument der Kommission AGRI/60363/2005-rev1

Röhricht, C., Ruscher, K., Kiesewalter, S. 2007: Feldstreifenanbau – Einsatz nachwachsender Rohstoffpflanzen als landschaftsgestaltendes Element – Feldstreifenanbau auf großen Ackerschlägen. Schriftenreihe der Sächsischen Landesanstalt für Landwirtschaft, Heft 25/2007

8
Abiotische und biotische Schadfaktoren in Kurzumtriebsplantagen

Christiane Helbig und Michael Müller

Der Anbau von schnellwachsenden Baumarten zielt auf eine leistungsorientierte Produktion von Dendromasse, bei der der wirtschaftliche Aspekt deutlich überwiegt. Das Auftreten von Schadfaktoren ist von großer Bedeutung, da empfindliche Ertragseinbußen verursacht werden können. Einerseits verringert eine kurze Umtriebszeit einige Schadfaktoren generell. Andererseits sind die potenziellen Schäden umso relevanter, je geringer die gewählte Umtriebszeit ist, da sich damit der Kompensationszeitraum für die Pflanzen verkürzt und Verluste nicht ausgeglichen werden können.

Die potenziellen Schadfaktoren in Kurzumtriebsplantagen (KUP) lassen sich in abiotische und biotische Faktoren einteilen. Zu den abiotischen Schadfaktoren zählen alle Einflüsse der unbelebten Natur wie Licht, Wasser, Wind und Temperatur, vor allem wenn sie Extreme erreichen. Die Möglichkeiten, sie zu beeinflussen, sind sehr begrenzt. Die biotischen Schadfaktoren umfassen alle Wirkungen lebender Organismen. Wie in allen Kulturen, die sich durch eine räumliche Homogenität und eine geringe genetische Diversität auszeichnen, besteht auch für Energieholzplantagen grundsätzlich eine hohe Wahrscheinlichkeit für kritische Schadereignisse durch Pilze, Bakterien und Viren sowie für die Entwicklung von Insektenmassenvermehrungen.

Oftmals wirken die einzelnen Faktoren jedoch nicht isoliert voneinander, sondern es bestehen Beziehungen und gegenseitige Beeinflussungen, sowohl in positiver als auch in negativer Art und Weise. Insbesondere das kombinierte Auftreten verschiedener Schadfaktoren birgt Risiken für den wirtschaftlichen Erfolg einer Plantage.

Anbau und Nutzung von Bäumen auf landwirtschaftlichen Flächen.
Herausgegeben von T. Reeg, A. Bemmann, W. Konold, D. Murach und H. Spiecker
Copyright © 2009 WILEY-VCH Verlag GmbH & Co. KGaA, Weinheim
ISBN: 978-3-527-32417-0

8.1
Abiotische Schadfaktoren

8.1.1
Trockenheit

Die Verfügbarkeit von Wasser entscheidet insbesondere im Anlagejahr über Erfolg oder Misserfolg einer Plantage. Allerdings bestehen auch baumarten- und sortenspezifische Unterschiede im Wasserbedarf: Während Schwarzpappel hohe Ansprüche hat, sind Aspe, Weide und insbesondere Robinie trockenheitstoleranter. Bestimmte Standorte eignen sich aber aufgrund zu geringer Jahresniederschläge, die auch nicht durch oberflächennahe Grundwasserleiter ausgeglichen werden können, gar nicht für die Anlage von KUP (Petzold *et al.* 2006).

Auch der Anlagezeitpunkt spielt eine wichtige Rolle, um das Risiko von Trockenschäden (Abbildung 8.1) zu verringern. Es sollte möglichst früh im Jahr gesteckt werden, um den Pflanzen vor Beginn der häufigen Frühjahrstrockenheit

Abb. 8.1
Trockenschaden an Pappel
(Foto: C. Skodawessely).

die Bildung erster Wurzeln zu ermöglichen. Des Weiteren kann mit einer optimalen Steckholzqualität und mit der Wahl der Steckholzart Einfluss auf den Anwuchserfolg genommen werden. Bei einem Vergleich zwischen Steckhölzern und bewurzelten Steckhölzern (einjährige Pflanzen mit Triebrückschnitt) zeigten sich in einem Jahr mit ausgeprägter Frühjahrstrockenheit signifikant weniger Ausfälle bei den bewurzelten Steckhölzern. Während im Mittel fast die Hälfte der Steckhölzer ausfielen, wuchsen die bewurzelten Steckhölzer zu 98 % an (Schildbach *et al.* 2008).

Im Zuge fortschreitender Klimaveränderungen wird das Risiko für Trockenjahre und -monate weiter steigen und muss bei der Anlage von KUP einkalkuliert werden. Für die Zukunft sind auch Bewässerungsmaßnahmen im Anlagejahr denkbar, wie sie in anderen Ländern bereits angewendet werden. Nach der Anwuchsphase besitzen die Pflanzen dann im Vergleich zu annuellen Kulturen aufgrund ihres etablierten Wurzelsystems bessere Fähigkeiten, Trockenperioden unbeschadet zu überstehen.

Abb. 8.2 Frostschaden an Pappel (Foto: D. Landgraf).

Abb. 8.3 Durch Quecke verdämmte Pappel, 3 Monate nach Flächenanlage.

Abb. 8.4 Blattrostbefall an Pappel (Foto: D. Landgraf).

8.1.2
Frost

In KUP in Deutschland sind es insbesondere die im April und Mai auftretenden Spätfröste, die junge Pflanzen und die Wiederaustriebe nach der Ernte schädigen. Oft kommt es nach milden Wintern zu Frostschäden, wenn die Pflanzen ungewöhnlich früh austreiben. An Pappeln werden durch Spätfrost bedingte Ausfälle von bis zu 50 % und Leistungseinbußen, die den Zuwachs einer halben Vegetationsperiode ausmachen, beschrieben (Friedrich 1999, Hofmann 1999). Das Risiko für Frühfrostschäden ist nach Rostpilzbefall besonders hoch, da die Triebe durch den vorzeitigen Laubfall nur unzureichend verholzen. Insgesamt ist so lange mit Frostschäden zu rechnen, bis die Pflanzen der bodennahen Kaltluftzone entwachsen sind.

Die von Frostschäden betroffenen Pflanzenteile, unverholzte junge Triebe und Blätter, zeigen eine rötlich-braune bis schwarze Färbung und hängen schlaff an der Pflanze (Abbildung 8.2).

Die Baumarten und Sorten weisen unterschiedliche Frostanfälligkeiten auf. Sehr empfindlich sind Robinie und von den Pappeln insbesondere die frühtreibenden Sorten mit *Populus-maximowiczii*-Anteil wie die verschiedenen Max-Sorten, Androscoggin oder Hybride 275. Weide und Aspe sind in der Regel frosttolerant und auch die *Populus-trichocarpa*-Sorten und Hybriden werden als frostunanfällig bewertet (Friedrich 1999). Um Ertragseinbußen vorzubeugen, sollten bekannte Frostlagen wie Geländesenken gemieden oder bei Baumarten- und Sortenwahl entsprechend beachtet werden.

8.1.3
Wind

Windschäden spielen in KUP eine eher geringe Rolle. Es können die jungen Austriebe im Anlagejahr, die nach einer Ernte seitlich am Stock aufwachsenden Triebe sowie durch Insekten vorgeschädigte Triebe durch Wind abgebrochen werden. Während Aspen in windexponierten Lagen noch beachtliche Biomasseerträge erbringen (Liesebach *et al.* 1999), sollte auf den Anbau von Balsampappeln auf diesen Standorten verzichtet werden, da diese als relativ windempfindlich gelten (Friedrich 1999, Hofmann 1999).

Das Risiko für negative Auswirkungen durch Wind kann durch die Standortwahl z. B. an Windschutzstreifen und Hecken oder durch eine aktive Randgestaltung bei der Plantagenanlage minimiert werden.

8.2
Biotische Schadfaktoren

8.2.1
Begleitvegetation

Pappel, Weide und Robinie gehören zu den Lichtbaumarten, die insbesondere in ihrer Jugendphase sehr viel Licht benötigen. Beschattende Bodenvegetation kann zu Wachstumsverzögerungen und Ausfällen von Pflanzen führen. Untersuchungen an Pappeln und Weiden zeigten in einem Vergleich bei aus verunkrauteten Parzellen stammenden Pflanzen um 60–90 % geringere Triebgewichte am

Ende der ersten Vegetationsperiode als bei Pflanzen aus chemisch unkrautfrei gehaltenen Parzellen (Clay & Dixon 1997). Die Unterschiede konnten auch in den folgenden zwei Jahren nicht ausgeglichen werden. Außerdem begünstigt flächendeckende Bodenvegetation das Vorkommen von Kurzschwanzmäusen, die ihrerseits Schäden an den Pflanzen anrichten können. Insbesondere das Auftreten von flächendeckender Grasvegetation (Abbildung 8.3) und hochwüchsigen Kräutern sollte verhindert werden. Zu einer natürlichen Regulierung der Begleitvegetation tragen hohe Pflanzenzahlen und die Gewährleistung geringer Ausfallraten bei.

Als chemische Pflanzenschutzmittel kommen Bodenherbizide (Vorauflaufmittel), die unmittelbar nach Anlage der Fläche ausgebracht werden, und Blattherbizide (Nachauflaufmittel), die erst mit dem Wachstum der Begleitvegetation eingesetzt werden können, in Frage. Die Anwendung von Bodenherbiziden nach Anlage einer Fläche mit bewurzelten Steckhölzern führt jedoch zu Schädigungen der Plantagenkultur, da Bodenherbizide über die Pflanzenwurzeln aufgenommen werden. Blattherbizide werden dagegen über die Blattorgane der Pflanze aufgenommen. Nach Austrieb der Steckhölzer sollten im Allgemeinen nur noch selektiv gegen einkeimblättrige Unkräuter wirkende Mittel eingesetzt werden, da sonst die Kulturpflanzen geschädigt werden. Totalherbizide können nach Anlage der Plantagenkultur nur dann genutzt werden, wenn durch Begrenzer (Abweiser an den Sprühdüsen) eine Benetzung der Steckhölzer vermieden werden kann.

Auch der Einsatz verschiedener Maschinen zur Begleitwuchsregulierung ist möglich. Auf Fräsen sollte dabei jedoch verzichtet werden, da wiederholt negative Auswirkungen auf den Boden und das oberflächennahe Wurzelsystem der Plantagenkultur beobachtet wurden (Dimitri 1988, Friedrich 1999).

8.2.2
Pilze, Bakterien und Viren

Pilze, Bakterien und Viren verursachen weltweit einige der gefährlichsten und schädlichsten Erkrankungen in KUP mit Pappeln und Weiden. Die Erreger können Schäden an Blättern, Zweigen, Rinde, Stamm und Wurzeln hervorrufen (Tabelle 8.1).

Das Anpflanzen von resistenten Sorten kann einen Befall kurz- oder mittelfristig verhindern. Langfristig kann jedoch nur eine Verzögerung erreicht werden, da die schnelle Weiterentwicklung der Schaderreger und das Auftreten neuer Formen Resistenzen durchbrechen lässt (Christersson et al. 1992). Von großer Bedeutung im Sinne einer langfristigen Risikostreuung ist deshalb der Anbau mehrerer Sorten oder Baumarten innerhalb einer Plantagenfläche. Im Vergleich zu sortenreinen (monoklonalen) Flächen verzögern Sortenmischungen und gemischte Plantagen das Auftreten von Krankheiten, verlangsamen ihre Entwicklung und Ausbreitung und weisen damit geringere Schäden auf. Für positive Effekte sind mindestens drei Sorten mit unterschiedlichen Anfälligkeiten notwendig (McCracken & Dawson 1997).

Zu den verbreitetsten und wirtschaftlich bedeutendsten Schadereignissen zählt der Befall mit Rostpilzen der Gattung Melampsora. Die Infektion ist an den gelb-

Tabelle 8.1 Wichtige pilzliche, bakterielle und virale Erkrankungen an Pappeln und Weiden in Kurzumtriebsplantagen.

Erreger	Wirtspflanze	Symptome
Pilze		
Melampsora spec. (Blattrost)	Pappel, Weide	Blattflecken
Cryptodiaporthe populea (Pappelrindenbrand)	Pappel, hauptsächlich Schwarzpappel	Rindennekrosen, Absterben von Zweigen und Ästen
Marssonina spec. (Marssonina-Krankheit)	Pappel, Weide	Blattflecken, Trieb-, Rindennekrosen
Pollacia spec. (Triebspitzenkrankheit)	Pappel, Weide	Blattflecke, Triebspitzendürre, Rindennekrosen
Bakterien		
Xanthomonas populi (Pappelkrebs)	Pappel	Rindenrisse und -nekrosen, Schleimfluss
Erwinia salicis (Wasserzeichenkrankheit)	Weide	Welke von Blättern, jungen Trieben und Ästen
Viren		
Pappel-Mosaikvirus	Schwarzpappel und -Hybriden	chlorotische und nekrotische Blattflecken, Blattdeformationen

orangefarbenen Sporenlagern an der Blattunterseite ab Frühsommer (Abbildung 8.4) sowie den dunkel gefärbten Sporenlagern an der Blattoberseite im Herbst erkennbar. Sie führt zu einem vorzeitigen Blattfall, einer Senkung der Frosthärte und in stark betroffenen Plantagen zu Zuwachsverlusten und Vitalitätsbeeinträchtigungen (Hunter *et al.* 1996). Das Absterben kompletter Plantagen ist ebenfalls möglich (Tubby 2005). Die Rostanfälligkeit innerhalb der Sorten ist sehr unterschiedlich ausgeprägt.

Neben den erwähnten Sortenmischungen spielt bei den Rostpilzen auch die Standortwahl eine wichtige Rolle. Die meisten dieser Pilze benötigen zwei artverschiedene Wirte für ihren Entwicklungszyklus. Für viele der europäischen Melampsora-Arten ist neben dem Hauptwirt Weide oder Pappel der zweite Wirt die Europäische Lärche (*Larix decidua*) oder alternativ die Japanische Lärche (*Larix kaempferi*). Um das Risiko für Rostpilzbefall zu verringern bzw. die Ausbreitung zu verzögern, sollte ein Abstand von mindestens 500 m, idealerweise 2 km, zu den nächsten Lärchenvorkommen eingehalten werden (Åhman 1998, Tubby 2005). Der Einsatz von Fungiziden ist möglich, wird im Allgemeinen aber als wenig aussichtsreich und wirtschaftlich nicht tragbar beschrieben (Butin 1996).

Unter den bakteriellen Erkrankungen hat *Xanthomonas populi* an Pappeln Bedeutung für Energieholzplantagen erlangt. Das Bakterium, das über Blattnarben und Lenticellen, aber auch über mechanische Verletzungen und Insekteneinstiche eindringt, verursacht krebsartige Wunden an Stamm und Zweigen, die zu einer Holzentwertung führen (Butin 1996).

8.2.3
Insekten

Aufgrund ihrer Struktur und dem hohen Anteil an nährstoffreicher Blattmasse bieten Kurzumtriebsplantagen optimale Entwicklungsbedingungen für zahlreiche Insekten (Helbig & Müller 2008). Vor allem verschiedene blattschädigende Arten von Käfern, Schmetterlingen (Abbildung 8.5), Gallmücken oder Läusen verursachen Schäden, aber auch cambiophage (rindenzerstörende) und xylophage (holzzerstörende) Organismen wie Bock- und Rüsselkäfer können eine große Rolle spielen (Tabelle 8.2).

Zu den Hauptschädlingen zählen verschiedene Arten der Familie der Blattkäfer, die sich alle phyllophag (blattfressend) ernähren. An Pappel ist der rot ge-

Tabelle 8.2 Wichtige Schadinsekten an Pappeln und Weiden in Kurzumtriebsplantagen.

Erreger	Wirtspflanze	Ernährungsweise
Käfer		
Chrysomela spec.	Pappel, Weide	phyllophag
Phratora spec.	Pappel, Weide	phyllophag
Saperda populnea (Kleiner Pappelbock)	Pappel, (Weide)	xylophag, (phyllophag)
Cryptorhynchus lapathi (Erlenwürger)	Pappel, Weide	xylophag
Phyllobius spec. (Grünrüssler)	Pappel, Weide	phyllophag, rhizophag (wurzelfressend)
Bytiscus populi (Pappelblattroller)	Pappel	blattrollend
Schmetterlinge		
Cerura vinula (Großer Gabelschwanz)	Pappel	phyllophag
Laothoe popul (Pappelschwärmer)	Pappel	phyllophag
Smerinthus ocellata (Abendpfauenauge)	Pappel	phyllophag
Paranthrene tabaniformis (Kl. Pappelglasflügler)	Pappel	xylophag
Earias chlorana (Weidenkahneule)	Weide	phyllophag
Hautflügler		
Blattwespen	Pappel, Weide	phyllophag, cambiophag
Zweiflügler		
Gallmücken	Pappel, Weide	gallenbildend
Schnabelkerfe		
Zikaden	Pappel, Weide	saugend
Läuse	Pappel, Weide	saugend

färbte, relativ große Pappelblattkäfer *(Chrysomela populi)* (Abbildung 8.6 und Abbildung 8.7) weit verbreitet. Die in der Laubstreu oder ähnlichen Nischen am Boden überwinternden Käfer besiedeln die Plantagen im Frühjahr und gehen dann in eine die gesamte Vegetationszeit andauernde Fraß- und Vermehrungsperiode über. Durch den sehr langen Vermehrungszeitraum und das Nebeneinander von mehreren Generationen ist die Art in der Lage, schnell große Populationen aufzubauen. Dabei resultiert das hohe Schadpotenzial wie bei allen Blattkäfern auch daraus, dass sowohl die Larven als auch die Käfer Blattmasse aufnehmen. An Weide tritt oft der kleinere, metallisch blau bis blaugrün gefärbte Blaue Weidenblattkäfer *(Phratora vulgatissima)* auf, dessen Entwicklung ähnlich verläuft.

Blattfraß führt zwar nur in seltenen Fällen zum Absterben einer Pflanze, allerdings bedingt die Reduktion der verfügbaren Assimilationsfläche und damit der Photosynthesekapazität eine Verringerung der Biomasseproduktion und damit die Gefahr, dass diese unter ein ökonomisch akzeptables Niveau fällt (Gruppe *et al.* 1999). Große Bedeutung für die Minimierung von Schäden durch blattfressende Insekten hat die Anlage von polyklonalen Plantagen, da die Tiere sehr unterschiedliche, sortenspezifische Fraßpräferenzen zeigen, die von den chemischen Inhaltsstoffen der Pflanzen abhängen (Kendall & Wiltshire 1997, Peacock & Herrick 2000). Sortenmischungen sind somit in der Lage die Besiedlung der Fläche und die Ausbreitungsgeschwindigkeit zu verzögern, womit das Flächendesign Möglichkeiten für eine vorbeugende Schädlingskontrolle bietet. Allerdings sind zum jetzigen Zeitpunkt die in Deutschland hauptsächlich verwendeten Sorten noch unzureichend bzw. gar nicht hinsichtlich ihrer Insektenanfälligkeit klassifiziert. Geeignete Insektizide für eine chemische Bekämpfung von blattfressenden Insekten in Kurzumtriebsplantagen existieren und wurden bereits angewendet.

Abb. 8.5 Raupe vom Großen Gabelschwanz *(Cerura vinula)*.

Abb. 8.6 Pappelblattkäfer (*Chrysomela populi*).

Abb. 8.7 Verschiedene Larvenstadien des Pappelblattkäfers
(*Chrysomela populi*).

Bei den xylophagen Schädlingen ist insbesondere der Kleine Pappelbock *(Saperda populea)* von Bedeutung, der ebenfalls hohe Populationsdichten erreichen kann. Die Larven entwickeln sich im Inneren von jungen Trieben, worauf die Pflanze mit Gallenbildung reagiert (Abbildung 8.8). Betroffene Pflanzen können absterben oder werden durch Wind gebrochen, außerdem ist der Käfer Überträger von pilzlichen und bakteriellen Erkrankungen (Georgiev *et al.* 2004).

Abb. 8.8 Galle vom Kleinen Pappelbock (*Saperda populea*).

8.2.4
Säugetiere

Kurzumtriebsplantagen können qualitativ hochwertige Äsung für Wild darstellen (Bergström & Guillet 2002). Insbesondere Weide und Robinie sind stark verbissgefährdet, aber auch an Pappeln können lokal starke Schäden auftreten (Helbig & Müller 2008). Neben Biomasseverlusten führt wiederholter Verbiss zu einer Verbuschung der Pflanze. Starker Verbiss der Wiederaustriebe nach Erntemaßnahmen kann ein Absterben des Stockes verursachen (Friedrich 1999). Neben Verbissschäden sind Fegeschäden (Abbildung 8.9) und Schälschäden von Bedeutung. Ein großflächiger Anbau von Kurzumtriebsplantagen verringert die Auswirkungen des Wildeinflusses. Aufgrund ihrer besonderen Gefährdung sollten Weiden erst ab einer Flächengröße von 2 ha angebaut werden (Schuster 2007). Um negative Auswirkungen zu vermeiden, müssten vor allem kleinere Flächen zum Zwecke des Verbiss- und Fegeschutzes gezäunt werden. Dies ist jedoch im Vergleich zu großen Flächen relativ kostenintensiv. Die Bedürfnisse eines wildschadensfreien Plantagenbetriebes werden oft mit den Zielen der Jagdbesitzer kollidieren und eine angestrebte Absenkung der Wildbestände zum Schutz von KUP dürfte schwer umsetzbar sein. Hier sind noch neue Lösungswege zu suchen.

Bei der Anlage von KUP mit Pappeln und Weiden sollte die Nähe zu potenziellen Biberhabitaten beachtet werden. Der große Nager bevorzugt diese Baumarten insbesondere als Winternahrung und ist in der Lage, erheblichen Schaden anzurichten. Um zu ihrer bevorzugten Nahrung zu gelangen, legen die Tiere auch weite Strecken zurück (Zahner *et al.* 2005). In Abhängigkeit vom sonstigen Nahrungsangebot in der Umgebung sollte ein Abstand von 500 m zwischen Plan-

Abb. 8.9
Fegeschaden an Pappel.

tage und Bibergewässer eine relative Sicherheit gegen Biberschäden in Energieholzflächen bieten (Helbig & Müller 2008).

Analog zur Problematik bei Erstaufforstungen können auch in KUP große Mäusepopulationen auftreten. Oberirdisch können Schäden durch Benagen der Rinde durch Erd-, Feld- oder Rötelmaus *(Microtus agrestis, Microtus arvalis, Myodes glareolus)* verursacht werden. Je nach Ausmaß werden diese Verletzungen überwallt, aber auch das Absterben der betroffenen Pflanzen ist möglich. Den wirtschaftlich bedeutendsten Schaden bedingt im Allgemeinen der unterirdische Wurzelfraß der Schermaus *(Arvicola terrestris)* (Abbildung 8.10), der fast immer zum Absterben der Pflanzen führt und auch große Flächen betreffen kann. Der Gefahr einer massenhaften Entwicklung von Kurzschwanzmäusen kann mit der Vermeidung von flächiger Bodenvegetation vorgebeugt werden. Die Anwendung von Herbiziden oder mechanischen Methoden zur Beseitigung von Begleitvegetation hat hier einen zusätzlichen Effekt. Weiterhin existieren verschiedene Methoden der Überwachung und Prognose. Für die Bekämpfung von Kurzschwanzmäusen gibt es zugelassene Rodentizide und entsprechende Anwendungsverfahren.

Abbildung 8.10
Schaden durch Kurz-
schwanzmäuse an 3-jähriger
Pappel.

8.3
Allgemeine Empfehlungen zum vorbeugenden Schadensmanagement sowie zu Bekämpfungsmaßnahmen

Die Herstellung optimaler Bedingungen bei Anlage einer KUP hinsichtlich Standort-, Baumarten- und Sortenwahl, Sortenmischungen und Flächendesign, Anlagezeitpunkt, Qualität der Steckhölzer und der Steckung, Bodenvorbereitung und Begleitwuchsregulierung verringert das Risiko für ein Auftreten abiotisch und biotisch verursachter Schäden. Insbesondere dem Standort kommt dabei eine Schlüsselrolle zu. Je weiter die Standortsbedingungen vom Optimum einer Sorte oder Baumart entfernt sind, desto höher ist die Wahrscheinlichkeit für ein Auftreten von Schäden und Schaderregern und desto geringer ist die Fähigkeit der Pflanze, diese abzuwehren oder zu tolerieren. Des Weiteren hat die Umgebung einer Plantage große Bedeutung als Ursprungsort von Schaderregern. Eine regelmäßige Begutachtung der Flächen ermöglicht beim Auftreten von Schäden eine schnelle Diagnose und gegebenenfalls rechtzeitig eingeleitete Gegenmaßnahmen.

Bekämpfungsmaßnahmen richten sich nach der aktuellen Zulassung entsprechender Pflanzenschutzverfahren und -mittel. Die Zulassungen sowie die Anwendungsbestimmungen weisen eine große Vielfalt auf und unterliegen einer starken Dynamik. Anwendungen müssen also immer dem jeweils aktuellen Stand angepasst werden. Informationen über Pflanzenschutzmaßnahmen und -mittel finden sich im aktuellen Pflanzenschutzverzeichnis und können z. B. von zuständigen Behörden, qualifizierten Unternehmen, aus den Anwendungs- und Produktbeschreibungen der Hersteller oder vom Bundesamt für Verbraucherschutz und Lebensmittelsicherheit bezogen werden. Pflanzenschutzmittel dürfen nur von Personen mit der entsprechenden Sachkunde angewendet werden.

8.4
Zusammenfassung

In Kurzumtriebsplantagen können Schäden durch abiotische und biotische Schaderreger verursacht werden. Zu den abiotischen Schadfaktoren zählen Trockenheit, Wind und Frost. Als biotische Schaderreger kommen Begleitvegetation, Pilze, Bakterien und Viren, Insekten sowie verschiedene Säugetiere in Frage. Es sollten vor allem die Möglichkeiten für vorbeugende Maßnahmen in Form der standortgerechten Sorten- und Baumartenwahl sowie der optimalen Flächenvorbereitung und Flächenanlage ausgenutzt werden, um das Risiko für Ausfälle oder Ertragseinbußen zu minimieren. Für gezielte Gegenmaßnahmen stehen teilweise Pflanzenschutzmittel und -verfahren zur Verfügung. Diese decken jedoch nicht alle Problembereiche ab, verursachen mitunter erhebliche Kosten und können Versäumnisse oder Mängel bei der Plantagenanlage nicht vollständig ausgleichen.

Literatur

Åhman, I. 1998: Rust scorings in a plantation of *Salix viminalis* clones during ten consecutive years. Forest Pathology 28 (4): 251–258

Bergström, R., Guillet, C. 2002: Summer browsing by large herbivores in short-rotation willow plantations. Biomass and Bioenergy 23 (1): 27–32

Butin, H. 1996: Krankheiten der Wald- und Parkbäume. Georg Thieme Verlag, Stuttgart, New York, 261 S.

Christersson, L., Ramstedt, M., Forsberg, J. 1992: Pests, diseases and injuries in intensive short-rotation forestry. In: Mitchell, C.P. (Hrsg.): Ecophysiology of short rotation forest crops. Elsevier Science Publisher, London: 185–215

Clay, D.V., Dixon, F.L. 1997: Effects of ground-cover vegetation on the growth of poplar and willow short-rotation coppice. Aspects of Applied Biology 49: 53–60

Dimitri, L. 1988: Bewirtschaftung schnellwachsender Baumarten im Kurzumtrieb zur Energiegewinnung. Schriften des Forschungsinstitutes für Schnellwachsende Baumarten, Hann. Münden, 4. 72 S.

Friedrich, E. 1999: Anbautechnische Untersuchungen in forstlichen Schnellwuchsplantagen und Demonstration des Leistungsvermögens schnellwachsender Baumarten. In: Hofmann, M. (Hrsg.): Modellvorhaben „Schnellwachsende Baumarten" – Zusammenfassender Abschlussbericht. Schriftenreihe Nachwachsende Rohstoffe 13: 19–150

Georgiev, G., Raikova, M., Ljubomirov, T., Ivanov, K. 2004: New parasitoids of *Saperda populnea* (L.) (Col. Cerambycidae) in Bulgaria. Journal of Pest Science 77 (3): 179–182

Gruppe, A., Fußeder, M., Schopf, R. 1999: Short rotation plantations of aspen and balsam poplar on former arable land in Germany: defoliating insects and leaf constituents. Forest Ecology and Management 121 (1): 113–122

Helbig, Ch., Müller, M. 2008: Potenzielle biotische Schadfaktoren in Kurzumtriebsplantagen. Cottbuser Schriften zur Ökosystemgenese und Landschaftsentwicklung 6: 101–116

Hofmann, M. 1999: Bereitstellung von genetisch hochwertigem Vermehrungsgut für Kurzumtriebsbestände. In: Hofmann, M. (Hrsg.): Modellvorhaben „Schnellwachsende Baumarten" - Zusammenfassender Abschlussbericht. Schriftenreihe Nachwachsende Rohstoffe 13: 151–239

Hunter, T., Royle, D.J., Arnold, G.M. 1996: Variation in the occurrence of rust (Melampsora spp.) and other diseases and pests, in short-rotation coppice plantations of Salix in the British Isles. Annals of applied biology 129 (1): 1–12

Kendall, D.A., Wiltshire, C.W. 1997: An applied study of clonal resistance to willow beetle attack in SRC willows. Report for Energy Technology Support Unit, Biofuels Study, B/M4/00532/27/REP

Liesebach, M., Wühlisch, G. von, Muhs, H. 1999: Eignung der Baumart Aspe und Prüfung von Aspenhybriden für die Biomasseerzeugung in Kurzumtriebsplantagen. In: Hofmann, M. (Hrsg.): Modellvorhaben „Schnellwachsende Baumarten" – Zusammenfassender Abschlussbericht. Schriftenreihe Nachwachsende Rohstoffe 13: 240–313

McCracken, A.R., Dawson, W.M. 1997: Growing clonal mixtures of willow to reduce effect of *Melampsora epitea var. epitea*. Forest Pathology 27 (5): 319–329

Peacock, L., Herrick, S. 2000: Responses of the willow beetle *Phratora vulgatissima* to genetically and spatially diverse *Salix spp.* plantations. Journal of Applied Ecology 37 (5): 821–831

Petzold, R., Feger, K.-H., Siemer, B. 2006: Standörtliche Potenziale für den Anbau schnellwachsender Baumarten auf Ackerflächen. AFZ-Der Wald 60 (16): 855–857

Schildbach, M., Landgraf, D., Böcker, L. 2008: Vergleich der Eignung unbewurzelter und bewurzelter Steckhölzer zur Begründung von Kurzumtriebsplantagen. AFZ–Der Wald 63 (18): 992–993.

Schuster, K. 2007: Holz vom Acker Energieholzproduktion auf landwirtschaftlichen Flächen. Landwirtschaftskammer Niederösterreich, Vortrag. (unveröffentlicht)

Tubby, I. 2005: Tree death in poplar plantations, summer 2005. Forestry Commission U. K., 4 S.

Zahner, V., Schmidbauer, M., Schwab, G. 2005: Der Biber – Die Rückkehr der Burgherren. Buch & Kunstverlag Oberpfalz, Amberg, 136 S.

9
Technologien der Ernte und Rodung von Kurzumtriebsplantagen

Volkhard Scholz, Felipe Ruiz Lorbacher und Hendrik Spikermann

9.1
Erntetechnik

9.1.1
Verfahrensübersicht

Die Erntetechnologie bestimmt in hohem Maße die Produktionskosten von schnellwachsenden Baumarten. Obwohl es in den letzten 30 Jahren nicht an Maschinenentwicklungen in diesem Bereich mangelte, ist die Ernte nach wie vor der Verfahrensabschnitt, der die größten Unsicherheiten aufweist und dem Landwirt erhebliche Probleme bei der Auswahl geeigneter Technik bereitet. Dies wird noch dadurch verschärft, dass die Erntetechnologie bereits vor der Pflanzung geklärt sein sollte, da deren Wahl unter anderem von Sorte, Rotationsintervall, Reihen- und Pflanzabstand abhängig ist (Scholz *et al.* 2007).

Aufgrund mangelnder bzw. begrenzter Maschinenprüfungen und Praxiserfahrungen können derzeit kaum gesicherte Empfehlungen für Erntemaschinen gegeben werden. Daher werden nachfolgend prinzipiell geeignete technische Lösungen aufgezeigt und, soweit möglich, die relevanten technologischen Daten dazu angegeben. Dabei wird auf eigene Messungen sowie auf Hersteller- und Literaturangaben zurückgegriffen.

Die Ernteverfahren lassen sich grundsätzlich in Stammholz-, Bündel- und Hackgutlinien unterteilen, deren Produkte Stammabschnitte, lose oder gebundene Bündel und Hackschnitzel sind (Scholz & Lücke 2007). Die erstgenannte Verfahrenslinie kommt fast ausschließlich für die stoffliche Nutzung des Holzes in Frage, während die Bündel- und Hackgutlinien überwiegend für energetische Zwecke Anwendung finden (Abbildung 9.1).

Anbau und Nutzung von Bäumen auf landwirtschaftlichen Flächen.
Herausgegeben von T. Reeg, A. Bemmann, W. Konold, D. Murach und H. Spiecker
Copyright © 2009 WILEY-VCH Verlag GmbH & Co. KGaA, Weinheim
ISBN: 978-3-527-32417-0

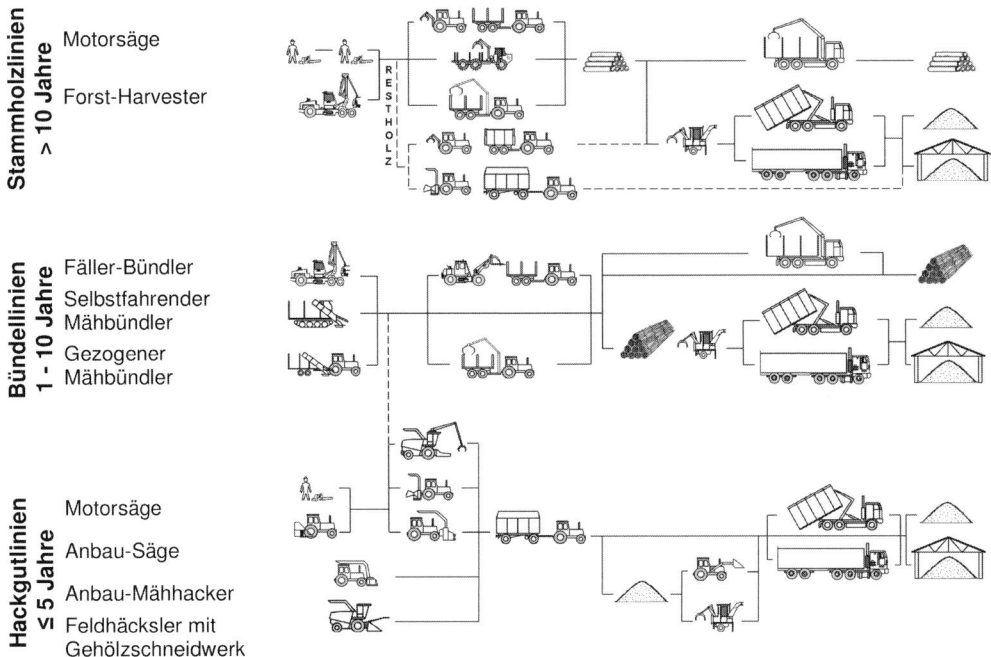

Abb. 9.1 Maschinen und Verfahren für die Ernte von schnellwachsenden Baumarten.

9.1.2
Stammholzlinien

Für die Gewinnung von Stammholz, das Ernteintervalle von mindestens zehn
Jahren erfordert, kommt konventionelle Forsttechnik zum Einsatz, das heißt manuelle Motorsägen oder Forstharvester (Vollernter) mit Prozessorkopf, die fällen,
entasten und die Stammabschnitte in den gewünschten Längen bereit legen (Abbildung 9.2). Die Arbeitsproduktivität ist jedoch gering und liegt meist unter
1 t_{TM}/h bzw. < 0,1 ha/h (Burger & Scholz 2004, Wolf & Schildbach 2006). Die
Stammabschnitte werden anschließend mit einem Forst-Forwarder (Tragschlep-
per) oder einem Traktorzug (Traktor und Rückeanhänger), der mit Greifer ausgestattet ist, an den Feldrand transportiert. Dort werden sie zum Teil gehackt und
später gewöhnlich mit einem LKW oder einem Schlepperzug abgefahren. Auf
dem Feld verbleibendes Kronenderbholz und Äste werden bei Bedarf abgefahren
und/oder mit einem mobilen Hacker gehackt.

Ergebnisse und Erfahrungen zum Einsatz von Stammholzerntemaschinen in
Pappelbeständen liegen u. a. in der Bayerischen Landesanstalt für Wald und
Forstwirtschaft Freising (LWF) (Burger 2004) sowie im Staatsbetrieb Sachsenforst
Graupa vor (Wolf & Schildbach 2006).

Abb. 9.2 Konventioneller Forstharvester bei der Ernte von 10-jährigen Pappeln.

9.1.3
Bündellinien

Intermittierende Ernte

Unter Bündellinien, auch Sammel- oder Rutenlinien genannt, werden Verfahrenslinien verstanden, bei denen die Bäume bzw. Triebe in einem Arbeitsgang gefällt und gesammelt werden und somit als lose oder mit Draht oder Garn umwickelte Bündel vorliegen. Für intermittierende (unterbrochene, absätzige) Verfahren kann Forsttechnik eingesetzt werden, wie z. B. der Forstharvester mit Fäller-Bündler-Kopf (Burger & Scholz 2004). Solche meist hydraulisch betriebenen Aggregate, die die Bäume einzeln greifen und abschneiden und dabei bis zu fünf Bäume sammeln können, bevor sei abgelegt werden, werden derzeit von mindestens vier Forstmaschinenherstellern in Skandinavien und den USA angeboten. Ein Typ ist auch für den Heckanbau an landwirtschaftliche Traktoren geeignet. Wegen der geringen Leistung von unter 4 t_{TM}/h bzw. $< 0{,}1$ ha/h kommt diese Technik lediglich für Bestände mit langen Umtriebszeiten in Frage (Burger & Scholz 2004), allerdings nur bis zu einem Schnittdurchmesser von 200 bis 300 mm. Die in den Zwischenreihen abgelegten losen, also nicht gebundenen Bündel werden anschließend, d. h. spätestens bis Mai, gehackt und/oder abgefahren. Die Eignung eines solchen Fäller-Bündlers für die Ernte von Pappeln wurde unter anderem in der Bayerischen Landesanstalt für Wald und Forstwirtschaft Freising nachgewiesen (Burger 2004).

Kontinuierliche Ernte

Die sogenannten Mähbündler mähen (fällen) die Bäume (Triebe) und bündeln (sammeln) sie auf der Ladefläche. Diese kontinuierlich arbeitenden Maschinen, die vorzugsweise für junge Weidenbestände geeignet sind, erreichen unter günstigen Bedingungen erstaunlich hohe Flächenleistungen von 0,5 bis zu 1,5 ha/h (Tabelle 9.1). Die Bündel, d. h. die gesamte Ladung, werden meist am Feldrand abgelegt. Dort können sie längere Zeit lagern und werden bei Bedarf gehackt und/oder abgefahren. Prinzipiell muss zwischen selbstfahrenden (SF) und von Traktoren gezogenen Maschinen unterschieden werden.

Aus der Literatur sind insgesamt 14 Mähbündler-Entwicklungen, insbesondere aus Skandinavien, bekannt, die mit Ausnahme des Stemster MK II jedoch kaum über das Versuchsstadium herausgekommen sind (Danfors 1992, Scholz *et al.* 2006a) Abbildung 9.3a–b.

Tabelle 9.1 Technische Daten ausgewählter Mähbündler-Entwicklungen.

		Mähbündler			
Typ	–	Fröbbesta 92	Nordic All rounder	Stemster MK II	Bundler
Hersteller/ Entwickler	–	Bo Franzen (S)	Nordic Biomass (DK)	Nordic Biomass (DK)	Salixsphere (S)
Entwicklungsstand	–	Produktion eingestellt	Prototyp	Kleinserie	Kleinserie
Eigenmasse	kg	3100	–	< 3000	–
Basismaschine	–	Traktor[1]	Selbstfahrer	Traktor[1]	Traktor[1]
Leistungsbedarf	kW	≥ 80	75	≥ 100	≥ 50
Reihenzahl	–	2	2	2	2
Reihenabstand[2]	m	0,75 + 1,50	0,75 + 1,50	0,75 + 1,50	0,75 + 1,50
Bündelform	–	lose	lose	lose	Netzbündel
Schnittdurchmesser	mm	≤ 50	–	≤ 80	≤ 80
Massedurchsatz	t_{atro}/h	10 ... 20	–	–	–
Flächenleistung[3] (HZ)	ha/h	0,6 ... 0,9	0,25...0,5	$\leq 1,5$	–

[1] Standardtraktor mit Heckzapfwelle und Anhängekupplung.
[2] Der zweite Summand gibt den erforderlichen Abstand zwischen benachbarten Doppelreihen an.
[3] Gültig für Hauptzeit (HZ).

(a)  (b)

Abb. 9.3 (a) Gezogener Mähbündler (b) bei der Ernte von Weide.

9.1.4
Hackgutlinien

Die Hackgutlinien verursachen meist die geringsten Ernte- und Transportkosten und werden daher für die Bereitstellung von Energieholz bevorzugt. Bei diesen Verfahrenslinien wird zwischen der Einphasen- und der Zweiphasenernte unterschieden.

Zweiphasenernte
Bei der Zweiphasenernte erfolgen das Mähen und das Hacken, inklusive Verladen, in zwei separaten Arbeitsgängen. Im ersten Arbeitsgang werden die Bäume motormanuell, mit einem Fäller-Bündler oder mit Hilfe einer sogenannten Anbausäge, d. h. einer seitlich an einen Traktor angebrachten (Ketten-)Säge, gefällt, die wie ein in der Landwirtschaft gebräuchliches Anbaumähwerk arbeitet und die Bäume weitgehend ausgerichtet ablegt (Luger 1999). Die technische Weiterentwicklung dieses Aggregates wurde allerdings eingestellt. Im zweiten Arbeitsgang können die in Reihe (Schwad) liegenden Bäume mit einem mobilen Hacker mit Greiferarm intermittierend gehackt (Vetter *et al.* 2006) oder mit einem sogenannten Reihen- oder Schwadhacker aufgenommen werden. Dies ist ein kontinuierlich arbeitender Front- oder Heck-Anbauhacker mit Pick-up-Trommel wie er zum Schreddern von gerodeten, in Reihen liegenden Obstbäumen eingesetzt wird (Scholz *et al.* 2006a). Neben den fehlenden Praxiserfahrungen liegt der Nachteil der Zweiphasenernte darin, dass bei den üblichen Reihenabständen jeweils nur eine Reihe gefällt und anschließend in Gegenrichtung gehackt werden muss, bevor die nächste Reihe in Angriff genommen werden kann. Sofern die Schlagform es zulässt, könnte allerdings auch das in der Landwirtschaft gebräuchliche Beetverfahren angewendet werden, das bei gleichzeitigem, allerdings gegenläufigem Einsatz beider Maschinen sicherlich eine akzeptable Flächenleistung gewährleistet.

Einphasenernte

Bei der Einphasenernte werden selbstfahrende Maschinen oder Anbauaggregate verwendet, die die Bäume in einem Arbeitsgang mähen (fällen) und hacken. Dieses sehr effiziente Arbeitsprinzip wurde weltweit in insgesamt mehr als 20 Entwicklungen technisch umgesetzt, allerdings selten bis zur Praxisreife geführt (Scholz et al. 2006a). Als aussichtsreich erscheinen die adaptierten Feldhäcksler-Schneidwerke der Firmen CLAAS Harsewinkel und HTM Soltau-Mittelstendorf sowie die für den Anbau an Traktoren konzipierten Mähhacker, die auf einer Erfindung von Wieneke und Döhrer beruhen (Wieneke 1993, Döhrer 1995). Mit Ausnahme des Claas-Schneidwerkes handelt es sich dabei im Wesentlichen um Prototypen, die ihre Praxistauglichkeit erst im beschränkten Umfang nachgewiesen haben (Wippermann & Stampfer 1995, Hartmann & Thuneke 1997, Spinelli 2001, Burger & Scholz 2004, Scholz et al. 2006b, Scholz & Lücke 2007) (Tabelle 9.2).

Die Feldhäcksler-Schneidwerke sind für doppelreihige Bestände konzipiert (Abbildung 9.4a–b), jedoch aufgrund der horizontal gelagerten Einzugswalzen im Wesentlichen nur für Weiden und sehr junge Pappelbestände (bis zu ca. zwei Jahren) geeignet. Der Schnittdurchmesser ist auf ca. 70 mm begrenzt. Die Firmen HTM und Krone erproben derzeit allerdings einen neuen Schneidwerkstyp (Woodcut 1500), der mit nur einem Sägeblatt ausgestattet ist und für größere Schnittdurchmesser und auch für größere Schnittbreiten geeignet sein soll. Im Übrigen gibt es in Schweden und Italien Bemühungen, dieses ursprünglich von der Firma Claas entwickelte Prinzip, nämlich Nutzung eines konventionellen Feldhäckslers als Basismaschine, zu adaptieren bzw. zu perfektionieren.

Sämtliche für Feldhäcksler konzipierten Schneidwerke müssen die Bäume horizontal der Häckseltrommel zuführen, was das sogenannte Geweih bewirkt, das die Bäume in eine Vorspannung versetzt, so dass die Schnittenden in die Einzugswalzen springen (Abbildung 9.5). Bäume mit hoher Biegesteifigkeit, wie mehrjährige Pappeln, brechen jedoch vorher und verursachen dadurch häufig Störungen. Im Unterschied dazu sind bei dem o. g. Anbau-Mähhacker das Sägeblatt und die Hackschnecke auf einer gemeinsamen vertikalen Welle montiert, so dass die Bäume vertikal eingezogen und gehackt und demzufolge kaum gebogen werden (Abbildung 9.6). Daher eignet sich dieses Prinzip auch für größere Baumdurchmesser und biegesteifes Holz. Dafür ist allerdings die Durchsatzleistung geringer und die Hackschnitzel weisen insbesondere bei dünnen Zweigen einen hohen Überlängenanteil auf. Die gegenwärtige Version des Anbau-Mähhackers ist bis zu einem Schnittdurchmesser von ca. 120 mm geeignet und erzielt Durchsätze und Flächenleistungen von maximal 15 t_{TM}/h und 1,0 ha/h, während die Feldhäcksler-Schneidwerke bis zu 35 t_{TM}/h und 2,2 ha/h erreichen.

Neben Reihenzahl, Leistung und Masse bestehen Unterschiede zwischen den verschiedenen Verfahren/Technologie insbesondere in der Hackschnitzelqualität. Die Häckseltrommeln der Feldhäcksler erzeugen gleichmäßige, aber kurze Hackschnitzel unter 40 mm, die für die Langzeitlagerung ungeeignet sind, während die Hackschnecke des Mähhackers lange, aber ungleichmäßige Hackschnitzel über 50 mm Länge produziert, die zwar lagerfähig sind, allerdings Schwierigkei-

Tabelle 9.2 Technische Daten aussichtsreicher Mähhacker-Entwicklungen.

		Feldhäcksler-Spezialschneidwerke		Traktor-Anbauaggregat
Typ	–	Salix-Vorsatz-gerät HS-2	Woodcut 750	Einreihiger Mähhacker
Hersteller/Entwickler	–	Claas KG mbH Harsewinkel	HTM GmbH Soltau	Uni Göttingen, ATB Potsdam
Entwicklungsstand	–	Kleinserie	Prototyp	Prototyp
Eigenmasse	kg	1300	ca. 2000	1200
Basismaschine	–	Claas-Häcksler Jaguar[1]	Krone-Häcksler BIG X[1]	Landwirtschaft-licher Traktor[2]
Leistungsbedarf	kW	$\geq$ 245	$\geq$ 360	$\geq$ 80
Masse der Basismaschine	kg	$\geq$ 10 800	$\geq$ 13 500	$\geq$ 4000
Reihenzahl/Schnittbreite	–/mm	2/1000	2/1300	1/560
Reihenabstand[3]	m	0,75 + $\geq$ 1,5	0,75 + $\geq$ 1,5	$\geq$ 0,9
Schnittdurchmesser	mm	< 70	< 70	< 120
Mittlere Hacklänge (x_{50})	mm	5 ... 40	5 ... 30	50 ... 100
Massedurchsatz[4] (HZ)	t_{atro}/h	$\leq$ 35	$\leq$ 35	$\leq$ 15
Flächenleistung[4] (HZ)	ha/h	0,4 ... 2,2	0,4 ... 2,2	0,2 ... 1,0

[1] Standard-Feldhäcksler mit Forstbereifung und Spezialvorsatz, z.T. mit verstärkter Trommel, Zusatz-Hydraulik und Unterbodenschutz
[2] Standardschlepper mit Frontzapfwelle und 3-Punkt-Frontaufhängung
[3] Der zweite Summand gibt den Abstand zwischen benachbarten Doppelreihen an. Mit dem Anbau-Mähhacker können ggf. auch Doppelreihen geerntet werden, bei Reihenabständen < 1,0 m allerdings nur mit Pflegereifen.
[4] Bezogen auf die Hauptzeit (HZ), also ohne Stillstands-, Wende-, Rüst- und Wegezeiten. Bei Berücksichtigung der Nebenzeiten ist die Leistung um ca. 10 bis 40 % geringer.

ten bei der weiteren Verarbeitung bereiten können. Wie Messungen zeigen, wird die Lagerfähigkeit des Hackgutes maßgeblich von der Länge der Hackschnitzel bestimmt. Feinhackschnitzel weisen bei unbelüfteter Lagerung eine hohe Schimmelpilzbelastung und bis zu 30 % Trockenmasseverluste pro Jahr auf, während bei der Lagerung von Grobhackschnitzeln, auch von Stammholz und Bündeln, diese unerwünschten Effekte deutlich geringer ausgeprägt sind (Scholz *et al.* 2005, Scholz *et al.* 2006a).

Das Leibniz-Institut für Agrartechnik Potsdam Bornim e.V. (ATB) und die Universität Göttingen sind zurzeit dabei, den Anbau-Mähhacker technisch zu verbessern, insbesondere hinsichtlich Leistung und Hackschnitzelqualität, so dass er von interessierten Forstmaschinenherstellern gefertigt und vertrieben werden kann (Scholz & Lücke 2007). Darüber hinaus arbeitet die Universität Göttingen

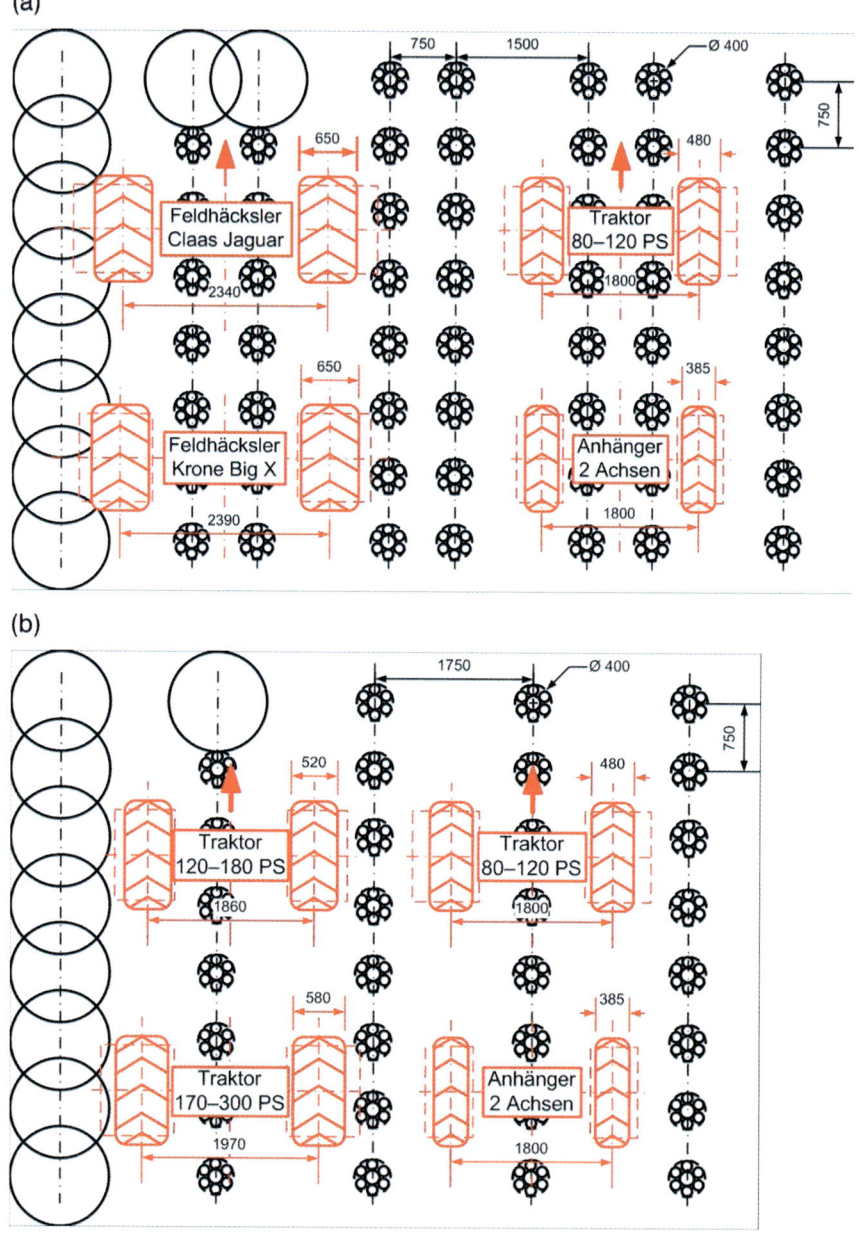

Abb. 9.4(a)–(b) Spurbilder für Feldhäcksler mit Gehölzschneidwerken bei erntetechnisch optimalen Reihenabständen (a) im zwei- reihigen Bestand (b) für Anbau-Mähhacker im einreihigen Bestand.

Abb. 9.5 Feldhäcksler mit Gehölzschneidwerk bei der Ernte von Weiden.

Abb. 9.6 Einreihiger Anbau-Mähhacker bei der Ernte von Pappeln.

an einer zweireihigen bzw. reihenungebundenen Version, die auch zur Landschaftspflege eingesetzt werden kann (Wegener & Block 2007). Die oben genannten Gehölzschneidwerke für Feldhäcksler werden selbstverständlich auch von den betreffenden Firmen weiter entwickelt. Wie für alle Maschinenentwicklungen gilt aber auch hier, dass die Industrie erst dann einen erhöhten Aufwand in Entwicklung und Erprobung investiert, wenn ein konkreter Bedarf absehbar ist.

Der Feldtransport des Hackgutes erfolgt gewöhnlich in einem parallel zur Erntemaschine laufenden, von einem Traktor gezogenen Anhänger. Alternativ kann aber auch ein direkt an die Erntemaschine gekoppelter Anhänger verwendet werden. Von den Firmen Claas und Krone werden dazu geeignete Systeme angeboten, die LKW-Auflieger oder Wechselcontainer aufnehmen oder mit einem Bunker ausgestattet sind. Die Bunker können nach hinten oder seitlich entladen werden. Letzteres ermöglicht sogar ein Entladen während der Fahrt. Allerdings haben diese Systeme bisher noch keine große Bedeutung in der Landwirtschaft erlangt. Kommen Anhänger mit Umladeeinrichtung, z. B. Hochkipper, zum Einsatz, kann der ansonsten notwendige Anhängerwechsel entfallen, da die Ladung auf ein zweites Transportfahrzeug oder einen Schüttgutcontainer übergeben wird. Die Vorteile separater Schlepperzüge gegenüber Anhängern mit Umladeeinrichtung liegen darin, dass die Flächenleistung höher ist und die in landwirtschaftlichen Betrieben häufig ohnehin vorhandenen Häcksel- bzw. Schüttgutanhänger verwendet werden können.

9.2
Rodetechnik

Nach der letzten Ernte, meist also nach 20 oder 30 Jahren, kann die mit Bäumen bepflanzte Fläche wieder in konventionelles Ackerland umgewandelt werden. Neben dem Begriff „Rodung" wird daher mitunter auch der Begriff „Flächenrückwandlung" verwendet. Aufgrund der relativ jungen Plantagen in Europa gibt es hierzu allerdings nur wenige Erfahrungen. Die bisherigen Ergebnisse lassen jedoch den Schluss zu, dass sowohl die Rodung als auch die anschließende ackerbauliche Nutzung der Flächen unproblematisch sind.

Das Roden erfolgt zweckmäßigerweise mit Rodefräsen, also mit schlepperbetriebenen oder selbstfahrenden Geräten aus der Forstwirtschaft und dem Obstbau, die mit rotierenden, auf einer horizontalen Welle befindlichen Schneidwerkzeugen den Wurzelstock ober- und unterirdisch zerkleinern (Tabelle 9.3). Aufgrund des hohen Leistungsbedarfs werden die Stöcke häufig in zwei Arbeitsgängen abgefräst, wobei für den oberirdischen Teil auch ein Forstmulchgerät verwendet werden kann, das ähnlich arbeitet. Nachdem der Stock oberirdisch abgefräst und zerkleinert ist, dringt die Rodefräse ca. 20–40 cm tief in den Boden ein und zerkleinert die Wurzeln (Abbildung 9.7). Seit geraumer Zeit sind auch Entwicklungen auf dem Markt, die mit einer Breite von lediglich 35 cm arbeiten. Diese Fräsen, die sich möglicherweise für die Rodung von einreihigen Beständen eignen, erfordern einen geringeren Energieaufwand.

Wie Messungen des Leibniz-Instituts für Agrartechnik Potsdam-Bornim e.V. (ATB) zeigen, werden durch diese beiden Arbeitsgänge die Wurzelstöcke bis zu der eingestellten Arbeitstiefe vollständig zerkleinert. Die mittlere Länge der zerkleinerten Stücke liegt in Abhängigkeit von Drehzahl und Traktorleistung und

Tabelle 9.3 Technische Daten ausgewählter Rodemaschinen.

		Rodefräsen			
Typ	–	Stock-Häcksel-fräse KSH700	Rodungsfräsen RF 700 bis 1000	Rodungsfräse Schmidt	Forstfräsen SSH 150 bis 250
Hersteller/ Entwickler	-	AHWI Maschinenbau GmbH (D)	AHWI Maschinenbau GmbH (D)	Schmidt GmbH (D)	FAE Group S.p.A. (I)
Entwicklungsstand	–	Serie	Serie	Serie	Serie
Eigenmasse	kg	560	2610 … 4900	4300	3670–4650
Basismaschine	–	Traktor[1]	Traktor[1]	Traktor[1]	Traktor[1]
Leistungsbedarf	kW	50 … 140	120 … 400	220 … 280	160 … 350
Arbeitsbreite	mm	350	350 … 2000	2000	1450 … 2410
Arbeitstiefe	mm	–	≤ 500	300	≤ 500
Flächenleistung[2] (HZ)	ha/h	–	0,15 … 0,9	0,15 … 0,9	0,15 … 0,9

[1] Standardtraktor mit Heckzapfwelle.
[2] Die Flächenleistung (Hauptzeit) ist von Pflanzverband, Bodenart und Leistung der Basismaschine abhängig.

Abb. 9.7 Rodung eines 10-jährigen Pappelbestandes mit Rodefräse nach vorangegangenem Mulchen des oberirdischen Teils des Wurzelstocks.

(a)

(b)

Abb. 9.8 (a) Pappelplantage drei Monate nach der Rodung.
(b) Ein abgefräster Wurzelstock im Boden.

Größe bzw. Alter des Stocks zwischen 50 und 200 mm. Damit wird teilweise eine Größenordnung erreicht, die für den Wiederaustrieb ausreichend ist, zumal auch Überlängen von über 300 mm entstehen. Außerdem bleibt der tiefer liegende Wurzelknoten häufig erhalten, so dass sich offenbar auch an den Wurzeln bzw. den daran haftenden Alttrieben neue Triebe bilden können (Abb. 8). In den bisher untersuchten Fällen betrug die Wiederausschlagsrate 20–35 %, bezogen auf die ursprüngliche Pflanzzahl. Mit Scheiben- oder Kreiseleggen, geeigneten Folgekulturen und Herbiziden gegen dikotyle Unkräuter können diese Triebe jedoch problemlos unterdrückt werden. In der Regel genügen eine sorgfältige Bodenbearbeitung und die Einsaat einer raschwüchsigen Zwischenfrucht.

Durch die Rodung und intensive Bodenbearbeitung steigt kurzfristig die biologische Aktivität im Boden, die mit einer verstärkten Freisetzung von Stickstoff und Kohlenstoff verbunden ist und dadurch das beachtliche Treibhausgasminderungspotenzial der Kurzumtriebsplantagen schmälern kann. Daher sollte zum Beispiel eine Zwischenfrucht mit hohem Stickstoffbedarf eingesät werden, die eine gute Bodenbedeckung und die Bindung der freigesetzten Nährstoffe im Sommerhalbjahr gewährleistet sowie die Auswaschung des Stickstoffs verhindert. Alternativ ist aber auch Sommergetreide geeignet.

9.3
Zusammenfassung

Da die Produktion schnellwachsender Baumarten ein relativ junges Produktionsfeld der Landwirtschaft ist, gibt es trotz erstaunlich vieler Entwicklungsansätze nur wenige gesicherte Ergebnisse und Erfahrungen zur Erntetechnik. Bei der Ernte müssen drei Verfahrenslinien unterschieden werden: die Stammholz-, die Bündel- und die Hackgutlinien. Für die Stammholz- und z. T. auch für die

Bündellinien können konventionelle Forstmaschinen eingesetzt werden, die aufgrund der Einzelbaumtechnologie allerdings eine sehr geringe Flächenleistung aufweisen und daher höchstens für lange Rotationsintervalle über zehn Jahre geeignet sind. Höhere Leistungen erzielen die sogenannten Mähbündler, die in Skandinavien für die Ernte von jungen Weiden entwickelt wurden, aber selbst dort bis auf wenige Ausnahmen kaum Anwendung finden.

Mähhacker, also Erntemaschinen, die gleichzeitig fällen und hacken, haben sich bisher am weitesten durchgesetzt. In Deutschland, neuerdings auch in Schweden und Italien, werden derzeit leistungsfähige Gehölz-Schneidwerke für konventionelle Feldhäcksler angeboten, die im Wesentlichen jedoch nur für Weiden und junge Pappeln bis zu 70 mm Schnittdurchmesser geeignet sind und aus wirtschaftlichen Gründen große Flächen erfordern. Darüber hinaus werden an der Universität Göttingen und am Leibniz-Institut für Agrartechnik Potsdam-Bornim e.V. Anbauaggregate für Traktoren entwickelt bzw. optimiert, die bis zu einem Schnittdurchmesser von 120 mm geeignet sind und demzufolge auch in Pappelbeständen mit Umtriebsintervallen von drei bis fünf Jahren eingesetzt werden können.

Die Rodung, also die Rückwandlung der Kurzumtriebsflächen in herkömmliches Ackerland, ist unproblematisch. Hierfür können konventionelle Rodefräsen aus Forst und Obstbau eingesetzt werden. Die Bildung von neuen Trieben kann durch geeignete Bodenbearbeitungsmaßnahmen und Einsaat einer raschwüchsigen Folgekultur in der Regel unterdrückt werden.

Literatur

Burger, F. 2004: Technologie und Ökonomie des Anbaus und der Ernte von Feldholz. Energieholzproduktion in der Landwirtschaft. Bornimer Agrartechnische Berichte 35: 61–74

Burger, F., Scholz, V. 2004: Stand der Technik bei der Ernte von Energiewäldern. Holz-Zentralblatt 46 (2004): 610–611

Danfors, B. 1992: Salixoldling Maskiner, arbetsmetoder och ekonomi. Jordbruksteknika institutet, Uppsala

Döhrer, K. 1995: Erntetechnik für Holzfelder. Die Holzzucht (1995): 15–17

Hartmann, H., Thuneke, K. 1997: Ernte von Kurzumtriebsplantagen – Maschinenerprobung und Modellbetrachtung. Landtechnik-Bericht, Bayer. Landesanstalt für Landtechnik Freising 29: 1–98

Luger, E. 1999: Harvesting of willow and poplar. In: Harvesting and Processing, European Energy Crops InterNetwork, B10501: 1–5

Scholz, V., Boelcke, B., Burger, F., Hofmann, M., Vetter, A. 2007: Biomasse von sandigen Böden – Energieholzproduktion in der Landwirtschaft. Neue Landwirtschaft 4: 68–73

Scholz, V., Idler, C., Daries, W., Gottschalk, G., Egert, V., Kaulfuß, P., Pfister, W., Carlow, G., Brune, F., Egert, J. 2005: Energieverlust und Schimmelpilzentwicklung bei der Lagerung von Feldholz-Hackgut. Bornimer Agrartechnische Berichte 39

Scholz, V., Idler, C., Egert, J. 2006a: Untersuchungen zu Schimmelpilzentwicklung und Energieverlusten bei der Lagerung von Feldholzhackschnitzeln. Holz-Zentralblatt 132 (27): 804–806

Scholz, V., Lorbacher, F.R., Spikermann, H. 2006b: Pflanz- und Erntetechnik für schnellwachsende Baumarten – Stand der Technik. Zwischenbericht des BMBF-Verbundprojektes Dendrom, ATB Potsdam-Bornim

Scholz, V., Lücke, W. 2007: Stand der Feldholz-Erntetechnik. Landtechnik 62 (4): 222–223

Spinelli, R. 2001: SRC harvester. Report on the CRL Mk II

Vetter, A., Werner, A., Hering, T. 2006: Energieholz vom Acker. Neue Landwirtschaft (6): 64–66

Wegener, T., Block, A. 2007: Einsatz eines Mähhäckslerprototyps in der mechanisierten Landschaftspflege. Landtechnik 62 (4): 224–225

Wieneke, F. 1993: Mähhäcksler für Energieplantagen von Pappeln und Weiden. Landtechnik 48 (12): 646–647

Wippermann, J., Stampfer, K. 1995: Entwicklung von Erntemaschinen für Energieholzflächen. Sonderdruck , Holz Zentralblatt 121: 6–8; 274–276

Wolf, H., Schildbach, M. 2006: Erntebericht zur Kurzumtriebsplantage Methau I. Zwischenbericht des BMBF-Verbundprojektes Agrowood, Graupa

10
Logistische Bereitstellung von Agrarholz für regionale Nutzungen am Beispiel von Brandenburg

Mareike Schultze, Paul Fiedler und Dieter Bräkow

10.1
Rahmenbedingungen für die zukünftige Bereitstellung von Agrarholz in Brandenburg

Brandenburg bietet ideale standörtliche Voraussetzungen für den Agrarholz-anbau: Ackerflächen mit schwachen Böden und Grundwasseranschluss, auf denen Pappeln und Weiden anderen Ackerkulturen ertraglich überlegen sind, machen einen hohen Anteil an den Flächen aus (Murach *et al.* 2008). In Großbetrieben können selbst unter Berücksichtigung von Aspekten der Risikominimierung und der Liquidität größere Schlaggrößen (20 ha und mehr) für Agrarholz erreicht werden.

Agrarholz könnte in Zukunft nicht nur in Großanlagen der energetischen Holzverwertung (z. B. synthetische Biokraftstoffe) genutzt werden, sondern auch in kleinen Anlagen der Strom- oder/und Wärmeerzeugung. Auch die Holzwerkstoffindustrie und die Pellethersteller könnten künftig gezwungen sein, auf Agrarholz zurückzugreifen (Muchin *et al.* 2007, Hagemann 2008, Aretz & Fiedler 2008). Es muss nach Wegen gesucht werden, die entstehende Nachfrage wirtschaftlich tragfähig zu bedienen. Die bestehenden forstlichen Strukturen der Energieholzproduktion sind hierfür nicht ausreichend. Logistische Herausforderungen ergeben sich aus der Sicherstellung der Abnehmerversorgung (ganzjährig oder zeitlich begrenzt) in gewünschter Qualität zu akzeptablen Kosten und dem saisonal konzentrierten Aufkommen von Agrarholz. Regionale Versorgungssysteme müssen die entstehenden Mengenströme zuerst aufnehmen, um sie dann abnahmeorientiert zu verteilen.

Im Projekt *Dendrom* wurden, ausgehend von Annahmen zur zukünftigen Entwicklung von Abnehmerstrukturen in Brandenburg, mögliche Bereitstellungsketten für Agrarholz modelliert. Anhand der Anforderungen ausgewählter regionaler Abnehmergruppen werden in diesem Beitrag verschiedene Optionen zur Technikwahl und Materialflussgestaltung bewertet. Aus den Ergebnissen werden grundsätzliche Empfehlungen zur Entwicklung logistischer Bereitstellungsstrukturen für Agrarholz unter Brandenburger Verhältnissen abgeleitet.

Anbau und Nutzung von Bäumen auf landwirtschaftlichen Flächen.
Herausgegeben von T. Reeg, A. Bemmann, W. Konold, D. Murach und H. Spiecker
Copyright © 2009 WILEY-VCH Verlag GmbH & Co. KGaA, Weinheim
ISBN: 978-3-527-32417-0

10.2
Anforderungen möglicher Abnehmer an die Bereitstellung von Agrarholz

Nach Aretz und Fiedler (2008) müssen die Bereitstellungsstrukturen für Agrarholz zukünftig unterschiedlichste Abnehmertypen bedienen können – von Kleinanlagen mit einer Hauptnachfrage vor bzw. während der Heizperiode bis hin zu industriellen Anlagen mit saisonal unabhängigem Bedarf. Exemplarisch werden in diesem Beitrag Bereitstellungsketten anhand der Anforderungen der folgenden Abnehmergruppen bewertet:

- Kleine Wärmeerzeuger: Kommunale Einrichtungen und Unternehmen mit einem saisonal ausgeprägten Wärmebedarf im Bereich von 100–500 kW_{FWL}[1]; Nachfrage einer möglichst konstanten Hackschnitzelqualität mit niedrigem Wassergehalt, einheitlicher Partikelgröße und geringem Störstoffanteil.
- Mittelgroße Strom- und Wärmeerzeuger: Stadtwerke bzw. Wärmeversorgungsunternehmen im Leistungsbereich von 1– 5 MW_{FWL} mit saisonalem Mehrbedarf während der Heizperiode; geringere Anforderungen an die Brennstoffqualität; Berücksichtigung des Wassergehalts bzw. des Heizwerts in der Abrechnung.
- Erzeugung synthetischer Krafstoffe: BtL-Anlagen nach dem CHOREN-Konzept mit einer Leistung von 450 MW_{FWL}, kontinuierlicher Anlagenbetrieb ohne saisonale Schwankungen; Annahme Hackschnitzel aller Fraktionen mit unterschiedlichem Wassergehalt.

10.3
Technische Elemente der Bereitstellung von Agrarholz

Die Bereitstellung beinhaltet die Teilprozesse Ernte, Bringung zum Feldrand, Lagerung und Trocknung, Aufbereitung, Umschlag und Transport. Produzenten von Dendromasse und ihre Partner müssen bei Überlegungen zur Wahl der technischen Verfahren sowie zur Ablauforganisation sowohl die Bedingungen der landwirtschaftlichen Produktion als auch die Anforderungen der jeweiligen Abnehmer einbeziehen.

10.3.1
Landwirtschaftliche Produktionsprozesse: Ernte und Bringung zum Feldrand

In Brandenburg kommt insbesondere der Anbau von Pappel, Weide und Robinie in Frage. Ernteverfahren für Pappel und Weide in kurzen Umtriebszeiten werden von Scholz *et al.* (2008) sowie im Beitrag von Scholz *et al.* (Kapitel 9) vorgestellt.

---

1) FWL = Feuerungswärmeleistung

Abb. 10.1 Ernteverfahren und Dendromasse-produkte für Weide und Pappel im Kurzumtrieb (KU) und bei mittleren Umtriebszeiten (MU). (Fotos von links: Claas, Nordic Biomass, Scholz/ATB Potsdam, Eberhardinger/TU München).

Die verschiedenen Ernteverfahren (Abbildung 10.1) unterscheiden sich wesentlich in der Qualität der mit ihnen bereitgestellten Hackschnitzel: Mit dem Claas Feldhäcksler wird ein homogenes, feines und normgerechtes Hackgut hergestellt (Scholz *et al.* 2008). Ziel bei der Entwicklung des Anbau-Mähhackers ist ein grobes Hackgut[2]. Die in zweistufigen Verfahren mit Trocknungszeit hergestellten Hackschnitzel haben tendenziell günstigere Eigenschaften hinsichtlich Wassergehalt, Partikelgeometrie, Rinden- und Grünanteil. Durch die zeitliche Trennung von Ernte- und Aufbereitungsprozessen wird die Flexibilität bezüglich der endgültigen Aufbereitungsform und des Lieferzeitpunkts erhöht.

10.3.2
Lagerung und Trocknung

Bis auf Sonderfälle, in denen erntefrisches Material direkt zum Abnehmer geliefert werden kann, muss Agrarholz zwischengelagert werden. Für Hackschnitzel ist die Lagerung am Feldrand in einfachen Mieten oder in abgedeckten Mieten mit Belüftungsdomen (Dombelüftungsverfahren, Brummack & Polster 2007) möglich. Weidenruten und Pappel-Vollbäume werden zweckmäßig in Poltern am Feldrand abgelegt.

---

2) Für viele Kleinabnehmer wird eine Nachzerkleinerung notwendig sein (vgl. Ehler 2007).

Die Lagerung ist verbunden mit einer Trocknung, aber auch mit Substanzverlusten durch biologischen Abbau. Bei Freiluftlagerung kann der Wassergehalt von etwa 60 % bei erntefrischem Agrarholz (KTBL 2006) auf 25–30 % gesenkt werden (Scholz *et al.* 2008). Die Trockenmasseverluste sind abhängig von der Partikelgröße, vom Ausgangswassergehalt, vom Grünanteil sowie vom gewählten Lagerverfahren und der Lagerdauer (Scholz *et al.* 2005; Golser *et al.* 2005). So sind Masseverluste bei Feinhackschnitzeln wesentlich höher als bei sehr groben Hackschnitzeln, Ruten oder Vollbäumen. Die Verluste in einfachen Hackschnitzelmieten sind mit bis zu 30 % pro Jahr (Scholz *et al.* 2008) sehr viel höher als bei Verfahren, bei denen die Hackschnitzel in wenigen Wochen unter den kritischen Wassergehalt von 30 % getrocknet werden (Lagerung im Dombelüftungsverfahren oder in belüfteten Lagern an Hubs[3]).

10.3.3
Umschlag und Transport

Abhängig von den Ernte- und Aufbereitungsprozessen sind unterschiedliche Umschlag- und Transportvarianten möglich. Bei Ernteverfahren mit direkter Hackschnitzelerzeugung können die Hackschnitzel ohne Umschlag direkt durch geeignete Schüttgut-Bringungstechnik zum Abnehmer transportiert werden. Das Transportvolumen der hierfür eingesetzten landwirtschaftlichen Züge (Schlepper und Anhänger) ist jedoch so gering, dass dies nur im Nahbereich bis ca. 15 km wirtschaftlich ist. Darüber hinaus sind abhängig von der Zugänglichkeit der Fläche, von den Zufahrt- und Lagerbedingungen beim Abnehmer, vom Transportvolumen der produzierten Hackschnitzel und von der Transportentfernung Contai-

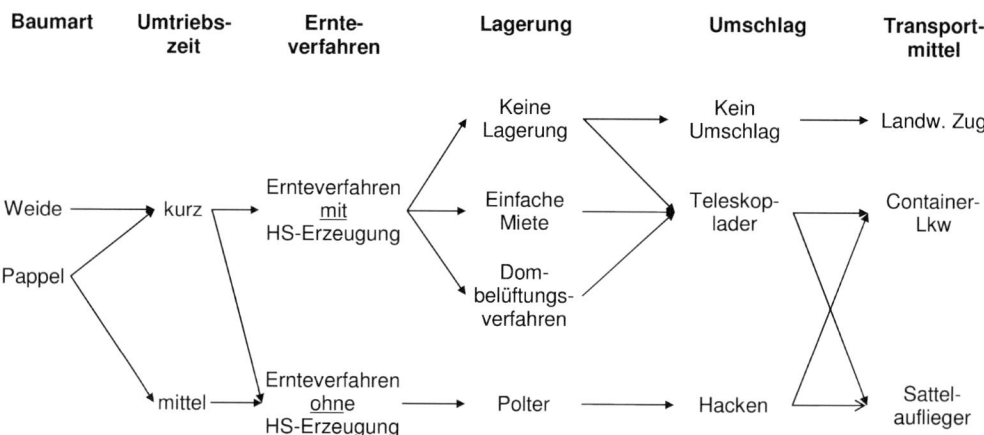

Abb. 10.2 Betrachtete Varianten der Agrarholzbereitstellung.

3) Der Ausdruck „Hub" bezeichnet in diesem Beitrag regionale Logistikknotenpunkte, an denen neben der Bündelung von Materialflüssen und dem Umschlag des Agrarholzes auf andere Verkehrsträger auch weitere Wertschöpfungsschritte wie die Vorratshaltung, die Trocknung oder die weitere Aufbereitung möglich sind.

ner-Lkw oder Sattelauflieger unterschiedlicher Ausstattung sinnvoll. In diesem Fall werden die Hackschnitzel zunächst am Feldrand abgelegt und dann mit Hilfe von Rad- oder Teleskopladern umgeschlagen. Bei der Hackung von Ruten- bzw. Vollbäumen nach Lagerung werden die Hackschnitzel direkt in den Transportbehälter eingeblasen. Die in Abbildung 10.2 gezeigten Bereitstellungsketten unterscheiden sich nicht nur in der Ablauforganisation und der Kostenstruktur, sondern auch in der Höhe der Massenverluste durch biologischen Abbau und mechanische Verluste bei Ernte, Aufbereitung und Umschlag (vgl. Schultze & Fiedler 2008).

10.4
Bewertung abnehmerorientierter Bereitstellungsketten

Im Folgenden werden ausgewählte Alternativen zur Bereitstellung von Hackschnitzeln aus Agrarholz hinsichtlich der Gesamtkosten der Bereitstellung und der möglichen Wertschöpfung durch den Lieferanten bewertet. Der Schwerpunkt der Betrachtung liegt dabei auf Konzepten zur ganzjährigen Belieferung unter Berücksichtigung der Anforderungen verschiedener Abnehmergruppen an die Hackschnitzelqualität und die Ablauforganisation. Die Kalkulationen beinhalten die fixen und variablen Kosten der Prozessschritte entlang der Bereitstellungsketten von der Ernte bis zur Abnahme. Die Ernteprozesse bei kurzen Umtriebszeiten wurden nach Eberts (2008) bewertet, die Ernte von Pappeln aus mittleren Umtriebszeiten modellgestützt nach einem Ansatz von Lorbacher (2008). Die Kosten zur Bringung von Weidenruten und Pappelbäumen zum Feldrand wurden ebenfalls modellgestützt mit Kostensätzen von Kühmaier *et al.* (2007), der Umschlag entsprechend KTBL (2006) berechnet. Die Kostensätze für Transportmittel beruhen auf dem Kalkulationsmodell von Bodelschwingh (2006) bei Anpassung der Investitionskosten, des Dieselpreises, der Personalkosten und des Zinssatzes entsprechend Kühmaier *et al.* (2007) und Eberts (2007). Alle Kosten sind unter Berücksichtigung von Trockenmasseverlusten auf die gelieferte Menge Hackschnitzel bezogen.

10.4.1
Lagerung und Trocknung von Hackschnitzeln zur Belieferung mittelgroßer Strom- und Wärmeerzeuger

Lieferanten von Energieholz übernehmen die Wertschöpfungsschritte Vorratshaltung und Trocknung, wenn sich dadurch die Bereitstellungskosten verringern oder höhere Preise erzielen lassen. Abbildung 10.3 stellt die Gesamtkosten verschiedener Bereitstellungsketten für Hackschnitzel und die nach Stampfer (2005) bei unterschiedlichen Wassergehalten erzielbaren Abnahmepreise gegenüber.

Der Vergleich zeigt bei einstufigen Ernteverfahren (Feldhäcksler, Anbau-Mähhacker) einen deutlichen Kostenvorteil für direkte Bereitstellungsketten. Die Lagerung und Trocknung der Hackschnitzel am Feldrand lohnt sich nur, wenn

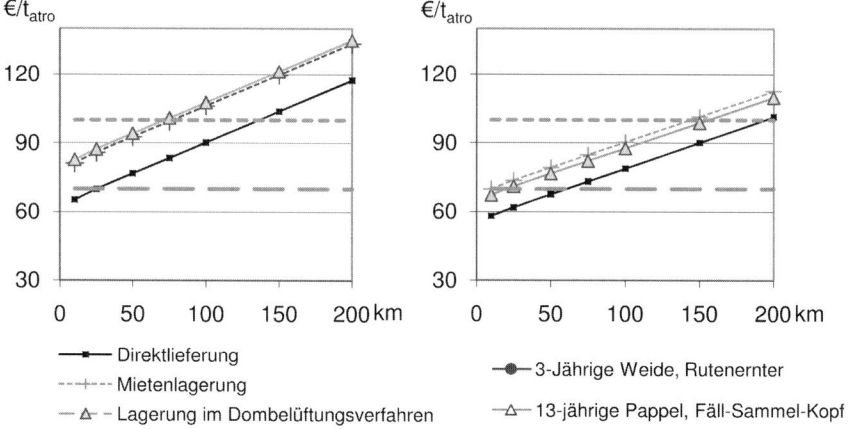

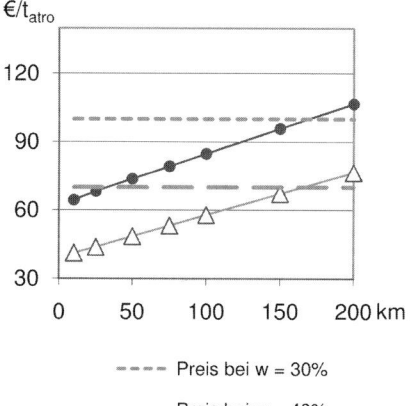

Abb. 10.3 Bewertung von Bereitstellungsketten nach Gesamtbereitstellungskosten pro gelieferter Masseneinheit (t_{atro}) mit unterschiedlichen Ernteverfahren; Gegenüberstellung von wasserabhängigen Abnahmepreisen nach Stampfer (2005).

sie durch höhere Preise vergütet wird. Diese lassen sich dann erzielen, wenn der Energiegehalt der Dendromasse für den Nutzer entscheidend ist oder wenn aus technischen Gründen trockene Dendromasse benötigt wird. Bereitstellungsketten mit Einsatz des Anbau-Mähhackers schneiden gegenüber Ketten mit Ernte durch den Feldhäcksler aufgrund der geringeren Maschinenkosten[4] und der geringeren Trockenmasseverluste[5] während der Vorratshaltung günstiger ab. Zu bemerken ist allerdings, dass es sich beim Anbau-Mähhacker um einen Prototyp handelt, wohingegen der Claas Feldhäcksler bereits im Praxiseinsatz bewährt ist.

Ketten mit zweistufigen Ernteverfahren und Trocknung der Ruten oder Vollbäume vor dem Hacken und Umschlag auf ein Transportfahrzeug können gegenüber einer Feldrandlagerung von Hackschnitzeln als vorteilhaft beurteilt werden.

---

[4] Feldhäcksler: 198 €/h, Anbau Mähhacker 35 €/h (Eberts 2008).

[5] Grobhackschnitzel: 10–15 % pro Jahr, Feinhackschnitzel: 20–30 %, 70–80 % der Verluste in den ersten 100 Tagen (KTBL 2006).

Die vergleichsweise geringen Trockenmasseverluste[6] müssen in weiteren Lagerversuchen bestätigt werden. Die modellgestützte Abschätzung der Bereitstellungskosten von Pappeln aus mittleren Umtriebszeiten lässt eine positive Bewertung dieses Verfahrens zu, die in weiteren Untersuchungen validiert werden muss.

10.4.2
Ganzjährige Belieferung kleiner Wärmeerzeuger

Kleine Wärmeerzeuger zahlen deutlich höhere Preise für Hackschnitzel (Zormaier und Schardt 2007), haben aber auch höhere Anforderungen an die Hackschnitzelqualität (Ehler 2007). Um die erforderliche Konstanz in Qualität und Lieferservice ohne eine aufwändige Einkaufsorganisation sicherzustellen, ist eine stabile Lieferbeziehung zu einem regionalen Partner günstig. Hierfür bietet sich der Bezug über einen regionalen Lager- und Umschlagpunkt (Hub/Biomassehof) an, wobei ein Händler als Mittler zwischen Produzent und Abnehmer auftritt. Bei den auf Agrarholzflächen anfallenden Mengen (800–2000 t_{atro} pro Schlag bei 20 ha Fläche) kann aber auch ein Direktvertrag mit einem Landwirt (analog zu Lieferverträgen mit Forstämtern) sinnvoll sein.

In Abbildung 10.4 sind die Kosten für die Bereitstellung von Feinhackschnitzeln aus Weide (Ernte mit Claas Feldhäcksler) gegenübergestellt. Verglichen werden die Lagerung auf einem kleinen Lagerplatz mit lokalem Bezug, die Lagerung im landwirtschaftlichen Betrieb und die Lagerung am Feldrand im Dombelüftungsverfahren. Bei der Variante „Hub" wurden die Kostenblöcke „Ein- und Auslagerung" und „Lagerung" mit Flächen-, Personal- und Maschinenkosten für die Lagerung in einer Halle auf einem teilasphaltierten Lagerplatz mit Brückenwaage bei einer jährlichen Umschlagleistung von 60000 Srm nach Kühmaier *et al.* (2007) berücksichtigt. Bei der „Hof"-Variante wurden die Ein- und Auslagerung mit Teleskoplader und Lagerung in einer Halle mit 1400 m^3 Fassungsvermögen nach KTBL (2006) angenommen. Bei der Lagerung am Feldrand sind Flächen-, Personal- und Materialkosten sowie Lizenzgebühren nach Brummack und Polster (2007) und Polster (2008) enthalten.

Die Kosten dieser Varianten sind vergleichbar. Die zusätzlichen Kosten für die Transporte über einen Hub werden dadurch ausgeglichen, dass bei Direktlieferung durch einen einzigen landwirtschaftlichen Betrieb in der Regel keine kontinuierliche Belieferung des Abnehmers erfolgen kann. Vielmehr müssen Lieferblöcke gebildet werden, wodurch der Abnehmer seinerseits Lagerkapazitäten und Umschlagtechnik am Anlagenstandort vorhalten muss. Gegenüber der Feldrandlagerung bietet die Vorratshaltung am Hub oder im landwirtschaftlichen Betrieb nicht-monetär bewertete Vorteile, wie z. B. einen sicheren ganzjährigen Zugang zum Lager und eine weniger aufwändige Transportorganisation. Bei Lagerung an einem regionalen Hub wird zudem das Risiko von Lieferengpässen gesenkt.

---

6) 7–18 % pro Jahr bzw. 9 % pro Jahr mit langsamem Beginn des Abbaus, wobei der Abbau in den ersten 6 Monaten gering ist (Scholz et al 2008, Golser et al 2005).

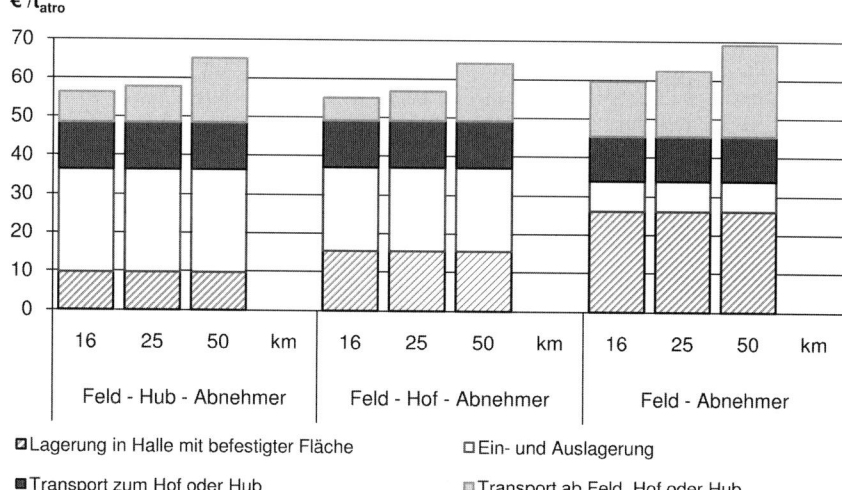

□ Lagerung in Halle mit befestigter Fläche   □ Ein- und Auslagerung

■ Transport zum Hof oder Hub   ▨ Transport ab Feld, Hof oder Hub

Abb. 10.4 Gesamtkosten der Bereitstellung zur Belieferung von Abnehmern mit einem Jahresbedarf von 750 t_{atro} mit Lagerung (Vor- ratshaltung und Trocknung) am Feldrand, im landwirtschaftlichen Betrieb und an einem regionalen Hub (Biomassehof).

10.4.3
Ganzjährige Belieferung von Abnehmern industrieller Größenordnung

Um zukünftig die Produktion synthetischer Biokraftstoffe im industriellen Maßstab zu ermöglichen, müssen Konzepte zur kontinuierlichen Bereitstellung sehr großer Mengen Biomasse gefunden werden. Während der Ernteperiode von Agrarholz in den Wintermonaten kann von einer Direktbelieferung vom Feldrand zur Anlage ausgegangen werden[7]. Für die Jahresversorgung muss über den Lagerort für die Vorratshaltung entschieden werden.

Abbildung 10.5 zeigt einen Vergleich der Jahreslogistikkosten zur Versorgung einer BtL-Anlage mit 450 MW_{FWL} bei ausschließlicher Nutzung von Agrarholz[8]. Für die Transporte vom Feld zum Abnehmer und vom Feld zum Hub wurden Container-Lkw unterstellt, für die Transporte vom Hub zum Abnehmer Sattelauflieger. Die Lagerkosten wurden für den gesamten Jahresverlauf entsprechend der jeweils abgerufenen Menge nach Brummack und Polster (2007), Polster (2008) und Kühmaier *et al.* (2007) berechnet.

---

7) Bei Annahme von durchschnittlich 3,5 Erntemonaten können dadurch je nach Situation 40–60 % der Jahreslogistikkosten eingespart werden.

8) Auch wenn derzeit entsprechend der Einschätzungen zur Verfügbarkeit verschiedener Biomassearten andere Rohstoff-Zusammensetzungen diskutiert werden, ist technisch die ausschließliche Nutzung von Agrarholz möglich.

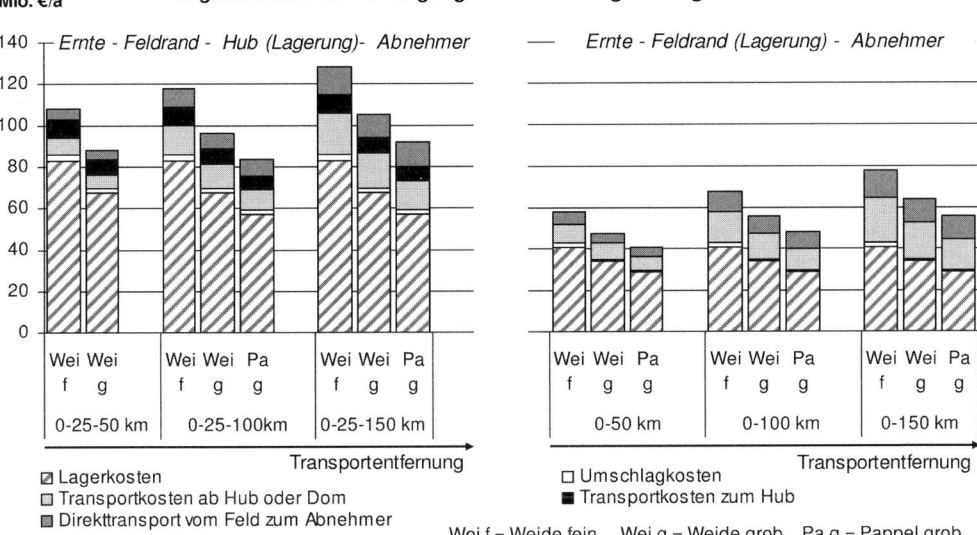

Abb. 10.5 Jahreslogistikkosten zur Versorgung einer BtL-Anlage nach dem CHOREN Verfahren mit Agrarholz differenziert nach Transportentfernungen und Dendromasseprodukten.

Aus dem Vergleich sind deutliche Kostenvorteile der Lagerung am Feldrand abzuleiten. Hubs weisen aber transportlogistische Vorteile wie z. B. die ganzjährige Befahrbarkeit und einen geringeren Aufwand für die Transportorganisation auf. Außerdem ist fraglich, ob landwirtschaftliche Fläche in der benötigten Größenordnung für die Lagerung genutzt werden können, ohne dass eine entsprechende Vergütung erfolgt.

10.5
Zusammenfassende Empfehlungen für den Aufbau von Bereitstellungsstrukturen

Für den Aufbau von Strukturen zur Bereitstellung von Agrarholz können die folgenden Empfehlungen formuliert werden:
– Die Lagerung und Trocknung von Agrarholz am Feldrand
   scheint derzeit in zwei Fällen für den Lieferanten eine zusätzliche Wertschöpfung zu ermöglichen: Wenn nach Energiegehalt abgerechnet wird und wenn das Abrechnungssystem eine Preisgestaltung in Abhängigkeit des Wassergehalts vorsieht.
   Das Problem der ganzjährigen Lagerung ist bisher nur bei wenigen Abnehmern in den Blickpunkt gerückt. Langfristig wird sich für die Serviceleistung „Vorratshaltung" aber eine

Nachfrage entwickeln, wodurch eine angemessene Preisgestaltung begünstigt wird.

– Der Anbau-Mähhacker ist eine aussichtsreiche Erntetechnik
  für kosteneffiziente Bereitstellungsketten. Die für Kleinabnehmer wahrscheinlich notwendige Nachaufbereitung des groben
  Hackguts kann in regionale Hubkonzepte integriert werden.

– Eine schnelle Trocknung der Dendromasse am Anfang der
  Bereitstellungskette ist unter Aspekten der Ressourcenscho-
  nung unbedingt empfehlenswert, da auf diese Weise hohe
  Trockenmasseverluste während der Vorratshaltung vermieden
  werden können.

– Für Kleinabnehmer können zweistufige Lieferketten mit Vorratshaltung und Trocknung an regionalen Hubs (Biomasse-
  höfe) empfohlen werden. Der aufgezeigte Kostenvorteil gegenüber direkten Lieferbeziehungen zu Landwirten wird durch
  logistische Vorteile, eine höhere Versorgungssicherheit und
  weitere Wertschöpfungsmöglichkeiten ergänzt.

– Für Großabnehmer weist die Lagerung am Feldrand im
  Dombelüftungsverfahren gegenüber einer Lieferung und Zwischenlagerung via Hub deutliche Kostenvorteile auf. Aus
  Gründen der Versorgungssicherheit und um einen großflächigen Verbrauch landwirtschaftlicher Flächen für die Lagerung
  zu vermeiden, können aber Mischformen empfohlen werden.

Regionale Hubs zur Lagerung, Konditionierung und Verteilung von Dendromasse sind notwendig, um die ganzjährige Versorgung sowohl von kleinen als auch
großen Abnehmern zu gewährleisten. Diese Einschätzung muss durch weiterführende Untersuchungen und anhand von Pilotprojekten mit vergleichbaren
Massenströmen bestätigt werden. Die Ergebnisse der Kostenabschätzung lassen
aber die Notwendigkeit erkennen, regionale Bereitstellungsstrukturen unter Nutzung vorhandener Ressourcen aufzubauen.

10.6
Zusammenfassung

In Brandenburg könnten große Mengen Agrarholz produziert werden, wenn sein
Anbau sich in der landwirtschaftlichen Praxis durchsetzt und entsprechende Im-
pulse von der Nachfrageseite ausgehen. Bei weiterer Verknappung von Waldholz
wird Agrarholz sowohl zur stofflichen als auch zur energetischen Verwertung
nachgefragt werden. Regionale Nutzungsstrukturen können ein breites Spektrum
verschiedener Anlagengrößen und Technologien umfassen.

Es werden logistische Bereitstellungskonzepte benötigt, die eine ganzjährige
Versorgung dieser Abnehmer mit den von ihnen geforderten Qualitäten ermöglichen. Da Agrarholz saisonal begrenzt anfällt, werden bei kontinuierlicher Nach-

frage Konzepte für eine Vorratshaltung benötigt. Bei der Wahl der Lagerverfahren sind neben den Prozesskosten auch die Höhe der Trockenmasseverluste und die erzeugbare Hackschnitzelqualität zu beachten.

Die Lagerung an regionalen Hubs ist insbesondere zur Belieferung von Kleinabnehmern vorteilhaft. Für Großabnehmer weist die Lagerung am Feldrand und Direktbelieferung zwar Kostenvorteile auf, hat aber auch entscheidende logistische Nachteile. Hubs sind also ein wichtiges Element der Agrarholzbereitstellung, sollten aber wenn möglich anhand vorhandener Strukturen aufgebaut werden und Synergien mit anderen Prozessen nutzen.

Literatur

Aretz, A., Fiedler, P. 2008: Szenarien einer nachhaltigen Dendromassenutzung. In: Murach *et al.* (Hrsg.): *Dendrom* – Zukunftsrohstoff Dendromasse. Endbericht, Eberswalde – Berlin – Cottbus

Bodelschwingh, E. 2006: Analyse der Rundholzlogistik in der Deutschen Forst- und Holzwirtschaft – Ansätze für ein übergreifendes Supply Chain Management. Dissertation, Lehrstuhl für Forstliche Arbeitswissenschaft und Angewandte Informatik, Technische Universität München, 214 S.

Brummack, J., Polster, A. 2007: Energieholztrocknung mit dem Dombelüftungsverfahren. Informationsmaterial, Technische Universität Dresden , Institut für Verfahrenstechnik und Umwelttechnik, Professur für Thermische Verfahrenstechnik und Umwelttechnik, Schriftliche Mitteilung 28.02.2008

Eberts, J. 2007: Kalkulationsgrundlagen für Kostenberechnungen im Projekt *Dendrom*. Schriftliche Mitteilung im Rahmen der gemeinsamen Bearbeitung des Projekts Dendrom, 19.11.2007

Eberts, J. 2008: Erntekosten für Agrarholz bei kurzen Umtriebszeiten. Schriftliche Mitteilung im Rahmen der gemeinsamen Bearbeitung des Projekts *Dendrom*, 08.02.2008

Ehler, C. 2007: Der Markt für Holzhackschnitzel zur Energieerzeugung in Rheinland-Pfalz 2006. Endbericht im Auftrag der Forschungsanstalt für Waldökologie und Forstwirtschaft Rheinland-Pfalz (FAWF), ISSN 1865–3863, 43 S.

Golser, M., Pichler, W., Hader, F. 2005: Energieholztrocknung – Endbericht HFA Nr. F1887/04 beauftragt durch Kooperationsabkommen Forst-Platte-Papier. Holzforschung Austria. Wien. 138 S.

Hagemann, H. 2008: Holznachfrage zur energetischen Verwendung in Brandenburg. In: Murach *et al.* (Hrsg.): *Dendrom* – Zukunftsrohstoff Dendromasse. Endbericht. Eberswalde-Berlin-Cottbus

KTBL (Kuratorium für Technik und Bauwesen in der Landwirtschaft) 2006: Energiepflanzen – Daten für die Planung des Energiepflanzenanbaus. KTBL-Datensammlung mit Internetangebot, Reinheim, 370 S.

Kühmaier, M., Kanzian, C., Holzleitner, F., Stampfer, K. 2007: Wertschöpfungskette Waldhackgut. Optimierung von Ernte, Transport und Logistik. Projektstudie im Auftrag von BMLFUW, Land Niederösterreich, Stadt Wien und ÖBf AG. Institut für Forsttechnik, Department für Wald und Bodenwissenschaften, Universität für Bodenkultur Wien, 283 S.

Lorbacher, F.R. 2008: Kalkulationsmodell zur Ermittlung der Kosten für die Ernte von Pappeln aus Hecken mithilfe einer Fäll-Sammelkopf-Kombination (Schlepper, Rückewagen, Kran mit Fällsammelkopf) im Rahmen des Projektes Dendrovita, ATB Potsdam, Schriftliche Mitteilung, 26.02.2008

Muchin, A.; Bilke, G., Böge, R. 2007: Energieholzpotenzial der Wälder in Brandenburg – Das theoretisch nutzbare Potenzial. Bericht der Landesforstanstalt Eberswalde. Eberswalde. 438 S.

Murach, D., Murn, Y., Hartmann, H. 2008: Ertragsermittlung und Potenziale von Agrarholz. Forst u. Holz 63(6):18–23

Polster, A. 2008: Zeit- und Materialbedarf zum Anlegen von Hackschnitzelmieten für die Anwendung des Dombelüftungsverfahrens. Mündliche Mitteilung, 28.02.2008

Scholz, V. Lorbacher, F.R., Idler, C., Spikermann, H., Kaulfuß, P., Brankatsch, G. 2008: Technische Bewertung und Optimierung der Pflanz-, Ernte- und Lagerungstechnologien für schnellwachsende Baumarten. In: Murach *et al.* (Hrsg.): *Dendrom – Zukunftsrohstoff Dendromasse*. Endbericht. Eberswalde – Berlin – Cottbus

Scholz, V., Idler, C., Daries, W., Gottschalk, G., Egert, V., Kaulfuß, P., Pfister, W., Carlow, G., Brune, F., Egert, J. 2005: Energieverlust und Schimmelpilzentwicklung bei der Lagerung von Feldholz-Hackgut. Bornimer Agrartechnische Berichte 39

Schultze, M., Fiedler, P. 2008: Modelle für die logistische Bereitstellung von Dendromasse auf regionaler Ebene. In: Murach *et al.* (Hrsg.): *Dendrom – Zukunftsrohstoff Dendromasse*. Endbericht, Eberswalde – Berlin – Cottbus

Stampfer, K. 2005: Energieholz in Kärnten, Entwicklungsagentur Kärnten, Netzwerk Holz Kärnten, Informationsbroschüre, 47 S.

Zormaier, F., Schardt, M. 2007: Waldhackschnitzel in Biomasseheizwerken – LWF Umfrage über Anforderungen, Rohstoffmix und Kosten bei geförderten Biomasseheizwerken in Bayern. LWF aktuell 61/2007: 8–9

11
Regionale Wertschöpfungsketten im Rahmen der Nutzung von schnellwachsenden Baumarten im ländlichen Raum am Beispiel Südbrandenburgs

Dirk Landgraf und Lutz Böcker

11.1
Hintergründe des verstärkten Anbaus schnellwachsender Baumarten

Vor dem Hintergrund steigender Rohölpreise erfuhr der nachwachsende Rohstoff Holz mit Beginn des neuen Jahrtausends eine wahre Renaissance. Dabei wurde er nicht nur als Substitut für die fossilen Energiequellen Kohle, Öl und Gas interessant. Auch andere Industriezweige, welche bisher auf fossile Energieträger als billigste Rohstoffvariante zugreifen, wie z. B. die petrochemische Industrie, suchen verstärkt nach Alternativen. Nicht mehr wegzudenken sind heute solche Schlagworte wie „SunFuel" oder „BtL"-Kraftstoffe[1], hergestellt aus Biomasse. Nach Aussage der Kraftwerksbetreiber spielt dabei Holz als Biomasse-Rohstoff mit der größten Energiedichte eine herausragende Rolle. Im April 2008 wurde im Beisein der Bundeskanzlerin Dr. Angela Merkel das erste Werk der Firma Choren Industries zur Herstellung von Biokraftstoffen der zweiten Generation im sächsischen Freiberg in Betrieb genommen.

Auch für die Papierindustrie, die sich bisher hauptsächlich auf den billigen Rohstoffmärkten der Dritten Welt bediente, wurde mit steigenden Transportkosten eine verstärkte Nutzung europäischen Holzes und der Aufbau entsprechender Standorte (z. B. die Zellstoff Stendal GmbH in Sachsen-Anhalt mit einem geschätzten Rohstoffbedarf von 1 Mio. t_{atro} pro Jahr) interessant. Ebenso sieht die Baustoffindustrie aufgrund der bewährten Eigenschaften von Holz auf der einen Seite und durch die Nutzung neuer Techniken und Verfahren auf der anderen Seite nach wie vor große Einsatzmöglichkeiten und fragt diesen Rohstoff verstärkt nach.

Dies führte zu einem verstärkten Holzeinschlag in Deutschland. Zur Freude sowohl der Landesforstverwaltungen als auch privater Großwaldbesitzer konnten mit diesem Erlös nach vielen Jahren endlich wieder „schwarze Zahlen" geschrieben werden. Nach der anfänglichen Euphorie, gekoppelt mit optimistischen Meldungen aus der Bundeswaldinventur II („…es gab noch nie so viel Holz in Deutschland…"), mehren sich jedoch auch Stimmen, die eine nachhaltige Nut-

---

[1] BtL: Biomass to Liquid

Anbau und Nutzung von Bäumen auf landwirtschaftlichen Flächen.
Herausgegeben von T. Reeg, A. Bemmann, W. Konold, D. Murach und H. Spiecker
Copyright © 2009 WILEY-VCH Verlag GmbH & Co. KGaA, Weinheim
ISBN: 978-3-527-32417-0

zung einerseits und eine mittelfristige Bereitstellung von Holz andererseits in Frage stellen (Landgraf *et al.* 2007b). Neben einer Vernachlässigung der Verjüngungsmaßnahmen in den Wäldern einiger Bundesländer (Müller 2006, Eisenhauer 2006) ist eine Steigerung des Holzeinschlages in vielen Bundesländern schon heute nicht mehr möglich (Bothmer 2006).

11.2
Regionale Lösungsmöglichkeiten zum Anbau schnellwachsender Baumarten

Aus diesem Grunde ist die höchstmögliche Ausnutzung aller Flächenpotenziale einer Region – sowohl aus dem forstwirtschaftlichen als auch aus dem landwirtschaftlichen Bereich – zur Produktion von Dendromasse (holzartiger Biomasse) als Gebot der Stunde zu betrachten. Dabei kommen neben Flächen unter Leitungstrassen und auf Ödland auch sogenannte Minutenböden (Böden, die aufgrund ihrer Standorteigenschaften nur in einem eng begrenzten zeitlichen Fenster zu bearbeiten sind) in Frage. Auch die Nutzung von landwirtschaftlichen Marginalstandorten oder stillgelegten Flächen erscheint als eine weitere mögliche Alternative äußerst sinnvoll. Allerdings stellte sich heraus, dass der gezielte Anbau von Bäumen auf landwirtschaftlichen Flächen für die Akteure mit vielen offenen Fragen juristischer, politischer, ökonomischer, fachlicher, wissenschaftlicher Art etc. belastet ist. Folgerichtig ergab sich die Fragestellung, wie man mögliche Akteure mit unterschiedlichem wirtschaftlichem Hintergrund zum gemeinschaftlichen, regionalen Handeln zusammenschließen kann. Daraufhin wurden verschiedene Geschäftsmodelle auf ihre Eignung hin überprüft. Nach Brieger (2007) kann man Geschäftsmodelle zur Erzeugung von Dendromasse in drei große Gruppen einteilen:
  – nachfragegesteuerte Geschäftsmodelle, wie z. B. die Vertrags-
    landwirtschaft, Dienstleistungsanbieter oder Heizkraftwerkun-
    ternehmen,
  – Geschäftsmodelle, die sowohl die Erzeuger- als auch die
    Nachfrageseite repräsentieren, z. B. Waldgenossenschaften,
    Heiztechnikhersteller, die gleichzeitig Nebenerwerbslandwirt
    sind, oder das Modell des Public Private Partnership (PPP),
  – angebotsgesteuerte Geschäftsmodelle, bei denen die Initiative
    von der Erzeugerseite ausgeht, z. B. eine Erzeugergemeinschaft
    oder Kooperationsprojekte.

Erklärtes Ziel all dieser vorgestellten Geschäftsmodelle ist wirtschaftlicher Erfolg. Dessen ungeachtet bringen diese Modelle sowohl Vor- als auch Nachteile mit sich.

Die Akteure in den nachfragegesteuerten Geschäftsmodellen möchten den Bedarf an Dendromasse für eigene Heizkraftwerke langfristig sicherstellen. Abhängig von der Größe des jeweiligen Biomasseheizkraftwerkes (BMHKW) – mit den entsprechenden Kapazitäten für Lagerung und Trocknung – kommen dafür unterschiedliche Einzugsbereiche in Frage. Damit geht bei einer Maximierung des

Gewinns die größtmögliche Preisreduktion für Dendromasse einher. Die Sicherung der Interessen der Erzeuger ist somit nicht gegeben.

Die zweite Gruppe kann sowohl durch die Repräsentation der Angebots- als auch der Nachfrageseite einen zumindest teilweise geschlossenen Wirtschaftskreislauf vorweisen. Jeder dieser Akteure agiert dennoch allein und nutzt daher häufig nur eigenes Wissen, mit der Gefahr von Wissenslücken bzw. Informationsverlust bei einem sich rasch verändernden Themenfeld. So bringen die Mitglieder einer Waldgenossenschaft hauptsächlich forstwirtschaftlich fundiertes Wissen mit, das bisher vor allem in der Produktion von Stark- und Wertholz lag. Die Produktion einer größtmöglichen Menge an „schwacher" Dendromasse je Flächen- und Zeiteinheit stand bisher nicht im Mittelpunkt dieser Interessensgemeinschaft. Der Heiztechnikhersteller wiederum beherrscht sämtliche technischen Parameter zur effektivsten Erzeugung von Wärmeenergie aus Holz, hat jedoch in den seltensten Fällen entsprechendes Wissen zur bestmöglichen Erzeugung von Dendromasse. Der Nebenerwerbslandwirt hingegen bewirtschaftet seine Flächen mit traditionellen Ackerfrüchten und ist bestrebt, seinen auf ein Kalenderjahr bezogenen Wirtschaftskreislauf in Einklang mit den sich permanent ändernden agrarpolitischen Rahmen- und Förderbedingungen zu bringen.

Mit dem Modell des PPP wird ein öffentlicher Träger (z. B. eine Kommune), welcher im Normalfall durch einen ausbilanzierten bzw. überforderten Finanzhaushalt geprägt ist, durch ein privatwirtschaftliches Unternehmen finanziell in die Lage versetzt, sowohl die Angebots- als auch die Nachfrageseite zentral zu koordinieren und somit einen regionalen Kreislauf zu initiieren und nachhaltig zu bewirtschaften. Damit können in kurzen Zeiträumen relativ große Flächen mit schnellwachsenden Hölzern angelegt und bewirtschaftet werden, wie dies beim „Energiewald Lauchhammer" der Fall sein kann (siehe Abschnitt 11.2.1).

Das Kooperationsprojekt als angebotsgesteuertes Geschäftsmodell wird durch einen dritten Geldgeber initiiert. Geldgeber können die verschiedensten Fördertöpfe und Institutionen sein. So kommen EU-Gelder im Rahmen der LEADER oder LEADER$^+$-Förderung sowie die sogenannte ELER-Förderung in Betracht. Da dieses Geschäftsmodell sozusagen von außen initiiert und für einen definierten zeitlichen Rahmen finanziell getragen wird, bleibt es oftmals auf diesen Zeitraum beschränkt. Eine langfristige und damit nachhaltige Arbeitsweise ist demnach als unsicher anzusehen.

Die Bildung einer Erzeugergemeinschaft (EZG) als Interessenvertretung entsteht im Gegensatz dazu „von unten" aus der Einsicht aller Akteure einer Region, offene Fragen der unterschiedlichen fachlichen Ausrichtungen gemeinsam zu beantworten. Sie soll die Interessen aller an der Erzeugung holzartiger Biomasse beteiligten Personen in der Region vertreten und durch Kompetenzbündelung die nachhaltige Nutzung von Holz im ländlichen Raum unter den sich ändernden klimatischen und agrarpolitischen Bedingungen vertreten. Aus dieser Motivation heraus wurde im Februar 2006 die EZG „Biomasse Schraden" als gemeinnütziger (eingetragener) Verein gegründet. Die EZG hat ihren Sitz in Großthiemig (Südbrandenburg). Die Mitglieder konzentrieren sich zwar nicht ausschließlich auf das sogenannte Schradenland, eine Landschaftseinheit im südlichsten

Brandenburg, der Einfluss wird aus Gründen einer angestrebten regionalen Kreislaufwirtschaft dennoch auf den südlichen Raum Brandenburgs und den Osten Sachsens beschränkt bleiben.

11.2.1
Der „Energiewald Lauchhammer" – eine Möglichkeit der großflächigen Etablierung von schnellwachsenden Bäumen

Die Etablierung des „Energiewaldes Lauchhammer" stellt eine Form des Geschäftsmodells Public Private Partnership (PPP) dar und soll im Folgenden näher beschrieben werden. Im Jahr 2006 erstellte das Forschungsinstitut für Bergbaufolgelandschaften e.V. (FIB) im Auftrag der Stadt Lauchhammer eine Potenzialanalyse zur Etablierung eines Energiewaldes. Darin konnte herausgearbeitet werden, dass der Anbau schnellwachsender Baumarten auf einer bis zum Jahr 2015 sukzessive zu rekultivierenden Gesamtfläche von ca. 740 ha des ehemaligen Tagebaues Klettwitz/Kleinleipisch (Abbildungen 11.1 und 11.2) eine ökonomisch sinnvolle Alternative der Landnutzung darstellen kann. Die Ergebnisse lassen sich nach Landgraf *et al.* (2007a) folgendermaßen zusammenfassen:

Das standörtliche Potential dieser Bergbaufolgelandschaft bietet die Voraussetzung zum Anbau schnellwachsender Baumarten wie Pappel und Robinie. Damit besteht für die Gemeinde Lauchhammer die Möglichkeit, fossile Energieträger für öffentliche Gebäude (z. B. Rathaus, Schwimmhalle etc.) durch Holz zu substituieren. Durch steigende Preise im Energiesektor wird die holzartige Biomasse zunehmend wettbewerbsfähig. Neben einer möglichen Selbstverwertung durch die Gemeinde kann das gewonnene Holz auch gewinnbringend veräußert werden.

Abb. 11.1 Blick in das Tagebaugelände zur Begründung des Energiewaldes Lauchhammer zu Beginn der Pflanzaktionen im Jahr 2006.

Abb. 11.2 Computervisualisierung des geplanten Energiewaldes Lauchhammer für das Jahr 2012.

Bei der Landschaftsgestaltung für den „Energiewald Lauchhammer" werden
durch die Einbindung natürlicher Eichenwaldgesellschaften und durch Wald-
randgestaltungsmaßnahmen neben ökologischen (z. B. Artenvielfalt, Biotopvernetzung etc.) auch landschaftsästhetische Aspekte berücksichtigt. Eine Einbindung der neu entstehenden Kurzumtriebsflächen in die bestehende bzw. noch
auszubauende touristische Infrastruktur (z. B. Fahrradwegenetz) ist möglich.

Die Lausitzer und Mitteldeutsche Bergbau-Verwaltungsgesellschaft mbH
(LMBV) signalisiert große Bereitschaft zur Umsetzung des Projektes. Daher
scheint die Realisierung des beschriebenen Ansatzes am Beispiel der Stadt
Lauchhammer möglich. Die Bürgermeisterin der Stadt Lauchhammer ist mittlerweile von der Stadtverordnetenversammlung zum Kauf der Flächen beauftragt
worden. Damit stehen die LMBV und die Stadt Lauchhammer in Kaufverhand-
lungen. Unabhängig davon werden die angedachten Pflanzaktionen für die Anlage von Kurzumtriebsplantagen (KUP) durch die LMBV umgesetzt.

Das Vorhaben „Energiewald Lauchhammer" stellt in seiner Größe – die jährliche Flächenanlage ist in Tabelle 11.1 dargestellt – momentan ein Unikat für
Deutschland dar. Eine Vorzeigewirkung der ganzen Region als „Energieregion"
ist damit absehbar.

Tabelle 11.1 Zeitliche Abfolge der mit der Stadt Lauchhammer als künftiger Eigentümer und der LMBV als Ausführender abgesprochenen Pflanzmaßnahmen für den Energiewald Lauchhammer.

	Schnellwuchsplantagen		Standortgerechte Baumartenmischungen	Gehölze für die Waldrandgestaltung	Gesamtfläche
	Pappel	Robinie			
	(ha)		(ha)	(ha)	(ha)
vor 2007	–	–	82,27	–	82,27[1]
2007	49,98	29,66	–	1,47	81,11[1]
2008	40,00	21,50	5,50	1,15	68,15
2009	45,00	22,00	6,50	1,50	75,00
2010	40,00	22,00	6,50	1,50	70,00
2011	45,00	22,00	6,50	1,50	75,00
2012	40,00	22,00	6,50	1,50	70,00
2013	45,00	22,00	6,50	1,50	75,00
2014	40,00	22,00	6,50	1,50	70,00
2015	40,00	22,00	6,50	1,50	70,00
Summe	**384,98**	**205,16**	**133,27**	**13,12**	**736,53**

[1] diese Flächenanlagen wurden bereits wie geplant realisiert.

11.2.2
Die Erzeugergemeinschaft „Biomasse Schraden e.V." – eine Möglichkeit der regionalen Wertschöpfung mit schnellwachsenden Baumarten durch Interessenbündelung

Die EZG „Biomasse Schraden e.V." verkörpert das angebotsgesteuerte Geschäftsmodell, bei dem die Initiative von der Erzeugerseite ausgeht. Die Arbeitsfelder der Mitglieder der Erzeugergemeinschaft umfassen die Prozesskette von der Erzeugung holzartiger Biomasse, sowohl auf landwirtschaftlichen als auch forstwirtschaftlichen Flächen, bis hin zur Verwertung einschließlich der wissenschaftliche Begleitung.

Zur Neuanlage von KUP ist die Bereitstellung von qualitativ hochwertigem Pflanzmaterial von herausragender Bedeutung. Daher kann die Mitgliedschaft von zwei großen, überregional tätigen Baumschulen nicht hoch genug bewertet werden. Des Weiteren liegen der EZG momentan die Mitgliedsanträge von zwei weiteren Baumschulen vor.

Als traditionelle Holzproduzenten sind Privatwaldbesitzer ein wichtiger Teil der Prozesskette Wald – Holz. Dieses Potential ist für einen intensiven, flächenbezogenen Aufschluss von Holzreserven für die energetische Nutzung aus dem Privatwald von essentieller Bedeutung für die EZG. Bisher konnte nur ein Privatwaldbesitzer gewonnen werden, der jedoch mehr als 1000 ha Wald bewirtschaftet.

Gegenwärtig prüft die regional ansässige Landesforstbehörde ebenfalls eine Mitgliedschaft in der EZG.

Das Engagement der Landwirte wird für die zukünftige, nachhaltige Bereitstellung des nachwachsenden Rohstoffes Holz von großer Bedeutung sein. Dabei stellt die Produktion von holzartiger Biomasse auf landwirtschaftlicher Fläche für den Großteil der Landwirte ein neues Tätigkeitsfeld dar. An dieser Stelle ist zu bemerken, dass mit getätigten Flächenkäufen anteilig auch Wälder in den Besitz von landwirtschaftlichen Unternehmen gelangen. Besonders interessant für die Holzproduktion sind jene Standorte, die aus unterschiedlichen Gründen für die ackerbauliche Nutzung als betriebswirtschaftlich uninteressant eingeschätzt werden (z. B. Grenzertragsböden, zu weit vom Hof entfernt etc.). Der Anbau schnellwachsender Hölzer kann auf diesen Flächen künftig eine betriebswirtschaftlich interessante Nutzungsalternative zu den konventionellen Ackerfrüchten bieten. Bisher wurden Betriebe gewonnen, die mit einer insgesamt bewirtschafteten Fläche von über 7000 ha einen respektablen Anteil der Landwirtschaftsbetriebe im Süden Brandenburgs repräsentieren und die weit über die Grenzen des Wirtschaftsraumes Schraden hinausgehen.

Zur Nutzung kleinräumiger, regionaler Kreisläufe spielen neben den „großen" Verwertern von holzartiger Biomasse zur energetischen Nutzung in der Region (z.B. BMHKW in Elsterwerda mit einer jährlichen Nutzung von 100 000 t_{atro}, BMHKW Selessen mit 60 000 t_{atro} pro Jahr und das BMHKW in Calau mit ca. 30 000 t_{atro}) kleine und mittelständische Betriebe eine herausragende Rolle. Diese stellen ein sehr wichtiges Bindeglied zwischen den Erzeugern holzartiger Biomasse und den Endnutzern dar; ihr Beitrag zur Wertschöpfung im ländlichen Raum Südbrandenburgs wird als außerordentlich wichtig eingestuft. Im Laufe des Jahres 2006 wurde durch Mitglieder der EZG mit vielen klein- und mittelständischen Betrieben gesprochen. Viele zeigten ein reges Interesse an der Thematik schnellwachsender Hölzer auf landwirtschaftlichen Flächen, wollten jedoch die Anfangsphase der Etablierung von KUP in praxisrelevanten Größenordnungen abwarten. Bisher ist lediglich ein Nebenerwerbslandwirt mit eigener Firma im Bereich Sanitär-, Heizungs- und Elektroinstallation Mitglied der EZG. Die Kombination eines Anbauers, Verwerters und Endnutzers von holzartiger Biomasse in einer Person stellt eine außerordentlich effektive Form der Wertschöpfung im ländlichen Raum dar.

Die gezielte, nachhaltige und dennoch zeitnahe Nutzung von Holz zur energetischen Verwertung auf land- und forstwirtschaftlichen Flächen stellt neue Herausforderungen an die Landnutzer. Die Ausarbeitung neuer und/oder effektiverer Strategien durch die Wissenschaft erscheint daher ebenso notwendig wie die wissenschaftliche Begleitung entsprechender Kurzumtriebssysteme unter den spezifischen Bedingungen der Region.

Die momentan noch zentrale Rolle der wissenschaftlichen Begleitung wird sich in Zukunft nach der Klärung vieler gegenwärtig noch offener Fragen sowie aufgrund der Einstellung einer gewissen Arbeitsroutine auf spezielle Problemstellungen und somit auf ein deutlich geringeres Maß reduzieren (Abbildung 11.3). Die wissenschaftliche Begleitung wurde vom FIB in Finsterwalde

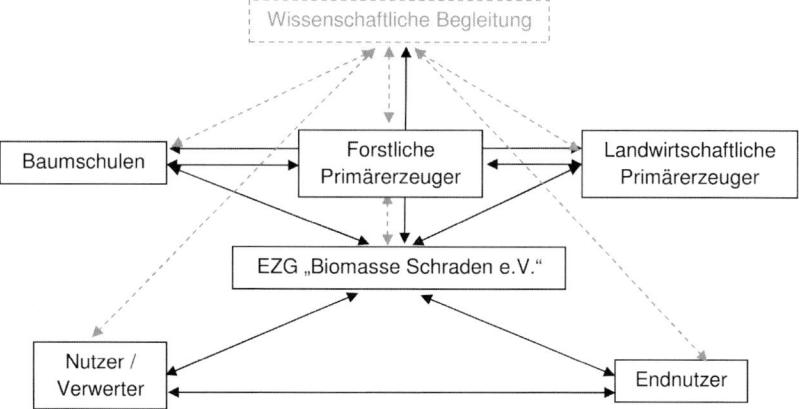

Abb. 11.3 Beziehungsgefüge der Erzeugungsgemeinschaft.

sowie dem CeBra (Centrum für Energietechnologie Brandenburgs) übernommen.

Im Zeitraum 2004–2007 konnten durch das Wirken der EZG 31,4 ha KUP im Süden Brandenburgs angelegt werden, davon 18,6 ha mit Pappel, 10,8 ha mit Robinie und 2,0 ha mit Weide.

11.3
Zusammenfassung

Zur Schaffung regionaler Wertschöpfungsketten bieten sich aus Sicht bisheriger Erfahrungen zwei Geschäftsmodelle an. Zur Bündelung von Interessen, Erkenntnissen und Erfahrungen und zur Erfassung eines praxisrelevanten Flächenpools, bestehend aus vielen kleineren Flächen mit unterschiedlichen Besitzverhältnissen, kommt das Modell der Erzeugergemeinschaft in Frage. Damit können auf der einen Seite die sich ständig erweiternden Erkenntnisse dieses neuen Geschäftszweiges verarbeitet und in die Praxis integriert werden. Auf der anderen Seite können eigene Erfahrungen schnellstmöglich in die Praxis umgesetzt werden. Durch ein einheitliches Auftreten auf dem Energieholzmarkt bzw. eine eigene Verwertung der Dendromasse kann eine nachhaltige Gewinnerzielung sichergestellt werden.

Rekultivierungsflächen bieten sich für eine schnelle Anlage von großen Flächen zur Energieholzproduktion besonders an. Zur Anlage des Energiewaldes Lauchhammer wurde das Modell einer Partnerschaft zwischen dem öffentlichen Träger und einem privaten Unternehmen (Public Private Partnership – PPP) ins Auge gefasst, um diese Aufgabe zu meistern.

Literatur

v. Bothmer, K.-H. 2006: Boomende Holzbranche. Brandenburgische Forstnachrichten 125: 9

Brieger, F. 2007: Geschäftsmodelle in der Land- und Forstwirtschaft unter besonderer Berücksichtigung von Kurzumtriebsplantagen. Diplomarbeitarbeit, Fakultät für Forst- und Umweltwissenschaften, Albert-Ludwigs-Universität Freiburg, 142 S.

Eisenhauer, D.-R. 2006: Waldbaustrategie des Staatsbetriebes Sachsenforst. 20 Folien, Sachsenforst, Graupa; smul.sachsen.de/de/wu/.../graupa/pdf/Eisenhauer_Waldbaustrategie.pdf

Landgraf, D., Böcker, L., Wiesner, S., Kempe, K. 2007a: Energiewald Kostebrau – Chancen und Risiken für die Stadt Lauchhammer. Fachtagung „Anbau und Nutzung von Bäumen auf landwirtschaftlichen Flächen II", 2.–4.7.2007 in Freiburg i. Brsg, Tagungsband: 39–45

Landgraf, D., Bilke, G., Böcker, L. 2007b: Holz vom Feld als Möglichkeit der Holzmarktentlastung am Beispiel Brandenburgs. Forst und Holz 62 (11): 18–21

Müller, M. 2006: Wirtschaften wir in Brandenburgs Wäldern noch nachhaltig? Referat zur Brandenburger Waldbesitzertagung am 03.03.2006 in Luckenwalde, www.brandenburgwald.de/archiv/FOP06030409.pdf

12
Ökonomische Bewertung von Kurzumtriebsplantagen und Einordnung der Holzerzeugung in die Anbaustruktur landwirtschaftlicher Unternehmen

Peter Wagner, Jürgen Heinrich, Mathias Kröber, Jörg Schweinle und Werner Große

Eine erfolgreiche Einführung der Kurzumtriebswirtschaft in das bestehende, weitgehend auf einjährigen Kulturen beruhende Bewirtschaftungssystem der Landwirtschaft ist vor allen Dingen von den ökonomischen Rahmenbedingungen abhängig. Erreicht man auf einzelbetrieblicher Ebene mit Biomasse aus Kurzumtriebsplantagen (KUP) keine Konkurrenzfähigkeit mit üblicherweise angebauten Ackerfrüchten, wird sich ein großflächiger Energieholzanbau nicht etablieren können.

12.1
Arbeitsgänge bei der Bewirtschaftung von Kurzumtriebsplantagen – zur Variationsbreite der Kosten

Die ökonomische Bewertung des Verfahrens „Holzproduktion in Kurzumtriebsplantagen" erfolgt auf der Grundlage von Literaturangaben zu den spezifischen Kosten, Biomasseerträgen und Holzhackschnitzelpreisen, jeweils bezogen auf einzelne Arbeitsgänge oder Verfahrensabschnitte (Tabelle 12.1). Sowohl die Vielfalt der natürlichen Bedingungen als auch die jeweilige verfahrenstechnische Umsetzung führen zu einer entsprechend großen Spannweite der Ausgangsdaten und haben so wesentlichen Einfluss auf die Wirtschaftlichkeit. Nachfolgend sollen einige Ursachen für die Variation vor allem für solche Arbeitsgänge erläutert werden, die charakteristisch für die Holzproduktion in KUP sind.

12.1.1
Flächenvorbereitung, Pflanzung und Pflege

Das Vorbereiten der Fläche erfolgt analog zu anderen landwirtschaftlichen Kulturen mittels Grundbodenbearbeitung und nachfolgender Saatbettbereitung. Die Variationsbreite der Kosten resultiert aus den standortspezifischen Unterschieden. Die Pflanzkosten werden in erster Linie durch die Stecklingskosten bestimmt. Die Kosten für das Einbringen der Stecklinge variieren vor allem je nach Verfahrenstechnik und dem damit verbundenen unterschiedlich hohen Ar-

Anbau und Nutzung von Bäumen auf landwirtschaftlichen Flächen.
Herausgegeben von T. Reeg, A. Bemmann, W. Konold, D. Murach und H. Spiecker
Copyright © 2009 WILEY-VCH Verlag GmbH & Co. KGaA, Weinheim
ISBN: 978-3-527-32417-0

Tabelle 12.1 Kosten, Erträge und Produktpreise des Energieholzanbaus – Datengrundlage der Kalkulation.

Variable	n[a]	Einheit	Mini-mum	Maxi-mum	Mittel-wert	Variante 1	Variante 2
Unkrautbekämpfung	1	€[b]/ha[c]	36,00	40,00	37,60	36,72	38,57
Pflügen	1	€/ha	72,00	114,00	90,38	81,40	100,07
Saatbettbereitung	1	€/ha	20,00	59,00	37,13	28,79	46,11
Pflanzgut	1	€/ha	800,00	2700,00	1827,27	1399,39	2232,74
Pflanzung	1	€/ha	180,00	500,00	326,00	257,73	398,30
Pflege	1	€/ha	44,00	179,00	109,33	80,30	139,02
Ernte	7	€/t[d] atro[e]	10,23	17,33	13,32	11,80	14,96
Transport	7	€/t atro	10,00	15,62	12,53	11,33	13,81
Rückwandlung	1	€/ha	269,00	2550,00	1262,89	774,68	1790,55
Flächenkosten	21	€/ha	175,00	180,00	178,00	176,79	179,11
Gemeinkosten	21	€/ha	133,00	179,00	155,33	145,43	165,43
Ertrag mittlerer Standort		t atro $ha^{-1}\,a^{-1}$ [f]	6,00	12,00	9,10	10,39	–
Ertrag guter Standort		t atro $ha^{-1}\,a^{-1}$	10,00	15,00	12,90	–	11,72
Hackschnitzelpreis		€/t atro	75,00	110,00	93,00	100,53	85,32

[a] Häufigkeit je Nutzungsdauer; [b] Euro; [c] Hektar; [d] Tonne;
[e] absolut trocken; [f] Jahr
Quelle: nach Angaben von Anonymus 2006, BMVEL 2001, Boelcke
2006, Burger 2006, Carmen 2007, Eckel 2006, Eder 2005, Eltrop et
al. 2005, Friedrich 1999, Grunert 2005, Hecker 2006, Hofmann
1998, Kiesewalter 2007, Landgraf et al. 2005, Pallast et al. 2006,
Röhle et al. 2005, Röhricht & Ruscher 2004, 2006, Schaerff 2007,
Scheler 1991, Schirmer 2006, Scholz et al. 2006, Staub 2006, Vetter
et al. 2006a, 2006b, Volckens 2006, Wippermann 1999

beitsaufwand. Dienstleistungsunternehmen mit entsprechend erfahrenem Perso-
nal erledigen das Pflanzen im Allgemeinen kostengünstiger als wenig erfahrene
Arbeitskräfte aus dem eigenen Betrieb, die diesen Arbeitsgang in der Regel nur
mit unprofessioneller Technik ausführen können. Die Pflegekosten sind je
nach Zustand der Plantagenfläche im Pflanzjahr unterschiedlich hoch und hängen hauptsächlich von der gewählten Technik und der Pflegeintensität ab.

12.1.2
Ernte und Transport

Das Beernten der Fläche erfolgt – eine energetische Nutzung des Holzes vorausgesetzt – mit selbstfahrenden landwirtschaftlichen Häckslern. Das Hackgut wird
üblicherweise im Parallelverfahren auf ein Transportfahrzeug übergeben. Werden

gleiche variable Kosten je Maschinenarbeitsstunde unterstellt, entstehen Kostendifferenzen durch Auslastungsunterschiede der Maschinen. Geringer Ertrag oder Schwierigkeiten beim Befahren der Fläche (hoher Schlupf infolge von Hangneigung oder Schnee) können in diesem Fall den Biomassedurchsatz deutlich verringern und damit die Kosten pro Tonne Erntegut erhöhen.

12.1.3
Rückwandlung der Fläche

Am Ende der Nutzungsdauer der Plantage muss die Fläche in einen Zustand gebracht werden, der eine praxisübliche ackerbauliche Nutzung ermöglicht. Dafür kommen Rodungsfräsen kombiniert mit Scheibeneggen sowie Saatbettbereitungsgeräte zum Einsatz. In einem oder mehreren Arbeitsgängen werden die Wurzelstöcke zerkleinert, wird das Holz in den Boden eingemischt und eine entsprechende Krümelstruktur hergestellt. Die in Tabelle 12.1 angegebenen Kosten für die Rückwandlung der Flächen unterscheiden sich extrem; das Kostenmaximum entspricht beinahe dem Zehnfachen des Kostenminimums. Niedrigste Kosten für die Flächenrückwandlung entstehen, wenn Plantagen bereits nach wenigen Jahren gerodet werden. Die Wurzelstöcke sind gegenüber denen von Plantagen nach langer Nutzungsdauer weniger stark und lassen sich mit geringerem Aufwand zerkleinern. Weitaus größere Bedeutung für die Höhe dieses Kostenfaktors haben allerdings die Qualitätsansprüche des künftigen Nutzers: je höher die Ansprüche an die folgende Saatbettbereitung, desto zahlreicher die Arbeitsgänge und desto höher die Kosten.

12.2
Wirtschaftlichkeit von Kurzumtriebsplantagen

12.2.1
Methode

KUP unterscheiden sich von klassischen, einjährigen landwirtschaftlichen Kulturen in mehrfacher Hinsicht. Sie sind durch
- relativ hohe Investitionen für die Begründung,
- einen verhältnismäßig langen Produktionszeitraum und
- unregelmäßige Zahlungsströme geprägt.

Will man ermitteln, ob sich die vergleichsweise hohe Anfangsinvestition lohnt und welchen Gewinnbeitrag man von KUP über den gesamten Investitionszeitraum erwarten kann, ist die Ermittlung von Deckungsbeiträgen kein geeignetes Mittel. Hiermit lässt sich zwar feststellen, welchen Beitrag ein Produkt zur Deckung der Produktionskosten leisten kann, die Rentabilität der Investition, die bei einer KUP für einen relativ langen Zeitraum von 20 Jahren und mehr getätigt werden muss, lässt sich damit allerdings nicht ermitteln. Um diese zu bestimmen, wird durch dynamische Investitionsrechnung eine jährlich stetige Rente oder Annuität berechnet. Dadurch werden die unregelmäßig über mehrere Jahre auftretenden Zahlungsströme in eine jährliche Erfolgsgröße transformiert. Die Annuität ist also der Betrag, der jährlich konstant über den Investitionszeitraum hinweg als Gewinnbeitrag entnommen werden kann (Bitz 1991).

12.2.2
Wirtschaftlichkeitsermittlung anhand verschiedener Berechnungsansätze

Die Ermittlung der Wirtschaftlichkeit des Energieholzanbaus erfolgt in diesem Beitrag durch zwei verschiedene Ansätze. Einerseits werden, so wie ein landwirtschaftlicher Betrieb verfahren würde, unter Verwendung aktueller Kosten und Erlöse jährliche Gewinnbeiträge (Annuitäten) kalkuliert. Andererseits wird anhand einer Risikoanalyse mittels Monte-Carlo-Simulation die Wahrscheinlichkeitsverteilung der möglichen Annuitäten beschrieben, die bei der Biomasseproduktion innerhalb eines festgelegten Bereiches von wahrscheinlichen Bewirtschaftungskosten und Biomasseerlösen auf dem jeweiligen Standort auftreten kann.

Der Anbau von schnellwachsenden Baumarten in KUP ist mit sehr vielen Gestaltungsoptionen verbunden. Die Berechnungen unterliegen den folgenden Annahmen:

- Baumart: Pappel
- Pflanzenzahl: 10 000 Stecklinge je Hektar
- Pflanzung: maschinell
- Düngung: nein
- Nutzungsdauer: 21 Jahre, dreijähriger Umtrieb
- Ernte: vollmechanisiert (Häcksler)
- Vermarktung: zur Ernte (keine Lagerung/Trocknung)
- Standort/Region: mittlere und bessere Bodenqualität, Freistaat Sachsen

Berechnung der Annuitäten anhand niedriger und hoher Kostenansätze – Hintergrund

In den beiden letzten Spalten der Tabelle 12.1 sind die in die Annuitätenkalkulation einfließenden arbeitsschrittspezifischen Kosten, Biomasseerträge sowie Erlöse aus dem Biomasseverkauf zusammengestellt. Diese beruhen auf den bei Anlage, Pflege, Ernte und Rückwandlung von KUP in Deutschland gewonnenen Erkenntnissen. Um die Bandbreite der möglichen Kosten und Erlöse aufzuzeigen, erfolgt die Berechnung der Annuitäten in zwei ausgewählten Varianten. Variante 1 stellt die Situation für einen mittleren Standort in Sachsen mit geringen Anlage-, Pflege-, Ernte-, Transport- und Räumungskosten sowie guten Erträgen und hohen Biomasseerlösen dar. Variante 2 gilt für einen guten Standort in Sachsen. Allerdings werden hier hohe Kosten des Produktionsverfahrens sowie mittlere Erträge und niedrige Erlöse für die Biomasse unterstellt. Variante 1 und Variante 2 beschreiben für Kosten und Erlöse die unteren und oberen Grenzen der Konfidenzintervalle der Dreiecksverteilungen, die den Monte-Carlo-Simulationen

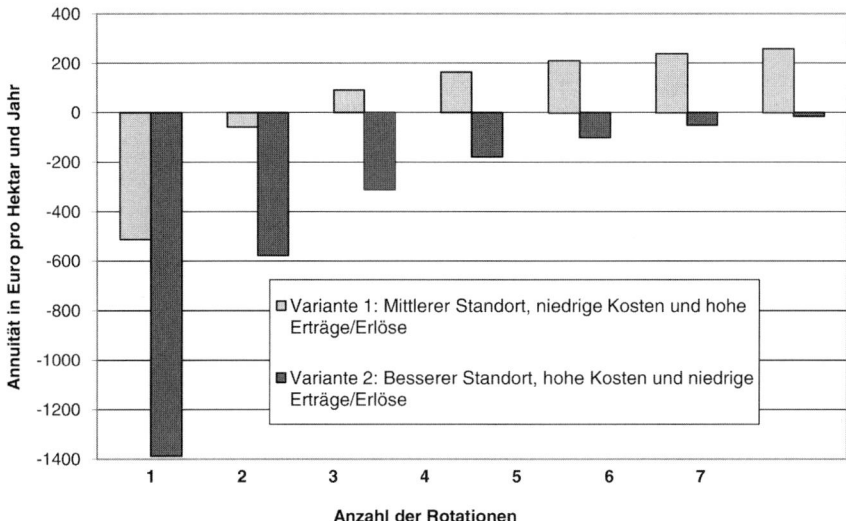

Abb. 12.1 Entwicklung der Wirtschaftlichkeit des Energieholzanbaus in Abhängigkeit von der Nutzungsdauer der
Plantage (bei dreijähriger Rotationszeit).

(siehe Abschnitt 12.2.2) zugrunde liegen. Das heißt, mit einer Wahrscheinlichkeit
von 68 % liegen die Kosten und Erlöse zwischen den jeweiligen Werten für Variante 1 und Variante 2. Werte darunter oder darüber sind eher unwahrscheinlich
und finden daher in der Kalkulation keine Berücksichtigung. Die im Jahr 2008
im Durchschnitt für den Freistaat Sachen gezahlte Betriebsprämie für Ackerland
in Höhe von 337 €/ha wurde nicht berücksichtigt.

Ein Faktor, der die Wirtschaftlichkeit aller landwirtschaftlichen Früchte sehr
stark beeinflussen kann und durch hohe bzw. niedrige Werte für Kosten und Erlöse nur unzureichend beschrieben werden kann, ist das Produktionsausfallrisi-
ko. Die Frage, wie hoch der Gewinnbeitrag noch sein würde, wenn eine Anlage
zu einem bestimmten Zeitpunkt total ausfällt oder die Plantage durch eine andere Frucht ersetzt würde, lässt sich kalkulatorisch dadurch beantworten, dass bei
der Berechnung der Annuitäten so getan wird, als ob nach der ersten, zweiten
oder x-ten Rotation die KUP umgewandelt und geräumt wird.

Ergebnisse der Annuitätenkalkulation
Die Ergebnisse zeigen, dass KUP unter den gegebenen Annahmen hinsichtlich
Kosten, Erlösen und Biomasseerträgen durchaus einen Beitrag zum Betriebsge-
winn leisten können. Wie Abbildung 12.1 zeigt, sind unter den gegebenen Annahmen von Variante 1 nach sieben Rotationen Gewinnbeiträge von jährlich maximal 255 €/ha erreichbar. Diese Annahmen stellen den denkbar günstigsten Fall
dar, dessen Eintreten möglich, aber wenig wahrscheinlich ist. So ist allerdings gut
die Eingrenzung des Lösungsraums zu veranschaulichen (vgl. Abschnitt 12.2.2
Abbildung 12.2a–b). Die KUP erwirtschaftet nach drei Rotationen einen positiven

jährlichen Gewinnbeitrag. Sollte sie aber beispielsweise bereits nach zwei Rotationen (sechs Jahren) für den Anbau einer anderen Frucht umgewandelt werden oder aus anderen Gründen ausfallen, so resultiert daraus ein jährlicher Verlust von rund 60 €/ha. Variante 1 zeigt, dass bei geringen Kosten und hohen Erlösen auch auf mittleren Standorten mit KUP deutlich positive Gewinnbeiträge zu erwirtschaften sind. Auch wenn ein guter Standort aufgrund der besseren Biomasseerträge höhere Bewirtschaftungskosten zulässt, zeigt Variante 2, dass allzu hohe Kosten und geringe Erlöse für die produzierte Holzbiomasse selbst nach sieben Rotationen nicht zu positiven Gewinnbeiträgen führen.

In den nachfolgenden Abschnitten wird dem Bewirtschafter aufgezeigt, mit welcher Wahrscheinlichkeit Gewinnbeiträge im Energieholzanbau erwirtschaftet werden können.

Risikoanalyse mittels Monte-Carlo-Simulation – Hintergrund

Die Wirtschaftlichkeit des Energieholzanbaus wird durch eine Vielzahl von verschiedenen Faktoren bestimmt, die ein Landwirt im Vorfeld der Anlage einer KUP berücksichtigen muss. Dabei handelt es sich einerseits um Größen, die der Bewirtschafter nach eigenem Ermessen festlegen kann (z. B. Baumart, Pflanzenzahl, Produktionsziel). Andererseits fließt eine Menge von Faktoren ein, die vom Landwirt nicht genau kalkuliert werden kann (z. B. Pflegeaufwand, Biomasseertrag, Holzhackschnitzelpreis, Rückwandlungskosten). Mit Hilfe einer Risikoanalyse kann der Bewirtschafter unter Einbezug verschiedener Ausprägungen der jeweiligen Einflussvariable die Bandbreite der möglichen Ergebnisse berechnen und sich auf Grundlage dieser Kalkulationen entscheiden, ob er das Produktionsverfahren in seinem Unternehmen etabliert oder nicht.

Neben den feststehenden Parametern (siehe Abschnitt 12.2.2) ergibt sich für die Berechnung eine Vielzahl von unsicheren Variablen. Dies sind sämtliche Kosten und Erlöse, die während der Plantagennutzung anfallen. Beschrieben werden diese Variablen durch geeignete Verteilungen (hier: Dreiecksverteilungen), die aus der Literaturdatenauswahl gewonnen wurden. In Tabelle 12.1 sind die Parameter der Dreiecksverteilungen zusammengestellt.

Im Rahmen einer Monte-Carlo-Simulation wurden für die beiden Szenarien mittlerer und besserer Standort jeweils 8000 Simulationsläufe durchgeführt, bei denen jeweils zufällig Werte gemäß der Wahrscheinlichkeitsverteilungen generiert und in die Berechnung einbezogen werden. Der berechnete Kapitalwert wurde nach dem Annuitätenmodell bei einem Kalkulationszinssatz von sechs Prozent über die angenommene Nutzungsdauer von 21 Jahren verrentet.

Ergebnisse der Monte-Carlo-Simulation

Entsprechend der durchgeführten Anzahl an Simulationsläufen ergeben sich sowohl für den mittleren als auch für den besseren Standort jeweils 8000 verschiedene Annuitäten. Die Häufigkeitsverteilungen sind in Abbildung 12.2a–b dargestellt. Dabei werden die Ergebnisse in einem Bereich von −350 bis 500 €/ha·a in 17 Klassen à 50 € eingeteilt. Mit Hilfe der Häufigkeitsverteilung kann die Bandbreite des ermittelten kalkulatorischen Gewinns je Hektar und Jahr dargestellt

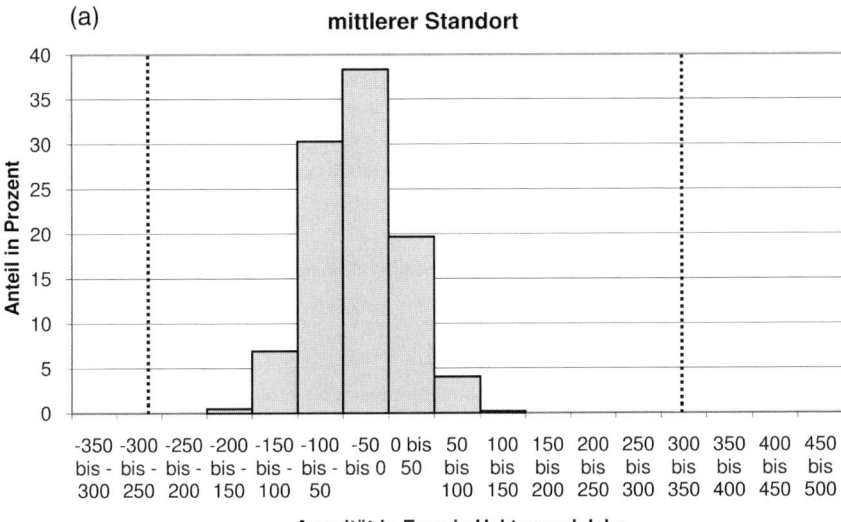

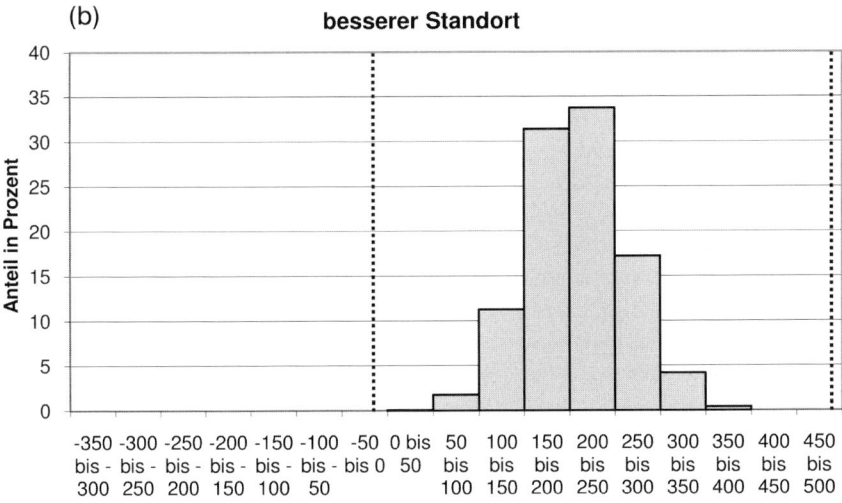

Abb. 12.2 Häufigkeitsverteilungen des kalkulatorischen Gewinns für die beiden untersuchten Standortqualitäten (a) Variante 1: Mittlerer Standort in Sachsen mit geringen Kosten, guten Erträgen und hohen Biomasseerlösen. (b) Variante 2: Besserer Standort in Sachsen mit hohen Kosten, mittleren Erträgen und niedrigen Erlösen.

werden. Weiterhin ist leicht erkennbar, in welchem Bereich der errechnete Gewinn vermehrt auftritt. Zusätzlich sind in den Abbildungen die Ergebnisse der deterministischen Berechnung (siehe Abschnitt: „Berechnung der Annuitäten anhand niedriger und hoher Kostenansätze") dargestellt (gestrichelte Linie). Sie grenzen den Ergebnisraum der ermittelten Annuitäten nach unten und oben hin ab, zeigen also die Spannbreite der möglichen Extremwerte auf.

Bei Betrachtung der beiden untersuchten Standortqualitäten wird deutlich, dass auf mittleren Standorten in der Mehrzahl der Fälle ein jährlicher Verlust entsteht. Nur bei günstigen Produktionsbedingungen (niedrige Kosten, hoher Ertrag und hoher Produktpreis) ist ein positives Ergebnis zu erzielen. Anders stellt sich die Situation auf besseren Standorten dar. Hier werden je Hektar und Jahr durchweg positive kalkulatorische Gewinne erzielt. Die dargestellten Extremwerte werden bei nur 8000 Simulationsläufen naturgemäß nicht erreicht.

12.3
Vergleich der Ergebnisse mit dem Marktfruchtanbau

Soll eine Aussage zur Anbauwürdigkeit der Feldgehölze getroffen werden, müssen die ermittelten Ergebnisse in einem weiteren Schritt mit um die Fläche konkurrierenden Ackerkulturen verglichen werden. Dabei erscheint es wenig sinnvoll, alle Kulturen in den Vergleich einzubeziehen, da eine Vielzahl von ihnen aufgrund ihrer relativen Vorzüglichkeit innerhalb der Marktfrüchte (z. B. Winterweizen), aber auch aufgrund von Fruchtfolgeaspekten (Blattfrüchte oder Leguminosen) ohnehin nicht aus dem Produktionsprogramm des Landwirtes ausscheiden und durch Energieholzplantagen ersetzt würden. Aus diesem Grund wird in der Folge der Schwerpunkt auf die Getreidearten Winterbrotroggen und Winterfuttergerste gelegt, da es sich hierbei um zwei Kulturen handelt, deren Anbauumfang zugunsten des Energieholzanbaus eingeschränkt werden könnte. Die Rangfolge der Wirtschaftlichkeit innerhalb der Marktfrüchte ist natürlich kontinuierlich Veränderungen unterworfen, da sie in direktem Maß von Marktpreis und Ertrag der jeweiligen Frucht abhängt. Um die Ergebnisse des Energieholzanbaus mit denen der Getreideproduktion vergleichen zu können, erfolgt die Ermittlung der Wirtschaftlichkeit der ausgewählten Getreidesorten ebenfalls auf der Basis von Vollkosten und ohne Berücksichtigung der Betriebsprämie. Tabelle 12.2 beinhaltet die Datengrundlage für die Berechnung, wobei sich die angenommenen Werte auf die Ernte 2007 beziehen.

In Abbildung 12.3 sind die Ergebnisse für die beiden untersuchten Standortqualitäten dargestellt. So erreicht der Winterbrotroggen auf dem mittleren Standort einen kalkulatorischen jährlichen Gewinn von rund 310 €/ha. Die Winterfuttergerste erzielt auf dem gleichen Standort ein Ergebnis von etwa 330 €/ha, auf dem besseren Standort beträgt der kalkulatorische jährliche Gewinn fast 490 €/ha.

Beim Vergleich der aktuellen Ergebnisse des Getreideanbaus (Erntejahr 2007) mit denen aus der Produktion von Energieholz werden sehr große Unterschiede ersichtlich. Auf dem mittleren Standort erzielen sowohl der Winterbrotroggen als auch die Winterfuttergerste einen kalkulatorischen jährlichen Gewinn von mehr als 300 €/ha. Beim Produktionsverfahren Energieholz stellt sich auf vergleichbarem Standort im Mittel ein kalkulatorischer Verlust von jährlich rund 30 €/ha ein. Auf besseren Standorten kann mit dem Anbau von schnellwachsenden Baum-

Tabelle 12.2 Datengrundlage für den Wirtschaftlichkeitsvergleich der Marktfrüchte.

Frucht	Winterbrotroggen	Winterfuttergerste	Winterfuttergerste
Standort	mittel	mittel	besser
Ertrag (dt[a)]/ha)	58,00	60,00	72,00
Preis (€/dt)	20,75	19,55	19,55
Vollkosten (€/ha)	895,00	845,00	920,00

[a)] Dezitonne
Quelle: nach Annahmen von ZMP 2007, Schaerff 2007

arten zwar ein durchschnittlicher kalkulatorischer Gewinn von mehr als 200 €/ ha·a erzielt werden, allerdings beträgt die Spanne zur Winterfuttergerste, die einen Gewinn von etwa 490 €/ha erzielt, noch immer fast 300 €. Bei Berücksichtigung der Energiepflanzenprämie, die aktuell beim Anbau von Energieholz auf Ackerland noch gewährt wird, erhöhen sich die Ergebnisse um rund 32 €/ha·a.

Bei solcherart durchgeführten Vergleichen muss unbedingt angemerkt werden, dass es sich mehr oder weniger um eine statische Betrachtung handelt, da vor allem das Agrarpreisniveau in letzter Zeit deutlichen Schwankungen unterworfen ist. Unter den Bedingungen des Jahres 2008 würde der Energieholzanbau bei Getreidepreisen von rund 15 €/dt für Winterbrotroggen und Winterfuttergerste seine Konkurrenzfähigkeit zur Getreideproduktion erreichen.

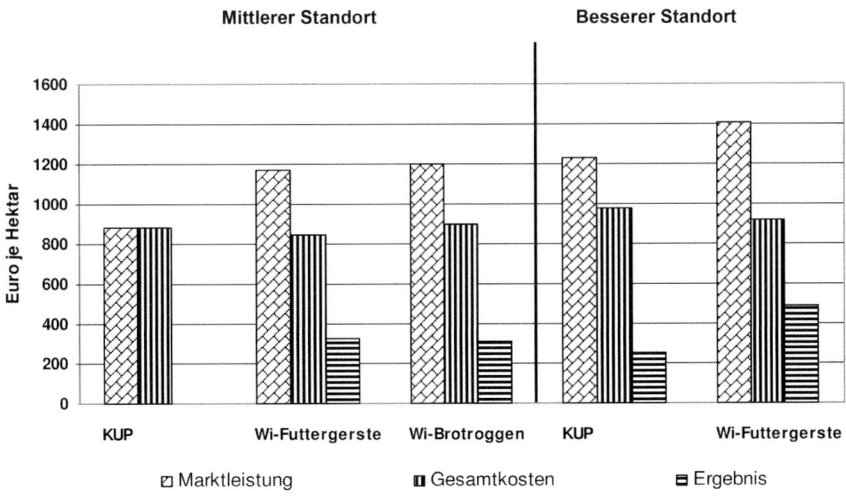

Abb. 12.3 Wirtschaftlichkeitsvergleich von Energieholz (KUP) mit Winterfuttergerste und Winterbrotroggen auf mittlerem und besserem Standort in Sachsen.

12.4
Zusammenfassung

Vorstehend wurden verschiedene Optionen einer rein marktlich orientierten Einordnung von KUP in landwirtschaftliche Unternehmen im Freistaat Sachsen dargestellt. Grundsätzlich ist unter optimalen Produktionsbedingungen mit dem Anbau von Energieholz bei entsprechendem Ertragspotenzial ein Beitrag zum Unternehmensgewinn erzielbar. Auf mittleren Standorten mit vergleichsweise geringen Biomasseerträgen muss allerdings auch mit negativen Gewinnbeiträgen gerechnet werden.

Um die Wettbewerbsfähigkeit der Holzproduktion einschätzen zu können, ist ein Vergleich mit dem Anbau von zum Austausch geeigneten Ackerfrüchten zielführend. In diesem Zusammenhang wirkt sich allerdings die zunehmende Volatilität der Agrarpreise auf den Entscheidungsprozess aus. Berücksichtigt man beispielsweise das Preisniveau 2007, erreicht die Holzproduktion auf landwirtschaftlichen Flächen gegenüber dem Getreideanbau keine ausreichende Konkurrenzfähigkeit. Gemessen am Getreide- und Holzhackschnitzelpreisniveau der Jahre 2006 und davor wären KUP sowohl auf besserem als auch auf mittlerem Standort dem Brotroggen und der Futtergerste überlegen.

Betriebsspezifisch können neben marktlichen Orientierungsgrößen auch nichtmarktliche Bedingungen eine Entscheidung für den Anbau von Energieholz bewirken. So kann die Bewirtschaftung von KUP helfen, Arbeitsspitzen im landwirtschaftlichen Betrieb abzubauen. Außerdem existieren in vielen Betrieben Flächen, die für eine intensive ackerbauliche Nutzung wenig oder gar nicht geeignet sind, auf denen jedoch ein erfolgreicher Energieholzanbau denkbar wäre.

Literatur

Anonymus 2006: Die Pflanzdichte bestimmt den Ertrag. In: top agrar (Hrsg.): Jahrbuch neue Energie für Investoren und Betreiber. Landwirtschaftsverlag GmbH, Münster: 95

Bitz, M. 1991: Investition. In: Bitz M. et al. (Hrsg.): Vahlens Kompendium der Betriebswirtschaftslehre. Band 1: 107–173

BMVEL (Bundesministerium für Verbraucherschutz, Ernährung und Landwirtschaft) 2001: Transportkosten für Hackschnitzel. In: Große, W. 2005: Betriebswirtschaftliche Bewertung von Energieholzarten, TU Dresden

Boelcke, B. 2006: Schnellwachsende Baumarten auf landwirtschaftlichen Flächen. Leitfaden zur Erzeugung von Energieholz. Ministerium für Ernährung, Landwirtschaft, Forsten und Fischerei Mecklenburg-Vorpommern, Schwerin, 44 S.

Burger, F. 2006: Erzeugung von Holzbiomasse – Die Produktion von Energieholz auf landwirtschaftlichen Flächen. In: DLG (Deutsche Landwirtschafts-Gesellschaft e.V.) (Hrsg.): Aufbruch in ein neues Zeitalter – Nahrung und Energie. DLG-Verlags-GmbH, Frankfurt/Main: 145–156

C.A.R.M.E.N e.V. 2007: Preisentwicklung bei Waldhackschnitzeln. www.carmen-ev.de/dt/energie/bezugsquellen/hackschniprei-se.html (Abrufdatum: 18.04.07)

Eckel, H. 2006: Energiepflanzen. Daten für die Planung des Energiepflanzenanbaus. KTBL (Kuratorium für Technik und Bauwesen in der Landwirtschaft e.V.), Darmstadt, ATB (Leibnitz-Institut für Agrartechnik Potsdam-Bornim e.V.), Potsdam, 372 S.

Eder, M. 2005: Annuität Energiewald (Pappel). www.nas.boku.ac.at/fileamin/_/H93/

H931/Weingartmann/oekonomik/Pappel_2005.pdf (Abrufdatum: 13.03.07)

Eltrop, L. et al. 2005: Leitfaden Bioenergie. Planung, Betrieb und Wirtschaftlichkeit von Bioenergieanlagen. FNR (Fachagentur Nachwachsende Rohstoffe e.V.) Gülzow, 353 S.

Friedrich, E. 1999: Anbautechnische Untersuchungen in forstlichen Schnellwuchsplantagen und Demonstration des Leistungsvermögens schnellwachsender Baumarten. In: FNR (Hrsg.): Modellvorhaben „Schnellwachsende Baumarten" – Zusammenfassender Abschlussbericht, Schriftenreihe Nachwachsende Rohstoffe 13: 19–150

Grunert, M. 2005: Energie aus Biomasse. Überblick über Rohstoffe und Möglichkeiten der energetischen Verwertung. Sächsische Landesanstalt für Landwirtschaft, Dresden, 2 S.

Hecker, M. 2006: Holz vom Acker. Bauernzeitung 47 (24): 25–26

Hofmann, M. 1998: Bewirtschaftung schnellwachsender Baumarten auf landwirtschaftlichen Flächen im Kurzumtrieb. Merkblatt 11. Forschungsinstitut für schnellwachsende Baumarten. Hann. Münden, 28 S.

Kiesewalter, S. 2007: mündliche Mitteilung (17.04.07)

Landgraf, D., Böcker, L., Haschke, P., Thomas, S. 2005: Energieholz aus Agrarbetrieben. Bauernzeitung 46 (41): 27–28

Pallast, G., Breuer, T., Holm-Müller, K. 2006: Schnellwachsende Baumarten – Chance für zusätzliches Einkommen im ländlichen Raum? Berichte über Landwirtschaft 84 (1): 144–159

Röhle, H., Hartmann, K.-U., Steinke, C., Wolf, H. 2005: Wuchsleistung von Pappel und Weide im Kurzumtrieb. AFZ-DerWald 60 (14): 745–747

Röhricht, C., Ruscher, K. 2004: Anbauempfehlungen für schnellwachsende Baumarten. Fachmaterial der Sächsischen Landesanstalt für Landwirtschaft, Dresden, 40 S.

Röhricht, C., Ruscher, K. 2006: Schnellwachsende Baumarten. Anbau von Pappel und Weide auf Kurzumtriebsplantagen. Sächsi-

sche Landesanstalt für Landwirtschaft, Dresden, 4 S.

Schaerff, A. 2007: Betriebswirtschaftliche Fragen des Anbaus von schnellwachsenden Baumarten auf Ackerland. Vortrag, gehalten auf der Fachtagung „Schnellwachsende Baumarten", 17.04.07, Köllitsch

Scheler, F. 1991: Schnellwachsende Baumarten im Vergleich. DLZ 42 (5): 30–35

Schirmer, R. 2006: Erfahrungen mit schnellwachsenden Balsampappeln in Sortenprüffeldern. AFZ-DerWald 61 (2): 71–74

Scholz, V., Hellebrand, H.J., Grundmann, P., Höhn, A. 2006: Ein Hektar heizt vier Häuser. Neue Landwirtschaft 2006 (1): 54–58

Staub, B. 2006: Betriebswirtschaftliche Aspekte von Kurzumtriebsplantagen. Vortrag, HeRo-Fachtagung „Holzenergie vom Acker", 09.03.06, Bad Hersfeld. www.hero-hessen.de/texte/eichhof_staub.pdf (Abrufdatum: 24.04.07)

Vetter, A., Werner, A., Hering, T. 2006a: Energieholz vom Acker. Neue Landwirtschaft 2006 (6): 64–66

Vetter, A., Werner, A., Reinhold, G. 2006b: Leitlinie zur effizienten und umweltverträglichen Erzeugung von Energieholz. Thüringer Landesanstalt für Landwirtschaft, Jena, 21 S.

Volckens, F. 2006: Rentabilität Hackschnitzelproduktion, Verbrennung & Energie-Contracting. Vortrag, Herbstseminar der Grundbesitzerverbände, 27./28.11.06, Kassel. www.grundbesitzerverbaende.de/pdf/veranstaltungen/herbstsem06/volckens.pdf (Abrufdatum: 02.05.07)

Wippermann, H.J. 1999: Verfahrenstechnik zur Biomasse-Ernte auf Kurzumtriebsflächen. In: FNR (Hrsg.): Modellvorhaben „Schnellwachsende Baumarten" – Zusammenfassender Abschlussbericht, Schriftenreihe Nachwachsende Rohstoffe 13: 314–340

ZMP (Zentrale Markt- und Preisberichtstelle) 2007: Erzeugerpreise für Getreide und Raps. Bauernzeitung 48, verschiedene Ausgaben

13
Ökonomische Bewertung von Kurzumtriebsholz: Verfahrensvergleich mit landwirtschaftlichen Kulturen im regionalen Kontext

Philipp Grundmann und Jörg Eberts

13.1
Welches Ziel wird mit der ökonomischen Bewertung von Kurzumtriebsholz verfolgt?

Kurzumtriebsholz konkurriert mit anderen landwirtschaftlichen Kulturen um die knappen Ressourcen im ländlichen Raum, insbesondere um die begrenzt verfügbare Fläche. Landwirtschaftliche Betriebsleiter bestimmen die Nutzung ihrer Flächen unter anderem auf der Grundlage eines ökonomischen Vergleichs möglicher Nutzungsoptionen, zum Beispiel Kurzumtriebsholz- oder Nahrungsmittelproduktion. Diese Anbauentscheidung bestimmt direkt das in einer Region verfügbare Kurzumtriebsholz.

Das Ziel des folgenden Beitrags ist ein Vergleich wichtiger ökonomischer Parameter von Kurzumtriebsholz und anderen Verfahren der landwirtschaftlichen Produktion. Als Verfahren von Kurzumtriebsholz sollen der Anbau von Weide und Pappel mit unterschiedlichen Ernteverfahren betrachtet werden. Auf der Grundlage des ökonomischen Vergleichs soll die Verfügbarkeit von Kurzumtriebsholz auf Regionsebene abgeschätzt werden. Die Ergebnisse sollen einen Beitrag zur Bewertung der Wettbewerbsfähigkeit des Anbaus von Kurzumtriebsholz leisten. Es soll außerdem untersucht werden, wie sich politisch beeinflusste oder marktgesteuerte Rahmenbedingungen auf die Erzeugung von Kurzumtriebsholz auswirken.

13.2
Vorgehensweise bei der Bewertung

Grundlage der Bewertung sind die Erkenntnisse im *Dendrom*-Projekt zum Anbau von Kurzumtriebsholz in Brandenburg (siehe Kapitel 6, den Beitrag von Schildbach *et al.*). Für den ökonomischen Vergleich mittels Vollkostenrechnungen wurden Simulationsmodelle für Verfahren und Regionen entwickelt. Bei den sogenannten Betriebstypenmodellen vertritt ein repräsentativer Betriebstyp eine bestimmte Art von weitgehend homogenen Betrieben in einer Region. Eine Region kann aus mehreren Betriebstypen bestehen, die in einem einzigen Modell zu-

Anbau und Nutzung von Bäumen auf landwirtschaftlichen Flächen.
Herausgegeben von T. Reeg, A. Bemmann, W. Konold, D. Murach und H. Spiecker
Copyright © 2009 WILEY-VCH Verlag GmbH & Co. KGaA, Weinheim
ISBN: 978-3-527-32417-0

sammengefasst sind. Diese Vorgehensweise ermöglicht eine simultane Optimierung des Produktionsprogramms von Regionen (v. Münchhausen *et al.* 2006).

Die komparativ-statischen Modelle beinhalten neben der Ressource Land die begrenzte Verfügbarkeit der natürlichen Ressourcen wie Wasser und Humus, aber auch Arbeitskräfteeinsatz, Betriebsmittel, etc. Dadurch werden bei der Modellierung die Konkurrenzen um die Ressourcen berücksichtigt. Es werden jedoch ausschließlich die agrarischen Ressourcennutzungen betrachtet. Weiterhin werden die technologischen, ökologischen und gesetzlichen Rahmenbedingungen integriert, die den Nutzungsraum der Ressourcen begrenzen.

Bei der Modellierung der Ressourcennutzung in den Regionen steht die ökonomische Optimierung der Nutzungsmöglichkeiten im Hinblick auf Gewinnbeiträge der Verfahren und Betriebe im Vordergrund der Analyse. Die Modelle basieren auf der Annahme einzelwirtschaftlich handelnder Akteure. Aus der gegebenen regionalen Ausstattung wird eine optimale Zuteilung der verfügbaren Ressourcen simuliert. Zur Lösungsfindung wird die Lineare Programmierung, eine in der angewandten Ökonomie etablierte Methode, gewählt (Hazell & Norton 1986).

Die quantitative Modellierung weist generell Beschränkungen auf und kann daher nur im Bewusstsein ihrer Grenzen zur Anwendung kommen. Sie stellt ein stark vereinfachtes Abbild eines Untersuchungsgegenstandes dar. Quantitative Modelle können deshalb auch Konkurrenzen nicht exakt abbilden. Eine umfangreiche Beschreibung und Diskussion der verwendeten Betriebstypenmodelle bieten Grundmann *et al.* (2008).

Für die Berechnungen wurden zentrale Parameter der Modelle (z. B. Produkt- und Produktionsmittelpreise) an definierte Szenarien mit unterschiedlichen Preis-Mengengerüsten angepasst. Dabei wurden anhand von Literaturangaben die Szenarien „2007", „2010", „2020" und „2030" abgeleitet. Die Preise der Agrarpreise wurden einer Studie der FAO in Zusammenarbeit mit der OECD (OECD/ FAO 2007) entnommen. Die Ölpreise wurden aus einer Studie von Prognos (EWI/Prognos 2005, EWI/Prognos 2006) abgeleitet. Die angenommenen Produkt- und Produktionsmittelpreise für die betrachteten Szenarien sind in Tabelle 13.1 dargestellt.

Die Werte in Tabelle 13.1 dienen als Eingangsgrößen zur Berechnung der Verfahrenskosten und Gewinnbeiträge in den Verfahrens- und Regionsmodellen.

Für den Vergleich von Kulturen müssen die mehrjährigen Bewirtschaftungszyklen von Kurzumtriebsholz berücksichtigt werden. Die Kosten und Erlöse treten beim Anbau von Kurzumtriebsholz an unterschiedlichen Zeitpunkten der Bewirtschaftung auf. Um den Vergleich mit einjährigen Kulturen durchführen zu können, wurden die mittleren jährlichen Kosten und Erlöse aus den Verfahren berechnet. Bei den Kurzumtriebsholzverfahren wurden alle Kosten und Erlöse diskontiert, die über einen Zeitraum von 20 Jahren anfielen. Mit der Methode der Diskontierung wurden alle Zahlungsströme auf einen einheitlichen Bezugszeitpunkt gebracht. Die Methode der Diskontierung ist gebräuchlich, um langfristige Investitionsentscheidungen zu bewerten, wie beispielsweise beim Anbau von Kurzumtriebsholz (Rosenquist & Dawson 2005). Die diskontierten Kosten und Erlöse wurden in Form einer Annuität in eine gleichmäßige jährliche Größe umge-

Tabelle 13.1 Parameter der Modellrechnungen.

Szenarien	2007	2010	2020	2030
Ölpreis in €/barrel	60	50	47	60
Dieselpreis in €/l	0,95	0,87	0,9	1
Hackschnitzelpreis in €/t$_{atro}$	75	75	75	75
Erzeugerpreis Winterweizen in €/dt	13,51	14,33	14,11	14,11
Erzeugerpreis Winterroggen in €/dt	13,10	11,03	10,64	10,64
Erzeugerpreis Raps in €/dt	24,55	23,16	23,07	23,07
Erzeugerpreis Silomais in €/dt	3,00	3,08	3,12	3,12
Stecklingspreis Pappel in €/Stück	0,2	0,16	0,11	0,11
Stecklingspreis Weide in €/Stück	0,1	0,08	0,06	0,06
Düngerkosten N in €/dt	65	59,58	57,96	65

rechnet. Somit liegen die Berechnungsergebnisse in Euro (€) je Hektar (ha) und Jahr (a) vor. Damit ist der direkte Vergleich mit einjährigen Verfahren möglich.

In den Berechnungen wurde ein Zinssatz von sechs Prozent verwendet. Dieser Zinssatz ist in der landwirtschaftlichen Betriebsrechnung üblich (KTBL 2005). Die Daten zu den Verfahren der landwirtschaftlichen Kulturen stammen aus der Datensammlung Brandenburg (LVLF 2005).

13.3
Zur Ökonomie der Produktionsverfahren

Die Kosten der verschiedenen Produktionsverfahren in Tabelle 13.2 verdeutlichen neben den geringeren Kosten bei Weide gegenüber Pappel vor allem den geringen Unterschied der Kosten bei hohem wie bei niedrigem Transpirationswasser-

Tabelle 13.2 Verfahrenskosten des Anbaus von Kurzumtriebsholz (in €/ha und Jahr) bei unterschiedlichem Transpirationswasserangebot (TWA in mm/a).

TWA	250 mm	300 mm	350 mm	400 mm	450 mm	500 mm
Pappel MH	473	478	481	485	488	491
Weide MH	478	487	494	501	506	511
Weide FH	539	548	555	562	567	572
Weide Ruten	410	413	416	419	422	428

TWA: Transpirationswasserangebot, MH: Mähhacker,
FH: Feldholzhäcksler.

Tabelle 13.3 Kosten beim Anbau von Kurzumtriebsholz nach
Arbeitsschritten (in € pro Hektar und Jahr).

	Weide MH	Weide FH	Weide Ruten	Pappel MH
Bodenbearbeitung	8	8	8	8
Pflanzung	188	188	188	258
Pflanzenschutz	4	4	4	5
Düngung	27	27	27	0
Ernte	145	206	71	90
Roden	14	14	14	16
Flächenkosten	101	101	101	101
Summe	487	548	413	478

MH: Mähhacker, FH: Feldholzhäcksler.

angebot bzw. Ertragsniveau (zur Definition der Transpirationswasserangebote
siehe Kapitel 4, den Beitrag von Murach *et al.*).

Tabelle 13.3 gibt eine Übersicht der Kosten einzelner Arbeitsschritte. Neben
den Flächenkosten verursachen die Pflanzung und Ernte von Pappel und
Weide die meisten Kosten.

Für die Höhe der Pflanzkosten sind insbesondere die Stecklingskosten ausschlaggebend. Dies ergibt sich aus den geringeren Pflanzkosten bei Weide im
Vergleich zu Pappel. Da der Anteil der Kosten für die Anlage der Kultur, einschließlich der Kosten für Bodenbearbeitung, Pflanzung, Pflanzenschutz und
Düngung, unabhängig vom Ertragsniveau bei 36–56 % der gesamten Verfahrenskosten liegt, sind die Unterschiede der Verfahrenskosten bei verschiedenen Er-
tragsniveaus nur gering. Die bestehenden Unterschiede sind auf unterschiedliche
Kosten beim Feldtransport zurückzuführen, da bei der Ernte relativ große Ernte-
massen bewegt werden müssen. Der Anbau von Weide mit einer Ernte durch den
Mähhacker ist unter den getroffenen Annahmen das günstigste Verfahren.

Im Hinblick auf die Erntekosten schneidet die Rutenernte vergleichsweise
günstiger ab als die Ernte mit dem Mähhacker. Allerdings ist die Ernte mit
dem Mähhacker kostengünstiger, wenn bei der Rutenernte noch die Kosten
berücksichtigt werden, die bei dem zusätzlich erforderlichen Hacken der Ruten
entstehen. Die niedrigeren Kosten der Mähhackerernte gegenüber der Feldholzhäckslerernte ergeben sich aus den deutlich geringeren Anschaffungskosten
der beiden Erntemaschinen. Allerdings ist in dieser Beispielrechnung zu berücksichtigen, dass die Leistungsdaten des Mähhackers von einem Prototyp stammen
und somit nicht endgültig abgesichert sind. Eine technische Bewertung der Mäh-
hacker- und Feldholzhäckslerernte ist in Kapitel 9, dem Beitrag von Scholz *et al.*
zur Erntetechnik, zu finden.

13.4
Abhängigkeit von Standortfaktoren

Der Vergleich der Gewinnbeiträge ermöglicht eine Abschätzung der Anbaueignung von Kulturen auf unterschiedlichen Standorten. Hierbei bleiben die betrieblichen Rahmenbedingungen wie z. B. die Ausstattung mit Fläche, Arbeitskräften, Maschinen usw. unberücksichtigt. Dennoch sind die Triebkräfte zu erkennen, die eine Etablierung von Kurzumtriebsholz fördern oder hemmen.

In Tabelle 13.4 sind für verschiedene Baumarten und Erntetechniken die Gewinnbeiträge für Kurzumtriebsholz im Referenzszenario 2007 dargestellt.

Die Gewinnbeiträge steigen mit verbesserter Wasserverfügbarkeit, da diese zu steigenden Erträgen und Erlösen führt. Eine Begründung der zugrunde gelegten Erträge beider Baumarten findet sich in Kapitel 4, dem Beitrag von Murach *et al.* zur Ertragsmodellierung. Ein Transpirationswasserangebot von über 300 mm ist Voraussetzung für einen wirtschaftlich tragfähigen Anbau von Kurzumtriebsholz. Weide weist im Vergleich zu Pappel höhere Gewinnbeiträge auf. Ein Grund hierfür sind die deutlich geringeren Stecklingspreise und damit Verfahrenskosten bei Weide.

Tabelle 13.4 Gewinnbeiträge des Anbaus von Kurzumtriebsholz (in €/ha und Jahr) bei unterschiedlichem Transpirationswasserangebot (TWA in mm/a).

TWA	250 mm	300 mm	350 mm	400 mm	450 mm	500 mm
Pappel MH	−206	−57	67	175	273	355
Weide MH	−44	49	138	227	324	415
Weide FH	−105	−12	77	166	263	354
Weide Ruten	24	123	216	309	408	498

TWA: Transpirationswasserangebot, MH: Mähhacker,
FH: Feldholzhäcksler.

13.5
Szenarienanalyse auf Verfahrensebene

In den Szenarien „2007", „2010", „2020" und „2030" (Annahmen in Tabelle 13.1) steigen die Gewinnbeiträge von Weide und Pappel an (Tabelle 13.5). Dies ist vor allem auf die Annahme zurückzuführen, dass Lerneffekte bei der Stecklingsgewinnung zu sinkenden Kosten für das Pflanzmaterial führen. Die Preisentwicklung bei den Stecklingen führt auch zu einer Angleichung der Gewinnbeiträge von Pappel und Weide in den Szenarien „2020" und „2030".

Bei einem Vergleich der Gewinnbeiträge von Kurzumtriebsholz in Tabelle 13.5 und ausgewählten landwirtschaftlichen Kulturen in Brandenburg in Tabelle 13.6

Tabelle 13.5 Gewinnbeitrag in den vier Szenarien (in €/ha und Jahr) bei einem Transpirationswasserangebot von 400 mm pro Jahr.

Szenarien	2007	2010	2020	2030
Pappel MH	175	228	293	290
Weide MH	227	269	306	300

TWA: Transpirationswasserangebot, MH: Mähhacker.

ist zu erkennen, dass der Anbau von Pappel und Weide in einigen Fällen eine wirtschaftliche Alternative darstellt. Ab einem Transpirationswasserangebot von etwa 400 mm ist Weide selbst gegen die ertragsstärkste Kultur Winterweizen konkurrenzfähig. Der günstigste Fall für Kurzumtriebsholz sind Flächen mit einer schlechten ackerbaulichen Eignung, das heißt Ackerzahlen unterhalb von 30 Bodenpunkten, bei gleichzeitig gutem Wasserangebot. Allerdings sollte der Vergleich der Gewinnbeiträge in der Praxis immer flächenbezogen und unter Berücksichtigung des Transpirationswasserangebots und der Ackerzahl der Fläche erfolgen.

Bei den vorgestellten Ergebnissen gilt es zu berücksichtigen, dass den Preisrelationen von Holzhackschnitzeln und Agrarpreisen Annahmen aus der Literatur zu langfristigen Entwicklungen zugrunde liegen. Bei Betrachtung der aktuellen Preise ist davon auszugehen, dass landwirtschaftliche Kulturen eine bessere Wettbewerbsfähigkeit aufweisen bzw. Kurzumtriebsholz weniger konkurrenzstark ist. Dies dürfte ein Grund dafür sein, dass unter den gegenwärtigen Eindrücken hoher Agrarpreise eine Landnutzungsänderung zu Kurzumtriebsholz nicht in größerem Maße stattfindet.

Tabelle 13.6 Gewinnbeiträge landwirtschaftlicher Kulturen im Szenariojahr 2007 (in € pro Hektar und Jahr).

Ackerzahl	Winterroggen	Winterweizen	Silomais	Winterraps
< 23	−95	−	−	−
23–28	−24	35	−116	−32
29–35	26	129	− 24	57
36–45	69	215	28	34
> 45	69	295	53	77

13.6
Verlauf der Barwerte bei Kurzumtriebsholz

Ein wesentlicher Unterschied zum Anbau von annuellen landwirtschaftlichen Kulturen besteht darin, dass Kurzumtriebsholz eine Dauerkultur ist und damit eine langfristige Investition darstellt. In der Abbildung 13.1a–b ist der Verlauf der Barwerte der summierten Kosten und Erlöse für das Szenario „2007" mit den Erträgen für einen TWA von 400 mm pro Jahr dargestellt. Die Abbildung zeigt die für einen Rückfluss des eingesetzten Kapitals benötigten Zeiträume bei Umtriebsdauern von fünf Jahren bei Pappel und drei Jahren bei Weide. Die Abbildung unterstellt eine Bewirtschaftungsdauer von 20 Jahren bei Pappel und 21 Jahren bei Weide. Auch bei dieser Darstellung zeigt sich der Vorteil der Weide gegenüber der Pappel: Aufgrund der kürzeren Rotationszyklen von nur drei Jahren kommt es bei der Weide zu einem früheren Kapitalrückfluss nach 9 Jahren statt nach 15 Jahren wie bei der Pappel.

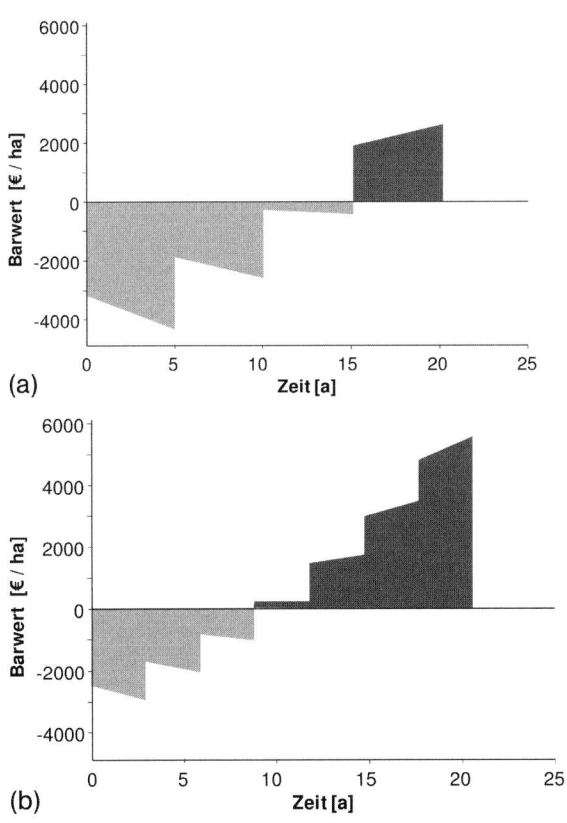

Abb. 13.1 Entwicklung des Barwertes beim Anbau von (a) Pappel und (b) Weide im Kurzumtrieb (in € pro Hektar) im Verlauf der Bewirtschaftungsjahre t.

13.7
Konkurrenzfähigkeit von Kurzumtriebsholz im regionalen Kontext

Mit den Szenariensimulationen auf regionaler Ebene sollen die Auswirkungen des Anbaus von Kurzumtriebsholz auf die Anbaustrukturen und die Verfügbarkeit von Holzhackschnitzel in den zwei Untersuchungsregionen Uckermark-Barnim (UM-BA) sowie Oberspreewald-Lausitz und Elbe-Elster (OSL-EE) abgeschätzt werden. Bei der Beschreibung der Ergebnisse stehen die Verschiebung der Flächenanteile verschiedener Anbaukulturen sowie die Verfügbarkeit von Kurzumtriebsholz im Vordergrund. Die veränderten Parameter entsprechen den Szenarienannahmen aus Tabelle 13.1. Die Ergebnisse der Simulationsrechnungen sind in Tabelle 13.7 zusammengefasst.

In den Untersuchungsregionen entfällt in der Ist-Situation der Hauptanteil der Fläche auf die Kulturen Weizen, Gerste, Roggen, Triticale und Hafer (Tabelle 13.7). In der Region OSL-EE wird relativ weniger Weizen, dafür aber mehr Roggen und Triticale angebaut als in der Region UM-BA. Weitere markante Unterschiede zwischen beiden Regionen sind ein höherer Flächenanteil an Zuckerrüben in der Region UM-BA und ein höherer Flächenanteil an Maisanbaufläche und Ackergras in der Region OSL-EE.

Die Annahmen aus Tabelle 13.1 führen zu einer deutlichen Übernahme an Anbauflächen durch Kurzumtriebsholz in beiden Untersuchungsregionen. Das Simulationsergebnis zeigt, dass der Anbau von Kurzumtriebsholz unter den getroffenen Annahmen einen nennenswerten Anteil an der Ackerfläche von bis zu 35 % in der Region UM-BA und 42 % in der Region OSL-EE einnimmt. Daraus lässt sich schließen, dass das Verfahren Kurzumtriebsholzanbau unter den getroffenen Annahmen gegenüber konventionellen Ackerkulturen konkurrenzfähig ist. Dieses Ergebnis bestätigt die Ergebnisse der Verfahrensanalyse im vorangehenden Abschnitt.

Die Flächen mit Kurzumtriebsholz in den Untersuchungsregionen sind in allen Szenarien vergleichbar groß. Unter den betrachteten Bedingungen ist der Flächenumfang von Kurzumtriebsholz in der Region UM-BA fast doppelt so hoch wie in der Region OSL-EE. Allerdings ist die insgesamt verfügbare Ackerfläche in der Region UM-BA fast zweimal so groß wie in der Region OSL-EE.

Die Ausdehnung des Anbaus von Kurzumtriebsholz führt zu einem Rückgang des Raps- und Getreideanbaus in beiden Regionen. Der Anbau von Kurzumtriebsholz geht zu Lasten der Nahrungsmittelproduktion sowie der Bioenergieproduktion auf der Basis von Ölpflanzen und Reststoffen der Nahrungsmittelgewinnung. Nicht betroffen ist die Anbaufläche von Ackergras, Mais und Triticale, da in den Szenarien angenommen wird, dass diese weiterhin für die Tierhaltung und Biogasproduktion genutzt werden. Ebenso bleiben aufgrund der hohen Wirtschaftlichkeit die Anbauflächen von Speisekartoffeln und Zuckerrüben stabil. Abgemildert werden die hier beobachteten Konkurrenzbeziehungen zwischen dem Kurzumtriebsholzanbau und dem Nahrungsmittelanbau durch die politisch gewollte Freigabe der Stilllegungsflächen.

Tabelle 13.7 Anbaustruktur in den betrachteten Szenarien (in ha).

Regionen Szenarien	Uckermark-Barnim					Oberspreewald-Lausitz und Elbe-Elster				
	Ist	2005	2010	2020	2030	Ist	2005	2010	2020	2030
Zuckerrüben	4614	5556	5575	5583	5602	408	444	667	667	679
Energierübe	–	0	0	0	0	–	0	0	0	0
Kartoffeln	233	179	214	214	214	919	765	1071	1071	1071
Stärkekartoffeln	0	0	0	0	0	0	0	0	0	0
Frühkartoffeln	0	0	0	0	0	0	0	0	0	0
Stilllegung	24 168	24 168	0	0	0	15 579	19 742	0	0	0
Raps	32 499	39 547	0	0	0	8718	18 355	0	0	0
GPS-Silage	–	0	0	0	0	–	0	0	0	0
Mais	11 254	13 762	14 748	14 810	14 867	12 503	15 241	15 143	14 973	15 067
Energiemais	–	0	0	0	0	–	0	0	0	0
Körnermais	2151	0	5708	1558	1158	1286	0	0	0	0
Weizen	52 056	64 862	85 664	90 468	87 161	6904	8019	21 999	21 971	22 966
Energieweizen	–	0	0	0	0	–	0	0	0	0
Roggen	14 772	18 077	8786	8814	8913	17 579	24 214	8853	8900	8947
Energieroggen	–	0	0	0	0	–	0	0	0	0
Gerste	21 758	25 669	0	0	0	8770	9178	0	0	0
Hafer	4126	7161	0	0	0	1708	0	0	0	0
Triticale	12 254	10 598	10 722	10 774	10 661	10 852	10 367	9420	9754	9831
Sudangras	0	0	0	0	0	0	0	0	0	0
Hybridsorghum	0	0	0	0	0	0	0	0	0	0
Sonnenblumen	770	0	0	0	0	2935	0	0	0	0
Ackergras	7725	10 129	10 139	10 140	10 141	4823	9805	9323	9212	9241
Kurzumtriebsholz	0	0	78 151	77 345	80 990	0	0	49 652	49 581	48 327
Nicht definiert	31 327	0	0	0	0	23 145	0	0	0	0
Summe	**219 707**	**219 707**	**219 707**	**219 707**	**219 707**	**116 129**	**116 129**	**116 129**	**116 129**	**116 129**

13.8
Verfügbarkeit von Kurzumtriebsholz

Ausgehend von der Flächennutzung und den Erträgen lässt sich die Verfügbarkeit von Rohstoffen in den Untersuchungsregionen bestimmen. Die Ergebnisse zur Flächenverteilung aus Tabelle 13.7 deuten auf ein hohes Potenzial an Kurzumtriebsholz in den Regionen hin. In Abbildung 13.2 ist die Verfügbarkeit von Kurzumtriebsholz bei sich ändernden Holzhackschnitzelpreisen frei Holzverwertungsanlage dargestellt. Dabei wurden die sonstigen Annahmen für das Szenario „2020" aus Tabelle 13.1 beibehalten.

An dem Verlauf der beiden Kurven sind deutlich die regionalen Unterschiede zu erkennen. Während das Potenzial von Kurzumtriebsholz in der Region OSL-EE bereits bei Holzpreisen von 50 € je Tonne frei Anlage zu einem großen Anteil erschlossen wird, ist eine Abflachung der Potenzialkurve für die Region UM-BA erst bei einem Holzpreis von über 90 € je Tonne zu erkennen. Die abweichenden Kurvenverläufe ergeben sich aus den unterschiedlichen Ertrags- und Kostenniveaus sowohl von Kurzumtriebsholz als auch von konventionellen Kulturen in beiden Untersuchungsregionen. So sind konventionelle Ackerbaukulturen in der Region UM-BA aufgrund der höheren Erträge deutlich wettbewerbsstärker als in der Region OSL-EE. Beim Kurzumtriebsholz hingegen liegen die Erträge in der Region OSL-EE aufgrund der besseren Wasserversorgung um durchschnittlich 50 bis 70 % über denen der Region UM-BA (vgl. Kapitel 4, den Beitrag von Murach *et al.*).

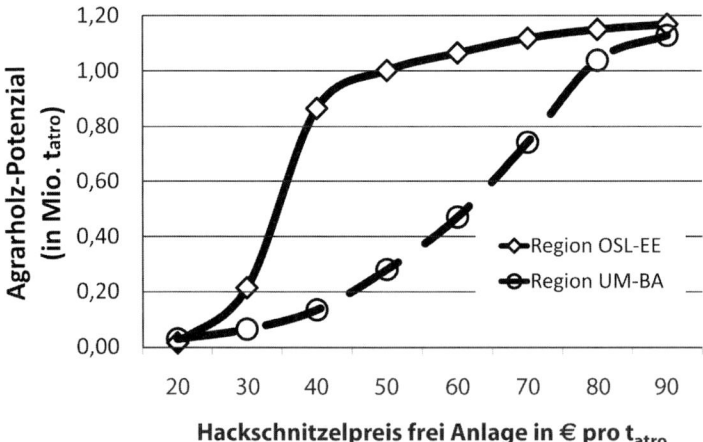

Abb. 13.2 Verfügbarkeit von Kurzumtriebsholz-Hackschnitzel frei Anlage in den Regionen Uckermark-Barnim sowie Oberspreewald-Lausitz und Elbe-Elster, Brandenburg (in Tonnen atro).

13.9
Abschließende Bewertung der Ökonomie von Kurzumtriebsholz

Die betriebswirtschaftliche Analyse zeigt, dass Kurzumtriebsholz eine wirtschaftliche Alternative zu annuellen landwirtschaftlichen Kulturen darstellt. Auf Flächen in Brandenburg, die geringe Bodenwertzahlen bei gleichzeitig guter Wasserversorgung aufweisen, stellt der Anbau von Kurzumtriebsholz eine besonders wirtschaftliche Alternative zum konventionellen Ackerbau dar. Der Anbau von Pappel und Weide ist auf diesen Flächen auch ohne eine zusätzliche Förderung wirtschaftlich. Allerdings ist für eine Ausdehnung der Anbaufläche mit Kurzumtriebsholz der Zugang zu Kapital unerlässlich. Zusätzlich zum Kapitalbedarf stellen Produktions-, Ertrags- und Vermarktungsrisiken ein Hemmnis dar. Wesentliche Rahmenbedingungen wie Maschinenverfügbarkeit und Erträge sind gegenwärtig für die Praxis noch nicht gesichert (siehe Beitrag von Murach *et al.*, Kapitel 4 sowie Scholz *et al.*, Kapitel 9). Einen wichtigen Beitrag zur Absicherung der Erkenntnisse können an dieser Stelle großflächige Demonstrationsvorhaben leisten.

In den Untersuchungsregionen Uckermark-Barnim (UM-BA) sowie Oberspreewald-Lausitz und Elbe-Elster (OSL-EE) kommt es unter den getroffenen Annahmen zur Technik- und Marktpreisentwicklung bei Holzpreisen frei Anlage ab 50 € je Tonne zu einer deutlichen Ausdehnung der Anbaufläche mit Kurzumtriebsholz. In der Region UM-BA mit sehr guten ackerbaulichen Voraussetzungen stellt der Anbau von Weide und Pappel erst bei vergleichsweise hohen Holzpreisen eine wirtschaftliche Alternative zum konventionellen Ackerbau dar. Im Gegensatz hierzu wird der Anbau von Weide in der Region OSL-EE mit ertragsärmeren, aber gut wasserversorgten Böden bereits ab deutlich niedrigeren Holzpreisen bevorzugt.

Die Untersuchung stellt ein erhebliches Potenzial an Kurzumtriebsholz in den beiden Untersuchungsregionen im Land Brandenburg fest. Die Ausdehnung des Anbaus von Kurzumtriebsholz in den Szenariensimulationen führt zu einem Rückgang des konventionellen Ackerbaus und der Nahrungsmittelproduktion in beiden Regionen. Diese Flächenkonkurrenzen werden allerdings in den Szenariensimulationen tendenziell überschätzt. So können aufgrund der hohen Anfangsinvestitionen beim Anbau von Kurzumtriebsholz Liquiditätsengpässe auftreten, die eine schnelle Ausdehnung der Anbauflächen erschweren. Auch können gesellschaftliche Forderungen, beispielsweise zum Erhalt eines typischen Landschaftsbildes, den Anbau von Kurzumtriebsholz hemmen. Weiterhin sind den reinen Produktionskosten noch Transaktionskosten (u.a. Kosten für Informationsbeschaffung, Geschäftsanbahnung, Vereinbarungen, Genehmigung, Abwicklung, Kontrollen und Änderungen) hinzuzurechnen, die in dieser Untersuchung nicht berücksichtigt wurden, und die zu einem Anstieg der Kosten und damit zu geringeren Gewinnbeiträgen beim Anbau von Kurzumtriebsholz führen. Schließlich ist die Nachfrageentwicklung nach Kurzumtriebsholz ein für den Anbau bestimmender Faktor, der in der vorliegenden Untersuchung als gegeben angenommen wurde. Im Hinblick auf das erkennbare Anbaupotenzial von Kurzumtriebsholz in Brandenburg gilt es die noch offenen Fragen zum Anbau von Kurzumtriebsholz zu klären.

13.10
Zusammenfassung

Die ökonomische Bewertung zeigt, dass Kurzumtriebsholz aufgrund seiner geringen Produktionskosten eine interessante wirtschaftliche Alternative zu annuellen landwirtschaftlichen Kulturen darstellt. Der Anbau von Kurzumtriebsholz ist unter den getroffenen Annahmen auf Flächen mit Bodenwertzahlen unterhalb von 30 Bodenpunkten bei gleichzeitig guter Wasserversorgung besonders wettbewerbsstark. Allerdings ist mit der Anlage der Kultur ein hoher Kapitalbedarf verbunden. Mit einer Rückgewinnung des eingesetzten Kapitals ist in den betrachteten Fällen frühestens nach zehn Jahren zu rechnen. Den Ergebnissen liegen Annahmen zu langfristigen Szenarien aus der Literatur zugrunde. Unter den aktuellen Preisrelationen von Holzhackschnitzeln und Agrarpreisen ist von einer deutlich schwächeren Wettbewerbsfähigkeit von Kurzumtriebsholz auszugehen. Dies liefert eine Erklärung dafür, dass gegenwärtig keine Landnutzungsänderung zu Kurzumtriebsholz in größerem Maße stattfindet.

Die Ergebnisse zu den untersuchten Szenarien weisen auf ein erhebliches Potenzial an Kurzumtriebsholz in den betrachteten Regionen in Brandenburg hin. Das wirtschaftliche Potenzial an Kurzumtriebsholz kann ab Preisen zwischen 60 und 90 € je Tonne Holzhackschnitzel mobilisiert werden. Eine starke Ausdehnung des Anbaus von Kurzumtriebsholz führt zu einem Rückgang der Nahrungsmittelproduktion. Die tatsächliche Ausdehnung des Anbaus von Kurzumtriebsholz hängt allerdings von weiteren Faktoren ab, die in diesem Beitrag nicht betrachtet wurden, wie Produktionssicherheit, Kapitalverfügbarkeit, Nachfrageentwicklung, Vermarktung und gesellschaftliche Akzeptanz. Einen wichtigen Beitrag zur Absicherung der Ergebnisse können großflächig angelegte Demonstrationsvorhaben leisten, bei denen die noch offenen Fragen begleitend untersucht werden.

Literatur

EWI//Prognos 2005: Energiereport IV – Die Entwicklung der Energiemärkte bis zum Jahr 2030. Untersuchung im Auftrag des BM für Wirtschaft und Arbeit. Köln, Basel

EWI/Prognos 2006: Auswirkungen höherer Energiepreise auf Energieangebot- und nachfrage. Ölpreisvariante der energiewirtschaftlichen Referenzprognose 2030. Untersuchung im Auftrag des BM für Wirtschaft und Arbeit. Köln, Basel

Hazell, P.B.R., Norton, R.D. 1986: Mathematical Programming for Economic Analysis in Agriculture (Biological Resource Management). McGraw Hill Higher Education, New York, London

Grundmann, P., Klauss, H., Schindler, M. 2008: Modellanwendung zur ökonomischen Bewertung von Biomassepfaden, *Sunreg* I Projektbericht. Volkswagen AG, Wolfsburg

KTBL 2005: Faustzahlen für die Landwirtschaft. KTBL, Darmstadt

LVLF (Landesamt für Verbraucherschutz, Landwirtschaft und Flurneuordnung des Landes Brandenburg) 2005: Datensammlung für die Betriebsplanung und die betriebswirtschaftliche Bewertung landwirtschaftlicher Produktionsverfahren im Land Brandenburg. Schriftenreihe des Landesamtes für Verbraucherschutz, Landwirtschaft und Landwirtschaft, Band 6, Heft 1, Frankfurt (Oder)

OECD, FAO 2007: OECD-FAO Agricultural Outlook 2007–2016. Paris: OECD

Rosenqvist, H., Dawson, M. 2005: Economics of willow growing in Northern Ireland. Biomass & Bioenergy 28: 7–14

v. Münchhausen, S., Knickel, K., Gountaras, K., Peter, S. 2006: Beitrag des ökologischen Landbaus zur Entwicklung ländlicher Räume: Fallstudien in verschiedenen Regionen Deutschlands. Bericht, Geschäftsstelle Bundesprogramm Ökologischer Landbau, Bundesanstalt für Landwirtschaft und Ernährung, Bonn. www.orgprints.org/10684/

14
Kurzumtriebsplantagen aus Sicht des Naturschutzes

Peter A. Schmidt und Thomas Glaser

14.1
Kurzumtriebsplantagen und Naturschutz – ein Widerspruch?

Kurzumtriebsplantagen (KUP) sind Gehölzbestände aus schnellwüchsigen Arten oder Sorten, die in kurzen Zyklen (2–10 Jahre, maximal 20 Jahre) beerntet werden. Sie können auf unterschiedlichen Flächen, z. B. auf Acker oder in Bergbaufolgelandschaften, begründet werden und vielfältigen Zwecken dienen (z. B. Holz für stoffliche und energetische Verwendung, Erosionsschutz; vgl. Poulsen *et al.* 2001, DRL 2006). Es handelt sich jedoch stets um künstlich begründete Bestände, überwiegend um Reinbestände aus ausschlagfähigen, nichteinheimischen oder gebietsfremden Gehölzsippen (Arten, Hybriden) oder ausgewählten Sorten bzw. Klonen. Damit entstehen neuartige Ökosysteme in der Landschaft mit Eigenschaften, die unvereinbar mit Naturschutz erscheinen, vor allem mit Zielen wie Streben nach mehr Naturnähe in der Kulturlandschaft und Erhaltung oder Förderung von Biodiversität. Dies wird insbesondere offensichtlich, wenn KUP mit anderen Gehölzbeständen verglichen werden, nicht nur mit Naturwäldern, sondern auch mit der Holzproduktion dienenden Kulturwäldern (Schmidt & Gerold 2008).

Es ist aber nicht unser Anliegen, Widersprüche zu thematisieren, die sich aus einem Vergleich mit Wäldern ergeben. Zur Diskussion stehen KUP auf Ackerflächen mit dem Ziel der Erzeugung des nachwachsenden Rohstoffes und Energieträgers Holz. Besteht eine Unvereinbarkeit zwischen KUP in der Agrarlandschaft (Agrarholzanbau) und Naturschutz(zielen)?

Als Referenzsysteme für die naturschutzfachliche Beurteilung von Wirkungen der KUP auf Populationen bzw. Arten und deren Lebensräume, auf Ökosysteme und Landschaften (Strukturen und Funktionen, Biodiversität, Landschaftsbild etc.) müssen Ackerbiotope und Agrarlandschaften dienen. Um mögliche Widersprüche aufzudecken, bedarf es der Kenntnis von gesellschaftlichen (global, national wie lokal) Anforderungen ebenso wie von Zielvorstellungen zum Naturschutz für die betreffenden Räume (regionale Naturschutz-Leitbilder, Regional- und Landschaftspläne etc.) und Schutzgüter (Arten, Biotope, Landschaft).

Naturschutz wird hier als politisches und fachliches Anliegen im Gesamtkontext nachhaltiger Umweltentwicklung sowie als Beitrag zur Bewahrung der Biodiversität und der Sicherung des biotischen Potenzials für die Zukunft verstanden. Da KUP in Deutschland zur Diskussion stehen, bilden für die Prüfung möglicher Widersprüche und für die Bilanzierung der Wirkungen auf Schutzgüter des Naturschutzes die im Bundesnaturschutzgesetz (2002, §1) definierten Ziele eine wesentliche Grundlage. Danach sind Natur und Landschaft so zu schützen, zu pflegen, zu entwickeln oder auch wiederherzustellen, dass

– Leistungs- und Funktionsfähigkeit des Naturhaushalts,
– Regenerationsfähigkeit und nachhaltige Nutzungsfähigkeit der Naturgüter, Tiere und Pflanzen einschließlich ihrer Lebensstätten und Lebensräume,
– Vielfalt, Eigenart und Schönheit sowie
– der Erholungswert von Natur und Landschaft

auf Dauer gesichert sind.

14.2
Kurzumtriebsplantagen und Naturschutz im Kontext nachhaltiger Entwicklung und landschaftsökologischer Potenziale

KUP produzieren in mehreren Zyklen den nachwachsenden Rohstoff und Energieträger Holz. Als alternative Energiequelle leisten sie unter anderem einen Beitrag zur Substitution fossiler Energieträger und zum Klimaschutz. Aus landschaftsökologischer Sicht ist der Anbau von KUP auf Ackerstandorten günstiger zu beurteilen als der anderer Energiepflanzen, da der Aufwand zur Bewirtschaftung von KUP unter dem von ein- oder wenigjährigen landwirtschaftlichen Kulturen (Nahrungs-, Futter- oder Energiepflanzen) liegt. Wenn bei der Anlage und Bewirtschaftung einer KUP alle Möglichkeiten eines auf dem Ökosystemansatz beruhenden Managements ausgereizt werden (z. B. Nutzung des Standortpotenzials, Auswahl geeigneter, dem Standort angepasster Arten bzw. Sorten, Förderung des Habitatangebotes), dann wirkt sich die extensivere Bewirtschaftung, z. B. mehrjährige Bodenruhe und Verzicht auf Bodenbearbeitung und Pestizideinsatz nach der Begründung, günstig auf die Ökosystemleistungen und die Funktionsfähigkeit des Naturhaushaltes in intensiv genutzten Agrargebieten aus (Jedicke 1995, DRL 2006, Schmidt & Gerold 2008).

KUP mindern außerdem den durch die wachsende Nachfrage nach Holz gestiegenen Nutzungsdruck auf die Wälder. Insbesondere für die Erzeugung von Energie aus Biomasse stellen KUP auf Agrarstandorten eine wichtige Ergänzung der Holzpotenziale aus dem Wald dar. Wenn die nachhaltige Bewirtschaftung von Gehölzökosystemen in der Wald- und Agrarlandschaft als gesellschaftliches Gesamtanliegen verstanden wird, dann verkörpern KUP Gehölzbestände mit einer teilweisen Entmischung (partielle Segregation) der Funktionen hin zum Vorrang der Holzproduktion. KUP ordnen sich damit in eine differenzierte Nutzungsstrategie für Gehölzökosysteme wie folgt ein (Abbildung 14.1):

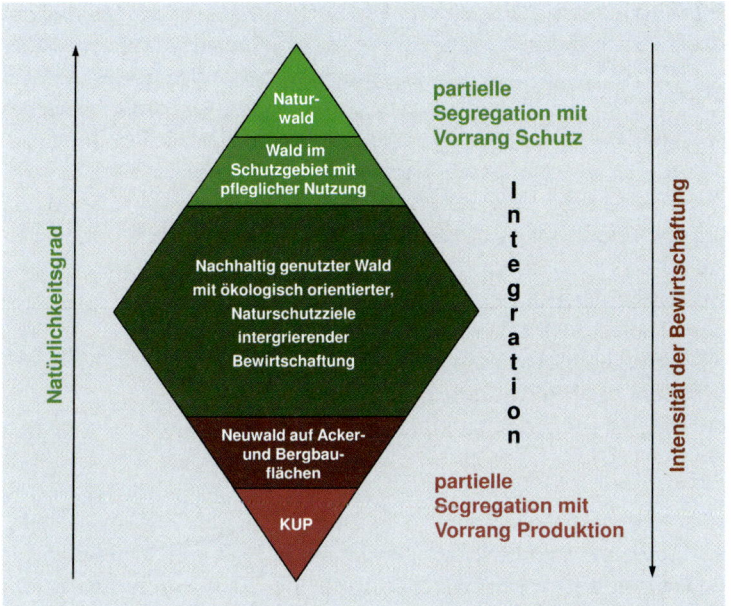

Abb. 14.1 Differenzierte Strategie der Bewirtschaftung von Gehölzökosystemen in der Wald- und Agrarlandschaft mit flächendeckend integrativem Ansatz und Flächen mit partieller Segregation für Naturwaldregeneration und Plantagen (KUP) auf Ackerstandorten. Neuwald auf Acker- und Bergbauflächen steht bezüglich des Standortes den KUP nahe, soll aber im Laufe der Entwicklung in einen Wirtschaftswald bzw. nachhaltig bewirtschafteten Wald überführt werden (vgl. Schmidt & Gerold 2008).

- Integration: ökologisch orientierte bzw. naturnahe Waldbewirtschaftung auf dem überwiegenden Teil der Waldfläche,
- partielle Segregation von Flächen, auf denen die Ökosysteme einer Selbstregulation überlassen bleiben und dementsprechend auf die Bewirtschaftung verzichtet wird (Naturwaldregeneration in Schutzgebieten nach Naturschutz- und Forstrecht),
- partielle Segregation von Flächen mit Vorrang Holzerzeugung durch intensiveres Management (KUP) auf Ackerland.

14.3
Kurzumtriebsplantagen und Naturschutz im Kontext biologischer Vielfalt

Mit dem Anbau von KUP werden künstlich begründete Gehölzbestände in der Agrarlandschaft etabliert. Durch ihre Arten-, Raum- und Altersstrukturen (Baumschicht aus einer gebietsfremden Gehölzsippe oder wenigen Klonen, einschichtig, gleichaltrig) stehen sie im Widerspruch zum Naturschutz, beurteilt man sie nach Kriterien wie Naturnähe, Vielfalt, Vorkommen seltener und gefährdeter Arten, Repräsentanz für den Naturraum bzw. die Kulturlandschaft. Wie sind aber KUP im Vergleich zu ein- oder wenigjährigen landwirtschaftlichen Kulturen bezüglich Biodiversität sowohl der von ihnen eingenommenen Flächen als auch der Auswirkungen auf benachbarte Lebensräume sowie auf die Vielfalt der Landschaft einzuschätzen? Bewertungen müssen das Gesamtsystem der KUP einbeziehen, in dem verschiedene Phasen der Zyklen nebeneinander vorkommen. Diese Phasen sind durch unterschiedliche Biotop- und Habitatbedingungen gekennzeichnet:

- Phase der Begründung der KUP auf Acker,
- Phase des aufwachsenden Bestandes,
- Phase des dicht geschlossenen und erntereifen Bestandes,
- Schlagflurphase nach Beerntung,
- Phase des vegetativ sich regenerierenden Bestandes.

So steigt in der Regel die Artenzahl der Bodenvegetation nach Anlage der KUP, denn zusätzlich zu den Ackerwildkräutern treten Pflanzen des Grünlandes, waldnaher Staudenfluren und Gebüsche auf (Abbildung 14.2). Sowohl die mittlere als auch die Gesamtartenzahl steigen nach der Anlage der KUP an und übertreffen die eines konventionellen Ackers (hier Wintergerste) bei Weitem. Obwohl sich das Artengefüge im Lauf eines Zyklus ändert, bleibt die Gesamtartenzahl in der Phase des aufwachsenden sowie des dicht geschlossenen und erntereifen Bestandes aufgrund der heterogenen Horizontalstruktur (z. B. Lücken durch Ausfall von Pflanzen) der KUP auf ähnlichem Niveau (Abbildung 14.2). Bei dichter Beschattung kann die Artenzahl rückläufig sein, nach der Ernte dagegen Maximalwerte erreichen.

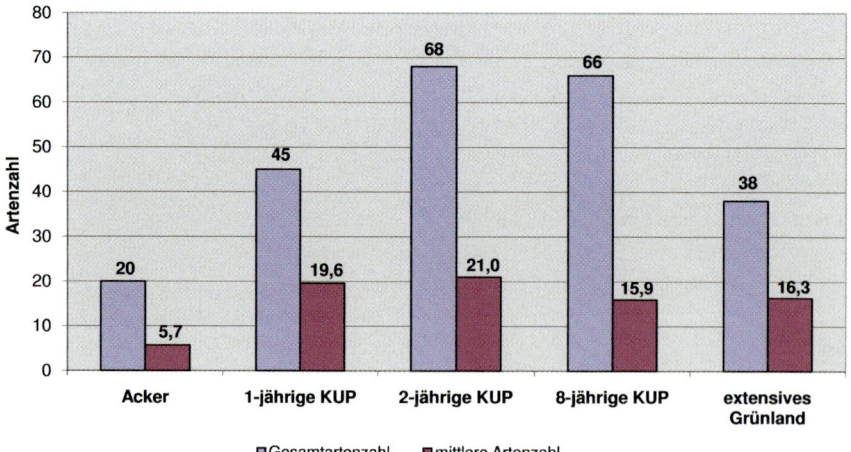

Abb. 14.2 Darstellung der Pflanzenartenzahlen auf Probeflächen untersuchter Pappel-Bestände (bei Zschadraß und Methau) in der Untersuchungsregion Freiberg (Sachsen).

Auf einem an eine KUP anschließenden extensiv bewirtschafteten Grünland-streifen können die Gesamtartenzahlen zwischen denen von Acker und KUP lie-gen. Heilmann *et al.* (1995) kommen zu einem ähnlichen Ergebnis: In einer 5-jährigen Pappel- und Weiden-KUP (Umgebung Regensburg) war die Gesamtar-tenzahl mit 145 Arten nicht nur wesentlich höher als auf dem Weizenacker (17 Arten), sondern auch höher als auf Grünbracheflächen (114 Arten). Eine 8-jähri-ge KUP (Nord-Hessen) wies gegenüber einem angrenzenden Gerstenacker und einem Fichtenwald eine höhere Vielfalt oberirdisch lebender Wirbelloser auf Ebene der Familien auf (Liesebach *et al.* 1999), die Artenzahl der Sommervögel war höher als in der umgebenden Feldflur. Analysen zur Auswirkung von KUP auf die biologische Vielfalt ergaben bisher in der Regel im Vergleich zum Aus-gangszustand und zu benachbarten landwirtschaftlichen Kulturen (inkl. Grün-brache) überwiegend eine höhere Artendiversität.

Die Artenzahlen belegen für die untersuchten KUP, dass diese nicht zum Ver-lust von Artenvielfalt auf den betreffenden Flächen führen. Sie gestatten jedoch keine Aussage zur Qualität des Artenspektrums oder zum Vorkommen von Ziel-arten des Naturschutzes. Zwar gibt es vereinzelte Hinweise auf seltene und ge-fährdete Arten in KUP, jedoch dominieren allgemein verbreitete Arten ohne spe-zifische Ansprüche an den Lebensraum. Eine naturschutzfachliche Aufwertung der KUP ist durch zielgerichtete, das Habitatangebot fördernde Gestaltung (unter Beachtung von Flächengröße und -verteilung, Außen- und Innenrändern etc.) möglich. Grenzlinien bzw. Randbereiche bieten Potenziale für die Förderung der Lebensraum- und Artenvielfalt (z. B. für spontane Entwicklung oder Anlage von Mantel und Saum). Werden größere Flächen von KUP eingenommen, kön-nen verschiedene Erntejahre einzelner Teilflächen und die Einbeziehung an-grenzender Feldgehölze und Offenbiotope die Diversität auf landschaftlicher Ebene steigern. KUP in ausgeräumten Agrarlandschaften haben durch den er-höhten Gehölzanteil positive Wirkungen und eignen sich als Biotopverbundele-mente, ohne jedoch Hecken und andere Flurgehölze aus einheimischen Arten er-setzen zu können. Ist allerdings im entsprechenden Gebiet ein Biotopverbund für Offenlandarten geplant, darf keine Barriere durch KUP aufgebaut werden.

14.4
Kurzumtriebsplantagen und Landschaftsbild

KUP unterscheiden sich als „Gehölzfelder" von sonstigen landwirtschaftlichen Kulturen durch Höhe, Struktur, Rotationszeit, Bearbeitungsrhythmus etc. Das hat zwangsläufig Einfluss auf die Wahrnehmung des Landschaftsbildes, auf Ei-genart und Schönheit einer Landschaft sowie auf ihren Erholungswert, womit ein weiterer Naturschutzbezug gegeben ist (Abschnitt 14.1). Die ohnehin subjek-tive Wahrnehmung eines Landschaftsbildes hängt wesentlich von den aktuellen Gegebenheiten eines konkreten Landschaftsausschnittes ab. Es ist ein Unter-schied, ob KUP in ausgeräumten Agrarlandschaften, die sie strukturell berei-chern und gestalterisch aufwerten können, oder in einer waldreichen Gegend, in der sie als einengend empfunden werden können, angelegt werden. Mit der Anlage von KUP wird gestalterisch auf die Landschaft eingewirkt (Krause 2006). Es ist darauf zu achten, dass der Charakter der Kulturlandschaft nicht verändert wird, sondern repräsentative, die Identität bestimmende Elemente der Landschaft erhalten werden. Daraus können sich Einschränkungen für die Anlage von KUP in Naturparken und Landschaftsschutzgebieten, zu deren Vorrangfunktionen die Bewahrung des Landschaftsbildes und die Erholung gehören, ergeben.

14.5
Flächenauswahl für die Anlage von Kurzumtriebsplantagen aus Sicht des Naturschutzes

Um Konfliktpotenziale zwischen Zielen des Naturschutzes und Interessen des Bewirtschafters rechtzeitig zu erkennen und bei der Anlage von KUP Konflikte zu vermeiden, kommt der Auswahl geeigneter Flächen eine entscheidende Bedeutung zu. Im Planungsprozess ist eine Vielzahl von Aspekten zu berücksichtigen, von landschaftsökologischen Anforderungen bis zum Ertrag für den Landnutzer. Die Auswahl geeigneter Flächen nach Abwägung konkurrierender Interessen muss nachvollziehbar sein, z. B. durch Anwendung von Kriterienkatalogen oder Entscheidungsbäumen. Beispielhaft wird für die Flächenauswahl zur Anlage von KUP auf Ackerstandorten ein Entscheidungsalgorithmus (Handlungsanleitung zur Lösung eines Problems) nach naturschutzrechtlichen und -fachlichen Gesichtspunkten dargestellt (Abbildung 14.3). Bei der Konkretisierung in einem Anwendungsgebiet sind die jeweiligen Landesnaturschutzgesetze, regionale und lokale Naturschutzziele einzubeziehen. Dazu sollte eine Zusammenarbeit mit den zuständigen Naturschutzbehörden erfolgen.

Innerhalb des *Agrowood*-Projektes, an dem die Autoren mitwirken, wurde die Flächenauswahl nach diesem Entscheidungsalgorithmus durch die Anwendung von GIS erprobt. Für eine der Untersuchungsregionen (Schradenland) konnte ermittelt werden, dass von der gesamten Ackerfläche des untersuchten Gebietes (insgesamt 67 059 ha) fast drei Viertel aus Naturschutzsicht „geeignet" und etwa ein Viertel „bedingt geeignet" sind. Lediglich 1,3 % (839 ha) der Ackerflächen wurden aus Naturschutzgründen für die Anlage von KUP ausgeschlossen (Kategorie „nicht geeignet").

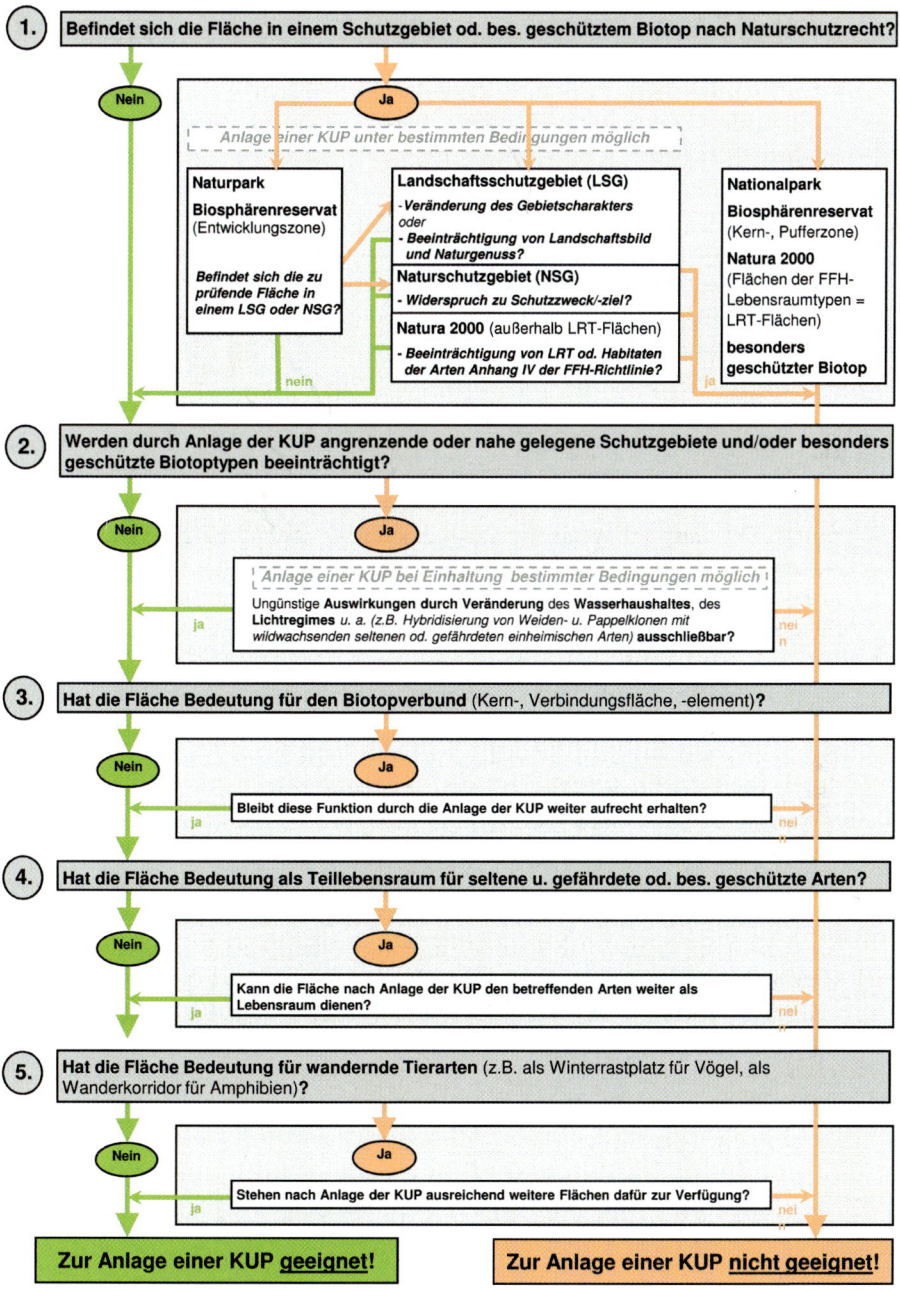

Abb. 14.3 Entscheidungsalgorithmus für die Flächenauswahl auf Ackerstandorten nach Naturschutzkriterien (stark vereinfacht).

14.6
Fazit

In Anbetracht des anhaltenden Rückganges der Biodiversität gehört heute die Sicherung des biotischen Potenzials weltweit zu den Prioritäten im Naturschutz (vgl. CBD und COPs, Schmidt 2006). Es besteht kein Widerspruch zwischen KUP, deren Chancen in ihrer Nutzung als alternative Energieträger und ihren landschaftsökologisch begründbaren Vorteilen gegenüber intensiv bewirtschafteten Äckern liegen, und Naturschutz, wenn ihre Anlage und Einordnung in die Landschaft umwelt- und natur(schutz)verträglich und unter Beachtung regionaler Leitbilder und Naturschutzziele erfolgt (vgl. auch NABU 2005, BUND 2007). Dabei ist zwischen verschiedenen Anliegen des Naturschutzes zu differenzieren (Schmidt & Glaser 2007). Im konkreten Fall muss stets geprüft werden, ob, wie und in welchem Umfang KUP

- in eine Landnutzung mit ökologischen Mindeststandards (Gute fachliche Praxis), in Landschaftsplanung, in Biotopverbundsysteme etc. integriert werden können oder
- Konflikte zu Arten- und Biotopschutzzielen, Sicherung biologischer Vielfalt auf landschaftlicher Ebene oder Erhaltung von Eigenart und Schönheit des Landschaftsbildes heraufbeschwören.

Dabei darf nicht übersehen werden, dass zu verschiedenen Aspekten noch Klärungs- und Forschungsbedarf besteht.

Widersprüche können entstehen, wenn potenzielle Risiken (z. B. Verlust von Offenland-Lebensräumen, hoher Wasserverbrauch, Barrierewirkung) missachtet werden. Deshalb sind integrierende, KUP wie Naturschutzziele einbeziehende Planungen zur Regionalentwicklung, partnerschaftliches und sich Veränderungen anpassendes Management sowie naturschutzfachliches Monitoring Voraussetzungen, um keine Konfliktpotenziale entstehen zu lassen.

Es reicht nicht, Einbußen an biologischer Vielfalt zu vermeiden, vielmehr sollen mit der Standortwahl, Anlage und Nutzung von KUP auch die Möglichkeiten zur gezielten Förderung der biologischen Vielfalt genutzt werden. Naturschutzanliegen wie Bereicherung einer Landschaft mit Hilfe räumlicher Strukturen (z. B. Lücken in KUP, Randgestaltung mit Säumen) und Habitatangebote, Verwendung einheimischer und Verzicht auf invasive Gehölzarten können dabei mit den auf Ertrag orientierten Interessen der Eigentümer oder Bewirtschafter kollidieren. Die Landwirte betreten ohnehin ein bisher aus ihrer Sicht risikoreiches Neuland und befürchten durch entsprechende Anforderungen oder Auflagen des Naturschutzes Ertragseinbußen. Eine Abwägung der teilweise konkurrierenden Nutzungs- und Schutzinteressen, die Ausweisung von für KUP geeigneten Flächen sowie von solchen, auf denen ein Anbau nach naturschutzrechtlichen und -fachlichen Gesichtspunkten auszuschließen ist, sind bereits bei der Planung von KUP (Flächenauswahl, Anlage, Gestaltung) zu beachten. Um die Belange des Umwelt- und Naturschutzes zu berücksichtigen, ist die Entwicklung von Kriterien zur Guten fachlichen Praxis für diese neue Form der Landnutzung unabdingbar.

Während der Landwirt zu deren Einhaltung verpflichtet ist, sollte die Durchführung zusätzlicher – mit erheblichem finanziellen und materiellen Aufwand verbundener – freiwilliger Maßnahmen (z. B. Randgestaltung, Beschränkung der Größe der jährlich beernteten Einheiten) durch Förderung ermöglicht werden.

14.7
Zusammenfassung

Kurzumtriebsplantagen sind in kurzen Zyklen beerntete Gehölzbestände aus schnellwüchsigen Arten oder Sorten. Um die Wirkungen der KUP naturschutzfachlich beurteilen zu können, müssen die Zielvorstellungen zum Naturschutz für die betreffenden Räume und Schutzgüter bekannt sein. Ackerbiotope und Ackerlandschaften dienen dafür als Referenzsysteme. KUP leisten durch die Produktion des nachwachsenden Rohstoffes Holz zur Substitution von fossilen Energieträgern einen Beitrag zum Klima- und Umweltschutz. Infolge der extensiveren Bewirtschaftung haben sie ebenfalls günstige Wirkungen auf den Naturhaushalt und die biologische Vielfalt. So zeigen Untersuchungen der Bodenvegetation, der Wirbellosen und der Sommervögel einen Anstieg der Artenzahlen in KUP gegenüber Ackerflächen. Allerdings gestatten sie keine Aussage zur Qualität des Artenspektrums oder zum Vorkommen von Zielarten des Naturschutzes.

Eine naturschutzfachliche Aufwertung der KUP ist durch eine das Habitatangebot fördernde Gestaltung möglich. Es ist darauf zu achten, dass das sich mit der Anlage von KUP wandelnde Landschaftsbild nicht den Charakter der Kulturlandschaft verändert. Der dargestellte Entscheidungsalgorithmus zur Flächenauswahl für KUP auf Ackerstandorten dient dazu, Konflikte zwischen Zielen des Naturschutzes und Interessen des Bewirtschafters rechtzeitig zu erkennen und durch die Auswahl geeigneter Flächen möglichst zu vermeiden. Um die Belange des Umwelt- und Naturschutzes bei der Kurzumtriebswirtschaft zu berücksichtigen, sind Kriterien zur Guten fachlichen Praxis zu erarbeiten sowie Möglichkeiten der Förderung von Maßnahmen zur Biotop- und Habitatgestaltung zu schaffen.

Literatur

BUND (Bund für Umwelt und Naturschutz Deutschland) 2007: Energetische Nutzung von Biomasse. BUNDpositionen 34, Berlin

DRL (Deutscher Rat für Landespflege) 2006: Die Auswirkungen erneuerbarer Energien auf Natur und Landschaft. Schr.-R. DRL 79, 134 S.

Heilmann, B., Makeschin, F., Rehfuess, K.H. 1995: Vegetationskundliche Untersuchungen auf einer Schnellwuchsplantage mit Pappeln und Weiden nach Ackernutzung. Forstw. Cbl. 114: 19–29

Jedicke, E. 1995: Naturschutzfachliche Bewertung von Holzfeldern – Schnellwachsende Weichlaubhölzer im Kurzumtrieb, untersucht am Beispiel der Avifauna. Mitt. NNA, Schneverdingen 1/95: 109–119

Krause, A. 2006: Landschaftsästhetische Wirkungen von Bäumen zur Holzproduktion in der Kulturlandschaft. Fachtagung „Anbau und Nutzung von Bäumen auf

landwirtschaftlichen Flächen I", 6./
7.11.2006 in Tharandt, Tagungsband: 41–50

Liesebach, M., Mulsow, H., Rose, E., Mecke, R. 1999: Ökologische Aspekte der Kurzumtriebswirtschaft. In: Fachagentur Nachwachsende Rohstoffe (Hrsg.): Modellvorhaben „Schnellwachsende Baumarten". Landwirtschaftsverlag, Münster: 455–476

NABU (Naturschutzbund Deutschland) 2005: Nachwachsende Rohstoffe und Naturschutz: Anforderungen des NABU an einen naturverträglichen Anbau. NABU Position, Berlin, 4 S., www.nabu.de/imperia/md/content/nabude/energie/biomasse/1.pdf

Poulsen, J., Applegate, G., Raymond, D. 2001: Linking C&I to a Code of Practice for Industrial Tree Plantations. Centre for International Forestry Research, Jakarta, 86 S.

Schmidt, P.A. 2006: Naturschutz im Wald – aktuelle Entwicklungen. Eberswalder Forstl. Schr.-R. 28: 8–22

Schmidt, P.A., Glaser, T. 2007: Kurzumtriebsplantagen und Naturschutz – (k)ein Widerspruch? Fachtagung „Anbau und Nutzung von Bäumen auf landwirtschaftlichen Flächen II", 2.-4.7.07 in Freiburg, Tagungsband: 71–75

Schmidt, P.A., Gerold, D. 2008: Kurzumtriebsplantagen – Ergänzung oder Widerspruch zur nachhaltigen Waldwirtschaft? Schweiz. Z. Forstwes. 159 (6): 152–157.

15
Monetäre Bewertung ökologischer Leistungen des Agrarholzanbaus

Jan Philipp Schägner

Kurzumtriebsplantagen (KUP) stellen eine Option dar, die erwartete erhöhte Nachfrage nach Holz zur energetischen Verwendung zu decken und das bestehende Angebot der etablierten Energiepflanzen zu erweitern. Inwieweit der Anbau von Agrarholz in Deutschland aus gesamtwirtschaftlicher Sicht als erstrebenswert anzusehen ist, ergibt sich aus den vielfältigen Auswirkungen des Anbaus und der Verwendung des Agrarholzes im Vergleich zu konkurrierenden Energiepflanzen.

Bei der ökonomischen Bewertung des Anbaus von Agrarholz wird in der deutschsprachigen Literatur meist ausschließlich auf die Analyse der betriebswirtschaftlichen Auswirkungen eingegangen. Dies greift für die Beurteilung der gesamtwirtschaftlichen Vorteilhaftigkeit des Agrarholzanbaus zu kurz. Das Wohlergehen der Bevölkerung wird auch von ökologischen Auswirkungen beeinflusst wie dem Klimaschutz, der Biodiversität und der Grundwasserqualität.

Im Rahmen von ökologisch erweiterten Nutzen-Kosten-Analysen lässt sich die Gesamtheit der Auswirkungen alternativer Landnutzungsformen erfassen. Es kann somit eine wichtige Unterstützung im Entscheidungsfindungsprozess gegeben werden. Allerdings bedingen die vielfältigen ökosystemaren Wirkungen alternativer Landnutzungen, dass einzelne Wirkungen gegeneinander abgewogen werden müssen. Durch die monetäre Bewertung können die Umweltauswirkungen in einen einheitlichen Wertindikator übersetzt werden, so dass ein Abwiegen der einzelnen Wirkungen ermöglicht wird. Dieses Kapitel gibt einen Überblick über die monetäre Bewertung ausgewählter ökosystemarer Auswirkungen des Agrarholzanbaus im Rahmen von ökologisch erweiterten Nutzen-Kosten-Analysen.

15.1
Monetäre Bewertung und ökologisch erweiterte Nutzen-Kosten-Analysen

Bei der Evaluation und der Auswahl von alternativen Projekten, Maßnahmen sowie der Gestaltung von politischen und ökonomischen Rahmenbedingungen werden meist nur finanzielle Kosten und Nutzen betrachtet. Auswirkungen auf die Umwelt werden hingegen oft nur unzureichend in die Entscheidungsfindung

Anbau und Nutzung von Bäumen auf landwirtschaftlichen Flächen.
Herausgegeben von T. Reeg, A. Bemmann, W. Konold, D. Murach und H. Spiecker
Copyright © 2009 WILEY-VCH Verlag GmbH & Co. KGaA, Weinheim
ISBN: 978-3-527-32417-0

mit einbezogen. Dies liegt zum einen an der Tatsache, dass Umweltauswirkungen vielfach als externer Effekt auftreten, und zum anderen an der Schwierigkeit, Umweltauswirkungen abzuschätzen und deren Wert zu bemessen.

Das Problem externer Effekte ist, dass sie nur zu einem geringen Teil auf den Verursacher einwirken. Negative Umweltauswirkungen, wie die Verschlechterung der Luftqualität durch eine Fabrik, stellen Kosten für die Gesellschaft dar. Der Verursacher der Emissionen wird von den negativen Auswirkungen allerdings nur zu einem kleinen Teil berührt.

Für die politischen Entscheidungsträger gilt es hingegen, im Sinne der gesellschaftlichen Wohlfahrtsmaximierung auch die externen Effekte in ihr Entscheidungskalkül mit einzubeziehen. Die Auswahl von gesellschaftlich optimalen Alternativen bedingt, dass vielfältige Auswirkungen gegeneinander abgewogen werden müssen. Nur so kann die Alternative identifiziert werden, die der Gesellschaft den größten Nutzen stiftet. Allerdings kann die Komplexität des Wirkungsspektrums den Entscheidungsträger vor erhebliche Probleme stellen. Durch monetäre Bewertung können die vieldimensionalen Auswirkungen anhand nachvollziehbarer Verfahren systematisch in eine Dimension – die monetäre Dimension – übersetzt werden. Wichtig ist es, dass das Referenzszenario und

Tabelle 15.1 Bestandteile des TEV (Total Economic Value) von Kurzumtriebsplantagen.

Direkte nutzungsabhängige Werte

– Holzeinschlag
– Tourismus- und Erholungsnutzen und Landschaftsästhetik
– Wert der Biodiversität als Informationsquelle für Pharma- und Biotechnologie

---

Indirekte nutzungsabhängige Werte

– Beitrag zum Klimaschutz durch Kohlenstoffspeicherung und verminderte Treibhausgas-Emissionen
– Wasserhaushaltsregulierung und Hochwasserschutz durch Wasserrückhalt
– Verbesserung des Mikroklimas und der Luftqualität
– Verbesserung der Bodenqualität durch Erosionsschutz, Eintrag von Nährstoffen und Aufnahme von Schadstoffen (z.B. Schwermetalle)
– Versicherungswert der Biodiversität durch Anpassung an Umweltänderungen
– Lokal u. U.: Beiträge zum Lawinenschutz, Lärmschutz und Windschutz

---

Nutzungsunabhängige Werte

– Existenzwert von Biodiversität und Landschaftsästhetik
– Vermächtniswert von Biodiversität und Landschaftsästhetik
– Optionswert (Wert, der sich aus der Möglichkeit einer zukünftigen Nutzung ableitet)

(Quelle: Eigene Darstellung)

zur Disposition stehende Veränderungen des Ökosystems bewertet werden, um die potenziellen Folgen menschlichen Handelns wertmäßig abzuschätzen.

Die Ökonomie hat zur Abbildung des gesellschaftlichen Wertes eines Ökosystems das Konzept des Total Economic Value (TEV) entwickelt. Der TEV wird systematisch in einzelne Wertkomponenten untergliedert: in direkte und indirekte Werte sowie in nutzungsabhängige und nutzungsunabhängige Werte. Direkte nutzungsabhängige Werte ergeben sich aus einer direkten Nutzung der ökosystemaren Leistungen des Ökosystems. Für eine KUP ist dies der Ertrag an Energieholz.

Auch indirekte nutzungsabhängige Werte ergeben sich aus einer direkten Nutzung von ökosystemaren Leistungen, allerdings nicht von Leistungen, die direkt dem betrachteten Ökosystem zugeordnet werden, sondern aus ökosystemaren Leistungen anderer Ökosysteme, die durch das betrachtete Ökosystem in ihrer Qualität verbessert werden. So können KUP dazu beitragen, dass sich die Wasserqualität in Fließ- und Stehgewässern verbessert, so dass sich der Wert der Nutzung dieser Gewässer zum Fischen oder zur Erholung erhöht.

Als nutzungsunabhängige Werte werden der reine Existenzwert eines Ökosystems und der Wert des Vermächtnisses für zukünftige Generationen bezeichnet (Turner *et al.* 2003). Die Bestandteile des TEV einer KUP zeigt Tabelle 15.1.

15.2
Agrarholzanbau und dessen monetäre Bewertung

Agrarholzanbau existiert in einer Vielzahl von Varianten und in unterschiedlichen Klimazonen. Trotz dieser Vielfältigkeit werden meist die gleichen grundlegenden ökosystemaren Leistungen bereitgestellt. Neben Holzerträgen trägt Agrarholzanbau zur Verminderung von Treibhausgasen (THG), zur Verbesserung der Bodenqualität, zur Regulierung des Grundwasserhaushalts und zum Schutz der Biodiversität bei (Pearce & Mourato 2008). KUP können zudem einen Beitrag leisten zum Erosionsschutz, zum Schutz von Grund- und Oberflächengewässern, zur Verbesserung der Atemluft und des Mikroklimas, zum Hochwasserschutz und lokal zum Lärmschutz.

KUP stellen eine relativ neue Anbauform dar. Bisher beschränkt sich die ökonomische Literatur bei der Bewertung ausschließlich auf betriebswirtschaftliche Analysen. Im Folgenden wird ein Überblick über Möglichkeiten und Ansätze der monetären Bewertung von KUP gegeben. Vorrangig wird auf die vier bedeutsamen ökosystemaren Leistungen von KUP – Holzerträge, Klimaschutz, Grundwasserneubildung und Biodiversität – eingegangen.

Um einen Beitrag zur Entscheidungsfindung bezüglich zukünftiger Anbauformen zu erbringen, ist eine alternative Form der Landnutzung zu bestimmen, die mit dem Anbau von KUP konkurriert. Da Holz aus KUP primär energetisch verwendet wird und ebenfalls zur Erfüllung des Biomasseziels der EU beiträgt, kann angenommen werden, dass der Anbau von KUP vorrangig mit anderen Energiepflanzen konkurriert. Als Referenz werden daher die stark verbreiteten Energiepflanzen Raps, Weizen und Mais betrachtet.

15.2.1
Holzerträge

Eine der bedeutsamsten ökosystemaren Leistungen von KUP sind die Holzerträge. Eine monetäre Bewertung der Holzerträge erfolgt über den Markt. Aufgrund von Angebot und Nachfrage bilden sich Preise für die Holzerträge und für die Produktionsfaktoren des Anbaus. Als Saldo ergibt sich der Gewinnbeitrag, der durch den Anbau von KUP erreicht wird.

Eine Reihe von Studien hat sich mit der betriebswirtschaftlichen Analyse von KUP und alternativen Anbauformen beschäftigt. Unter der Berücksichtigung von Marktpreisen, den zu erwartenden Erträgen und den angenommenen Produktionsbedingungen werden landwirtschaftliche Betriebe modelliert und optimiert. Aufgrund unterschiedlicher Annahmen und der stark schwankenden Marktpreise divergieren die Ergebnisse stark. Während einige Studien durchaus die Konkurrenzfähigkeit von KUP mit annuellen Kulturen ausweisen, ergeben andere kaum positive Gewinnbeiträge (Hoffmann 2007, Pallast *et al.* 2005, Kröber *et al.* 2008). Im *Dendrom*-Projekt wurden für einen optimierten Anbau von KUP (Weide und Pappel) Gewinnbeiträge modelliert. Die Ergebnisse zeigen, dass die Gewinnbeiträge von KUP die von Weizen, Mais und Raps deutlich übersteigen können (siehe Kapitel 13, den Beitrag von Grundmann und Eberts). Hierzu sind allerdings noch anfängliche Anbauhemmnisse zu überwinden, wie die noch unzureichende Entwicklung von Anbautechniken, Märkten und Logistikketten.

15.2.2
Klimaschutz

Der Anbau von Energiepflanzen trägt aufgrund der energetischen Verwendung der Erträge und der damit verbundenen Substitution von fossilen Energieträgern zur Reduktion von Treibhausgasen bei. Aufgrund der Mehrjährigkeit kommt es in KUP zudem zu einer erhöhten Bindung von Kohlenstoff in den Böden und der lebenden Biomasse. Auf der anderen Seite werden beim Anbau, beim Transport und bei der Verwertung von Energiepflanzen durch den Einsatz von Energie, Dünger und Pflanzenschutzmitteln Treibhausgasemissionen verursacht (Grundmann & Eberts 2008, Adger & Subak 1996, Schmidt & Osterburg 2004, Land Brandenburg 2005, Amon *et al.* 2007).

Zur ökonomischen Bewertung von Klimaschutzmaßnahmen wird in der Literatur vornehmlich der sogenannte Vermeidungskostenansatz verwendet. Hierbei werden Vermeidungskosten für alternative Klimaschutzmaßnahmen (z. B. in der Gebäudesanierung) als Indikatoren für den monetären Wert einer Klimaschutzmaßnahme herangezogen (Billing & Meurer 2006, Umweltbundesamt 2007). Eine in der Literatur vielfach angewendete und einfache Methode ist die Bewertung anhand des Zertifikatpreises des EU Emissionshandels (gegenwärtig 27,58 €)[1], da dieser die Vermeidungskosten der im Emissionshandel erfassten Unternehmen widerspiegelt.

---

1) Der verwendete Wert von 27,58 € entspricht lediglich einem Tageswert (Stand 26.06.08) und ist daher nur bedingt repräsentativ. Der 200-Tagesdurchschnitt liegt lediglich bei ca. 22,50 €. Aufgrund der vergangenen stetigen Preissteigerungen der Zertifikate, die auch für die Zukunft erwartet werden, wird der hier angesetzte Preis dennoch als gerechtfertigt angesehen (Graßl et al. 2003; Deutsche Bank 2007; Matthes et al. 2008).

Tabelle 15.2 Monetär bewerteter Klimaschutzbeitrag.

Anlage und Landbaugebiet	Vermiedene Treibhausgase Emissionen/ha/a	zusätzlich gebundener Kohlenstoff	Wert des Klimaschutzes
	Tonnen CO_2-Äquivalent		
Rapsöl (Biokraftstoff)	2,04	7,76	64,94 €
Raps-Methyl-Ester (Biokraftstoff)	2,86	7,76	87,31 €
BioEthanol Weizen (Biokraftstoff)	1,68	9,93	57,21 €
BtL-Diesel Weide (Biokraftstoff)	9,20	117,43	360,26 €
Biogas Mais und Gülle (Strom)	8,58	4,74	241,86 €
Weide (Strom)	24,04	117,43	769,40 €

Quelle: Schägner 2008, Steinfeldt 2008, Quinkenstein 2008

Im *Dendrom*-Projekt wurden für die spezifischen klimatischen, geologischen und sozioökonomischen Gegebenheiten der Testregion Brandenburg Treibhausgasbilanzen für KUP und die annuellen Energiepflanzen Raps, Weizen und Mais ermittelt. Berücksichtigt wurden die Emissionsminderungen durch die Substitution fossiler Energieträger, die Emissionen aus dem Energieeinsatz im Anbau, der Logistik und Verarbeitung, die Emissionen aus der Produktion von Dünge- und Pflanzenschutzmitteln, die N_2O-Ausgasungen durch den Eintrag von Stickstoff in Dünger und Pflanzenteilen sowie die Kohlenstoffspeicherung in Biomasse und Böden. Eine Bewertung erfolgte mit dem EU-Zertifikatpreis. Weitere Studien, die den Zusatznutzen des Klimaschutzes bei der ökonomischen Bewertung von KUP quantitativ berücksichtigen, sind bisher nicht bekannt. In Tabelle 15.2 sind die Ergebnisse für die Erzeugung von Biokraftstoffen und Strom abgebildet. Bei der Erzeugung von Strom wird jeweils eine Nutzung der Abwärme von 50 % angenommen. Die Weiden werden im dreijährigen Umtrieb angebaut. Die Ergebnisse zeigen, dass der Wert des Klimaschutzbeitrages von KUP den von annuellen Energiepflanzen deutlich übersteigt (für eine ausführliche Ergebnisdarstellung siehe Schägner 2008).

15.2.3
Grundwasserhaushaltsregulierung

Im Vergleich zu annuellen landwirtschaftlichen Kulturen kann der Anbau von KUP zu erheblich geringerer Grundwasserneubildung führen. Ergebnisse des *Dendrom*-Projektes zeigen, dass die Sickerwasserrate stark von der Höhe der Interzeption (Verdunstung von der Blattoberfläche) abhängt und für Pappeln gegenüber der modellierten Feldfrucht auf weitgehend ebenen, grundwasserfernen und niederschlagsarmen Standorten um bis zu 46 % abnehmen kann. Je nach standortspezifischen hydrologischen Gegebenheiten kann dies zu absinkenden Grundwasserständen führen. Bei einer angespannten Wasserhaushaltslage, wie auf den Hochebenen der Testregion Brandenburg, ist dies als Kostenfaktor anzusetzen (Gerstengarbe *et al.* 2003). Eine Überbeanspruchung der Grundwasserreserven kann sich negativ auf die Produktivität von Landwirtschaft und Wasserkraftwerken auswirken. Zudem können irreversible Änderungen der Biodiversität hervorgerufen werden (National Research Council 1997).

Zur monetären Bewertung veränderter Grundwasserstände lassen sich beispielsweise die Auswirkungen auf die Produktivität der Landwirtschaft oder die von Wasserkraftwerken anhand von Daten des betriebswirtschaftlichen Rechnungswesens analysieren. Inwieweit die Auswirkungen von KUP auf den Grundwasserstand als erheblich anzusehen sind, ist unter Berücksichtigung regionaler hydrologischer Gegebenheiten und Klimaprognosen zu untersuchen. Bei lediglich kleinflächigem Anbau werden die Auswirkungen auf die Grundwasserstände sicherlich verschwindend gering sein, so dass sich keine erheblichen ökonomischen Kosten ergeben. Bei großflächigem Anbau können die Auswirkungen hingegen von Bedeutung sein (SRU 2007). Nach eigener Einschätzung und nach Rücksprache mit Experten ist davon auszugehen, dass die Kosten verminderter Grundwasserneubildung durch den Anbau von KUP im Rahmen der im *Dendrom*-Projekt entwickelten Anbauszenarien für Brandenburg (30 % der landwirtschaftlichen Nutzfläche) nicht von hoher Bedeutung sind (Murach und Schneider 2008, pers. Komm.) Um die Auswirkungen im Einzelnen abzuschätzen und zu bewerten, ist weiterer Forschungsbedarf gegeben.

15.2.4
Biodiversität

Im Vergleich zu konventionellem Anbau von annuellen Kulturen wirkt sich der Anbau von KUP i.d.R. erhöhend auf die Biodiversität aus. KUP bedingen einen erhöhten Anteil an „Waldarten" bei gleichzeitigem Verbleib von „Freilandarten". Dies bezieht sich insbesondere auf die Anzahl anzutreffender Arten und in geringerem Maße auch auf den Anteil besonders bedrohter Arten (Rote-Liste-Arten) (Burger 2006; Hofmann 2007).

Der Biodiversität werden in der Ökonomie verschiedene Wertekategorien als Teilkomponenten des TEV zugeordnet. So wird unterschieden zwischen dem Versicherungs- und Informationsnutzen und dem Existenz- und Vermächtnisnutzen. Der Informationsnutzen ist der Nutzen, der sich aus der Verwendung der Natur bspw. in der Pharmaindustrie ergibt. Es gibt einige Bewertungsstudien, die den Informationswert für tropische Wälder abschätzen, für Agrarholz hingegen nicht (Simpson *et al.* 1996). Der Versicherungsnutzen der Biodiversität generiert sich aus der erhöhten Anpassungsfähigkeit biodiverser Ökosysteme an sich verändernde Umweltbedingungen und somit aus der Sicherheit, dass auch in Zukunft ökosystemare Leistungen bereitgestellt werden. Aufgrund der hohen Komplexität ökosystemarer Funktionen und der Unsicherheit über die Veränderung zukünftiger Umweltbedingungen sowie der Anpassungsfähigkeit einzelner Ökosysteme ist die monetäre Bewertung des Versicherungsnutzens äußerst schwierig

(Pearce & Mourato 2008). Die monetäre Bewertung des Existenz- und Vermächtnisnutzens lässt sich durch Bürgerbefragungen ermitteln und ist Gegenstand eines reichhaltigen Literaturbestandes (Pearce & Moran 1995). Eine Vielzahl an Studien beschäftigt sich mit der monetären Bewertung von Wäldern, zu KUP sind bisher keine bekannt. Eine Übertragung der Ergebnisse der Bewertungsstudien anderer Ökosysteme auf KUP ist allerdings nur bedingt möglich. Es lassen sich lediglich grobe Anhaltspunkte für den monetären Wert der Biodiversität von KUP ermitteln. Dennoch, die erhöhte Biodiversität in KUP im Vergleich zu annuellen Energiepflanzen beeinflusst das Nutzen-Kosten-Verhältnis eindeutig zugunsten von KUP.

15.2.5
Weitere ökosystemare Wirkungen

Im Vergleich zu annuellen Energiepflanzen werden durch KUP weitere ökosystemare Wirkungen hervorgerufen, die fast ausschließlich positiv zu beurteilen sind. Lediglich der Aspekt der Landschaftsästhetik ist kritisch zu bewerten. Großflächiger Anbau von KUP kann die Ursprünglichkeit der Landschaft stören und bestehende Sichtachsen einschränken. KUP können allerdings auch positiv dazu beitragen, die Vielfältigkeit und Dreidimensionalität von Agrarlandschaften zu erhöhen. Tiefgehende Untersuchungen zur Beeinflussung des Landschaftsbildes durch KUP sind bisher nicht bekannt.

Weitere ökosystemare Wirkungen beeinflussen das Nutzen-Kosten-Verhältnis eindeutig zu Gunsten von KUP. Aufgrund der Aufnahme von Schadstoffen und dem verminderten Einsatz von Dünge- und Pflanzenschutzmitteln haben KUP einen positiven Einfluss auf die Qualität von Böden, Grundwasser und Oberflächengewässern. Der mehrjährige und höhere Bewuchs kann zu verminderter Erosion, verbessertem Mikroklima, verminderter Lärmausbreitung und höherer Atemluftqualität führen. Der erhöhte Wasserrückhalt von KUP kann zudem zum Hochwasserschutz beitragen (Schägner 2008).

15.3
Zusammenfassung

Die Ergebnisse des *Dendrom*-Projektes zeigen, dass der Anbau von KUP eine marktwirtschaftlich konkurrenzfähige Alternative zum Anbau der bereits etablierten Energiepflanzen sein kann, wenn anfängliche Anbauhemmnisse überwunden werden. Darüber hinaus produzieren KUP eine Reihe von weiteren ökosystemaren Leistungen, die im Vergleich zu alternativen annuellen Energiepflanzen das Nutzen-Kosten-Verhältnis fast ausschließlich zu Gunsten von KUP beeinflussen. Insbesondere der Wert des Klimaschutzes von KUP kann unter den standortspezifischen Gegebenheiten Brandenburgs den Klimaschutzwert annueller Energiepflanzen deutlich übersteigen. Selbst bei für KUP äußerst ungünstigen Marktsituationen, bei denen KUP aus betriebswirtschaftlicher Sicht ggf. nicht mit den annuellen Energiepflanzen konkurrenzfähig sind, lässt sich hieraus eine gesellschaftliche Vorteilhaftigkeit von KUP ableiten.

Weitere untersuchte ökosystemare Leistungen weisen fast ausschließlich die Vorteilhaftigkeit von KUP gegenüber den untersuchten annuellen Energiepflanzen aus. Lediglich die Auswirkungen auf die Grundwasserneubildung und auf die Landschaftsästhetik müssen kritisch bewertet werden. Die verminderte Grundwasserneubildung aufgrund von KUP ist vor dem Hintergrund der angespannten Wasserhaushaltslage Brandenburgs als negativ zu beurteilen. Die Auswirkungen von KUP auf die Landschaftsästhetik können je nach regionalen Gegebenheiten sowohl positiv als auch negativ bewertet werden.

Auch wenn eine abschließende monetäre Bewertung von KUP beim gegenwärtigen Forschungsstand nicht möglich ist, weisen die ökosystemaren Wirkungen doch stark auf deren Vorteilhaftigkeit gegenüber annuellen Energiepflanzen hin. Nach Rücksprache mit Experten und nach eigener Einschätzung ist nicht davon auszugehen, dass die möglichen Kosten der verminderten Grundwasserneubildung und des Einflusses auf das Landschaftsbild die vielfältigen Nutzen des Anbaus von KUP, insbesondere des Klimaschutzbeitrages, wertmäßig übersteigen (Murach, Diter und Bernd Uwe Schneider 2008. pers. Komm.). Der Nutzen des Klimaschutzes von KUP je Hektar und Jahr übersteigt wertmäßig den annueller Energiepflanzen um ein Vielfaches. Die Vorteilhaftigkeit von KUP gegenüber den untersuchten annuellen Energiepflanzen scheint damit als äußerst wahrscheinlich. Eine staatliche Förderung des Anbaus von KUP muss somit als gerechtfertigt angesehen werden, um anfängliche Anbauhemmnisse zu überwinden und um die externen ökosystemaren Leistungen des Anbaus von KUP zu entgelten.

Literatur

Adger, N., Subak, S. 1996: Estimating Above-Ground Carbon Fluxes from UK Agricultural Land. The Geographical Journal 162 (2): 191–204.

Amon, T., Kryvoruchko, V., Hopfner-Sixt, K., Amon, B., Ramusch, M., Milovanovic, D., Bodiroza, V., Sapik, R., Zima, J., Machmüller, A., Zollitsch, W., Knaus, W., Friedel, J.K., Hrbek, R., Pötsch, E., Gruber, L., Steinwidder, A., Pfundtner, E., Wagentristl, H. 2006: Optimierung der Methanerzeugung aus Energiepflanzen mit dem Methanenergiewertsystem. Berichte aus Energie- und Umweltforschung. Bundesministerium für Verkehr, Bundesministerium für Verkehr, Innovation und Technologie. Wien, 193 S.

Billing, K., Meurer, P. 2006: Nachhaltige Lösung von Flächennutzungskonkurrenz in der Stadt – ökonomische Bewertung und instrumentelle Umsetzung. In: Brandes, W., Eger, T., Kraft, M. (Hrsg.): Wirtschaftswissenschaften zwischen Markt, Norm und Moral. Kassel University Press 16: 213–266.

Burger, F. 2006: Zur Ökologie von Energiewäldern. Schriftenreihe des Deutschen Rates für Landespflege 79: 74–80.

Deutsche Bank. 2007: Carbon Emissions: Banking on Higher Prices: We See EUAs at E35/t Over 2008–20. Global Markets Research 23 July 2007, 59 S.

Gerstengarbe, F.-W., Badeck, F., Hattermann, F., Krysanova, V., Lahmer, W., Lasch, P., Stock, M., Suckow, F., Wechsung, F., Werner, P.C. 2003: Studie zur klimatischen Entwicklung im Land Brandenburg bis 2055 und deren Auswirkungen auf den Wasserhaushalt, die Forst- und Landwirtschaft sowie die Ableitung erster Perspektiven. PIK Report 83. Potsdam Institut für Klimafolgenforschung, 394 S.

Graßl, H., Schubert, R., Kokott, J., Kulessa, M., Luther, J., Nuscheler, F., Sauerborn, R., Schellnhuber H.-J., Schulze, E.-D. 2003: Über Kyoto hinaus denken – Klimaschutzstrategien für das 21. Jahrhundert. Berlin. Wissenschaftlicher Beirat der Bundesregierung Globale Umweltveränderungen, 87 S.

Grundmann, P., Eberts, J. 2008: Betriebliche und regionale Entscheidungsmodelle. Tagungsband: *Dendrom* – Zukunftsrohstoff Dendromasse: Systemische Analyse, Leitbilder und Szenarien für die nachhaltige energetische und stoffliche Verwertung von Dendromasse aus Wald- und Feldgehölzen. Berlin. Kapitel H, 32 S.

Hoffmann, D. 2007: Regionale Wertschöpfung durch optimierte Nutzung endogener Bioenergiepotenziale als strategischer Beitrag zur nachhaltigen Regionalentwicklung. Dissertation, Philosophische Fakultäten der Universität des Saarlandes. Saarbrücken, 42 S.

Hoffmann, M. 2007: Energieholzproduktion in der Landwirtschaft. Rostock, Germany, Fachagentur Nachwachsende Rohstoffe e.V. (FNR). Gefördert durch das Bundesministerium für Ernährung, Landwirtschaft und Verbraucherschutz, 334 S.

Kröber, M., Heinrich, J., Wagner, P. 2008: Energieholzanbau aus der Sicht des Landwirts – Dafür oder Dagegen? Einflüsse betrieblicher und regionaler Rahmenbedingungen auf die Entscheidung zur Anlage von Kurzumtriebsplantagen. Cottbuser Schriften zur Ökosystemgenese und Landschaftsentwicklung: 1–14

Land Brandenburg. 2005: Datensammlung für die Betriebsplanung und die betriebswirtschaftliche Bewertung landwirtschaftlicher Produktionsverfahren im Land Brandenburg. Schriftenreihe des Landesamtes für Verbraucherschutz, Landwirtschaft und Flurneuordnung, Reihe Landwirtschaft 6(1), 128 S.

Matthes, F.C., Gores, S., Graichen, V., Harthan, R.O., Markewitz, P., Hansen, P., Kleemann, M., Krey, V., Martinsen, D., Diekmann, J., Horn, M., Ziesing, H.-J., Eichhammer, W., Doll, C., Helfrich, N.,

Müller, L., Schade, W., Schlohmann, B. 2008: Politikszenarien für den Klimaschutz IV: Szenarien bis 2030. Dessau, Germany, Umweltbundesamt, 383 S.

National Research Council 1997: Valuing Ground Water: Economic Concepts and Approaches. Washington D.C., National Committee On Valuing Groundwater, Natl Academy Pr., 204 S.

Murach, D., Schneider, B.U. 2008: Persönliche Kommunikation, 16. Juni 2008

Pallast, G., Breuer, T., Holm-Müller, K. 2005: Schnellwachsende Baumarten – Chance für zusätzliches Einkommen im ländlichen Raum? Agricultural and Resource Economics, Discussion Paper 2005 (3), 23 S.

Pearce, D., Moran, D. 1995: The Economic Value of Biodiversity. London, Earthscan Publications Ltd., 202 S.

Pearce, D., Mourato, S. 2008: The Economic Value of Agroforestries Environmental Services. In: Schroth, G., Fonseca, G.A.D., Harvey, C.A., Gascon, C., Vasconcelos, H.L., Izac, A.-M.N. (Hrsg.): Agroforestry And Biodiversity Conservation In Tropical Landscapes. Washington D.C., Island Press: 67–86

Quinkenstein, A. 2008: Ergebnisse zur Kohlenstoffmodellierung in Kurzumtriebsplantagen, schriftliche Mitteilung, 12. April 2008

Schägner, J.P. 2008: Monetäre Bewertung ökologischer Leistungen des Agrarholzanbaus. Tagungsband: *Dendrom* – Zukunftsrohstoff Dendromasse: Systemische Analyse, Leitbilder und Szenarien für die nachhaltige energetische und stoffliche Verwertung von Dendromasse aus Wald- und Feldgehölzen. Berlin. Kapitel M: 1–43

Schmidt, T., Osterburg, B. 2004: Berichtsmodul Landwirtschaft und Umwelt – Konzept und beispielhafte Darstellung erster Ergebnisse. Arbeitsberichte des Bereichs Agrarökonomie, Braunschweig und Wiesbaden, Institut für ländliche Räume und Statistisches Bundesamt, 83 S.

Simpson, R. Craft, D., Craft, A. 1996: The Social Value of Using Biodiversity in New Pharmaceutical Product Research. Discussion Papers dp-96–33, 42 S.

SRU, Sachverständigenrat für Umweltfragen 2007: Klimaschutz durch Biomasse, Sondergutachten. Berlin, 189 S.

Steinfeldt, M. 2008: Ökologische Bewertung des Zukunftsrohstoffs Dendromasse. Tagungsband: *Dendrom* – Zukunftsrohstoff Dendromasse: Systemische Analyse, Leitbilder und Szenarien für die nachhaltige energetische und stoffliche Verwertung von Dendromasse aus Wald- und Feldgehölzen, Berlin. Kapitel N, 23 S.

Turner, R.K., Paavola, J., Cooper, P., Farber, S., Jessamy, V., Georgiou, S. 2003: Valuing nature: lessons learned and future research directions. Ecological Economics 46: 493–510

Umweltbundesamt 2007: Ökonomische Bewertung von Umweltschäden. Methodenkonvention zur Schätzung externer Umweltkosten. Dessau, 113 S.

16
Wasserhaushalt von Kurzumtriebsplantagen

Rainer Petzold, Karl-Heinz Feger und Kai Schwärzel

16.1
Erfassung der Komponenten des Wasserhaushalts

Hochproduktive Kurzumtriebsplantagen (KUP), insbesondere mit Pappel- und Weidensorten, stellen hohe Ansprüche an das Strahlungs-, Nährstoff- und Wasserangebot. Diese standörtlichen Voraussetzungen sind in Deutschland nicht überall gegeben. Am ehesten sind gute Wachstumsbedingungen auf landwirtschaftlichen, insbesondere bislang ackerbaulich genutzten Flächen zu erwarten. Die Böden sind meist ausreichend mit Nährstoffen versorgt, auftretende Defizite können über Düngung ausgeglichen werden. Begrenzend für die Erzielung hoher Biomasseerträge von KUP ist oft das Wasserangebot am jeweiligen Standort. Eine erfolgreiche Planung und Anlage von KUP setzt daher die Kenntnis des Wasserhaushaltes – insbesondere des transpirationsbedingten Wasserverbrauchs – schnellwachsender Baumarten voraus. In diesem Zusammenhang interessieren auch mögliche Auswirkungen solcher Landnutzungsänderungen auf die jährliche Bildung von Sickerwasser und damit die Grundwasserneubildung.

Während die messtechnische Erfassung von Wasserhaushaltskomponenten wie Niederschlag und Abfluss relativ einfach ist, bereitet die Ermittlung der Verdunstung aufgrund des hohen Geräteaufwandes größere Schwierigkeiten. Bei der Messung der Verdunstung von Bäumen ist zwischen mikrometeorologischen, pflanzenphysiologischen und bodenhydrologischen Methoden zu unterscheiden (Wilson *et al.* 2001). Mikrometeorologische Methoden (Eddy-flux-Messungen) liefern ganzjährig Verdunstungswerte von Beständen in hoher zeitlicher, jedoch geringer räumlicher Auflösung. Saftfluss-Messungen zeigen kurzfristige Reaktionen der Bäume auf sich ändernde Umweltbedingungen an, während durch die Erfassung der Dynamik des Bodenwassers Informationen zur Wurzelwasseraufnahme, zum Vorrat des pflanzenverfügbaren Bodenwassers und zum Lufthaushalt des Bodens abgeleitet werden können

16.2
Untersuchungen zum Wasserhaushalt

Für Europa liegen Verdunstungsmessungen von KUP aus Schweden, Großbritannien und Belgien vor (Tabelle 16.1). Diese Ergebnisse sind jedoch nur bedingt übertragbar, da sich zum Beispiel die Standortsbedingungen, aber auch die in den oben genannten Studien verwendeten Pappelsorten von denen in Deutschland deutlich unterscheiden. Bisher fehlen in Deutschland solche Referenzmessungen zur Verdunstung sowohl von Pappel- als auch von Weidenbeständen, diese werden jedoch benötigt, um mögliche Auswirkungen von Landnutzungsänderungen auf den Wasserhaushalt abschätzen und bewerten zu können.

Im Rahmen der Untersuchungen im Projekt *Agrowood* werden seit 2007 kontinuierliche Messungen zum Wasserhaushalt von Pappeln durchgeführt. Auf der im Jahr 1999 angelegten Pappelplantage (*Populus nigra x maximowiczii*, Klon Max 1, Pflanzverband 2 × 3 m) werden u. a. Saftfluss (Čermák *et al.* 2004), die Interzeption[1] sowie die Bodenfeuchtedynamik (TDR, Tensiometer) erfasst. Abbil-

Tabelle 16.1 Gemessene Transpirationsraten von Weide und Pappel auf Kurzumtriebsplantagen.

Art (Sorte)	Alter (Jahre) Pflanzdichte (St./ha)	Standort	Dauer der Vegetationszeit Untersuchungsjahr	Niederschlag (mm/VZ)	tägliche Transpirationsrate (mm/d)	Transpiration (mm/VZ)
Salix viminalis x schwerinii (Tora) [a]	3 13 700	Südschweden toniger Boden	152 Tage 2000	350	1,6 (Mittelwert)	250
P. trichocarpa x deltoides [b]	13 190	Belgien Gley aus Lehm	214 Tage 1997	430	1,9 (Mittelwert) 5 (Maximum)	329
P. trichocarpa x deltoides (Beaupré) [c]	4 6666	Südengland Sandig bis lehmig	158 Tage 1995	269	5,7 (Mittelwert) 10 (Maximum)	310
P. nigra x maximowiczii (Max 1) [e]	8 1666	Sachsen (Methau) Parabraunerde (Löss)	188 Tage 2007	558	2,6 (Mittelwert) 5,7 (Maximum)	486

[a] Linderson *et al.* (2007), [b] Meiresonne *et al.* (1999) [c] Hall *et al.* (1997) [d] eigene Untersuchungen. VZ=Vegetationszeit.

1) Als Interzeption (Abfangen von Niederschlägen durch die Vegetation) wird im vorliegenden Beitrag der Interzeptionsverlust durch Verdunstung des im Kronenraum zurückgehaltenen Niederschlags verstanden. Die Abschätzung erfolgte kalkulatorisch: Interzeption = Freilandniederschlag – Kronendurchlass (Interzeptionsrinne) – Stammabfluss (Freilandniederschlag · 0,05).

Abb. 16.1 Versuchsfläche bei Methau mit Streufängern, Interzeptionsrinne und Saftflussmessungen (Bäume mit Isolierung).

dung 16.1 zeigt einen Blick auf die Versuchsfläche bei Methau im Mittelsächsischen Lösshügelland.

16.3
Erste Messergebnisse einer Versuchsfläche in Sachsen

Für die Vegetationsperiode 2007 (1. April bis 16. Oktober) sind Größen des Wasserhaushalts in Tabelle 16.2 dargestellt. Dabei ist zu berücksichtigen, dass in 2007 die Niederschläge rund 40 % und die Tagesmitteltemperatur etwa 10 % über dem langjährigen Durchschnitt (1970–2000) lagen.

Tabelle 16.2 Wasserhaushaltsbilanz einer 8-jährigen Kurzumtriebsplantage mit Pappeln bei Methau (Mittelsächsisches Hügelland) für die Vegetationsperiode 2007 (1. April bis 16. Oktober), Parabraunerde aus tonigem Schluff.

Komponente	mm	% des Freilandniederschlages
korrigierter Freilandniederschlag (N)	558	100
Interzeption (I)	160	29
Transpiration (T)	486	87
Abnahme des Bodenwasservorrats (B) zwischen Beginn und Ende der Vegetationsperiode	−140	−25
Differenz N − I − T − B	52	9

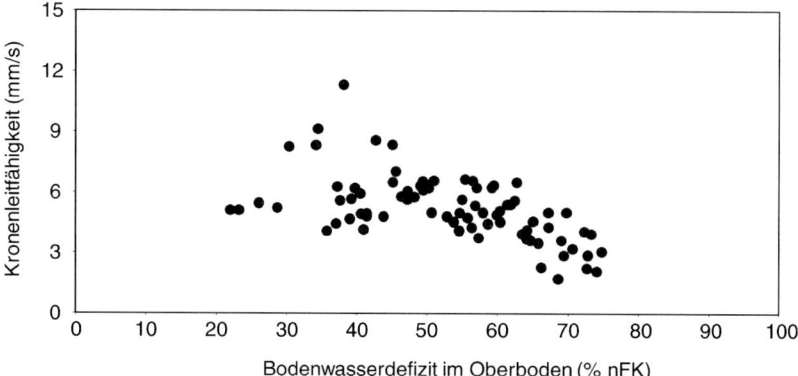

Abb. 16.2 Rückgang der Kronenleitfähigkeit (Tagesmittelwert mit LAI-Verlauf standardisiert) als Reaktion auf ein steigendes Boden-wasserdefizit im Oberboden (0–30 cm, Ap-Horizont Ut3, nur Tage ohne Regen und Wasserdampfdruckdefizit > 5 hPa).

Die Transpiration des Pappelbestandes ist mit 486 mm (87 % des Freilandniederschlages) die bestimmende Größe des Wasserhaushaltes. Die täglichen Transpirationsraten (Tabelle 16.1) sind mit denen anderer Studien vergleichbar, jedoch ist die Gesamttranspiration in der Vegetationsperiode vergleichsweise höher als in anderen Untersuchungen. Die Unterschiede sind durch die abweichenden Standortsbedingungen zu erklären (Witterung 2007, Dauer der Vegetationszeit, Bestandesstrukturen). Die Interzeption nimmt mit 29 % des Freilandniederschlages ebenfalls einen hohen Anteil ein und wird durch den hohen Blattflächenindex (LAImax = 6 ± 1) begründet. Dem Boden (Parabraunerde, Bodenart toniger Schluff) werden bezogen auf 1 m Profiltiefe 140 mm bzw. 140 l/m^2 im Bilanzzeitraum entzogen.

Die Wasseraufnahme der Pappeln ist allerdings nicht ungebremst, die Transpiration verringert sich mit zunehmender Austrocknung des Bodens. Der Grund sind sowohl die artspezifische Regelung der Spaltöffnungen als auch Embolien im Xylem[2], die bei Pappeln ab Bodenwasserpotenzialen (Saugspannungen) von 1–2 MPa auftreten und zu Leitfähigkeitsverlusten führen (Blake *et al.* 1996). Den Einfluss des Bodenwasserspeichers auf die Transpiration verdeutlicht Abbildung 16.2. Dargestellt ist die Kronenleitfähigkeit[3] (Phillips & Oren 1998)

2) Durch steigenden Unterdruck in den wassergefüllten Leitgefäßen können sich Hohlräume bilden, die den Wassertransport behindern. Bei stärkerem Auftreten im wasser-leitenden Stammquerschnitt geht die hydraulische Leitfähigkeit des Baumes zurück.

3) Wichtiger Parameter für die Berechnung der Verdunstung nach Penman-Monteith in hydrologischen Modellen.

als Funktion des Bodenwasserdefizites im Wurzelraum während regenfreier Tage im Jahr 2007.

Die deutliche Reaktion der Leitfähigkeit auf die Austrocknung im Oberboden ist durch die relativ flache, jedoch intensive Durchwurzelung im Oberboden zu erklären. Rund 80 % der Feinwurzeln befinden sich auf der Pappel-KUP-Fläche Methau in den oberen 30 cm des Bodenprofils (Bestimmung mit der Profilwand-methode nach Böhm 1979, vgl. auch Crow & Houston 2004). In Trockenjahren mit schneller und lang anhaltender Absenkung des Bodenwasservorrats in der Vegetationsperiode ist durch die dann verringerte Kronenleitfähigkeit mit einer deutlich reduzierten Transpiration zu rechnen. Generell werden jedoch auch tiefere Bodenhorizonte von Senkwurzeln erschlossen. Dies gilt insbesondere für gut durchlüftete Böden ohne schadhafte Bodenverdichtung.

16.4
Wasserverbrauch von Pappel-KUP im Vergleich zu anderen Landnutzungsformen

Um mögliche Auswirkungen einer Landnutzungsänderung auf den Wasserhaushalt abschätzen und bewerten zu können, sind in Tabelle 16.3[4] in Sachsen gemessene Verdunstungswerte verschiedener Ackerkulturen (Kartoffel, Winterweizen, Zuckerrübe) und eines Fichten- bzw. Buchen-Altbestands denen der Pappel gegenübergestellt.

Im Vergleich zu Fichte verdunstet die Pappelplantage mehr Wasser. Es ist jedoch zu berücksichtigen, dass die Verdunstung von Waldbeständen in jüngeren Altersstadien deutlich höher liegt und ähnliche Werte wie eine KUP erreichen kann. Zudem herrschen auf den untersuchten Standorten im Tharandter Wald ungünstigere Standortsbedingungen (Boden, Klima), die ebenfalls eine geringere Verdunstung bewirken. Bezogen auf das ganze Jahr ist beim Vergleich mit Fichte zu berücksichtigen, dass durch die ganzjährige Benadelung auch außerhalb der Vegetationszeit hohe Interzeptionsraten auftreten und bei entsprechender Witterung Transpiration auch im Winter vorkommen kann (Cienciala 1994, Persson 1997).

Die höhere Verdunstung bei den Pappelbeständen gegenüber den Ackerkulturen beruht auf der um ein bis zwei Monate längeren Vegetationszeit. Tabelle 16.3 verdeutlicht aber auch, dass die mittleren täglichen Verdunstungsraten von Pappel und Winterweizen in der überdurchschnittlich feuchten und warmen Vegetationsperiode des Jahres 2007 annähernd gleich sind. Die maximale Verdunstungsrate von Winterweizen ist jedoch mehr als doppelt so hoch wie die der Pappel.

Trotz der hohen Sommerniederschläge wird der Boden unter Pappel während der Vegetationsperiode 2007 nur kurzzeitig und unvollständig mit Wasser aufgefüllt. Erst wenn der Verdunstungsanspruch der Atmosphäre im Spätsommer und

4) Die Autoren danken dem Lehrstuhl für Meteorologie (TU Dresden) und der Sächsischen Umweltbetriebsgesellschaft für die freundliche Überlassung von Verdunstungsdaten für Fichte und Buche bzw. Winterweizen.

Tabelle 16.3 Vergleich gemessener Verdunstungsraten von Pappeln im Kurzumtrieb, Fichte, Buche und Ackerkulturen (VZ = Vegetationszeit, ET = Evapotranspiration, d = Tag, Max = Maximum der täglichen ET).

Art (Sorte)	Alter (Jahre)	Standort	Dauer der VZ Untersuchungsjahr	Freiland-nieder-schlag (mm/VZ)	Mittlere ET [Max] (mm/d)	ET (mm/VZ)
P. nigra x maximowiczii (Max 1)[a]	8	Sachsen (Methau) Parabraunerde (Löss)	188 Tage 2007	558	3,3	622
Picea abies (Fichte)[b]	115	Sachsen (Tharandt) Braunerde (aus Lösslehm)	206 Tage 2007	558	1,6 [3,1]	328
Fagus sylvatica (Rotbuche)[b]	97	Sachsen (Tharandt) skelettreiche Basaltbraunerde	190 Tage 2007	619	2,0 [4,7]	386
Winterweizen[c]	1	Sachsen (Brandis) Parabraunerde (Löss)	136 Tage 2007	349	3,4 [8,9]	466
Winterweizen[d]	1	Sachsen (Brandis) Parabraunerde	158 Tage 1991	280	2,9	460
Kartoffel[d]	1	Sachsen (Brandis) Parabraunerde	128 Tage 1985	255	2,6	339
Zuckerrübe[d]	1	Sachsen (Brandis) Parabraunerde	164 Tage 1990	356	3,0	493

[a] eigene Untersuchungen; ET=Transpiration+Interzeption
[b] Grünwald *et al.* (2008); ET aus Eddy-flux
[c] Haferkorn (2008); ET aus Lysimetermessung
[d] Haferkorn (2000); wie vorher

die Interzeption mit Beginn des Laubfalls im Herbst zurückgehen, füllt sich der Bodenwasserspeicher bei entsprechenden Niederschlägen wieder.

Die Ernte von Ackerkulturen, z. B. Weizen, erfolgt in der Regel schon im August, während die Belaubung von Pappel und Weide bis in den Oktober hineinreicht. Bei Ackernutzung tritt eine Wiederauffüllung des Bodenwasserspeichers also schon wesentlich früher ein als bei KUP. In Abhängigkeit von Standort und zu vergleichender Ackerkultur verbrauchen KUP mit dem Balsampappelhy-

brid Max 1 *(P. nigra x maximowiczii)* also mehr Wasser und schöpfen den Boden-
wasservorrat tiefer aus. Daraus resultiert im Vergleich zu Ackerkulturen eine geringere jährliche Sickerwasserbildung.

16.5
Langfristige Veränderungen des Wasserhaushalts durch Kurzumtriebsplantagen

Für die Bewertung der hydrologischen Effekte von KUP interessieren in der
Regel nicht nur die Reaktionen des Wasserhaushaltes während einer Vegetationsperiode. Für wasserwirtschaftliche Betrachtungen richtet sich der Blick stärker
auf die langjährige Wirkung der KUP auf den Wasserhaushalt und auf den Vergleich mit anderen Landnutzungen unter gleichen Standortsbedingungen. Um
die Fragen zum Wasserhaushalt zu beantworten, werden Simulationsprogramme
verwendet, die den Standortswasserhaushalt von Pflanzenbeständen über längere
Zeiträume unter veränderten Randbedingungen modellhaft abbilden können.

Auf Grundlage der am Kapitelanfang erläuterten Messungen wurde das gekop-
pelte Wärme- und Stoffhaushaltsmodell CoupModel (Jansson & Karlberg 2004)
parametrisiert[5], kalibriert[6] und zur langjährigen Prognose (1996–2007) der Wasserhaushaltskomponenten der KUP eingesetzt. Um die langjährige Wirkung der
Landnutzungsänderung auf die Transpiration und Sickerwasserbildung bewerten
zu können, wurde außerdem der Wasserhaushalt eines Winterweizenbestandes
berechnet. Dessen Parametrisierung erfolgte in Anlehnung an Heidmann *et al.*
(2000). Winterweizen (WW) wurde ausgewählt, weil diese Frucht ein wichtiger
Bestandteil von Fruchtfolgen in Mitteleuropa (z. B. Raps, WW, WW) ist. Der
Fruchtwechsel selbst wurde im Simulationszeitraum allerdings nicht berücksichtigt. Ebenso wurde die Parametrisierung des Pappelbestandes konstant gehalten.
Lediglich ein Temperatursummenmodell für die Dauer der Vegetationsperiode
wurde bei beiden Landnutzungen integriert. Die Ergebnisse sind in Tabelle
16.4 dargestellt.

Die Änderung der Landnutzung von Winterweizen hin zu Pappel bewirkt eine
deutliche Verringerung der jährlichen Sickerwasserrate. Der Grund sind die längere Vegetationsdauer, der höhere Blattflächenindex sowie die Interzeption an
Stamm und Ästen auch außerhalb der Vegetationszeit. Der Oberflächenabfluss,
der maßgeblich für den Bodenabtrag (Erosion) auf Ackerflächen verantwortlich
ist, geht unter Pappel zurück. Würden neben dem Winterweizen mit seinem relativ hohen Wasserbedarf (siehe Tabelle 16.2) weitere Ackerkulturen im Rahmen
von Fruchtfolgen berücksichtigt, wäre eine noch stärkere Abnahme der Tiefenver-
sickerung zu erwarten. Murach *et al.* (2007) bestätigen diese Ergebnisse: Sie simu-

---

5) Zusätzlich standen auch Labormessungen
(Körnung, pF, ku) für die Ableitung der
hydraulischen Bodeneigenschaften zur Verfügung.
6) Für die Kalibrierung wurden die Zeitreihen
aus 2007 (Tageswerte) für die Transpirations-

rate (Root Mean Square Error, RMSE = 0,4
mm), die TDR-Wassergehalte (Vol. %) in 5 cm
(n = 3; RMSE = 4,6), 20 cm (n = 2;
RMSE =3,3) sowie 45 cm (n = 1; RMSE = 8,1)
Bodentiefe verwendet.

Tabelle 16.4 Modellergebnisse für die Komponenten des Wasserhaushaltes für eine 8-jährige Pappelplantage und Winterweizen auf einem tonigen Schluff (Ut) für den Simulationszeitraum 1996–2007, durchschnittliche Jahresbilanzen in mm (relativer Anteil am Freilandniederschlag in Klammern), korrigierter Freilandniederschlag im Durchschnitt 752 mm/Jahr.

	Weizen mm (%)	Pappel mm (%)
Interzeption	98 (13)	187 (25)
Transpiration	254 (34)	388 (51)
Evaporation	227 (30)	111 (15)
Oberflächenabfluss	18 (2)	0 (0)
Tiefensickerung	155 (21)	66 (9)
Summe	752 (100)	752 (100)

lierten den Wasserhaushalt sandiger Standorte in Brandenburg; dabei wurde bei einer Änderung der Landnutzung von Acker (Boden-/Nutzungsbedingungen nicht näher erläutert) zu Pappel eine Abnahme der Sickerwasserrate um bis zu 160 mm pro Jahr beobachtet.

16.6
Schlussfolgerungen

Die bisherigen Befunde lassen den Schluss zu, dass sich die Anlage von KUP auf lokaler Ebene möglicherweise negativ auf die Wasserführung naturschutzfachlich oft wertvoller kleiner Fließ- und Standgewässer oder Feuchtgebiete auswirkt. Das wäre dann der Fall, wenn sich der Zufluss im Einzugsgebiet solcher Biotope verringert oder der Grundwasserstand abgesenkt wird. Aus Sicht des Gewässerschutzes ist aber auch zu vermerken, dass ein geringerer Oberflächenabfluss die Bodenerosion und damit gleichzeitig auch den meist partikelgebundenen Austrag des Nährstoffs Phosphor oder den von Schadstoffen wie Pflanzenschutzmitteln und Schwermetallen reduziert. Dieser Effekt sowie die tiefe Ausschöpfung des Bodenwasservorrates ist zum Beispiel beim Anbau von Pappel und Weide auf schwermetallbelasteten Kippflächen, zur Abdeckung von Mülldeponien oder für die Klärung von Abwasser bedeutsam. Auf erosionsanfälligen Ackerstandorten, z. B. in Hanglagen im mittelsächsischen Lösshügelland (Abbildung 16.3a–b), wird durch die Anlage von KUP die Bodenerosion vermindert. Auch im Jahr der Ernte wirken diese Vorteile, weil sich durch Stockausschlag sehr rasch wieder ein geschlossener Bestand bildet. Zudem verhindert die intensive Durchwurzelung des Oberbodens stärkere Ausspülungen. Verringerte Sickerwasserraten in Kombination mit deutlich verringerter Stickstoffdüngung führen auch zu einer

(a)

(b)

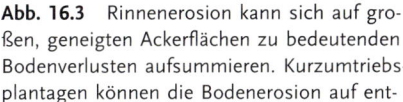

Abb. 16.3 Rinnenerosion kann sich auf gro-ßen, geneigten Ackerflächen zu bedeutenden Bodenverlusten aufsummieren. Kurzumtriebs-plantagen können die Bodenerosion auf ent-sprechenden Standorten deutlich verringern. (a) Ackerfläche bei Methau mit Rinnenbildung (b) flächigere Erosion.

geringeren Verlagerung von Nitrat ins Grundwasser – ein Aspekt, der besonders für die Trinkwassergewinnung von großer Bedeutung ist.

Schließlich verändern sich die Bodeneigenschaften unter einer KUP mit der Zeit. Durch die hohe Wurzelenergie von Pappel und Weide und die permanente Durchwurzelung wird der Boden aufgelockert und es entstehen zusammen mit der Humusanreicherung Bodenstrukturen, die die Infiltration und die Boden-belüftung begünstigen.

Die Effekte von Landnutzungsänderungen auf den Landschaftswasserhaushalt in Wassereinzugsgebieten des Mittleren Erzgebirges beschreiben Wahren *et al.* (2007). Die modellgestützte Untersuchung verdeutlicht, dass mit steigendem Flä-chenanteil von KUP an der Landnutzung und entsprechend geringerer Ackernut-zung zwar die Grundwasserneubildung und der Abfluss zurückgehen. Allerdings führt die verringerte Bodenerosion zu einem geringeren Bodeneintrag in die Tal-sperren und verringert dadurch die Sedimentbildung. Schließlich besitzen diese Landnutzungsänderungen das Potenzial, bei kleinen bis mittelgroßen Regen-ereignissen die Scheitelwellen des Abflusses zu verzögern.

Diese sowohl positiven als auch negativen Auswirkungen müssen vor dem Hintergrund der jeweiligen Zielvorstellungen differenziert betrachtet und abge-wogen werden. Für solche naturräumlich-standörtlich differenzierte Bewertun-gen fehlt aber häufig die Datengrundlage. Dies gilt besonders im Hinblick auf den Wasserbedarf von KUP (unter sich verändernden Klimabedingungen) und die hydrologischen Auswirkungen auf größerer Fläche (Landschaftswasserhaus-halt). Deshalb sollte gerade hier die wissenschaftliche Begleitforschung auf weite-ren Beispielstandorten unter Berücksichtigung weiterer Baumarten und Sorten intensiviert werden.

16.7
Zusammenfassung

Die Transpiration von KUP bildet die mengenmäßig bedeutsamste Komponente des Wasserhaushalts und wird durch die Witterung und Wasserverfügbarkeit während der Vegetationsperiode gesteuert (Verdunstungsanspruch der Atmosphäre sowie Niederschlag, Bodenwasser). Zusätzlich treten durch die Kronenarchitektur, den hohen Blattflächenindex sowie die im Vergleich zu Ackerkulturen längere Vegetationsdauer höhere Interzeptionsverluste als bei landwirtschaftlichen Kulturpflanzen auf. KUP mit Pappel und Weide verbrauchen auf vergleichbaren Standorten tendenziell mehr Wasser als herkömmliche landwirtschaftliche Kulturen. Durch die damit verbundene tiefere Ausschöpfung des Bodenwasservorrates dauert die Wiederauffüllung des speichernden Porenraumes im Winterhalbjahr länger. Daraus resultiert eine Verringerung der Tiefensickerung, wobei die Unterschiede auf trockenen Sandstandorten stärker ausgeprägt sind. Die Anlage von KUP auf vormals landwirtschaftlich genutzten Flächen bewirkt einen Rückgang der Bodenerosion und von Schadstoffausträgen. Reduzierte Grundwasserneubildung und reduzierter Abfluss verringern die Wasserspende in Feuchtgebiete oder Talsperren, tragen aber auch tendenziell zum Hochwasserschutz bei. Insgesamt ist die Datengrundlage für eine naturräumlich-standörtlich differenzierte Bewertung des Wasserhaushalts von KUP in Deutschland noch zu gering und bedarf zusätzlicher Untersuchungen.

Literatur

Blake, T.J., Sperry, J.S., Tschaplinski, T.J., Wang, S.S. 1996: Water relations. In: Stettler, R.F., Bradshaw, H.D., Heilman, P.E., Hinckley, T.M. (Hrsg.): Biology of *Populus* and its Implications for Management and Conservation. NRC Research Press, Ottawa, Ontario, Canada: 401–422

Böhm, W. 1979: Methods of Studying Root Systems. Ecological Studies Vol. 33. Springer. Berlin, Heidelberg, New York, 187 S.

Cienciala, E. 1994: Sap flow, transpiration and water use efficiency of spruce and willow in relation to climate factors. Dissertation. Swedish University of Agricultural Sciences. Department of Ecology and Environmental Research. Report 64. Uppsala. 26 S.

Čermák, J., Kučera, J., Nadezhdina, N. 2004: Sap flow measurement with some thermodynamic methods, flow integration within trees and scaling up from sample trees to entire forest stands. Trees 18, 529–546

Crow, P., Houston, T.J. 2004: The influence of soil and coppice cycle on the rooting habit of short rotation poplar and willow coppice. Biomass and Bioenergy 26: 497–505

Grünwald, T., Claußnitzer, F., Spank, U., Bernhofer, C. 2008: Persönliche Mitteilung zu den Verdunstungsraten von Fichte und Buche 2007. Lehrstuhl für Meteorologie, TU Dresden

Hall, R.L., Allen, S.J. 1997: Water use of poplar clones grown as short-rotation coppice at two sites in the United Kingdom. Aspects of Applied Biology 49: 163–172

Haferkorn, U. 2000: Größen des Wasserhaushaltes verschiedener Böden unter landwirtschaftlicher Nutzung im klimatischen Grenzraum des Mitteldeutschen Trockengebietes, Ergebnisse der Lysimeterstation Brandis. Dissertation Georg-August-Universität Göttingen, 184 S.

Haferkorn, U. 2008: persönliche Mitteilung zu den Verdunstungsraten der Lysimsterstation Brandis 2007. Sächsische Umwelt-betriebsgesellschaft. Brandis

Heidmann, T., Thomsen, A., Schelde, K. 2000: Modelling soil water dynamics in winter wheat using different estimates of canopy development. Ecological Modelling 129: 229–243

Jansson, P.E. & L. Karlberg 2004: Coupled heat and mass transfer model for soil-plant-atmosphere systems. Royal Institute of Technolgy, Dept of Civl and Environmental Engineering, Stockholm 435 S. ftp://www.lwr.kth.se/CoupModel/CoupModel.pdf

Linderson, M.-L., Iritz, Z., Lindroth, A. 2007: The effect of water availability on stand-level productivity, transpiration, water use efficiency and radiation use efficiency of field-grown willow clones. Biomass and Bioenergy 31: 460–468

Meiresonne, L., Nadezhdina, N., Cermak, J., van Slycken, J., Ceulemans, R. 1999: Agricultural and Forest Meteorology 96: 165–179

Murach, D., Kindermann, C., Hirschl, B., Aretz, A., Schneider, B.-U., Grünewald, H., Schultze, B., Quinkenstein, A., Bilke, G., Muchin, A., Eberts, J., Grundmann, P.,

Jochheim, H., Scherzer, J., Hagemann, H. 2007: Zukunftsrohstoff Dendromasse – Hintergrund und erste Ergebnisse des Verbundforschungsprojekts *Dendrom*. Forstarchiv 78: 88–94

Persson, G. 1997: Comparison of simulated water balance for willow, spruce, grassley and barley. Nordic Hydrology 28(2): 85–98

Phillips, N., Oren, R. 1998: A comparison of daily representations of canopy conductance based on two conditional time averaging methods and the dependence of daily conductance on environmental factors. Ann. Sci. For. 55, 217–235

Wahren, A., Schwärzel, K., Feger, K. H., Münch, A., Dittrich, I. 2007: Identification and model based assessment of the potential water retention caused by land-use changes. Advances in Geosciences 11: 49–56

Wilson, K.B., Hanson, P.J., Mulholland, P.J., Baldocchi, D.D., Wullschleger, S.D. 2001: A comparison of methods for determining forest evapotranspiration and its components: sap-flow, soil water budget, eddy covariance and catchment water balance. Agricultural and Forest Meteorology 106: 153–168

17
Modellierung des Kohlenstoffhaushalts von Pappel-Kurzumtriebsplantagen in Brandenburg

Ansgar Quinkenstein, Hubert Jochheim, Bernd-Uwe Schneider und Reinhard F. Hüttl

Kurzumtriebsplantagen schnellwachsender Baumarten (KUP) sind eine neuartige Landnutzungsform zur Erzeugung von Biomasse für die stoffliche oder energetische Verwertung (Grünewald 2005). Im Vergleich zu traditionellen Ackerkulturen binden sie große Mengen von CO_2 in ihrer ober- und unterirdischen Biomasse und erhöhen die Kohlenstoffsequestrierung in den Böden. In Wäldern werden im Allgemeinen höhere C-Vorräte als in KUP erreicht, aber die durchschnittlichen jährlichen Zuwachsraten liegen unterhalb der in KUP erzielbaren Werte. Berücksichtigt man, dass KUP häufig auf ertragsschwachen Ackerstandorten angelegt werden, so kann eine durchweg positive C-Bilanz für diese Plantagen postuliert werden, insbesondere wenn man neben den auf der Fläche gebundenen C-Vorräten die potentielle Einsparung fossiler Brennstoffe berücksichtigt, die bei einer energetischen Verwertung der Erträge erzielt werden kann (Marland & Schlamadinger 1995). Im Kontext von „Climate Change" und dem Kyoto-Prozess erhalten KUP daher als potentielle CO_2-Senken eine besondere Relevanz.

In der hier vorgestellten Studie wird mit Hilfe des C-Modells *shortcar* der Kohlenstoffhaushalt von Pappel-Kurzumtriebsplantagen auf der Ebene des Bundeslandes Brandenburg untersucht und dargestellt. Ein Schwerpunkt dieser Studie wird auf die potentielle Kohlenstofffestlegung in solchen Plantagen in der lebenden Biomasse sowie der Streuschicht und dem Boden über eine angenommene Gesamtnutzungsdauer von 20 Jahren gelegt.

17.1
Kenngrößen der Kohlenstoffspeicherung

17.1.1
Kennzeichnung der Kohlenstoffflüsse

Über die gesamte Lebensdauer einer KUP nehmen die wachsenden Pflanzen Kohlenstoffdioxid aus der Luft auf und erzeugen hieraus durch Photosynthese reduzierte Kohlenstoffverbindungen, die sie in ihre ober- und unterirdischen Pflanzenteile einbauen. Als Maßzahl für die im Ökosystem gebildete Biomasse dient

Anbau und Nutzung von Bäumen auf landwirtschaftlichen Flächen.
Herausgegeben von T. Reeg, A. Bemmann, W. Konold, D. Murach und H. Spiecker
Copyright © 2009 WILEY-VCH Verlag GmbH & Co. KGaA, Weinheim
ISBN: 978-3-527-32417-0

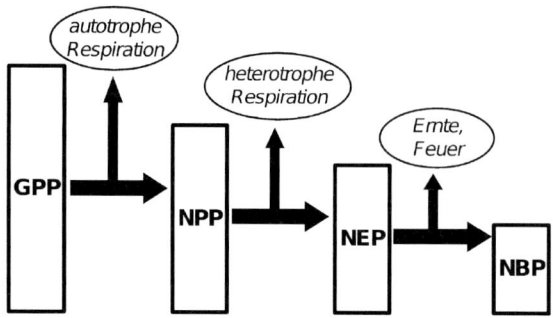

Abb. 17.1 Schematische Darstellung der Kohlenstoffflüsse in Ökosystemen mit Bruttoprimärproduktion (GPP), Nettoprimärproduktion (NPP), Nettoökosystemproduktion (NEP) und Nettobiomproduktion (NBP).

die Nettoprimärproduktion (NPP), durch welche die gesamte Biomasseproduktion der KUP (Bruttoprimärproduktion, GPP) abzüglich der pflanzeneigenen Zellatmung (autotrophe Respiration) dargestellt wird (Schulze 2006). Die NPP beziffert damit die jährlich erzeugte ober- und unterirdische Biomasse in der betrachteten Holzplantage (Abbildung 17.1) und wird zumeist als $MgC\ ha^{-1}\ a^{-1}$ angegeben, also als Tonnen Kohlenstoff pro Hektar und Jahr.

Die NPP hängt insbesondere von der betrachteten Pflanzenart und deren Standortangepasstheit, den herrschenden Wuchs- und Standortfaktoren (Boden, Nährstoffe, Klima etc.), der Bewirtschaftungsform der Pflanzung (Umtriebszeit, Erntetechnik, Pflanzdichte, Pflanzabstände etc.) sowie etwaigen Schadereignissen (Verbiss, Schadinsekten, Krankheiten etc.) ab. In einer KUP wird die NPP als Summe der Nettozuwächse der einzelnen Pflanzenteile berechnet (Gleichung 1).

$$NPP = Z_{Blätter} + Z_{Triebe} + Z_{Stumpf} + Z_{Wurzeln} \tag{1}$$

$$NEP = NPP - V_{HR} \tag{2}$$

$$NBP = NEP - V_{NR} \tag{3}$$

NPP: Nettoprimärproduktion $[MgC\ ha^{-1}\ a^{-1}]$
Z_X: Zuwachs des betrachteten Kompartiments x $[MgC\ ha^{-1}\ a^{-1}]$
NEP: Nettoökosystemproduktion $[MgC\ ha^{-1}\ a^{-1}]$
V_{HR}: Kohlenstoff-Verlust durch Dekomposition (heterotrophe Respiration) $[MgC\ ha^{-1}\ a^{-1}]$
NBP: Nettobiomproduktion $[MgC\ ha^{-1}\ a^{-1}]$
V_{NR}: nicht-respirative Kohlenstoffverluste (z.B. Ernteentzug) $[MgC\ ha^{-1}\ a^{-1}]$

Für eine Bewertung der dauerhaften Kohlenstoffspeicherung in einer Pflanzung ist die NPP jedoch nur eingeschränkt aussagefähig, da der größte Teil der gebildeten Biomasse mit der Ernte dem Ökosystem entzogen oder wieder zersetzt wird wie im Falle der Blatt- und Wurzelstreu. Daher dienen die beiden Begriffe Nettoökosystemproduktion (NEP) und Nettobiomproduktion (NBP) zur Kennzeichnung der Kohlenstoffbindung im Ökosystem. Die NEP berechnet sich als Differenz aus NPP und der CO_2-Freisetzung durch die Dekomposition (heterotrophe Respiration) und steht für die Netto-Kohlenstofffixierung im Ökosystem (Gleichung 2). Die NBP entspricht der NEP abzüglich nicht-respirativer Kohlenstoffverluste (Ernteentzüge, Feuer etc.) und wird entsprechend Gleichung 3 berechnet. Sie beziffert damit den Anteil der Primärproduktion, der dauerhaft in der KUP gespeichert wird.

Bei Anlage von KUP auf Ackerstandorten ist die NBP für junge Bestände im Allgemeinen deutlich positiv, da schnell zusätzlicher Kohlenstoff im System gebunden wird (beispielsweise in den Wurzeln sowie durch den Aufbau einer Streuauflage). Mit der Zeit füllen sich die vorhandenen ober- und unterirdischen Kohlenstoffspeicher, wodurch die C-Bindungsleistung der KUP langsam zurückgeht. In gealterten Beständen befinden sich die Kohlenstoffflüsse nahezu im Gleichgewicht und die Werte für die NBP tendieren gegen Null (Schulze 2006).

Der Kohlenstoffvorrat auf der Fläche entspricht demzufolge einem dynamischen Gleichgewicht zwischen den verschiedenen Einflussfaktoren und dem herrschenden Landnutzungssystem. Ändert sich beispielsweise die Form der Landnutzung, so ändert sich auch die Menge des im System gebundenen Kohlenstoffs.

17.1.2
Kennzeichnung der Kohlenstoffspeicherung in der Biomasse

Die als NPP gebildete Biomasse wird in verschiedenen Pflanzenkompartimenten akkumuliert. KUP weisen in diesem Zusammenhang aufgrund der Bewirtschaftungsform einige Besonderheiten im Vergleich mit den traditionellen Landnutzungssystemen Wald und Acker auf. Wie in Abbildung 17.2 dargestellt, kann ein typischer KUP-Umtriebszyklus in mehrere Phasen unterteilt werden.

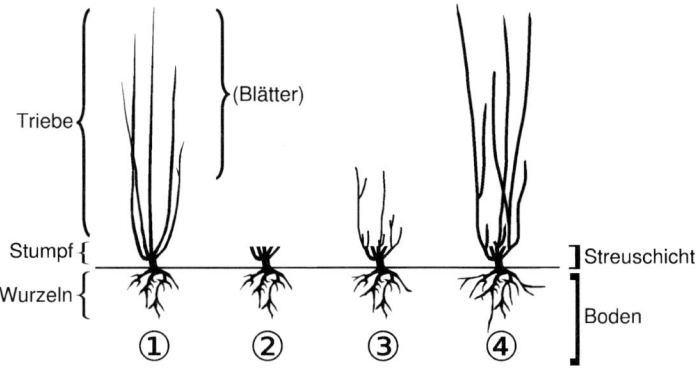

Abb. 17.2 Schematische Darstellung verschiedener Phasen eines Umtriebszyklus von KUP im Winter mit ① aufwachsendem Bestand, ② abgeerntetem Bestand, ③ Neuaustrieb und ④ erneutem Aufwuchs. Die wichtigsten am Kohlenstoffkreislauf beteiligten Kompartimente Blätter, Triebe, Stumpf und Wurzeln sowie die Streuschicht und der Boden sind gekennzeichnet.

Dieser Einteilung folgend, lassen sich verschiedene Biomassekompartimente ausweisen, die an der Kohlenstoffspeicherung in KUP beteiligt sind. Diese Kompartimente sind die Blätter, die Triebe, der Stumpf und die Wurzeln.

Das Kompartiment Blätter stellt bei dieser Betrachtung eine Besonderheit dar. In den KUP Mitteleuropas werden vorwiegend Laubbaumarten angepflanzt, insbesondere sind dies die Pappel (*Populus spec.* L.), die Weide (*Salix spec.* L.) und die Robinie (*Robinia pseudoacacia* L.). Während des herbstlichen Laubfalls werden die Blätter im Bestand abgeworfen und so in die Streuschicht überführt. Der Blatt-Pool ist damit (wie beispielsweise auch der Feinwurzel-Pool, der bei dieser Betrachtung nicht explizit ausgewiesen werden soll) durch hohe Umsatzraten bei einer gleichzeitig geringen Gesamtbiomasse gekennzeichnet. Für die Kohlenstoffdynamik in KUP sind Blätter (und Feinwurzeln) deshalb als Input in den Boden bedeutsam, als Kohlenstoff-Speicher selbst jedoch sind sie von untergeordneter Bedeutung.

In KUP wird ein wesentlicher Teil des Kohlenstoffs oberirdisch im Holz der Triebe gebunden. In kurzen Zeitintervallen werden diese Triebe abgeerntet und nach gegenwärtigem Stand der Technik dabei etwa 10 cm über dem Boden abgeschnitten. Der Stumpf und die Wurzeln der Pflanze überdauern die Beerntung und bleiben vital. Hierdurch kommt es zu einer über mehrere Umtriebszyklen hinweg kontinuierlichen Biomasse-Akkumulation, so dass man in diesem Zusammenhang von einer direkten Kohlenstoffsequestrierung durch den Bestand sprechen kann.

Der durchschnittliche in der Biomasse gebundene Kohlenstoffvorrat einer KUP kann als Mittelwert der summierten Vorräte aller Biomassekompartimente über die betrachtete Laufzeit berechnet werden.

17.1.3
Kennzeichnung der Kohlenstoffspeicherung in der Streuschicht und im Boden

Neben der Kohlenstofffestlegung in den ober- und unterirdischen Pflanzenkompartimenten werden nennenswerte Mengen an Kohlenstoff auch in der Streuschicht und im Boden sequestriert. Sterben Teile der Pflanzen ab, so gelangen diese als Streu in den Boden. Dort unterliegen die organischen Verbindungen einer Vielzahl mikrobieller Umsetzungsprozesse, bei denen ein Großteil des Kohlenstoffs veratmet und schließlich als CO_2 wieder abgegeben wird. Der verbleibende Kohlenstoff ist in verschiedene organische Moleküle (z. B. Humus) umgewandelt oder eingebaut worden und liegt nun in stabileren Verbindungen vor. Die Umsetzungsprozesse im Boden unterliegen verschiedenen Einflussfaktoren, wie u. a. Bodenfeuchtigkeit, pH-Wert, Temperatur, Substratqualität und Nährstoffverfügbarkeit. Einige dieser Faktoren können wiederum durch Anlage, Struktur und Zusammensetzung einer KUP beeinflusst werden. So reduzieren beispielsweise Heckenstrukturen die Windgeschwindigkeit, mildern Extreme der Luft- und Bodentemperatur, bieten Frostschutz und haben je nach Anlagestruktur Einfluss auf die Niederschlagsverteilung, die Evaporation und die Feuchtigkeit in Boden und Bestand (Brandle *et al.* 2004).

Der durchschnittlich in den Dekompositionspools gebundene Kohlenstoffvorrat einer KUP kann äquivalent zu dem Vorrat in den Biomassepools berechnet werden.

17.2
Modellierungsansatz

17.2.1
Das *shortcar*-Modell

Die Modellierungsarbeiten wurden mit dem neu entwickelten empirischen Kohlenstoffhaushaltsmodell *shortcar* durchgeführt (Abbildung 17.3). Dieses basiert auf dem für Waldökosysteme konzipierten CO2FIX-Modell (Schelhaas *et al.* 2004), stellt aber im Gegensatz zu diesem einen Berechnungsmodus zur Verfügung, mit dem auch die oben beschriebenen Spezifika von KUP abgebildet werden können.

Die treibende Kraft in dem Modell ist als Eingangsparameter der jährliche Stammzuwachs, der in KUP dem Zuwachs der oberirdischen Ertragsbiomasse (Triebe) entspricht. Von diesem leitet sich die Kohlenstoffanreicherung in den Biomassepools Blätter, Triebe, Stumpf und Wurzeln ab. Abgestorbene Biomasse wird im Modell zunächst in nicht-holzige, fein-holzige und grob-holzige Streu aufgeteilt und dann in getrennte Streupools transferiert. Entsprechend der chemischen Zusammensetzung (lösliche C-Verbindungen, Cellulose, Lignin) wird die Streu im folgenden Schritt in mehrere Bodenkohlenstoff-Pools überführt, in denen die Dekompositions- und Umsatzraten witterungsabhängig (Temperatur, Niederschlag) modifiziert werden. Rückkopplungen der Umsatzprozesse z. B. mit dem Bodenwasserhaushalt oder dem Nährstoffkreislauf sind nicht vorgesehen. Der Kohlenstoff verlässt das System im Modell schließlich entweder als CO_2 oder in Form von geernteter Biomasse (Liski *et al.* 2005). Mögliche weitere Austragswege in gelöster Form (DOC), mit anderen gasförmigen Verbindungen (CH_4) oder durch Erosion werden hier vernachlässigt.

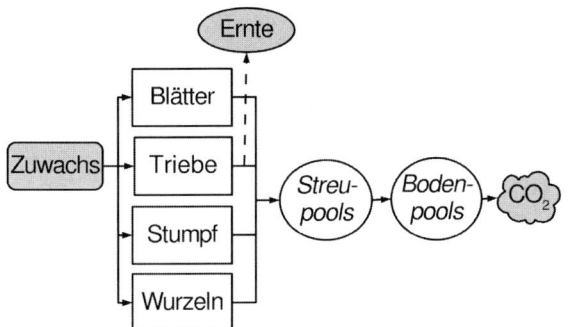

Abb. 17.3 Vereinfachtes Strukturschema des Kohlenstoffhaushaltsmodells *shortcar* im KUP-Modus.

17.2.2
Datenaufarbeitung und Modellparametrisierung

Das *shortcar*-Modell benötigt für die Berechnungen verschiedene Eingangsdaten. So sind Jahreswerte des Stammzuwachses (empirische Werte, beispielsweise aus Ertragstafeln), relative Wuchsraten für Blatt, Stumpf und Wurzel, Startwerte für die Kohlenstoffpools und Vorgaben über das Bestandesmanagement (Umtriebszeit, Erntemasse) als Inputdaten erforderlich. Für die Parametrisierung der Dekompositionsprozesse müssen zudem Angaben zur Biomasse-Zusammensetzung (z.B. Lignin-Gehalte), zu den Kohlenstoff-Umsätzen sowie Klimadaten auf Monatsbasis (Temperatur, Niederschlag und Sonnenscheindauer) bereitgestellt werden.

Für die vorliegende Studie wurde zur Parametrisierung von *shortcar* auf eine Auswahl einschlägiger Fachliteratur (u. a. Block *et al.* 2006, Coleman *et al.* 2000, Liski *et al.* 2005, Schelhaas *et al.* 2004, Liberloo *et al.* 2006) und auf zusätzliche am Lehrstuhl für Bodenschutz und Rekultivierung erhobene Daten zurückgegriffen (u. a. Grünewald 2005, Bungart & Hüttl 2004). Weiterhin wurden zur Modellanwendung auf die Ackerstandorte Brandenburgs mehrere Geodatensätze zusammengestellt. Grundlage hierbei waren die im ATKIS-Kartensatz (ATKIS® VG250 des Bundesamts für Kartographie und Geodäsie 2006) ausgewiesenen Ackerflächen. Da im Boden-Modul des Modells keine Limitierung der Umsatzraten für nass-moorige Standorte mit ihren hohen Bodenkohlenstoffvorräten vorgesehen ist, kann es vorkommen, dass die Kohlenstoffumsätze solcher Flächen überschätzt werden. Aus diesem Grunde wurde der Datensatz um solche Standorte bereinigt. Für die ausgewiesenen Flächen wurden dann aus dem Klimaatlas Deutschland (DWD 1999) die benötigten Klimadaten abgeleitet. Modellstartwerte für die Bodenkohlenstoff-Vorräte wurden aus dem Flächenbodenformenarchiv (Version 2.2) der BÜK300 berechnet (Bauriegel *et al.* 2001). Hierzu wurden für die den Ackerflächen zugeordneten „parametrisierten Bodenformen mit landwirtschaftlicher Nutzung" Kohlenstoffvorräte für eine Tiefe von 0–30 cm berechnet und diese schließlich wieder entsprechend ihrer relativen Flächenanteile zu Vorräten der „Leitflächenbodenformen" zusammengefasst. Die flächenbezogenen Zuwächse wurden unter Verwendung von an der FH Eberswalde (FB Forstwirtschaft) abgeleiteten Ertragsfunktionen auf Gemeindeebene berechnet (*Dendrom*-Modul 1.4: Ertragsmodelle für die landwirtschaftliche Dendromasseproduktion). Für die Berechnungen wurde das Szenario *pop11* verwendet: Pappel im 5-jährigen Umtrieb und einem Pflanzverband von 1,50 m · 0,75 m · 0,8 m, ca. 11 111 Stück/ha. Es wurde eine Gesamtlaufzeit von 20 Jahren gewählt.

17.2.3
Ergebnisse und Diskussion

Die Modellierungsergebnisse sind in Abbildung 17.4a–d und Tabelle 17.1 dargestellt. Bei einem mittleren jährlichen Zuwachs der Erntebiomasse von 5,4 MgC ha^{-1} (etwa 11 t_{atro}) ergibt sich für die Flussgröße NPP ein gemittelter Wert für

Brandenburg von 8,6 MgC ha^{-1} a^{-1}, wobei die Werte deutlich akzentuiert in Brandenburg streuen (Abbildung 17.4a). So errechnen sich für die guten Auenböden des Oderbruchs, in Teilen des Havellandes und in Süd-West-Brandenburg Werte zwischen 9 und 11 MgC ha^{-1} a^{-1}. Im Rupiner Land, in der Region Barnim und südlich von Cottbus, also in Gegenden geringerer Ertragspotentiale (Bauriegel *et al.* 2001), liegt die NPP entsprechend tiefer zwischen 3 und 4 MgC ha^{-1} a^{-1}. Die berechneten Zuwächse liegen im Bereich der üblicherweise in Brandenburg für Pappel ermittelten Erträge von etwa 8–12 t$_{atro}$ ha^{-1} a^{-1} (u. a. Scholz & Ellerbrock 2002). Sie sind ebenfalls vergleichbar mit den durchschnittlichen Erntemengen von 4,9 bis 6,2 MgC ha^{-1} a^{-1}, die Deckmyn *et al.* (2004) bei einer mittleren NPP von 6,2 MgC ha^{-1} a^{-1} unter Verwendung des Waldwachstumsmodells SECRET für Pappel-KUP in Belgien modellieren.

Abzüglich der Kohlenstoffverluste durch Dekomposition in Höhe von durchschnittlich 1,4 MgC ha^{-1} a^{-1} berechnet sich für Brandenburg eine NEP von 6,2 MgC ha^{-1} a^{-1}. Sie ist für alle Standorte positiv und erstreckt sich über einen Wertebereich von 0,8–8,2 MgC ha^{-1} a^{-1}. Die NBP liegt für Brandenburg nach 20 Jahren bei rund 0,8 MgC ha^{-1} a^{-1}, zeigt also an, dass KUP über diesen Zeitraum als C-Senken fungieren. Vereinzelt finden sich auch negative Werte. Die betroffenen Flächen sind mit Orten hoher Startwerte für die Bodenkohlenstoffvorräte korreliert und kennzeichnen damit Standorte, auf denen trotz teilweise hoher NPP infolge eines Landnutzungswechsels von Acker zu KUP mehr Kohlenstoff freigesetzt als zusätzlich über das Biomassewachstum gebunden wird (Abbildung 17.4a–d). Flächenmäßig fallen diese Orte für Brandenburg nicht ins Gewicht, sind aber kleinräumig von Bedeutung.

Abbildung 17.4c und 17.4b geben die modellierten Kohlenstoffvorräte auf der Fläche wieder. Da die Ernteentnahmen im Modellierungsszenario auf alle Flächen gleichmäßig angewendet und ansonsten keine Schadereignisse berücksichtigt werden, wird die Biomasseverteilung maßgeblich von der Zuwachsleistung (NPP) beeinflusst. Der ermittelte mittlere Biomassevorrat für Brandenburg beträgt 17,4 MgC ha^{-1}, was einer durchschnittlichen ober- und unterirdischen Trockenmasse von etwa 35 Mg ha^{-1} entspricht.

Tabelle 17.1 Kenngrößen des Kohlenstoffhaushalts von Kurzumtriebsplantagen auf Brandenburger Ackerflächen bezogen auf eine KUP-Nutzungsdauer von 20 Jahren.

	flächengewichtetes Mittel	Einheit
Triebzuwachs	5,4	MgC ha^{-1} a^{-1}
NPP	8,6	MgC ha^{-1} a^{-1}
NEP	6,2	MgC ha^{-1} a^{-1}
NBP	0,8	MgC ha^{-1} a^{-1}
mittlere Biomasse	17,4	MgC ha^{-1}
C-Anreicherung in Streu und Boden	17,3	MgC ha^{-1}

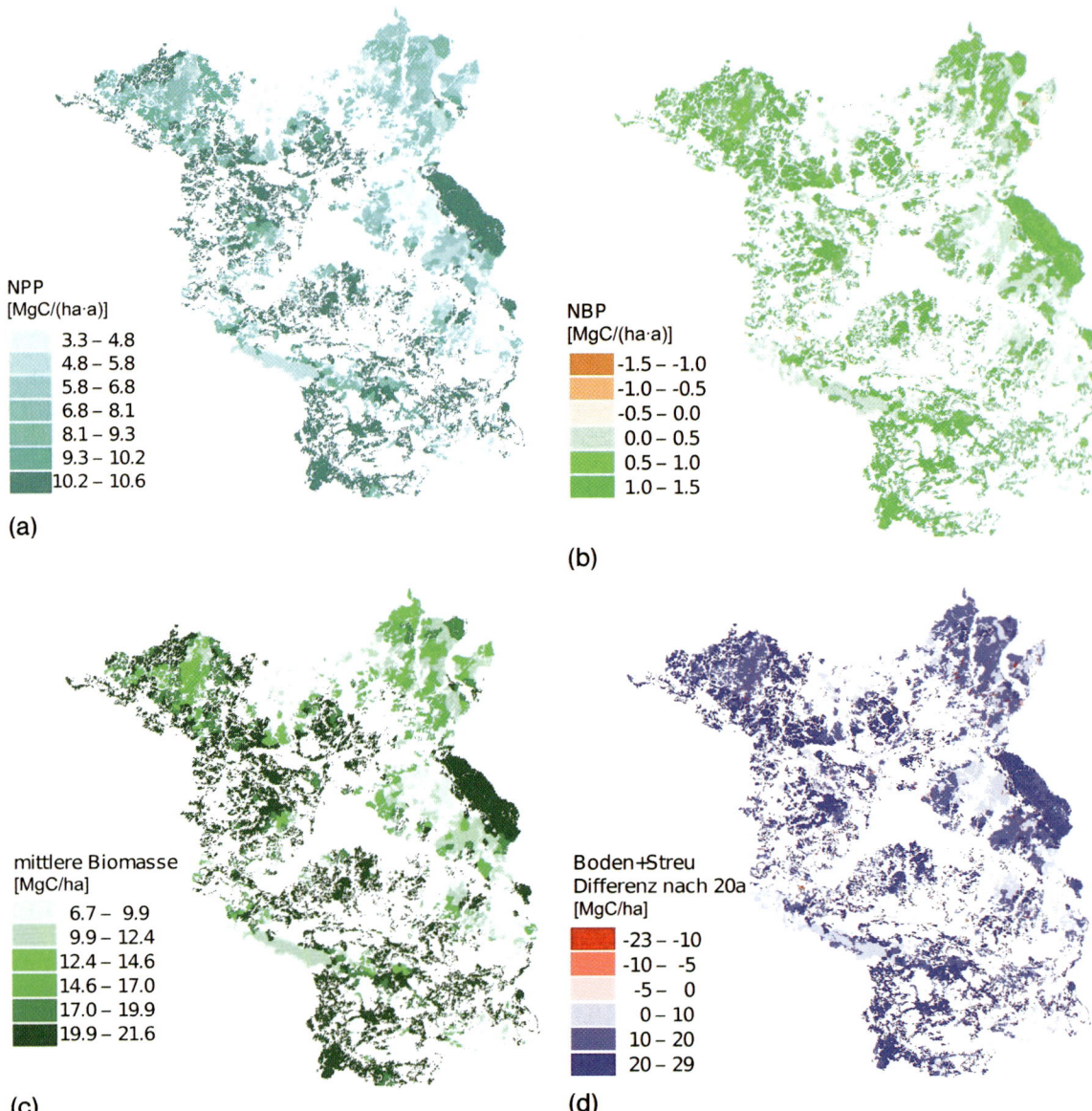

NPP
[MgC/(ha·a)]

- 3.3 – 4.8
- 4.8 – 5.8
- 5.8 – 6.8
- 6.8 – 8.1
- 8.1 – 9.3
- 9.3 – 10.2
- 10.2 – 10.6

(a)

NBP
[MgC/(ha·a)]

- -1.5 – -1.0
- -1.0 – -0.5
- -0.5 – 0.0
- 0.0 – 0.5
- 0.5 – 1.0
- 1.0 – 1.5

(b)

mittlere Biomasse
[MgC/ha]

- 6.7 – 9.9
- 9.9 – 12.4
- 12.4 – 14.6
- 14.6 – 17.0
- 17.0 – 19.9
- 19.9 – 21.6

(c)

Boden+Streu
Differenz nach 20a
[MgC/ha]

- -23 – -10
- -10 – -5
- -5 – 0
- 0 – 10
- 10 – 20
- 20 – 29

(d)

Abb. 17.4 Darstellung der (a) Nettoprimär-produktion (NPP) (b) Nettobiomproduktion (NBP) (c) durchschnittlichen Kohlenstoffbin-dung in der Biomasse sowie (d) Netto-Kohlen-stoffspeicherung in Streuschicht und Boden nach 20 Jahren für Ackerflächen in Brandenburg.

In Abbildung 17.4d ist schließlich die Kohlenstoffspeicherung in Streuschicht und Boden der KUP über die Gesamtlaufzeit von 20 Jahren dargestellt. Ähnlich wie zwischen Abbildung 17.4a und 17.4c gibt es nun einen deutlichen Zusammenhang mit der Karte der NBP (17.4b), da die NBP wesentlich durch die C-Speicherung im Boden bestimmt wird. Deutlich erkennbar ist eine positive Kohlenstoffspeicherung in Boden und Streu für die KUP-Standorte des Szenarios. Die mittlere zusätzliche Kohlenstoffbindung für die ausgewiesenen Ackerstandorte in Brandenburg bei Anlage von KUP beträgt 17,3 MgC ha^{-1}. Die zusätzliche Kohlenstofffestlegung in Streu und Boden beläuft sich damit auf rund 0,9 MgC ha^{-1} a^{-1} für die Streuschicht und eine Bodentiefe von 0–30 cm. Dieser Wert liegt etwas niedriger als Messwerte, von denen andere Autoren für die gleiche Bodentiefe berichten. So fand beispielsweise Nii-Annang (2007) bei der Untersuchung von Bodenkohlenstoffvorräten in einer Alleycropping-Versuchsfläche auf einem Lausitzer Rekultivierungsstandort eine durchschnittliche Boden-C-Speicherung von 1,5 MgC ha^{-1} a^{-1}. Auch Straehle *et al.* (2007) berichten für einen gedüngten Ackerstandort von 1,3 MgC ha^{-1} a^{-1}. Hierbei ist allerdings zu berücksichtigen, dass die beschriebenen Zeiträume mit 9 bzw. 12 Jahren wesentlich kürzer sind als die modellierten 20 Jahre. Die beschriebenen KUP waren also vergleichsweise jung und damit weit von einem Gleichgewicht der Kohlenstoffumsätze entfernt (vergleiche Abschnitt 17.1.1). Hinzu kommt auch, dass der C-Vorrat des Rekultivierungsstandortes bei Anlage der Kultur deutlich unter denen der hier betrachteten landwirtschaftlichen Flächen lag. Diese Faktoren führen zu scheinbar höheren Kohlenstoffbindungsraten.

Wie bei Modellstudien üblich, unterliegen auch die hier vorgestellten Ergebnisse verschiedenen Unsicherheiten, die sich aus den Annahmen ergeben, die bei der Wahl des Modellansatzes sowie bei der Ableitung der Parameter und Modellstartwerte gemacht werden mussten. So hat beispielsweise die gewählte Bodentiefe auf die Startwerte des Boden-C-Vorrates einen großen Einfluss und wirkt sich damit auch auf die Ergebnisse der NEP und NBP aus. Weiterhin ist das Aggregationsniveau (Gemeindeebene) vergleichsweise hoch gewählt, so dass die Resultate nur eine geringe Detailschärfe aufweisen können und die Ergebnisse entsprechend vorsichtig interpretiert werden müssen.

17.3
Zusammenfassung

In der vorliegenden Studie wurde der Kohlenstoffhaushalt von Pappel-Kurzumtriebsplantagen mit Hilfe des Kohlenstoffhaushaltsmodells *shortcar* für die Ackerfläche in Brandenburg modelliert. Als zugrundeliegendes Szenario wurden ein Pappelkurzumtrieb von 5 Jahren und eine Gesamtlaufzeit von 20 Jahren angenommen. Zur Prozesskennzeichnung wurden die Flussgrößen NPP (Nettoprimärproduktion), NEP (Netto-Ökosystem-Produktion) und NBP (Netto-Biomproduktion) ermittelt.

Die Modellierungen ergaben, dass bei Anlage von KUP auf den brandenburgischen Ackerflächen pro Jahr eine durchschnittliche Kohlenstoffmenge von 6,2 MgC ha^{-1} zusätzlich in Biomasse und im Boden (NEP) gebunden werden kann. Betrachtet man nur die Kohlenstoffbindung am Standort und schließt die Ernteentnahme sowie etwaige Schadereignisse aus (NBP), würde sich die zusätzliche C-Bindung auf 0,8 MgC ha^{-1}a^{-1} belaufen. In Verbindung mit den ermittelten mittleren Kohlenstoffvorräten in der ober- und unterirdischen Biomasse von 17,4 MgC ha^{-1} sowie mit einer zusätzlichen positiven Netto-Kohlenstoffspeicherung von 17,3 MgC ha^{-1} in Streu und Boden nach 20 Jahren zeigt die Studie (unter Berücksichtigung der oben genannten Einschränkungen), dass KUP durch vergleichsweise hohe Wuchs- und Speicherraten eine effektive Kohlenstoff-Senke zumindest für die ersten 20 Jahre darstellen können. Danach wird zumindest der Beitrag des Streu- und Bodenspeichers nachlassen. Bezieht man den Aspekt der C-Sequestrierung durch Substitutionseffekte fossiler Brennstoffe, wie sie beispielsweise von Marland & Schlamadinger (1995) sowie Deckmyn *et al.* (2004) vorgeschlagen werden, mit in diese Betrachtungen ein, so ist die KUP als dauerhafte C-Senke anzusehen.

Literatur

Bauriegel, A., Kühn, D., Schmidt, R., Hering, J., Hannemann, J. 2001: Bodenübersichtskarte des Landes Brandenburg 1 : 300 000 (BÜK 300) - Grundkarte Bodengeologie. Landesamt für Bergbau, Geologie und Rohstoffe Brandenburg und Landesvermessungsamt Brandenburg. Kleinmachnow/Potsdam

Block, R.M.A., Rees, K.C.J.V., Knight, J.D. 2006: A review of fine root dynamics in *Populus* plantations. Agroforestry Systems 67 (1): 73–84

Brandle, J.R., Hodges, L., Zhou, X.H. 2004: Windbreaks in North American agricultural systems. Agroforestry Systems 61–62 (1): 65–78

Bungart, R., Hüttl, R. F. 2004: Growth dynamics and biomass accumulation of 8-year-old hybrid poplar clones in a short-rotation plantation on a clayey-sandy mining substrate with respect to plant nutrition and water budget. European Journal of Forest Research 123 (2): 105–115

Coleman, M., Dickson, R., Isebrands, J. 2000: Contrasting fine-root production, survival and soil CO_2 efflux in pine and poplar plantations. Plant and Soil 225 (1): 129–139

Deckmyn, G., Muys, B., Quijano, J.G., Ceulemans, R. 2004: Carbon sequestration following afforestation of agricultural soils: comparing oak/beech forest to short-rotation poplar coppice combining a process and a carbon accounting model. Global Change Biology 10: 1482–1491

DWD 1999: Digitaler Klimaatlas Bundesrepublik Deutschland, Teil 1: Lufttemperatur, Niederschlagshöhe, Sonnenscheindauer. Offenbach am Main

Grünewald, H. 2005: Anbau schnellwachsender Gehölze für die energetische Verwertung in einem Alley-Cropping-System auf Kippsubstraten des Lausitzer Braunkohlereviers. BTU Cottbus, Dissertation. Cottbuser Schriften zu Bodenschutz und Rekultivierung, Band 28

Liberloo, M., Calfapietra, C., Lukac, M., Godbold, D., Luo, Z.-B., Polle, A., Hoosbeek, M.R., Kull, O., Marek, M., Raines, C., Rubino, M., Taylor, G., Scarascia-Mugnozza, G., Ceulemans, R. 2006: Woody biomass production during the second rotation of a bio-energy *Populus* plantation increases in a future high CO_2 world. Global Change Biology 12: 1094–1106

Liski, J., Palosuo, T., Peltoniemi, M., Sievänen, R. 2005: Carbon and decomposition model Yasso for forest soils. Ecological Modelling 189: 168–182

Marland, G., Schlamadinger, B. 1995: Biomass Fuels and Forest Management Strategies: How do we Calculate the Greenhouse-Gas Emissions Benefits? Energy 20 (11): 1131–1140

Nii-Annang, S.A. 2007: Mikrobielle Aktivität und Bodenqualität in Alley-Cropping-Systemen nach 9 Jahren Rekultivierung der quaternären Ablagerungen in Ostdeutschland. Diplomarbeit, BTU Cottbus

Schelhaas, M.J., van Esch, P.W., Groen, T.A., de Jong, B.H.J., Kanninen, M., Liski, J., Masera, O.R., Mohren, G.M.J., Nabuurs, G.J., Palosuo, T., Pedroni, L., Vallejo, A., Vilen, T. 2004: CO2FIX V 3.1 – A modelling framework for quantifying carbon sequestration in forest ecosystems. Alterra rapport 1068, Wageningen

Scholz, V., Ellerbrock, R. 2002: The growth productivity, and environmental impact of the cultivation of energy crops on sandy soil in Germany. Biomass and Bioenergy 23: 81–92

Schulze, E.-D. 2006: Biological control of the terrestrial carbon sink. Biogeosciences 3 (2): 147–166

Straehle, M., Dominik, P., Scholz, V., Kaupenjohann, M. 2007: Kohlenstoffvorrat in Böden unter Kurzumtriebsplantagen. Poster. DBG-Tagung

18
Ökologische Bewertung des Zukunftsrohstoffs Agrarholz

Michael Steinfeldt

18.1
Bewertungsfragestellungen

Das politische Ziel, den Anteil erneuerbarer Energien an der Energieversorgung erheblich zu erhöhen, führt zu einem starken Anwachsen unterschiedlicher Biomassenutzungen. Der deutliche Preisanstieg von Dendromasse durch die zunehmende energetische Nutzung von Holz in Deutschland spiegelt unter anderem diese Entwicklung wider. Vor diesem Hintergrund stellt sich aus umweltpolitischer Sicht unter anderem die Frage, wie die energiebezogene Nutzung von Dendromasse aus Wald- bzw. Waldrest- und Agrarholz ökologisch zu bewerten ist.

Ziel dieses Moduls im Projekt *Dendrom* war es, eine Beurteilung und eine vergleichende Darstellung der Umweltwirkungen der energiebezogenen Nutzung von Dendromasse insbesondere aus Kurzumtriebsplantagen (KUP) vorzunehmen. Die Berücksichtigung unterschiedlicher zeitlicher Perspektiven der Dendromassenutzung erfolgte durch die Betrachtung unterschiedlicher Nutzungspfade.

Diese sehr umfangreiche Fragestellung birgt eine Anzahl von Teilfragen:
- Wie ökologisch sind die einzelnen Nutzungspfade von Agrarholz im Vergleich zu konventionellen fossilen Nutzungen bzw. im Vergleich zu anderen biogenen Rohstoffen?
- Soll aus Umweltsicht Agrarholz eher zur Produktion von BtL-Kraftstoffen oder eher zur Produktion von Ökostrom bzw. „grüner" Wärme genutzt werden?
- Welche Biomasse soll überhaupt auf einer Fläche produziert werden?

Gegenüber anderen Energieträgern ist die Agrarholzerzeugung in Plantagen durch einige spezifische Besonderheiten gekennzeichnet. Die Ernte von Agrarholz erfolgt jahreszeitlich konzentriert in einem kleinen Zeitfenster im Winter, wohingegen die Nutzung der Dendromasse in den meisten Szenarien kontinuierlich über das ganze Jahr verteilt bzw. erst im darauffolgenden Winter in definierten Produktqualitäten zu erfolgen hat. Diese Produktqualitäten müssen durch geeignete Konditionierung (insbesondere Lagerung und Trocknung) in Kombina-

Anbau und Nutzung von Bäumen auf landwirtschaftlichen Flächen.
Herausgegeben von T. Reeg, A. Bemmann, W. Konold, D. Murach und H. Spiecker
Copyright © 2009 WILEY-VCH Verlag GmbH & Co. KGaA, Weinheim
ISBN: 978-3-527-32417-0

tion mit geeigneten Erntetechnologien sichergestellt werden. Außerdem sind die zu erwartenden Erträge von Agrarholz stark vom Transpirationswasserangebot (TWA) abhängig, wohingegen die Höhe der Erträge von landwirtschaftlichen Konkurrenzpflanzen stark von der natürlichen Ertragsfähigkeit des Bodens, charakterisiert durch das Kriterium Ackerzahl, bestimmt wird. Gerade für das Land Brandenburg ist dieser Aspekt von großer Relevanz, da viele Flächen den Landbaugebieten III und IV mit eher geringen Ackerzahlen zuzuordnen sind. Unter Berücksichtigung dieser Besonderheiten ergeben sich weitere spezifische Fragen, die im Rahmen von Sensitivitätsuntersuchungen bearbeitet wurden:

- Welche Auswirkungen besitzen die Phasen Anbau und Pflege sowie unterschiedliche Logistikketten auf die Gesamtökobilanz von Agrarholz?
- Wie groß ist der Einfluss unterschiedlicher TWA auf die Gesamtökobilanz von Agrarholz?

18.2
Ökobilanz, Untersuchungsrahmen und Datengrundlagen

Die dargestellten Fragen lassen sich am besten mit dem Instrument der Ökobilanz beantworten, da dies die am weitesten entwickelte und normierte Methode zur Bewertung der mit einem Produkt verbundenen Umweltaspekte und produktspezifischen potenziellen Umweltwirkungen ist. Aus diesem Grund orientierten sich die Projektarbeiten an der Vorgehensweise bei Ökobilanzen nach EN ISO 14040 (1997).

Der Untersuchungsrahmen umfasste den gesamten Produktlebensweg von Dendromasse mit dem Fokus auf die beiden Agrargehölze Pappel und Weide in Form von KUP. Der betrachtete Produktlebensweg beinhaltete den Anbau und die Pflege, die Ernte, die Aufbereitung/Verarbeitung sowie die abschließende Nutzung. Die jeweils notwendigen Transporte und Lagerungen wurden den einzelnen Phasen zugeordnet. Der Betrachtungsfokus (und damit die Systemgrenzen) lagen dabei auf Deutschland (als verallgemeinerbare Ebene), der projektspezifische Fokus lag außerdem auf dem Land Brandenburg und darin wiederum auf zwei ausgewählten Modellregionen in Nord- und Südbrandenburg. Auf Grundlage der in Brandenburg analysierten Anlagen zur Nutzung von Dendromasse wurden Systeme zur Wärme-, Strom- und Kraftstofferzeugung definiert und untersucht. Diese betrachteten Nutzungsvarianten wurden dann mit fossilen Referenznutzungspfaden zur Wärme-, Strom- und Kraftstofferzeugung sowie mit Referenznutzungspfaden anderer Biomassen verglichen (vgl. beispielhaft Tabelle 18.1). Auftretende Koppelprodukte in einzelnen Systemen wurden entsprechend der Ökobilanzmethodik mittels Gutschriften einbezogen, d.h. einer Systemerweiterung wird Vorrang vor Allokation eingeräumt. So wird beispielsweise bei der Herstellung von Rapsöldiesel für das anfallende Koppelprodukt „Futtermittel Rapskuchen" eine Gutschrift für vermiedenes konventionelles Sojaschrot erteilt.

Tabelle 18.1 Darstellung einer Auswahl betrachteter Referenz- und Vergleichssysteme.

Anlagen zur Wärmeerzeugung

Leistung	Wirkungs- grad	Brennstoff	Genutzter bzw. angepasster GEMIS-Datensatz
10 kW$_{th}$	92%	Pellets, KUP	Holz-Pellet-KUP-Pappel-Heizung-10kW-2010
50 kW$_{th}$	92%	Hackschnitzel, KUP	Holz-HS-KUP-Pappel-Heizung-50kW-2010
1 MW$_{th}$	90%	Hackschnitzel, KUP	Holz-HS-KUP-Pappel-Heizwerk-1MW-2010
5 MW$_{th}$	90%	Hackschnitzel, KUP	Holz-HS-KUP-Pappel-Heizwerk-5MW-2010
10 kW$_{th}$	86%	Gasheizung	Gas-Heizung-DE-2010
10 kW$_{th}$	101%	Gasbrennwertheizung	Gas-Heizung-Brennwert-DE-2010

Anlagen zur Kraft-Wärme-Kopplung/Stromerzeugung

Leistung	Wirkungsgrad (elektrisch)	Brennstoff	Genutzter bzw. angepasster GEMIS-Datensatz
0,8 MW$_{el}$, HKW* 4,2 MW$_{th}$	12 % (brutto)	Hackschnitzel, KUP	Holz-HS-KUP-Pappel-HKW-ORC-SNCR-2010/brutto
10 MW$_{el}$, HKW*; 30 MW$_{th}$	23 % (brutto)	Hackschnitzel, KUP	Holz-KW-DT-DE-10MW-2000
20 MW$_{el}$, HKW*; 30 MW$_{th}$	35 % (brutto)	Hackschnitzel, KUP	Holz-KW-DT-DE-20MW-2000
0,5 MW, Biogas-BHKW*	35% (brutto)	Biogas aus Maissilage (63,2%) und Gülle (36,8%)	Biogas-RuM-1500-BHKW-GM 500-OxKat-2010/Gas

Anlage zur BtL-Diesel-Herstellung und Vergleichssysteme

Leistung	Wirkungs- grad	Rohstoff	Datenbasis bzw. angepasster GEMIS-Datensatz
BtL-Großanlage Choren*, SunDiesel	53,8%	100 % Agrarholz (Pappel)	Reinhardt et al. (2006) Öko-bilanzen zu BTL, Szenario Ziel
BtL-Großanlage Choren*, SunDiesel	53,8%	30% Altholz, 8,2% Waldholz (Jungbe-standspflege+Kronen), 5% Stroh, 56,8% Agrarholz (Weide)	Reinhardt et al. (2006) Öko-bilanzen zu BTL, Szenario Ziel
konv. Benzin-herstellung		Öl	Pkw-DE-Otto-Benzin-2010-je kWh-in
konv. Dieselherstellung		Öl	Pkw-DE-Diesel-2010-je-kWh-in
Bioethanol aus Weizen*	58,1%	Weizen	Pkw-DE-Otto-BioEtOH-gross (Weizen)-2010-je kWh-in (netto)
Rapsöldiesel*	66,2%	Rapsöl	Pkw-DE-Diesel-Rapsöl-2010-je-kWh-in (netto)
RME-Diesel*	66,2%	Rapsöl	Pkw-DE-Diesel-RME-2010-je-kWh-in/netto
konv. Gasheizung	90%	Erdgas	Gas-Heizung-DE-2020

* Die Darstellung der berücksichtigten Annahmen für Gutschriften
von Koppelprodukten erfolgt an anderer Stelle (vgl. Steinfeldt 2008).

Derzeit existiert noch keine einheitliche Methodik zum Verfahrensvergleich unterschiedlicher Nutzungspfade und zur Konkurrenzanalyse (vgl. Eltrop *et al.* 2005). Aus diesem Grund erwies es sich als notwendig, die funktionelle Einheit für die ökobilanziellen Vergleiche zu variieren. Dieses Vorgehen wird auch in anderen Studien praktiziert (vgl. FNR 2006, Arnold *et al.* 2006, Hölscher *et al.* 2007). Als funktionelle Einheit für Vergleiche zur Erzeugung von Nutzenergie (Wärmeenergie, Elektroenergie, Energiegehalt des Kraftstoffes) wurde einheitlich 1 kWh gewählt. Für Vergleiche von Agrarholz aus KUP mit landwirtschaftlicher Biomasse spielt außerdem der Flächenbezug eine wesentliche Rolle, da die zur Verfügung stehenden Flächenressourcen nur begrenzt vorhanden sind und eine entsprechende ökologische Optimierung wünschenswert erscheint. Für derartige Vergleiche wurde als funktionelle Einheit 1 ha·a gewählt.

Hinsichtlich der Bewertung von Ökobilanzen fokussieren viele Studien insbesondere auf die Aspekte

– der erzielbaren Treibhausgas-Minderungspotenziale als Beitrag
  zum Klimaschutz sowie
– der Maximierung der erzielbaren Energieerträge auf Grund der
  nur begrenzt zur Verfügung stehenden Flächenressourcen.

Umfassendere Ökobilanzstudien zu BtL-Kraftstoffen und Biogasnutzungen (vgl. Reinhardt *et al.* 2006, Scholwin *et al.* 2006) betrachten auch weitere potenzielle Umweltwirkungen wie Versauerung, Nährstoffeintrag, Fotosmog, Ozonabbau und Humantoxizität. Im *Dendrom*-Projekt beschränkte sich die Wirkungsabschätzung auf wesentliche, sinnvoll quantifizierbare Wirkungskategorien, die ausgewählte Belastungen für das Klima (anthropogener Treibhauseffekt gemessen in CO_2-Äquivalenten), für Ökosysteme (beispielhaft (Luft)Emissionen mit versauernder Wirkung gemessen in SO_2-Äquivalenten) und für den Aspekt Energieressourcen (in Form von flächenspezifischem Energieertrag und Energieaufwand) abbilden und direkt im verwendeten Programm GEMIS4.4 berechnet wurden.

In den letzten Jahren wurden bereits mehrere Studien mit dem Fokus auf ökologische Fragestellungen hinsichtlich der Biomassenutzung durchgeführt, so dass die Bilanzierung der betrachteten Varianten zu einem Teil auf der Grundlage vorhandener Daten des Programms GEMIS4.4 erfolgen konnte (vgl. z.B. Fritsche *et al.* 2004), wobei als Bezugszeitpunkt für aus GEMIS übernommene Datensätze das Jahr 2010 gewählt wurde.

Die Agrarholzerzeugung ist durch einige spezifische Besonderheiten gekennzeichnet, die bei der Datenerhebung sowie in den Berechnungen entsprechend berücksichtigt wurden. Betrachtet wurden eine Pappel-Plantage mit einem 5-jährigen Umtrieb sowie eine Weiden-Plantage mit einem 3-jährigen Umtrieb. Der Bilanzierungszeitraum umfasst 20 Jahre. Die Stoff- und Energieströme der Bodenvorbereitung, der Anpflanzung, der Pflege, der Ernten sowie der Rodung der Plantage, die durch Projektpartner ermittelt wurden, wurden auf 20 Jahre summarisch betrachtet. Um die Vergleichbarkeit mit anderen Energieträgern herzustellen, wurden die ermittelten Daten dann in gleich große jährliche Stoff- und Energieströme umgerechnet. Mögliche Effekte durch die Änderung der Landnutzung wurden im Rahmen dieser Bilanzierung nicht betrachtet. Eine detailliertere Darstellung der für die Bilanzierung zu Grunde gelegten Daten und Annahmen erfolgte an anderer Stelle (vgl. Steinfeldt 2008).

18.3
Diskussion der Ergebnisse

Die relevanten Sachbilanzdaten für Pflanzung und Pflege sowie für verschiedene Logistiksysteme, die die Schritte von der Ernte bis zur Bereitstellung von bspw. aufbereiteten Holzhackschnitzeln inklusive mehrmonatiger Lagerung und Trocknung berücksichtigen, wurden analysiert. Diese Auswertungen ergaben, dass die Umweltwirkungen dieser Teilschritte die Gesamtökobilanz nur sehr wenig beeinflussen. Der bilanzierte Düngemitteleinsatz bei Weidenplantagen (unterstellt wurde ein jährlicher Düngemitteleinsatz von 60 kg Stickstoffdünger pro Hektar, für die Pappel-KUP wurde dagegen kein Düngemittelbedarf festgestellt) bewirkt bspw. die gleiche Größenordnung an Treibhausgasemissionen wie die gesamten energetischen Aufwendungen im System bis zur Bereitstellung der Agrarholzhackschnitzel, die durch Dieselverbräuche landwirtschaftlicher Maschinen und durch Transporte gekennzeichnet sind.

Zwei Einflussparameter besitzen dagegen eine größere Relevanz für die Ökobilanz der jeweiligen betrachteten Systeme: Einerseits die Qualität der Logistikkette und andererseits die Höhe des am Standort verfügbaren TWAs.

Die Logistikprozesse von Ernte, Lagerung, Trocknung und Bereitstellung gehen einher sowohl mit direkten Hackschnitzelverlusten als auch mit Trockenmasseverlusten bei der Lagerung (siehe Kapitel 10, den Beitrag von Schultze *et al.*). Dies führt zu einer Verminderung der geernteten Energiemenge. Auf der anderen Seite kann durch Trocknungsprozesse der Energiegehalt der Hackschnitzel erhöht werden. In den bisherigen Studien wurden diese Sachverhalte zumeist sehr pauschal berücksichtigt, indem die Annahme getroffen wurde, das die geernteten Hackschnitzel (55 % Wassergehalt) beim Abnehmer mit „frei verfügbarer" Abwärme auf einen Wassergehalt von 25 % getrocknet werden. Aussagen zu Prozess- und Trockenmasseverlusten werden meist nicht gemacht. Um eine über das ganze Jahr verteilte kontinuierliche Belieferung mit Hackschnitzeln zu gewährleisten und dadurch außerdem ihren Anteil an der Wertschöpfung zu erhöhen, werden aber eher die Plantagenbetreiber die Lagerung und Trocknung übernehmen. Aus diesem Grund wurden verschiedene Logistikketten untersucht.

Abbildung 18.1 verdeutlicht diesen Einfluss stellvertretend für die Kategorie Energieertrag am Beispiel der BtL-Dieselherstellung. Die optimierte Logistikkette (erkennbar jeweils an der Abkürzung Domtr in der Variantenbezeichnung) umfasst die Ernte von groben Hackschnitzeln mit dem *Dendrom*-Mähhacker, die mehrmonatige Lagerung und Trocknung der Hackschnitzel in abgedeckten Mieten mit Belüftungsdomen (Domtrocknungsverfahren, vgl. Brummack & Polster 2007) am Feldrand sowie den Transport zum Abnehmer. Die innovative Dom-

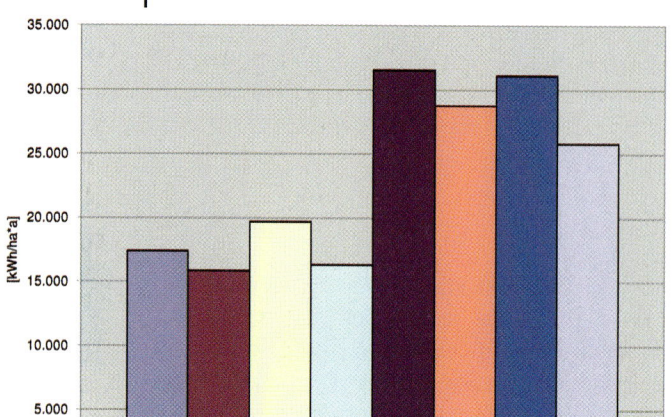

Abb. 18.1 Einfluss von TWA und Logistikketten auf den flächenbezogenen jährlichen Energieertrag für das System BtL-Dieselherstellung.

trocknung gewährleistet dabei ohne zusätzliche Energiezufuhr eine gute Trocknung ohne großen Trockenmasseverlust. Die ungünstigste Variante für Weidenhackschnitzel beinhaltet dagegen die Ernte von feineren Hackschnitzeln mit dem Claas Feldhäcksler und die mehrmonatige Feldrandmietenlagerung und -trocknung der Hackschnitzel mit bedeutend höheren Trockenmasseverlusten (erkennbar jeweils an der Abkürzung Feldr in der Variantenbezeichnung). Gegenüber dem erstgenannten Verfahren führt dies zu einem Energieertragsverlust von bis zu 17 %.

Bedeutend größer ist natürlich der Einfluss des TWAs auf die Energieerträge. Die im Projekt genutzten Ertragsdaten für die Agrarholzarten Pappel und Weide beruhen auf ertragskundlichen Modellierungen, die für einen TWA-Bereich von 250–500 durchgeführt wurden. Da ca. 60 % der analysierten Fläche in Brandenburg einen TWA von 450 und größer besitzen, wurden die Bilanzberechnungen mit Ertragsdaten mit TWA 450 vorgenommen. Gegenüber einem Standort mit bedeutend schlechterem Wasserangebot (TWA 300) sind die zu erwartenden flächenbezogenen jährlichen Erträge an einem Standort mit TWA 450 fast doppelt so hoch (siehe Kapitel 4, den Beitrag von Murach *et al.*).

In der Diskussion um Bioenergieträger besitzt der Umweltaspekt Treibhauseffekt eine herausragende Bedeutung. Betrachtet man nun die verschiedenen energetischen Nutzungspfade von Agrarholz aus KUP genauer, ist festzustellen, dass sich die spezifischen Minderungspotenziale an Treibhausgasen gegenüber den konventionellen Vergleichssystemen stark unterscheiden.

Die untersuchten Referenzsysteme zur Wärmeerzeugung unterscheiden sich hinsichtlich des Treibhauspotenzials (Abbildung 18.2) untereinander nur gering in der Bandbreite von 15–29 g CO_2-Äq./kWh, wobei die Systeme mit Weidennutzung aufgrund ihres zusätzlichen Düngemitteleinsatz immer im oberen Bereich

Abb. 18.2   Treibhauspotenzial zur Erzeugung von 1 kWh Wärme.

angesiedelt sind. Gegenüber konventionellen Heizungsanlagen erreichen aber alle Referenzsysteme ein Minderungspotenzial in Höhe von mindestens 220 g CO_2-Äq./kWh (Brennwertgasheizung), 260 g CO_2-Äq./kWh (Gasheizung) bzw. 330 g CO_2-Äq./kWh (Ölheizung). Zur Umweltwirkung Versauerung haben die Gasheizungen im Gegensatz dazu die geringsten Beiträge. Die um den Faktor 2–3 höher liegenden Emissionen der betrachteten Agrarholzsysteme liegen im Bereich von 0,34–0,48 SO_2– Äq./kWh.

Bedeutend höher fallen die spezifischen Treibhausgasminderungspotenziale im Bereich Stromerzeugung aus. Die Abbildung 18.3 verdeutlicht, dass die Kraft-Wärme-Kopplung die Technologie mit den höchsten spezifischen Minderungspotenzialen darstellt, insbesondere dann, wenn neben der erzeugten Elektroenergie auch ein hoher Wärmenutzungsgrad gewährleistet wird. Besonders das kleine Heizkraftwerk mit einer elektrischen Leistung von 0,8 MW bei 80 % Wärmenutzung erzielt ein negatives Treibhausminderungspotenzial von bis zu ca. 1000 g CO_2-Äq./kWh, wohingegen die großen Heizkraftwerke bei 80 % Wärmenutzung nur negative Minderungspotenziale in der Bandbreite von 260–360 g CO_2-Äq./kWh besitzen. Dies liegt in der Ökobilanzlogik begründet, nach der das erzeugte Koppelprodukt Wärme als Bonus gutgeschrieben wird. Wenn nun wie beim 0,8 MW-HKW die ausgekoppelte thermische Wärmeleistung mit 4,2 MW überproportional groß ist, führt dies zu besonders hohen spezifischen Minderungspotenzialen. Gegenüber dem Strom-Mix Deutschland bzw. dem abgeleiteten Brandenburger Substitutionsmix[1] erhöht sich das spezifische Treibhausminderungspotenzial entsprechend noch weiter.

---

1) Für die Quantifizierung der vermiedenen Emissionen durch die Nutzung erneuerbaren Energien wurde ein spezifischer auf Brandenburg bezogener Sustitutionsmix abgelei- tet, bei dem eine Substitution von 30 % Braunkohle, 60 % Steinkohle und 10 % Erdgas unterstellt wird.

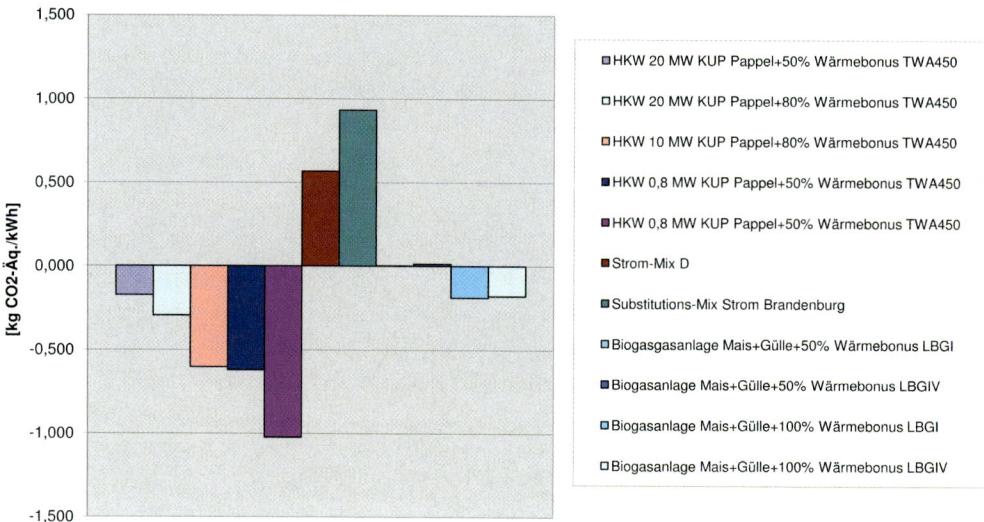

Abb. 18.3   Treibhauspotenzial zur Erzeugung von 1 kWh Elektroenergie.

Abbildung 18.3 verdeutlicht außerdem, dass Agrarholz in Brandenburg auch im Vergleich zu anderen biogenen Energieträgern sehr gut abschneidet. Als Vergleichsystem wurden dazu Biogasanlagen auf Basis Mais (63,2 % Masseanteil) und Gülle (36,8 % Masseanteil) bilanziert, die mit Brandenburger Daten für den Maissilageanbau (Ertragsdaten, Düngemittelverbrauch, Treibstoffverbrauch) für die Landbaugebiete I und IV angepasst wurden. Erst beim 100%-igen Wärmebonus erreicht das System Biogasanlage die Größenordnung der negativen spezifischen Minderungspotenziale bei Treibhausgasen wie die großen Heizkraftwerke.

Bei der Darstellung der Systeme zur Herstellung von Biokraftstoffen (Abbildung 18.4) werden die Ergebnisse anderer Studien bestätigt (vgl. Reinhardt *et al.* 2006, FNR 2006), dass BtL-Kraftstoffe aus Agrarholz aus KUP aus ökologischer Sicht günstiger abschneiden als andere Biokraftstoffe wie Rapsöl, Rapsmethylester (RME) oder Bioethanol.

Auch bei diesen Systemen erhielten die Koppelprodukte entsprechend der GEMIS-Bilanzdaten entsprechende Gutschriften. Berücksichtigt wurde hier bspw. beim Rapsöl eine Gutschrift für die vermiedene Menge an Sojaschrot bzw. beim Rapsmethylester eine Gutschrift für die vermiedene Menge an Glyzerin.

Ein Vorteil beim BtL-System besteht darin, dass deren Produktion energieautark betrieben werden kann und darüber hinaus einen geringen Stromüberschuss liefert, der ebenfalls zu einer entsprechenden Gutschrift führt. Gegenüber konventionellen Kraftstoffen lässt sich durch BtL-Kraftstoffe auf Basis von Pappel-Agrarholz ein Treibhausgasminderungspotenzial von ca. 300 g CO_2-Äq./ kWh realisieren. Weiden-Agrarholz schneidet auch hier ein wenig schlechter ab. Die in den Szenarien berücksichtigte BtL-Variante Brennstoffmix, in der neben Agrarholz (56,8 % Masseanteil Weide) auch Altholz (30 % Masseanteil),

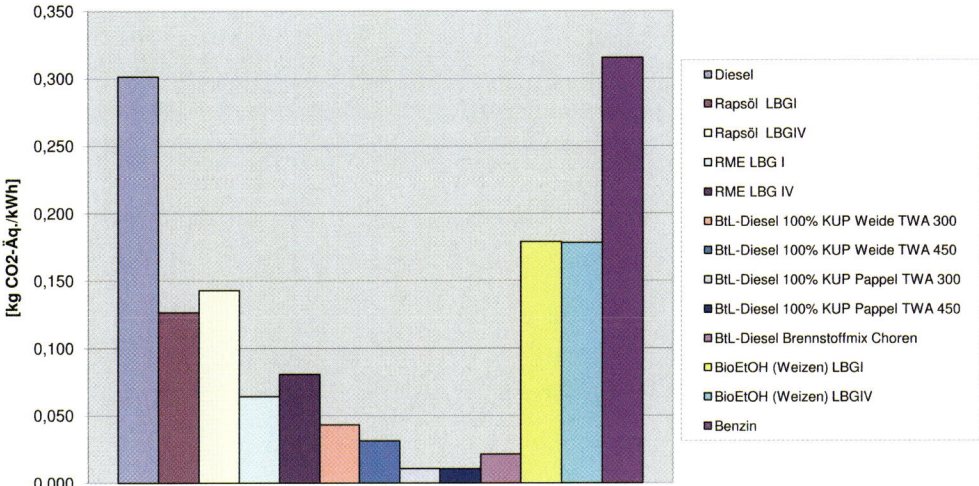

Abb. 18.4 Treibhauspotenzial zur Erzeugung von 1 kWh Kraftstoff.

Waldholz (Jungbestandspflege und Kronen, 8,2 % Masseanteil) sowie Stroh (5 % Masseanteil) enthalten sind, liegt zwischen den beiden genannten reinen Agrarholz-BtL-Varianten. Auch bei der Umweltwirkungskategorie Versauerung schneidet der BtL-Kraftstoff auf Basis von Pappel-Agrarholz genau so gut ab wie konventionelle Kraftstoffe.

18.3.1
Vergleichende Betrachtung der Nutzungspfade

Über den notwendigen Flächenbedarf zur Erzeugung von jeweils 1 kWh Energie können nun die unterschiedlichen Nutzungspfade von Agrarholz über die Fläche in Bezug gestellt werden. Dadurch lassen sich flächenbezogene jährliche Minderungspotenziale von Treibhausgasen für die einzelnen Nutzungspfade ermitteln und vergleichen (vgl. Tabelle 18.2).

Das untersuchte Referenzsystem 0,8 MW-Heizkraftwerk, das sich bisher durch sehr hohe spezifische Minderungspotenziale ausgezeichnet hatte, fällt im flächenbezogenen Vergleich stark zurück. Ursache dafür ist der geringe elektrische Wirkungsgrad von 12 %, so dass der Systemwirkungsgrad trotz hoher Wärmenutzung nicht allzu hoch ist. Die anderen Heizkraftwerke mit höheren elektrischen Wirkungsgraden sowie sehr hoher Wärmenutzung schneiden bedeutend besser ab (15,7 t bzw. 17,6 t CO_2-Äq./(ha·a)) und können sich mit den flächenbezogenen THG-Minderungspotenzialen der Wärmeerzeugungsanlagen (bis 18,3 t CO_2-Äq./(ha·a)) messen lassen, die durch hohe thermische Wirkungsgrade von 90 % gekennzeichnet sind. Das betrachtete System zur Herstellung von BtL-Kraftstoffen schneidet in diesem Vergleich mit Abstand als schlechteste Variante ab.

Tabelle 18.2 Vergleich der flächenbezogenen jährlichen Treibhausgasminderungspotenziale der Nutzungspfade von Agrarholz.

Nutzungspfad	Wärmeenergie		Elektroenergie		BtL-Kraftstoff
TH-Minderungspotenzial gegenüber konventionellem Vergleichssystem	220–330 g CO$_2$-Äq./kWh	1.590 g CO$_2$-Äq./kWh	1.170 g CO$_2$-Äq./kWh	860 g CO$_2$-Äq./kWh	300 g CO$_2$-Äq./kWh
Untersuchtes Referenzsystem	Durchschnitt der Wärmeerzeugungsanlagen TWA450	HKW 0,8 MW+80% Wärmebonus KUP Pappel TWA450	HKW 10 MW+80% Wärmebonus KUP Pappel TWA450	HKW 20 MW+80% Wärmebonus KUP Pappel TWA450	BtL-Diesel KUP Pappel netto TWA 450
spezifischer Flächenbedarf	0,18 m^2/kWh	1,42 m^2/kWh	0,75 m^2/kWh	0,63 m^2/kWh	0,32 m^2/kWh
jährlicher flächenbezogener Energieertrag	55.560 kWh/ha·a	7.040 kWh/ha·a	13.420 kWh/ha·a	20.460 kWh/ha·a	31.250 kWh/ha·a
Flächenbezogenes TH-Minderungspotenzial gegenüber konventionellem Vergleichssystem	12,22–18,33 t CO$_2$-Äq./ha·a	11,19 t CO$_2$-Äq./ha·a	15,70 t CO$_2$-Äq./ha·a	17,60 t CO$_2$-Äq./ha·a	9,38 t CO$_2$-Äq./ha·a

Nach dem Kriterium „größtmöglicher Klimaschutzbeitrag" wäre die Nutzung von Agrarholz aus KUP bevorzugt im KWK-Bereich mit garantiert hoher Wärmenutzung bzw. im Wärmebereich wünschenswert. Auf der anderen Seite gibt es natürlich auch andere (Umwelt-) Kriterien, die bei der Entscheidung über eine energetische Nutzungsvariante von Agrarholz aus KUP einzubeziehen sind. Beispielsweise stellt sich hier die Frage, welcher (politische) Stellenwert der Herstellung von synthetischen Biokraftstoffen in der Gesamtstrategie erneuerbarer Energien beigemessen wird.

18.4
Zusammenfassung

Ziel des Beitrages war es, die energiebezogene Nutzung von Agrarholz ökologisch zu bewerten, wobei der Hauptfokus bei der Bewertung der vielfältigen untersuchten Nutzungsvarianten von Agrarholz auf den Beitrag zum Klimaschutz durch möglichst hohe Minderungspotenziale an Treibhausgasemissionen gelegt wurde.

Im Vergleich mit fossilen Energieträgern konnte aufgezeigt werden, dass sich eindeutige Vorteile bei der Einsparung von nicht erneuerbaren Energieträgern sowie Treibhausgasen ergeben, wohingegen bei anderen Umweltwirkungen wie z. B. Versauerung tendenziell Nachteile auftreten.

Zwei Einflussparameter besitzen eine größere Relevanz für die Ökobilanz der jeweiligen betrachteten Systeme: Einerseits die Qualität der Logistikkette und andererseits insbesondere die Höhe des am Standort verfügbaren Transpirationswasserangebotes. Die energetischen Aufwendungen für Anbau und Ernte besitzen einen sehr geringen Anteil an den systembedingten Umweltwirkungen. Vor dem Hintergrund der nur begrenzt zur Verfügung stehenden Flächenressourcen und der Konkurrenzsituation mit anderen biogenen Energieträgern wurde dargestellt, dass Agrarholz aus KUP in den Nutzungspfaden Stromerzeugung und synthetische Biokraftstofferzeugung überzeugen kann. Dies gilt insbesondere für Brandenburger Böden mit TWA 450 und höher. Auch bei schlechteren Standortbedingungen für KUP (TWA 300) erscheint ihr Anbau durchaus sinnvoll, wenn dort Landbaugebiete III und IV vorherrschen.

Von den drei möglichen energiebezogenen Nutzungspfaden Wärme-, Strom- und Kraftstofferzeugung von Agrarholz erzielen die Pfade Wärmeerzeugung sowie Kraft-Wärme-Kopplung mit hoher Wärmenutzung aufgrund ihrer hohen Systemwirkungsgrade besonders hohe flächenbezogene THG-Minderungspotenziale. Der Vergleich über diesen Flächenbezug erscheint sinnvoll und notwendig, um die begrenzt verfügbaren Biomassepotenziale in effizienter Weise als Brennstoff und für den Klimaschutz zu nutzen.

Literatur

Arnold, K., Ramesohl, S., Grube, T., Menzer, R., Peters, R. 2006: Strategische Bewertung der Perspektiven synthetischer Kraftstoffe auf Basis fester Biomasse in NRW. Projektbericht, Wuppertal, Jülich, 91 S.

Brummack, J., Polster, A. 2007: Energieholztrocknung mit dem Dombelüftungsverfahren. Informationsmaterial, Technische Universität Dresden, Institut für Verfahrenstechnik und Umwelttechnik, Professur für Thermische Verfahrenstechnik und Umwelttechnik, Schriftliche Mitteilung 28.02.2008.

Eltrop, L., Voß, A., Berger, R., Scheffknecht, G., Braun-Unkhoff, M., Aigner, M. 2005: Konkurrenzanalyse der energetischen Nutzung von Biomasse. Projektabschlussbericht, Stuttgart, 56 S. www.zes.uni-stuttgart.de/deutsch/downloads/_2005_0007_Konkurrenzanalyse_Biomasse.pdf, Zugriffsdatum: 28.09.2006.

EN ISO 14040 1997: Umweltmanagement. Ökobilanz - Prinzipien und allgemeine Anforderungen

FNR Fachagentur Nachwachsende Rohstoffe e. V. (Hrsg.) 2006: Biokraftstoffe eine vergleichende Analyse. Gülzow, 56 S.

Fritsche, U.R. *et al.* 2004: Stoffstromanalyse zur nachhaltigen energetischen Nutzung von Biomasse. Endbericht zum gleichnamigen Verbundprojekt, 294 S. www.bmu.bund.de/files/pdfs///pdf/biomasse_vorhaben_endbericht.pdf, Zugriffsdatum: 14.09.2005.

Hölscher, T., Deimling, S., Freiermuth Knuchel, R., Gaillard, G., Kägi, T., Müller-Sämann, K. 2007: Energieproduktion aus landwirtschaftlicher Biomasse am Oberrhein – Auswirkungen für Landwirtschaft und Umwelt. Projektendbericht, Müllheim, 98 S. www.pe-internatio-nal.com/fileadmin/user_upload/news/2008/downloads/Endbericht_Bioenergie.pdf, Zugriffsdatum: 13.02.2008.

Reinhardt, G., Gärtner, S., Patyk, A., Rettenmaier, N. 2006: Ökobilanzen zu BtL: Eine ökologische Einschätzung. Projektbericht, Heidelberg, 108 S. www.fnr-server.de/pdf/literatur/pdf_251ifeu-btl-studie-fnr.pdf, Zugriffsdatum: 20.12.2006.

Scholwin, F., Michel, J., Schröder, G., Kalies, M. 2006: Ökologische Analyse einer Biogasnutzung aus nachwachsenden Rohstoffen. Projektendbericht, Leipzig, 88 S.

Steinfeldt, M. 2008: Ökologische Bewertung des Zukunftsrohstoffs Dendromasse. In: *Dendrom*-Projektverbund (Hrsg.): *Dendrom – Zukunftsrohstoff Dendromasse. Systemische Analyse, Leitbilder und Szenarien für die nachhaltige energetische und stoffliche Verwendung von Dendromasse aus Wald- und Feldgehölzen. Projektendbericht. Eberswalde.

19
Akzeptanz des Energieholzanbaus bei Landwirten

Constance Skodawessely und Jürgen Pretzsch

Der Energieholzanbau[1] auf landwirtschaftlichen Flächen hängt entscheidend von den Landwirten ab. Sie bestimmen über die Nutzung ihrer Betriebsflächen und die Art und Weise der Bewirtschaftung. Die Akzeptanz durch die Landwirte beeinflusst deren Übernahme positiv (Rogers 2003). Sie ist deshalb eine wichtige Größe, um Erfolg oder Misserfolg des Energieholzanbaus zu prognostizieren und Rückschlüsse für den weiteren Forschungs- und Entwicklungsprozess dieser Landnutzungsform zu ziehen. Eine zentrale Frage ist, unter welchen Voraussetzungen Landwirte Kurzumtriebsplantagen (KUP) akzeptieren bzw. ablehnen. Im Folgenden werden Faktoren und ihre Ausprägungen vorgestellt, welche die Akzeptanz bzw. Ablehnung gegenüber KUP beeinflussen. Die Faktoren wurden von einer mündlichen Umfrage mit Landwirten abgeleitet. Sie spiegeln deren Sichtweisen wider und bilden die Grundlage für weiterführende Studien.

Unter „Akzeptanz" des Energieholzanbaus wird dessen positive Beurteilung verstanden (Binsack 2003). Geht man von dem übergeordneten Begriff der Einstellungen aus, so lassen sich nach Rentsch (1988) Akzeptanz (reflektierte, uneingeschränkte Zustimmung), Neutralität („Grauzone") und Inakzeptanz (kompromisslose Ablehnung) unterscheiden.

19.1
Methodik

Im Rahmen des vom Bundesministerium für Bildung und Forschung (BMBF) geförderten Projektes *Agrowood* wurden im Zeitraum 2005/2006 in einem ersten Schritt qualitative Interviews mit 14 Entscheidungsträgern unterschiedlicher landwirtschaftlicher Betriebe der Regionen Freiberg (Sachsen) und Schradenland (Brandenburg) durchgeführt. Die Gesprächspartner stammen aus Unternehmen der Rechtsformen Kapitalgesellschaft (GmbH und AG), eingetragene Genossen-

---

[1] In diesem Artikel wird der Energieholzanbau gleichgesetzt mit der Etablierung von Kurzumtriebsplantagen bzw. dem Anbau von schnellwachsenden Gehölzen auf landwirtschaftlichen Flächen mit einer Umtriebszeit von maximal 20 Jahren. Sie können der stofflichen oder energetischen Nutzung dienen.

Anbau und Nutzung von Bäumen auf landwirtschaftlichen Flächen.
Herausgegeben von T. Reeg, A. Bemmann, W. Konold, D. Murach und H. Spiecker
Copyright © 2009 WILEY-VCH Verlag GmbH & Co. KGaA, Weinheim
ISBN: 978-3-527-32417-0

schaft (e.G.) sowie Einzelunternehmen (Haupt- und Nebenerwerb). Weiterhin können diese Unternehmen den Betriebsformen Verbund-, Futterbau- und Ackerbaubetrieb zugeordnet werden. Die Größen der landwirtschaftlichen Nutzflächen der Betriebe liegen zwischen 20 und 5500 ha. Ein Unternehmen bewirtschaftet seine Flächen nach den Kriterien des ökologischen Landbaus. Die Interviewpartner hatten im Vorfeld Kontakt zum Projekt und somit Vorstellungen über den Energieholzanbau. Die dargestellten Ergebnisse beziehen sich auf Aussagen zu Vor- und Nachteilen von Kurzumtriebsplantagen aus der Sicht von elf Gesprächspartnern, da bei drei Personen die Interviews in Bezug auf diese Frage nicht ausgewertet werden konnten. Sie stellen positive bzw. negative Bewertungen einzelner Aspekte dieser Nutzungsform dar (Skodawessely *et al.* 2008). Die Auswertung der Frage erfolgte anhand der qualitativen Inhaltsanalyse nach Mayring (2003).

19.2
Ergebnisse

19.2.1
Einflussfaktoren auf die Akzeptanz des Energieholzanbaus

Die Befragungsergebnisse[2)] zeigen, dass die Akzeptanz des Energieholzanbaus durch die Landwirte von den Faktoren Ökonomie, Markt, Technologie, Erfahrungen/Wissen, Ökologie, Recht/Politik, Standort und Öffentlichkeit abhängt. Die Faktoren wurden aus den Antworten abstrahiert und zusammengefasst. Sie bestehen aus verschiedenen Aspekten, so dass Mehrfachnennungen auftraten. Die Faktoren sind inklusive der Anzahl ihrer positiven und negativen Bewertungen (z. B. Markt +6/−9) in Abbildung 19.1 aufgeführt. Grundsätzlich erfolgt eine Zuordnung zu den Bereichen Landwirtschaftlicher Betrieb sowie Makro- und Mikroumwelt (verändert nach Hungenberg & Wulf 2006, Hoffmann 1980). Zum Bereich **Landwirtschaftlicher Betrieb** gehören die Ausstattung mit Produktionsfaktoren (z. B. Standort, Technologie), der Zugang zu Ressourcen sowie personelle Faktoren (z. B. Wissen). Sie können durch den Betrieb verändert werden. Die **Mikroumwelt** entspricht dem Umfeld, mit dem das landwirtschaftliche Unternehmen im direkten Austausch steht (z. B. Abnehmer von Energieholz) und somit von ihm auch geprägt wird. Die **Makroumwelt** umfasst Bedingungen, die das Handeln des Unternehmens beeinflussen, aber nur begrenzt von ihm geändert werden können.

Die Landwirte äußerten sich überwiegend negativ zum Energieholzanbau, insbesondere zu den Aspekten Technologie, Markt, Erfahrungen/Wissen und Standort. Die größte Bedeutung besaßen für die Landwirte ökonomische Aspekte. Sie wurden im Vergleich zu den anderen Faktoren häufiger positiv bewertet.

---

2) Bei der Ergebnisdarstellung beziehen sich die Autoren auf die Landwirte als Gruppe, da die geäußerten Ansichten im Mittelpunkt stehen und weniger die Anzahl einzelner Aussagen. Es wird darauf verwiesen, dass die aufgeführten Argumente nicht von allen Gesprächspartnern angesprochen wurden.

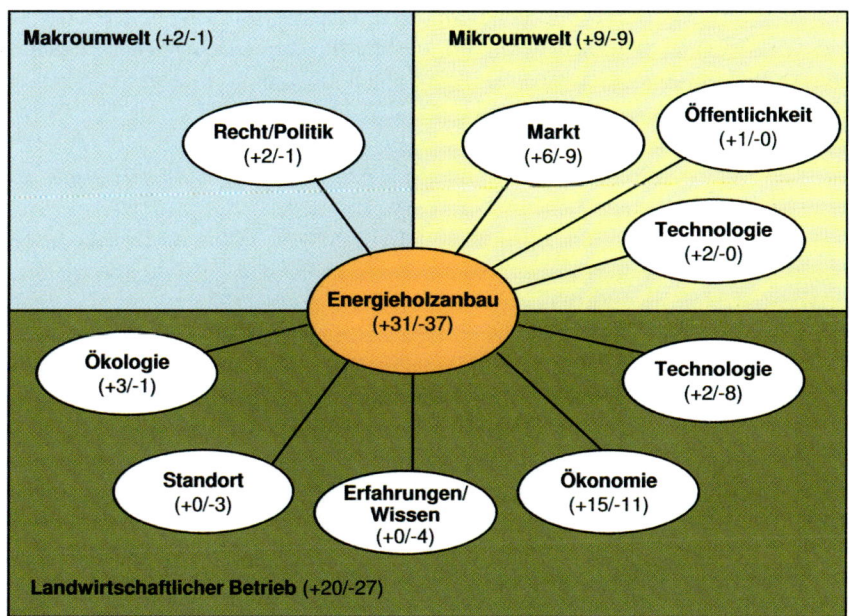

Abb. 19.1 Einflussfaktoren auf die Akzeptanz des Energieholzanbaus durch Landwirte einschließlich der Anzahl positiver und negativer Bewertungen (verändert nach Skodawessely *et al.* 2008).

19.2.2
Einflussfaktoren im Bereich des landwirtschaftlichen Betriebes

Faktor Ökonomie
Nachfolgend werden die verschiedenen Ausprägungen und Beurteilungen ökonomischer Aspekte dargestellt und erläutert (siehe Abbildung 19.2).

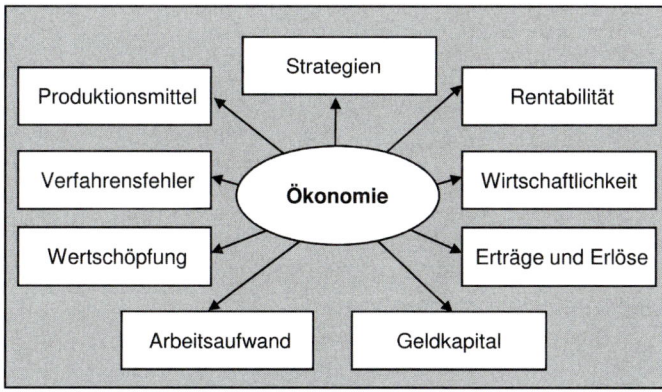

Abb. 19.2 Faktor Ökonomie.

Fast alle Gesprächspartner zogen strategische Überlegungen für die Beurteilung des Energieholzanbaus heran, die ausschließlich positiv ausfielen. Landwirte sahen diese Form der Landnutzung vor allem als Alternative oder Erweiterung der bestehenden landwirtschaftlichen Produktion im Unternehmen. Für einige der Befragten war die Getreideproduktion auf den vorhandenen Standorten zum Befragungszeitpunkt nicht rentabel. Andere Gesprächspartner sahen im Energieholzanbau eine Chance, Standorte mit Bewirtschaftungnachteilen sinnvoll zu nutzen. Weiterhin betrachteten die Landwirte Kurzumtriebsplantagen als Sicherung des Einkommens und als Möglichkeit, sich von fossilen Energieträgern unabhängig zu machen.

Den industriemäßigen Energieholzanbau stuften die Landwirte als rentabel und damit als Vorteil ein. Er ist mit der konventionellen landwirtschaftlichen Bewirtschaftungsweise vergleichbar. Die Optionen, eine Baumplantage über einen längeren Zeitraum zu nutzen sowie zukünftig bessere Erträge und Erlöse als mit Getreide zu erwirtschaften, wurden ebenfalls positiv gewertet. Wirtschaftlich vorteilhafter als der Getreideanbau erschienen Kurzumtriebsplantagen im Randbereich von Gewässern. Hier ist durch bestehende Abstandsauflagen die Verwendung von Pflanzenschutzmitteln eingeschränkt, so dass im Vergleich zur üblichen Wirtschaftsweise geringe Erträge erzielt werden.

Die mit dem Energieholzanbau verbundene langfristige Bindung von Geldkapital und Betriebsflächen empfanden die Landwirte als Nachteil. Sie können damit auf Marktschwankungen und agrarpolitische Veränderungen weniger flexibel reagieren als beim Anbau einjähriger Kulturen. Bei Betrieben mit Schwerpunkt Ackerbau ist diese Beurteilung aufgrund des ungewohnten Bewirtschaftungszeitraums verständlich. Für Betriebe mit anderen Betriebszweigen (z. B. Futterbau, Dauerkulturen) sind diese Aspekte nicht ungewöhnlich. Die Anlage einer Plantage erfordert zu Beginn vergleichsweise hohe Investitionen. Landwirtschaftliche Betriebe, die nicht über entsprechendes Geldkapital verfügen, sind somit benachteiligt. In diesem Zusammenhang bewerteten die Befragten die fehlende Verfügbarkeit von Geldkapital als negativ.

Mit dem Energieholzanbau assoziierten die Landwirte ein geringes betriebliches Wertschöpfungspotenzial, da die praktische Umsetzung der einzelnen Verfahrensabschnitte (z. B. Anbau, Ernte) aufgrund mangelnder Technologie, Erfahrungen und Wissen häufig nicht durch Eigenleistung im Betrieb erfolgen kann. Dienstleistungsunternehmen müssten daher für die Ausführung der anfallenden Arbeiten beauftragt werden. Dieser Umstand wurde negativ beurteilt.

Die Befragten stuften die langfristige Auswirkung von Verfahrensfehlern bei der Bewirtschaftung von Kurzumtriebsplantagen als Nachteil ein. Im Vergleich dazu können bei Ackerkulturen Bewirtschaftungsfehler schon innerhalb eines Jahres behoben und so Verluste verringert werden.

Für die Landwirte stellten die Standortsansprüche schnellwachsender Gehölze wie Pappel und Weide einen Nachteil dar, da sie davon ausgehen, dass die Gehölze nur auf guten Standorten (hohe Ackerwertzahl und gute Wasserführung) hohe Erträge bringen. Die Eigenschaften des Produktionsmittels Gehölze fanden somit bei der Einschätzung Beachtung.

Den Arbeitsaufwand für Pflege und Pflanzenschutz nahmen die Landwirte unterschiedlich wahr. Die Angaben reichten von „niedriger bzw. kein Aufwand" bis „hoher Aufwand". Die Urteile fielen dementsprechend positiv bzw. negativ aus. Die arbeitsintensive Rückumwandlung der Flächen war aus landwirtschaftlicher Sicht ein Nachteil, der als gering bzw. nicht vorhanden wahrgenommene Arbeitsaufwand für die Düngung hingegen vorteilhaft.

Faktor Technologie

Neben wirtschaftlichen Kriterien fanden technologische Aspekte bei der Beurteilung des Energieholzanbaus Beachtung. Die Aussagen beziehen sich auf die einzelnen Verfahrensabschnitte Anbau, Pflege und Pflanzenschutz, Ernte, Holzlagerung und Rückumwandlung sowie die Technik.

Für die Landwirte stellte die Flächenentnahme für den Plantagenanbau aus der typischen Fruchtfolge einen Nachteil dar.

Den Einsatz von chemischen Pflanzenschutzmitteln erachteten die Gesprächspartner als erforderlich und beurteilten diesen negativ. Positiv sahen die Landwirte die Ernte im Winter, da landwirtschaftliche Unternehmen in diesem Zeitraum meist über freie Arbeitskapazitäten verfügen. Die Bereitstellung von Holzlagerungsmöglichkeiten, die erforderliche Rückumwandlung von KUP auf gepachteten Flächen sowie fehlende Erntetechnik stellten für die Landwirte Nachteile dar.

Faktoren Ökologie, Erfahrungen/Wissen und Standort

Die Landwirte meinten, dass mit dem Energieholzanbau die Bodenqualität generell erhalten und verbessert wird, eine Humusanreicherung stattfindet und keine Nährstoffe ausgewaschen werden. Diese Wahrnehmungen bewerteten sie als Vorteile. Es wurde kritisch angemerkt, dass aufgrund verbleibender Holzrückstände von einer eingeschränkten Bodenfruchtbarkeit auf den Flächen in den ersten Jahren nach der Beseitigung der Gehölze auszugehen ist.

Nach Ansicht der Landnutzer hemmen den Energieholzanbau insgesamt mangelnde Erfahrungen und fehlendes Wissen in Bezug auf die Bewirtschaftung von Kurzumtriebsplantagen. Als Nachteile betrachteten sie außerdem negative Erfahrungen mit der Bewirtschaftung neu eingeführter Kulturen (z. B. Hanf) sowie mit öffentlichen Institutionen (Naturschutzbehörden) im Umfeld.

Ungünstige Standortsverhältnisse auf Wirtschaftsflächen des Betriebes (z. B. sandige Böden) sowie die einseitige langfristige Flächenbewirtschaftung stellten für die Befragten ebenfalls negative Aspekte dar.

19.2.3
Einflussfaktoren im Bereich Mikroumwelt

Faktor Markt

Die wichtigsten relevanten Indikatoren zum Faktor Markt sind die Kosten, die Produktvermarktung, der Agrarmarkt sowie die allgemeine Wirtschaftlichkeit.

Anbau und Rückumwandlung von KUP verbinden die Landwirte mit hohen Kosten und urteilten negativ darüber. Die Rückumwandlung der Flächen wurde aufgrund der schwierigen Beseitigung der Baumwurzeln als kostenintensiv eingeschätzt. Hingegen bewerteten die Bauern die Verwendung des produzierten Holzes als Brennstoff im lokalen Umfeld als positiv. Heizkosten lassen sich somit einsparen und Betriebskosten insgesamt reduzieren.

Für Landwirte ohne Interesse am Eigenverbrauch des produzierten Holzes war die Produktvermarktung ein wichtiges Kriterium. Die Vermarktungsmöglichkeiten waren aus Sicht der Landnutzer zum Befragungszeitpunkt nicht geklärt und wurden deshalb negativ bewertet. Die gegenwärtig hohe Nachfrage des Rohstoffs Holz sowie die Holzeigenschaften (vielfältige Verwertungsmöglichkeiten, Energiegehalt) werteten die Befragten als Vorteile.

Im Energieholzanbau sahen die Gesprächspartner weiterhin eine Möglichkeit, sich vom Agrarmarkt unabhängig zu machen, die sie positiv beurteilten. Bei dieser Einschätzung ist zu beachten, dass zum Befragungszeitpunkt die Preise für landwirtschaftliche Produkte wie Getreide oder Ölfrüchte im Vergleich zu heute gering und die Kosten für fossile und nachwachsende Energieträger tendenziell angestiegen waren. Die Wirtschaftlichkeit im Allgemeinen (keine Spezifizierung) stuften die Befragten als fehlend bzw. schwach ein und urteilten negativ darüber.

Faktoren Technologie und Öffentlichkeit

Die Landwirte bewerteten den hohen Mechanisierungsgrad des Produktionsverfahrens bei KUP sowie die Chance, Arbeitsplätze zu schaffen, wenngleich auch in geringer Anzahl, positiv.

19.2.4
Einflussfaktor Recht/Politik im Bereich Makroumwelt

Der Erhalt des rechtlichen Status „landwirtschaftliche Nutzfläche" beim Anbau von schnellwachsenden Gehölzen wurde als unbedingt notwendige Voraussetzung angesehen. Allerdings ist der Energieholzanbau derzeit durch die unscharfe Abgrenzung von Forst- und Landwirtschaft mit rechtlichen Unsicherheiten belastet (Knur & Murach 2008). Die allgemeinen politischen und rechtlichen Rahmenbedingungen wurden als unstetig und hinsichtlich der Einführung dieser neuen Landnutzungsform negativ bewertet. Dagegen sahen die Landwirte die vorhandene Unterstützung nachwachsender Rohstoffe seitens der Politik für den Energieholzanbau positiv.

19.2.5
Akzeptanz oder Ablehnung?

Von den elf Gesprächspartnern beurteilten den Energieholzanbau insgesamt sechs Personen positiv, vier Personen negativ und bei einem Gesprächspartner fiel das Gesamturteil indifferent aus. Die Mehrheit der Gesprächspartner akzeptierte demnach den Anbau von Baumplantagen auf landwirtschaftlichen Flächen. Diese positive Beurteilung von KUP ist eine wichtige Voraussetzung, aber keine Garantie für eine positive Anbauentscheidung.

19.3
Fazit

Die Untersuchungsergebnisse lassen aufgrund des geringen Stichprobenumfangs keine verallgemeinernden Aussagen zu, zeigen aber, welche Faktoren für die Landwirte bei der Beurteilung des Energieholzanbaus eine Rolle spielen und wie diese Faktoren wahrgenommen werden. Sie bilden damit eine gute Grundlage für weiterführende repräsentative Erhebungen.

Landwirte beurteilen den Energieholzanbau hauptsächlich anhand von Faktoren des Betriebes sowie des Bereiches Mikroumwelt. Diese Faktoren können von den Landwirten selbst beeinflusst werden. Für die Einführung von KUP ist diese Tatsache positiv zu bewerten, da hemmenden Faktoren der Bereiche Betrieb und Mikroumwelt leichter begegnet werden kann als Barrieren auf Makroebene.

Nachfolgend werden anhand der Einflussfaktoren der drei Bereiche Landwirtschaftlicher Betrieb sowie Mikro- und Makroebene Möglichkeiten aufgezeigt, die Akzeptanz von KUP zu steigern (siehe Abbildung 19.3).

Landwirtschaftlicher Betrieb

Die Landwirte haben sich kritisch mit dem Energieholzanbau auseinandergesetzt, wobei sie einzelne Aspekte unterschiedlich wahrnehmen und bewerten. Ursachen hierfür sind vor allem fehlende Erfahrungen und lückenhaftes Wissen.

Technologische Aspekte werden überwiegend nachteilig empfunden. Dieser Umstand ist auf die Erprobungsphase, in der sich diese Landnutzungsform be-

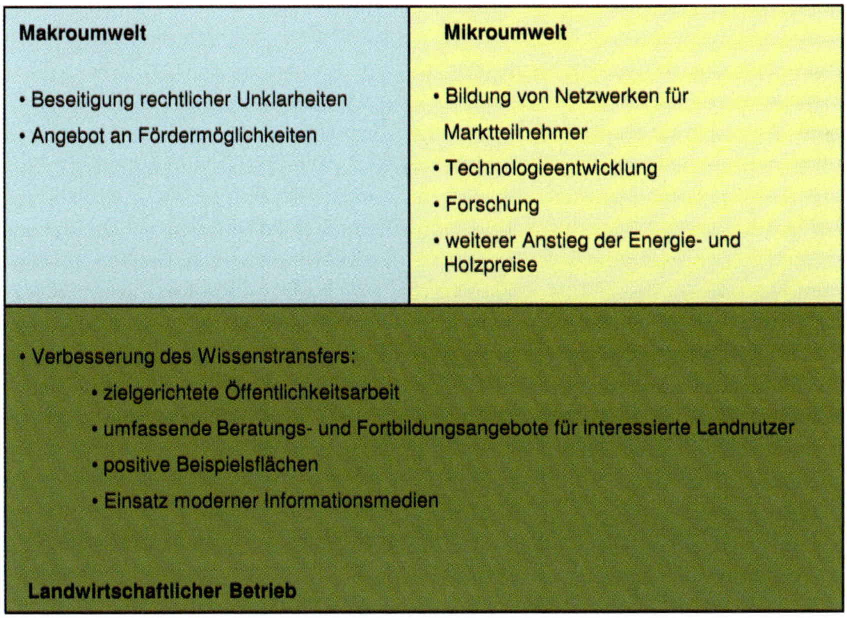

Abb. 19.3 Möglichkeiten der Akzeptanzsteigerung bei landwirtschaftlichen Betrieben.

findet, zurückzuführen. Einzelne Verfahrensabschnitte sowie die notwendige Technik (z. B. Erntetechnik) sind noch nicht ausgereift bzw. noch nicht ausreichend in der Praxis erprobt. Die bestehende Unsicherheit bei den Landnutzern drückt sich auch in der Wahrnehmung ökonomischer Aspekte aus, da betriebswirtschaftliche Kalkulationen vom angewendeten Verfahren sowie der eingesetzten Technik abhängen.

Um die Beurteilung der Faktoren Erfahrungen/Wissen, Technologie und Ökonomie zu verbessern, ist es deshalb erforderlich, mehr Erfahrungen bei der praktischen Umsetzung zu sammeln und diese in Verbindung mit aktuellen wissenschaftlichen Erkenntnissen an potenzielle Interessenten zu vermitteln. Die Verbesserung des Wissenstransfers kann durch eine vermehrte und zielgerichtete Öffentlichkeitsarbeit, umfassende Beratungs- und Fortbildungsangebote, moderne Informationsmedien (z. B. Internetportal Energieholz) sowie positive Beispielsflächen erreicht werden. Besonders zu ökonomischen und technologischen Fragestellungen sind vertiefende Forschungen und entsprechende Entwicklungsvorhaben notwendig.

Die natürlichen Standortbedingungen in den Betrieben lassen sich nur schwer beeinflussen. Auf Flächen, die für den Pappel- und Weidenanbau ungeeignet sind, sollte der Anbau alternativer Baumarten geprüft werden. Trockene und sandige Böden könnten beispielsweise mit Robinie bepflanzt werden. Die Züchtung standortangepasster Sorten sowie Empfehlungen von geeigneten und verfügbaren Baumarten und Gehölzen können derzeitige Ungunst-Standorte zukünftig für den Energieholzanbau interessant werden lassen.

Mikroebene

Aufgrund des enormen Preisanstiegs bei herkömmlichen landwirtschaftlichen Produkten seit 2007 ist die landwirtschaftliche Holzproduktion aus betriebswirtschaftlicher Perspektive derzeit nicht konkurrenzfähig (Kröber *et al.* 2008). Dennoch kann die Eigenverwertung des Energieholzes für einige Betriebe sinnvoll sein (z. B. Beheizung von Betriebsgebäuden, Auslastung von Arbeitskräften) und sollte überprüft werden. Ein weiterer Anstieg der Energie- und Holzpreise sowie veränderte Preis- und Mengenentwicklungen auf Agrarmärkten können sich jedoch vorteilhaft auf die Bewertung von KUP auswirken. Es ist anzunehmen, dass die derzeit hohen Kosten für die Begründung und die Rückumwandlung von KUP bei steigender Nachfrage nach Produktionsmitteln (z. B. Steckhölzern, Technik) und Dienstleistungen langfristig sinken werden.

Um Landwirten konkrete Vermarktungsmöglichkeiten bzw. potenzielle Abnahmepartner aufzuzeigen, ist die Bildung von Netzwerken für Produzenten und Produktabnehmer zu unterstützen.

Makroebene

Rechtliche und politische Rahmenbedingungen, die kaum von landwirtschaftlichen Betrieben beeinflusst werden können, bestimmen deren Entscheidungsspielräume zum Teil erheblich (z. B. rechtlicher Status von Energieholzplantagen). Die Veränderung dieser Bedingungen kann die Akzeptanz von KUP erhöhen. Die noch bestehenden rechtlichen Unklarheiten beim Energieholzanbau gilt es daher zu beseitigen, damit unentschlossene Landnutzer sowie Landwirte, die bereits versuchsweise eine KUP angelegt haben, sich auch langfristig für diese Landnutzungsform entscheiden.

Eine finanzielle Förderung des Energieholzanbaus erleichtert Landwirten die Entscheidung für die flächenmäßige Einführung bzw. für die Anlage von Versuchsflächen. In Sachsen und Brandenburg werden die Etablierungskosten von KUP seit 2007 anteilmäßig gefördert (Knur & Murach 2008).

19.4
Zusammenfassung

Für die Anlage von KUP auf landwirtschaftlichen Flächen spielt die Akzeptanz des Produktionsverfahrens bei den Landwirten eine wichtige Rolle, da ohne deren Zustimmung Energieholzanbau nicht stattfindet. Ausgehend von einer mündlichen Umfrage bei elf Landwirten aus Sachsen und Brandenburg wurden die Faktoren Ökonomie, Markt, Technologie, Erfahrungen/Wissen, Ökologie, Recht/Politik, Standort und Öffentlichkeit ermittelt, die für die Beurteilung des Energieholzanbaus eine Rolle spielen. Sie lassen sich den Bereichen Landwirtschaftsbetrieb sowie Mikro- und Makroumwelt zuordnen, die von den Betrieben unterschiedlich beeinflussbar sind. Die Ausprägungen der Faktoren werden von den Landwirten verschieden wahrgenommen und bewertet. Für die Landwirte sind vor allem wirtschaftliche (z. B. langfristige Geldkapitalbindung) und technologische (z. B. Pflege und Pflanzenschutz) Aspekte bedeutsam, auf die sie Einfluss ausüben können. KUP wurden von sechs Gesprächspartnern akzeptiert, vier lehnten sie ab. In Abhängigkeit von den drei Bereichen (Landwirtschaftlicher Betrieb, Mikro- und Makroumwelt) werden verschiedene Möglichkeiten aufgezeigt, die Akzeptanz des Energieholzanbaus zu steigern (z. B. im Bereich Mikroumwelt durch Technologieentwicklung und Netzwerkbildung). Die gewonnenen explorativen Untersuchungsergebnisse lassen keine Verallgemeinerungen zu.

Literatur

Binsack, M. 2003: Akzeptanz neuer Produkte. Vorwissen als Determinante des Innovationserfolgs. Dt. Univ.-Verl., Wiesbaden, 359 S.

Hoffmann, F. 1980: Führungsorganisation Band I. Stand der Forschung und Konzeption. Mohr, Tübingen, 618 S.

Hungenberg, H., Wulf, T. 2006: Grundlagen der Unternehmensführung. Springer, Berlin, 421 S.

Knur, L., Murach, D. 2008: Agrarholzproduktion in der Landwirtschaft – der rechtliche Weg ebnet sich. Forst und Holz 63 (5): 30–33

Kröber, M., Heinrich, J., Wagner, P. 2008: Energieholzanbau aus der Sicht des Landwirts – dafür oder dagegen? Einflüsse betrieblicher und regionaler Rahmenbedingungen auf die Entscheidung zur Anlage von Kurzumtriebsplantagen. Cottbuser

Schriften zur Ökosystemgenese und Landschaftsentwicklung 6: 1–14

Mayring, P. 2003: Qualitative Inhaltsanalyse. Grundlagen und Techniken. Beltz (UTB), Weinheim, 135 S.

Rentsch, G. 1988: Die Akzeptanz eines Schutzgebietes. Untersucht am Beispiel der Einstellung der lokalen Bevölkerung zum Nationalpark Bayerischer Wald. Münchener Geographische Hefte, Band 57, Laßleben, Kallmünz/Regensburg, 87 S.

Rogers, E.M. 2003: Diffusion of innovations. Free Press, New York, 551 S.

Skodawessely, C., Glaser, T., Pretzsch, J., Schmidt, P.A. 2008: Einstellungen von Landwirten und Naturschutzverbänden zu Kurzumtriebsplantagen. Schweiz Z Forstwes. 159: 132–138

20
Agrarholzanbau: Quo vadis – Ein Ausblick auf die Zukunft des Agrarholzanbaus

Dieter Murach

Wir haben in 19 Kapiteln verschiedene Aspekte des Agrarholzanbaus näher betrachten können und dabei viele neue Informationen bekommen. Nun stehen wir vor der Aufgabe, diese Fülle zu einem Gesamtbild zusammenzustellen, das uns einen Ausblick in die Zukunft des Agrarholzanbaus gewährt. Lassen Sie uns den Ausblick mit einem Rückblick beginnen, in dem wir noch einmal die wichtigsten Fakten für die Agrarholzperspektive skizzieren.

Für den Landwirt von grundlegender Bedeutung ist zunächst, dass Agrarholz nach unserer augenblicklichen strikten dualen Unterteilung der Biomasseproduktionssysteme zu der Landwirtschaft und nicht zu der Forstwirtschaft gehört. Das hat für ihn vor allem finanzielle Auswirkungen, da die Landwirtschaft im Gegensatz zur Forstwirtschaft, unabhängig von der Bewirtschaftung, eine Flächenprämie von etwa 300 €/ha bekommt. Es ist davon auszugehen, dass die Unebenheiten der **rechtlichen Rahmenbedingungen**, die den Agrarholzanbau in der Praxis momentan noch etwas belasten, bald ausgeräumt werden können und in der Zukunft dann keine unüberwindlichen Hürden mehr darstellen werden.

Die **ökologischen Vorteile des Agrarholzanbaus** im Vergleich zu den annuellen Kulturen sind unumstritten. Bessere Energie- und Kohlenstoffbilanzen, geringere Erosionsgefahr, weniger Chemieeinsatz, weniger Bodenbearbeitung, bessere Biotoperhaltung sprechen für sich. Die Risiken hinsichtlich des Wasserhaushaltes (geringere Sickerwasserbildung) und des Landschaftsbildes (hohe Kulissen), die mit dem Anbau von Agrarholz in Verbindung gebracht werden können, lassen sich durch raumordnungspolitische Vorgaben leicht begrenzen. Es kommt hierbei auf den Einzelfall, d.h. auf die naturräumlichen Gegebenheiten an, da die Ausprägungen dieser Risiken ganz wesentlich vom Standort bestimmt werden.

So sind z. B. die Auswirkungen des Agrarholzanbaus im Tiefland, wo für die Ausweitung der traditionellen landwirtschaftlichen Produktion oft großflächig entwässert wird (in Brandenburg gibt es z. B. über 30 000 km Entwässerungsgräben), ganz anders zu beurteilen als auf trockenen grundwasserfernen Standorten. KUP kann viel besser hohe Grundwasserstände und Überstauungen ertragen als annuelle Kulturen. Daher braucht der Grundwasserspiegel bei KUP im Frühjahr nicht so stark abgesenkt zu werden, wir brauchen also weniger Entwässerungsgräben und können damit einen höheren Wasserverbrauch möglicherweise

Anbau und Nutzung von Bäumen auf landwirtschaftlichen Flächen.
Herausgegeben von T. Reeg, A. Bemmann, W. Konold, D. Murach und H. Spiecker
Copyright © 2009 WILEY-VCH Verlag GmbH & Co. KGaA, Weinheim
ISBN: 978-3-527-32417-0

durch eine geringere Gebietsentwässerung kompensieren. Zudem kann in hängigem Gelände der Vorteil der niedrigeren unproduktiven Verdunstung (Interzeption) bei den annuellen Kulturen durch einen höheren Oberflächenabfluss (Erosion) in der vegetationslosen Zeit zunichte gemacht werden. Auch sollte berücksichtigt werden, dass der Wasserverbrauch von KUP zwar höher ist als bei annuellen Kulturen, aber immer noch geringer als bei unseren Wäldern oder dem Grünland.

Fraglich ist allerdings, ob die ökologischen Vorteile des Agrarholzanbaus von der Politik auch monetär gewürdigt werden, damit sie nicht nur der Gesellschaft, sondern auch dem produzierenden Landwirt zugute kommen.

Bei der **Maschinentechnik** merkt man am besten, dass den Agrarholzbereich eine deutlich spürbare Dynamik erfasst hat. Zwar handelt es sich häufig immer noch um Prototypen oder Spezialanfertigungen, die auf dem Markt sind, aber die Zahl der Neuentwicklungen nimmt zu und es erscheint außer Zweifel, dass der Markt in diesem Sektor schnell auf eine steigende Nachfrage reagieren kann.

Bei der **Ökonomie des Agrarholzanbaus** müssen wir genauer hinschauen. Die Ergebnisse von *Dendrom* und *Agrowood* konnten zeigen, dass die Ökonomie des Agrarholzanbaus aus der Sicht des Landwirts entscheidend von der Entwicklung der Preisrelationen zwischen annuellen Kulturen und KUP und den Massenerträgen der KUP, also dem Standort bestimmt werden. Die Schätzungen beider Größen sind mit großen Unsicherheiten behaftet. Spekulationen im Agrarbereich haben in letzter Zeit zu drastischen Preissprüngen in beide Richtungen geführt, die eine langfristige Prognose erschweren. Sollen wir die momentanen Preise ansetzen (*Agrowood*) oder Szenarien mit OECD/FAO-Werten (*Dendrom*) rechnen? Die unsichere Datengrundlage für die Massenertragsschätzungen ist dagegen auf die Versäumnisse der Forschungspolitik in den vergangenen Jahren im Agrarholzbereich zurückzuführen. Langfristige Messreihen in der Dichte wie sie für alle annuellen Biomasseträger vorliegen, fehlen bei den KUP vollständig. Weder gibt es in Deutschland für die gesamte Standortbreite noch für die verfügbaren Sorten und Klone hinreichend genaue Daten, die dem Landwirt eine sichere Ertragsschätzung ermöglichen. Hinzu kommen noch sozioökonomische Restriktionen des Agrarholzanbaus, die u. a. in der mangelnden Vertrautheit mit dem neuen Landnutzungssystem, engen Liquiditätsgrenzen und den notwendigen kritischen Anbaugrößen zur Amortisierung der Spezialmaschinen liegen. Die Holzpreise werden sich in der nächsten Zeit wohl nicht so deutlich von den Agrarpreisen absetzen, dass sich diese (sozio)ökonomischen Vorgaben für die landwirtschaftlichen Betriebe in den nächsten Jahren deutlich ändern werden. Ganz im Gegenteil hat sich der Holzmarkt in diesem Jahr durch die Wirtschaftkrise in den USA in Deutschland stark beruhigt, von Holzknappheit ist momentan daher keine Rede mehr. Es scheint also zurzeit nicht besonders gut für einen Einzug der Agrarholzproduktion in die landwirtschaftliche Praxis auszusehen.

Aber es wäre fatal, wenn wir aus der kurzfristig ausgerichteten Perspektive eines landwirtschaftlichen Betriebes eine düstere Zukunft für den Agrarholzanbau ableiten würden und die Agrarholzforschung wieder in den Dornröschenschlaf der vergangenen Jahrzehnte fallen ließen. Denn die **Zukunftsoptionen** sind klar: Holz wird langfristig der wichtigste Ersatz für fossilen Kohlenstoff werden. Holz ist aufgrund seiner Multifunktionalität auf dem Weg, zu einem der wichtigsten regenerativen Kohlenstoffträger der Zukunft für die Energiewirtschaft und die chemische Industrie zu werden. Dendromasse wird fossilen Kohlenstoff ersetzen, da sie eine ausgezeichnete Klimabilanz hat. Zudem geht die Holzproduktion sparsam mit den Ressourcen um, ist am wenigsten umweltschädlich und wird von der Industrie genauso wertgeschätzt wie vom Umweltschutz. Holz steht nicht in unmittelbarer Konkurrenz zur Nahrungsmittelproduktion und hat zudem am ehesten von allen Biomasseträgern auch das Potential, Brache in Wert zu setzen, von der wir weltweit mehr als genug haben. Die Schätzungen liegen zwischen 200 Mio. und 1 Mrd. Hektar nach dem Gutachten des Wissenschaftlichen Beirats der Bundesregierung Globale Umweltveränderungen aus dem Jahr 1998.

Aber gibt es auch eine **Perspektive für den Agrarholzanbau in Deutschland?**

Man kann wohl berechtigterweise davon ausgehen, dass es in der nächsten Zeit zumindest in Teilen von Deutschland zu einem deutlichen Anstieg der KUP-Anpflanzungen kommen wird, und zwar nicht in erster Linie durch landwirtschaftliche Betriebe, sondern durch die Industrie und Investoren mit langfristiger Perspektive. Diese haben die Zukunftsoptionen, die im Holz stecken, bereits erkannt und sind weit weniger von kurzfristigen Entwicklungen abhängig als landwirtschaftliche Betriebe. Sie können Risiken besser managen, die notwenigen Investitionen für die Maschinentechnik und kritische Anbaugrößen einfacher realisieren und sie haben keine entsprechenden Liquiditätsprobleme wie die viel kleineren landwirtschaftlichen Betriebe. Trotzdem sind natürlich auch sie bei ihren Entscheidungen auf günstige Standorte angewiesen, wo Agrarholz zumindest langfristig eine ökonomische Chance gegenüber annuellen Kulturen hat und wo das entsprechende Land zur Produktion von KUP auch verfügbar ist.

Beide Optionen treffen für Brandenburg zu. Hier gibt es noch nicht privatisierte landwirtschaftliche Flächen mit ausgezeichneten standörtlichen Voraussetzungen für den Agrarholzanbau: relativ arme Oberböden mit Grundwasser im tieferen Untergrund. Hier kann das Wasser zwar von den tief wurzelnden mehrjährigen Bäumen, nicht aber von flacher wurzelnden annuellen Kulturen erreicht werden. Letztere müssen mit den kargen Niederschlägen und der geringen Wasserspeicherfähigkeit der Sandböden auskommen. Diese Unterschiede in der Wasserverfügbarkeit führen zu deutlichen Ertragsunterschieden in der Biomasseproduktion und den Erlösen im Vergleich zu besseren Standorten mit ökonomischen Vorteilen zugunsten des Agrarholzes.

Wenn die Politik den landwirtschaftlichen Betrieben in dieser Lage eine Chance zur Diversifizierung und Einkommensverbesserung geben will, dann muss sie sie möglichst schnell mit einer sicheren Datengrundlage bei den Ertragsprognosen und Risikoabschätzungen für die notwendigen ökonomischen Entscheidungen versorgen. Beides verlangt zusätzliche standortsbezogene Forschungen. Nicht in Grundsatzfragen, da wir das Agrarholz-Management weitgehend beherrschen, aber in ökonomisch relevanten Bereichen. Wir brauchen vor allem Demonstrations- und Pilotprojekte, um praxisrelevante, ökonomische Daten ermitteln zu können und um interessierten Landwirten vor Ort auch eine angepasste Technik zur Verfügung stellen zu können. Damit kann die Aktivierungsenergie für den Implementierungsprozess in die bestehenden landwirtschaftlichen Betriebe deutlich herabgesetzt werden.

Wir brauchen daher nicht nur eine Forschung zur Nachhaltigkeit, sondern auch eine nachhaltige Forschung auf dem Agrarholzsektor, es geht schließlich um einen Zukunftsrohstoff: Holz.

Teil 2:
Agroforstsysteme

Anbau und Nutzung von Bäumen auf landwirtschaftlichen Flächen.
Herausgegeben von T. Reeg, A. Bemmann, W. Konold, D. Murach und H. Spiecker
Copyright © 2009 WILEY-VCH Verlag GmbH & Co. KGaA, Weinheim
ISBN: 978-3-527-32417-0

21
Überblick über den Stand der Forschung zu Agroforstsystemen in Deutschland

Holger Grünewald und Tatjana Reeg

21.1
Was sind Agroforstsysteme und welche Vorteile können sie bieten?

Agroforstwirtschaft ist eine Form der Landnutzung, bei der der Anbau mehrjähriger verholzender Pflanzen mit dem Anbau von annuellen Pflanzen oder der Nutzung von Grünland auf derselben Fläche kombiniert wird. Durch die gezielte Wahl der räumlichen Anordnung und zeitlichen Abfolge der unterschiedlichen Elemente eines Agroforstsystems können positive ökonomische und ökologische Wechselwirkungen zwischen Bäumen und Sträuchern einerseits und landwirtschaftlichen Kulturen und Nutztieren andererseits gefördert werden. Obwohl prinzipiell auch ein Wechsel von landwirtschaftlicher Nutzung und Gehölzanbau innerhalb kurzer Zeitabstände als Agroforstsystem zählt, beziehen sich die folgenden Ausführungen auf Systeme, in denen beide Komponenten zur gleichen Zeit auf der gleichen Fläche vorkommen.

Agroforstsysteme gehörten in der Vergangenheit auch in Deutschland zur Agrarlandschaft, beispielsweise in Form von Heckenlandschaften, Streuobstwiesen oder Waldweide (Herzog 1997, Eichhorn *et al.* 2006). Im Zuge der Industrialisierung und Spezialisierung in der Landwirtschaft kam es zunehmend zu einer Trennung der Nutzungen. Entsprechend sind Agroforstsysteme des gemäßigten Klimas bis auf wenige Ausnahmen bis in die 1990er Jahre kein Gegenstand der Forschung in Deutschland gewesen.

Seit mehreren Jahrzehnten werden Agroforstsysteme jedoch auch für gemäßigte Breiten wieder verstärkt diskutiert, da sie aufgrund ihrer Multifunktionalität in ökologischer und ökonomischer Hinsicht Vorteile bringen können und das Potenzial haben, mehrere der heutigen Landnutzungsansprüche gleichzeitig zu realisieren. So bieten sie z. B. die Möglichkeit, auf ein und derselben Fläche sowohl stark nachgefragte holzartige Bioenergieträger als auch Nahrungsmittel zu produzieren. Außerdem kann das Produktspektrum der Landwirtschaft durch sie um hochwertige Holzsortimente erweitert werden. Zusätzlich gehen von Agroforstsystemen positive Wirkungen für die abiotische und biotische Umwelt aus.

In den Tropen und Subtropen sind Agroforstsysteme bereits umfangreich untersucht worden. Dabei wurde die Abhängigkeit ihrer Vorteilswirkungen vom

Anbau und Nutzung von Bäumen auf landwirtschaftlichen Flächen.
Herausgegeben von T. Reeg, A. Bemmann, W. Konold, D. Murach und H. Spiecker
Copyright © 2009 WILEY-VCH Verlag GmbH & Co. KGaA, Weinheim
ISBN: 978-3-527-32417-0

Standort (Klima, Boden), der landwirtschaftlichen Kultur und Baumart sowie vom Systemdesign (Anordnung der Bäume, Abstände etc.) herausgearbeitet. Auch unter den Bedingungen Mitteleuropas können standörtlich angepasste Agroforstsysteme einen Beitrag zur Bereitstellung von nachwachsenden Rohstoffen und Nahrungsmitteln leisten. So geht aus Untersuchungen, u. a. in Frankreich und Großbritannien, hervor, dass zielorientiert angelegte Agroforstsysteme die gleichen positiven Auswirkungen entfalten können, die für tropische und subtropische Bedingungen berichtet wurden:

- nachhaltig sicherere oder höhere Erträge durch optimale Nutzung der Wachstumsfaktoren (Ong *et al.* 1996, Schroth 1999, Dupraz *et al.* 2005),
- Erhöhung der Biodiversität (Schroth *et al.* 2004, Rois-Díaz *et al.* 2006),
- positive Auswirkungen auf das Mikroklima (Kort 1988, Lucke *et al.* 1992, Ong & Sinclair 1997),
- Erosionsschutz und Schutz der organischen Bodensubstanz (Kiepe 1995, Young 1997, Palma 2006),
- Umverteilung von Nährstoffen aus tieferen Bodenschichten über die Blattstreu (Muthuri *et al.* 2005, Swamy *et al.* 2006),
- geringere Anfälligkeit der landwirtschaftlichen Kulturen gegen Krankheiten, Schädlinge und klimatischen Stress (Jose *et al.* 2004, Sperber *et al.* 2004, Diemont & Martin 2005),
- positive Auswirkungen auf Weidetiere (Teklehaimanot & Sinclair 2002).

21.2
Agroforstsysteme für die Energie- und die Wertholzproduktion

Bei der Anlage von Agroforstsystemen ist es von grundlegender Bedeutung, die gewünschten Produkte zu definieren. So unterscheiden sich Systeme für die Produktion von Energieholz wesentlich von denen für die Produktion von Wertholz. Der Anbau schnellwachsender Bäume für die Produktion von Energieholz kann in sogenannten Alley-Cropping-Systemen erfolgen. Dabei werden die Bäume in Streifen angebaut, die auf Ackerflächen integriert werden. Die Ausrichtung und Abstände von Baum- und Ackerstreifen werden so gewählt, dass eine mechanisierte Bearbeitung bei Umtriebszeiten der Bäume von maximal 10 Jahren erfolgen kann. Diese Anbauform stellt eine Ergänzung zu den in diesem Buch ausführlich behandelten Kurzumtriebsplantagen dar.

Eine weitere Form der Agroforstwirtschaft stellt die Wertholzproduktion (d. h. Erzeugung hochwertiger Holzsortimente mit bestimmten Ansprüchen an Dimension und Qualität) vor allem mit verschiedenen Laubbaumarten dar. Hier werden einzelne Bäume mit Umtriebszeiten von 50–70 Jahren in weiten Abständen auf Acker- oder Grünlandflächen gepflanzt.

Eine Variante, die Energie- und Wertholzproduktion verbindet, sind Alley-Cropping-Systeme, bei denen auf den Baumstreifen Wertholzproduktion erfolgt, während die Ackerstreifen für den Anbau schnellwachsender Bäume zur Biomasseproduktion genutzt werden.

21.3
Forschung zu Agroforstsystemen mit Energieholzproduktion

Erste Arbeiten zum Anbau schnellwachsender Gehölze in Agroforstsystemen wurden in Deutschland Mitte der 1990er Jahre begonnen. Unter der wissenschaftlichen Betreuung der Technischen Universität Cottbus wurden in Kooperation mit dem Bergbauunternehmen Vattenfall Europe Mining AG auf einer Rekultivierungsfläche des Braunkohlebergbaus in Südbrandenburg Baumstreifen mit Pappel, Robinie und Weide in Kombination mit Ackerkulturen wie Roggen oder Luzerne angelegt (Grünewald 2005). Die Auswertung der dort durchgeführten Untersuchungen zu ökologischen Aspekten des Anbaus schnellwachsender Baumarten in Alley-Cropping-Systemen erfolgte im Rahmen des BMBF-Projekts *Dendrom*. Damit konnte dem in diesem Projekt untersuchten Anbau schnellwachsender Bäume in Kurzumtriebsplantagen eine aus ökologischer Sicht interessante Alternative vergleichend gegenübergestellt werden.

Die Ergebnisse belegen, dass durch die windbremsende Wirkung der Baumstreifen die Menge des zur Verfügung stehenden Bodenwassers in den Ackerstreifen zunimmt. Mit Blick auf den prognostizierten Klimawandel können Agroforstsysteme damit gerade unter extremen Bedingungen positive Auswirkungen auf die Ertragssicherheit von landwirtschaftlichen Ungunst-Standorten haben.

Weiterhin zeigte sich, dass unter den marginalen Standortsbedingungen, wie sie die Bergbaufolgelandschaften bieten, die Robinie gegenüber anderen in Frage kommenden Baumarten deutliche Vorzüge aufweist. Wesentlich ist dabei ihre Fähigkeit, auch bei geringer Wasser- und Nährstoffverfügbarkeit noch vergleichsweise hohe Erträge zu erbringen. Für Agroforstsysteme ist darüber hinaus jedoch entscheidend, dass Bäume und landwirtschaftliche Kulturen nicht um die gleichen Ressourcen konkurrieren. So muss die Robinie als Luftstickstoff fixierende Pflanze nicht mit den Ackerkulturen um Stickstoff (N) konkurrieren. Zudem trägt sie zur Anreicherung des Standorts mit N bei, wovon auch das Wachstum der assoziierten Ackerkulturen profitieren kann.

Obwohl durch Bäume und Ackerkulturen die gleichen Bodenschichten durchwurzelt wurden, ergaben sich insgesamt aus den Wechselwirkungen zwischen Baum- und Ackerstreifen keine negativen Effekte (Grünewald *et al.* 2007). Das komplexe Wechselspiel zwischen allen Komponenten eines Agroforstsystems (Bäume/Sträucher, landwirtschaftliche Kulturen, räumliche Anordnung, zeitliche Dynamik) und dessen Auswirkungen auf ökologische Leistungen und Flächenproduktivität unter mitteleuropäischen Verhältnissen ist bislang jedoch wenig bekannt. Hier besteht noch erheblicher Forschungsbedarf.

Eine positive Wirkung der durch das Alley-Cropping-System erhöhten Struktur-vielfalt konnte für die Artendiversität der Laufkäfer nachgewiesen werden (Grü-newald *et al.* 2005). Vorbehaltlich der Untersuchung weiterer Organismengrup-pen wurde damit die Hypothese bestätigt, dass Alley-Cropping-Systeme mit schnellwachsenden Baumarten, die in kurzen Umtriebszeiten bewirtschaftet wer-den, rein strukturell ein künstlich stabilisiertes Sukzessionsstadium darstellen, das strukturbedingt durch eine im Vergleich zur herkömmlichen Agrarlandschaft hohe Biodiversität gekennzeichnet ist.

Dieses erste Projekt, das nach 10-jähriger Untersuchungsdauer beendet wurde, ließ aufgrund der geringen, nicht praxisrelevanten Flächengröße nur einge-schränkte Aussagen zur praktischen Umsetzung agroforstlicher Konzepte im ge-mäßigten Klima zu. Als Nachfolgeprojekt wurde daher im Jahr 2007 auf einer ehemaligen Tagebaufläche im Süden Brandenburgs in Zusammenarbeit mit einem Landwirtschaftsbetrieb ein praxisnahes Alley-Cropping-System mit Robi-nie und Luzerne von 20 ha Größe angelegt. Ähnlich ausgerichtete Agroforstsys-teme mit bis zu 50 ha Größe wurden zeitgleich in Thüringen und Niedersachsen auf Acker- und Grünlandstandorten angepflanzt. Unter der Koordination der Thüringer Landesanstalt für Landwirtschaft werden im Rahmen des vom BMELV (Bundesministerium für Ernährung, Landwirtschaft und Verbraucher-schutz) geförderten Projektes *AgroForstEnergie* auf insgesamt vier Standorten pra-xisnah angelegte Agroforstsysteme mit den schnellwachsenden Baumarten Aspe, Pappel, Robinie und Weide ökonomisch und ökologisch bewertet, um hieraus in generalisierbarer Form Möglichkeiten der Optimierung zu erarbeiten. Diese wer-den der landwirtschaftlichen Praxis und Beratung zur Verfügung gestellt.

Als Zielstellungen sollen die Produktionsfunktion der gesamten landwirtschaft-lichen Nutzfläche (Bäume und Acker bzw. Grünland) optimiert, besonders nach-gefragte holzartige Bioenergieträger produziert und durch die Windschutzwir-kung der Baumstreifen die Ertragssicherheit auf den Ackerstreifen erhöht wer-den. Außerdem soll die Biodiversität in der Agrarlandschaft erhöht und die Erho-lungsfunktion des ländlichen Raumes aufgewertet werden (Grünewald *et al.* 2008). Dabei repräsentiert der Standort in Thüringen innerhalb des Verbundpro-jektes schwere, intensiv bewirtschaftete Ackerflächen in strukturarmen Land-schaftsteilen Mitteldeutschlands. Die beiden Untersuchungsflächen in Nieder-sachsen sind charakteristische strukturarme Agrarlandschaften Norddeutsch-lands; der grundwasserferne trockenheitsexponierte Rekultivierungsstandort im Süden Brandenburgs eignet sich in besonderem Maße dazu, die Bedeutung agro-forstlicher Konzepte für die Wiederherstellung der Einkommensfunktion margi-naler Standorte herauszuarbeiten.

Umfangreiche Untersuchungen führte die Sächsische Landesanstalt für Land-wirtschaft für den sogenannten Feldstreifenanbau durch (Röhricht *et al.* 2007). Unter Feldstreifen werden Windschutzstreifen aus schnellwachsenden Baumar-ten (Pappel, Weide) verstanden. Die Anlage eines solchen Feldstreifens erfolgte im Jahr 2002 in einer für den mitteldeutschen Raum typischen offenen Agrar-landschaft. Aus den umfangreichen Untersuchungen in den ersten fünf Jahren nach Anlage geht hervor, dass Feldstreifen mit schnellwachsenden Baumarten eine positive Wirkung auf das Mikroklima und einhergehend auf den Ertrag angrenzender Ackerkulturen haben. Aus naturschutzfachlicher Sicht wirken sich Feldstreifen positiv auf das Vorkommen verschiedener Pflanzen der Ruderal- und Ackerflora sowie gefährdeter Spinnen und Laufkäfer aus.

21.4
Forschung zu Agroforstsystemen mit Wertholzproduktion

Streuobstwiesen als ein traditionelles Agroforstsystem wurden besonders im Hinblick auf ihre Wirkungen für Landschaft, Naturschutz und Mikroklima intensiv untersucht (z. B. Lucke *et al.* 1992, Weller 2006). Diese Erkenntnisse sind zumindest teilweise auch auf moderne Agroforstsysteme mit Einzelbäumen übertragbar; Unterschiede ergeben sich aus der anderen Wuchsform von Edellaubbäumen, der Astung der Wertholzbäume sowie evtl. ihrer Anordnung. Wenige Erkenntnisse bietet Streuobst in Bezug auf die Auswirkung von Bäumen auf landwirtschaftliche Kulturen.

Weitgehende Untersuchungen zu silvoarablen[1] Agroforstsystemen wurden im von der EU geförderten Forschungsprojekt „Silvoarable Agroforestry for Europe" (SAFE) von 2001 bis 2005 durchgeführt. Mit Hilfe von Modellen wurden pflanzenphysiologische Zusammenhänge zwischen dem Wachstum der Baumwurzeln und den Kulturpflanzen in Abhängigkeit von der landwirtschaftlichen Bodenbearbeitung dargestellt. Für zahlreiche europäische Länder wurde das Flächenpotenzial ackerbaulich genutzter Flächen für Agroforstsysteme unter den Aspekten Erosionsschutz und Schutz vor Nitratauswaschung modelliert. Mit Hilfe eines weiteren Modells konnten mögliche ökonomische Resultate kalkuliert werden. Es zeigte sich, dass auch in der modernen Landwirtschaft Agroforstsysteme positive Auswirkungen haben können, so ist beispielsweise durch die bessere Ressourcenausnutzung eine höhere Flächenproduktivität möglich als beim Anbau von Getreide oder Bäumen allein. Eine große Schwierigkeit bei der Umsetzung ist die unklare rechtliche Lage und der Mangel an Fördermöglichkeiten. Trotzdem gaben in einer Befragung in sieben Ländern 40% der befragten Landwirte an, prinzipiell daran interessiert zu sein, auf einem Teil ihrer Fläche Agroforstsysteme anzulegen (Dupraz *et al.* 2005).

Neben zahlreichen Versuchsflächen in Frankreich gibt es seit bald 20 Jahren in Großbritannien das „silvopastoral network", in dessen Rahmen sechs Versuchsflächen betreut werden (Dupraz & Newman 1997). Diese sind mit Lärche, Ahorn oder Kiefer bepflanzt und werden mit Schafen beweidet. Der Fokus der Untersuchungen liegt auf den Wechselwirkungen zwischen Tieren, Bäumen und Weidegras. Daneben gibt es weitere Versuche mit Kombinationen von Pappel und Beweidung bzw. Getreideanbau sowie kleine Ansätze mit Sonderkulturen.

Diese Ergebnisse aus Großbritannien sind, ebenso wie die im SAFE-Projekt gewonnenen Erkenntnisse von Versuchsflächen in Südfrankreich, aufgrund der un-

[1] Kombination Bäume – Ackerbau

terschiedlichen klimatischen und naturräumlichen Verhältnisse nur bedingt auf Deutschland übertragbar. Besser vergleichbar vor allem mit Süddeutschland ist die Schweiz. Die Forschungsanstalt Agroscope Reckenholz-Tänikon ART führt seit 2007 das Projekt „Baumgärten" durch, in dem traditionelle Obstgärten zu vielseitigeren, den aktuellen Ansprüchen angepassten Baumgärten weiterentwickelt werden. Agroforstsysteme mit Frucht- und Wertholzproduktion werden, unter Abschätzung von Wirtschaftlichkeit und Umweltleistungen, auf Acker- und Grünlandflächen untersucht. In Kooperation mit der Praxis verfolgt das Forschungsprojekt das Ziel, Perspektiven aufzuzeigen, wie auch in Zukunft Bäume in Agrarlandschaften integriert werden können.

In Deutschland gab es bisher keine größeren Forschungsprojekte zu Agroforstsystemen mit Werthölzern. Vereinzelt gibt es Ansätze, Agroforstsysteme versuchsweise anzulegen, zum Teil im Zusammenhang mit Permakultursystemen. Manchmal liegt der Schwerpunkt auch auf der ästhetischen Gestaltung, wie z. B. bei der Agroforstmodellfläche von FINIS e.V.[2] am Schaalsee (Schleswig-Holstein).

Literatur

Diemont, S.A.W., Martin, J.F. 2005: Management impacts on the trophic diversity of nematode communities in an indigenous agroforestry system of Chiapas, Mexico. Pedobiologia 49: 325–334

Dupraz, C., Newman S.M. 1997: Temperate Agroforestry: The European Way. In: Gordon, A.M., Newman, S.M. (Hrsg.): Temperate Agroforestry Systems, CAB International: 181–236

Dupraz, C., Burgess, P., Gavaland, A., Graves, A., Herzog, F., Incoll, L., Jackson, N., Keesman, K., Lawson, G., Lecomte, I., Liagre, F., Mantzanas, K., Mayus, M., Moreno, G., Palma, J., Papanastasis, V., Paris, P., Pilbeam, D., Reisner, Y., Werf, Van der W. 2005: Synthesis of the Silvoarable Agroforestry For Europe project. Montpellier, INRA-UMR System Editions, 254 S.

Eichhorn M., Paris P., Herzog F., Incoll L., Liagre F., Mantzanas K., Mayus M., Moreno G., Papanastasis V., Pilbeam D., Pisanelli A., Dupraz C. 2006: Silvoarable Systems in Europe: Past, Present and Future Prospects. Agroforestry Systems 67 (1): 29–50

Grünewald, H. 2005: Anbau schnellwachsender Gehölze für die energetische Verwer-

tung in einem Alley-Cropping-System auf Kippsubstraten des Lausitzer Braunkohlereviers. Cottbuser Schriften zu Bodenschutz und Rekultivierung 28, 124 S.

Grünewald, H., Brandt, B.K.V., Schneider, B.U., Bens, O., Kendzia, G., Hüttl, R.F. 2007: Agroforestry systems for the production of woody biomass for energy transformation purposes. Ecological Engineering 29 (4): 319–328

Grünewald, H., Wöllecke, J., Schneider, B.U., Hüttl, R.F. 2005: Alley-Cropping als alternative Nutzung von Kippenstandorten. Natur und Landschaft 9 (10): 440–443

Herzog, F. 1997: Konzeptionelle Überlegungen zu Agroforstwirtschaft als Landnutzungsalternative in Europa. Z. f. Kulturtechnik und Landentwicklung 38: 32–35

Jose, S., Gillespie, A. R., Pallardy, S.G. 2004: Interspecific interactions in temperate agroforestry. Agroforestry Systems 61: 237–255

Kiepe, P. 1995. No runoff no soil loss: soil and water conservation in hedgerow barrier systems. PhD Thesis, Wageningen University, The Netherlands, 156 S.

2) www.finis-ev.de

Kort, J. 1988: Benefits on windbreaks to field and forage crops. Agric. Ecosys. Environ. 22/23: 165–190

Lucke, R., Silbereisen, R., Herzberger, E. 1992: Obstbäume in der Landschaft. Verlag Eugen Ulmer, Stuttgart, 300 S.

Muthuri, C.W., Ong, C.K., Black, C.R., Ngumi, V.W., Mati, B.M. 2005: Tree and crop productivity in *Grevillea*, *Alnus* and *Paulownia*-based agroforestry systems in semi-arid Kenya. Forest Ecology and Management 212: 23–39

Ong, C.K., Black, C.R., Marschall F.M. 1996: Principles of resource capture and utilization of light and water. In: Ong, C.K., Huxley, P. (Hrsg.): Tree-crop interaction. A physiological approach. CAB International, Wallingford, UK: 73–158

Ong, C.K., Sinclair, F.L. 1997: The need for a fundamental understanding of agroforestry systems. Agroforestry for sustainable Land-use, international workshop, 23–29 July 1997, Montpellier, France

Palma, J.H.N. 2006: Integrated assessment of silvoarable agroforestry at landscape scale. PhD Thesis, Wageningen University, 134 S.

Röhricht, C., Ruscher, K., Kieswalter, S. 2007: Feldstreifenanbau. Schriftenreihe der Sächsischen Landesanstalt für Landwirtschaft 25, 108 S.

Rois-Díaz, M., Mosquera-Losada, R., Rigueiro-Rodríguez, A. 2006: Biodiversity Indicators on Silvopastoralism across Europe. Euro-pean Forest Institute, Technical Report 21, Joensuu, 68 S.

Schroth, G. 1999: A review of belowground interactions in agroforestry, focussing on mechanisms and management options. Agroforestry Systems 43 (1–3): 51–64

Schroth, G., da Fonseca, G.A.B., Harvey, C.A., Gascon, C., Vasconcelos, H.L., Izac, A.M.N. (Hrsg.) 2004: Agroforestry and Biodiversity Conservation in Tropical Landscapes. Island Press, Washington, 575 S.

Sperber, C.F., Nakayama, K., Valverde, M.J., Neves, F.S.F. 2004: Tree species richness and density affect parasitoid diversity in cacao agroforestry. Basic and Applied Ecology 5: 241–251

Swamy, S.L., Mishra, A., Puri, S. 2006: Comparison of growth, biomass and nutrient distribution in five promising clones of *Populus deltoides* under an agrisilviculture system. Bioresource Technology 97: 57–68

Teklehaimanot, Z.J.M., Sinclair, F.L. 2002: Tree and livestock productivity in relation to tree planting configuration in a silvopastoral system in North Wales, UK. Agroforestry Systems 56: 47–55

Weller, F. 2006: XI-2.11 Streuobstwiesen. In: Konold, W. Böcker R., Hampicke U. (Hrsg.): Handbuch Naturschutz und Landschaftspflege, Landsberg, Ecomed. 18. Erg. Lfg

Young, A. 1997: Agroforestry for soil management. CAB International, New York, 320 S.

22
Rechtliche Rahmenbedingungen für Agroforstsysteme

Anja Chalmin und Alexander Möndel

22.1
Der rechtliche Rahmen früher...

Die rechtliche Situation hat sich immer wieder auf die Verbreitung von Agroforstsystemen (AFS) ausgewirkt: Aus dem 10. Jahrhundert gibt es Belege, dass die Nutzung von Wald als Weide per Erlass erlaubt oder untersagt wurde (Ennen 1979). Im 16. Jahrhundert ordneten die Landesfürsten das Pflanzen von Obstbäumen auf Äckern und Wiesen an, um die Ernährung der Bevölkerung zu verbessern. Im 18. und 19. Jahrhundert führten vergleichbare Gründe zu einer weiteren Zunahme von AFS, und Streuobstbestände wurden das am weitesten verbreitete AFS in Deutschland (Rösler 2003).

Zwischen 1951 und 2000 nahmen die deutschen Streuobstbestände um mehr als 70 % ab (LfL 2003): Bäume und Hecken wurden wieder von landwirtschaftlichen Flächen entfernt, da traditionelle AFS den durch die Intensivierung und Mechanisierung der Landwirtschaft gestiegenen Anforderungen an Arbeitsaufwand und Ertrag pro Hektar nicht mehr gerecht werden konnten (Dupraz & Newman 1997). Die EU unterstützte diesen Trend 1965–1974 mit Rodungsprämien für hochstämmige Obstbäume (Herzog 1998) und förderte damit die weitere räumliche Trennung landwirtschaftlicher und forstlicher Flächen (Stuber & Bürgi 2002).

22.2
...und heute: Stand Juli 2008

Mittlerweile sind modernere, an die aktuellen Produktionsbedingungen angepasste AFS in Deutschland als Möglichkeit der Flächennutzung im Gespräch: Das vom BMBF geförderte Forschungsprojekt *Agroforst* befasst sich mit AFS, bei denen Werthölzer reihenweise auf Grünland- oder Ackerflächen gepflanzt werden. Die streifenweise Produktion von Kurzumtriebshölzern ist eine weitere Möglichkeit der agroforstlichen Nutzung landwirtschaftlicher Standorte (Wühlisch 2005). Vereinzelt tauchen auch wieder Ansätze auf, Forstbeständen als

Anbau und Nutzung von Bäumen auf landwirtschaftlichen Flächen.
Herausgegeben von T. Reeg, A. Bemmann, W. Konold, D. Murach und H. Spiecker
Copyright © 2009 WILEY-VCH Verlag GmbH & Co. KGaA, Weinheim
ISBN: 978-3-527-32417-0

Jahr 1   Jahr 15   Jahr 50

Abb. 22.1 Agroforstsysteme mit Werthölzern ermöglichen jährliche Einnahmen aus der Landwirtschaft und periodische Holzerträge. Die landwirtschaftliche Produktion kann beliebig an die aktuelle Nachfrage angepasst werden.

Weideflächen einen Zusatznutzen zu geben (Sonnenburg & Gerken 2004, Leicht 2006). Die noch bestehenden Streuobstflächen sind das nach wie vor am weitesten verbreitete AFS in Deutschland (Rösler 2003).

Die rechtliche Situation für Streuobst und Waldweide ist eindeutig: Die Landeswaldgesetze regeln die Möglichkeit zur Weidenutzung von Waldflächen und die zuständigen Forstbehörden erteilen die Genehmigung (MELF 2005, MLR 2005). Streuobstflächen sind durch § 2 (1) des Bundeswaldgesetzes vom Waldbegriff ausgenommen und werden nach landwirtschaftlichem Recht behandelt. Da zudem neben der Nahrungsmittelproduktion der Bäume eine landwirtschaftliche Unternutzung in Form von Beweidung, Mahd, Mulchen oder Ackerbau stattfindet, ist eine „Verwaldung" von Streuobstflächen ausgeschlossen.

Will ein Landwirt Werthölzer oder Kurzumtriebstreifen auf einer landwirtschaftlichen Fläche integrieren, ist die rechtliche Situation schwieriger. In diesen Fällen vermarktet er nicht mehr nur landwirtschaftliche Produkte, sondern auch das traditionelle Forstprodukt „Holz" (Abbildung 22.1).

Die Produktion von Forsterzeugnissen ist auf Bundes- und auf Länderebene von der landwirtschaftlichen Produktion gesondert geregelt. Daraus ergibt sich für AFS mit Werthölzern oder Kurzumtrieb eine Reihe von Fragen:

- Nach welchem Recht müssen landwirtschaftliche Flächen, auf denen ein AFS angelegt wird, behandelt werden?
- Unter welchen Umständen erhält diese Fläche den Status Forstfläche und unter welchen Bedingungen behält sie ihren landwirtschaftlichen Status?
- Wenn der landwirtschaftliche Status beibehalten werden kann: Wie wirkt sich die Anlage von Baumstreifen auf Zahlungsansprüche im Rahmen der Betriebsprämie aus?
- Ist garantiert, dass heute gepflanzte Werholzträger in circa 45– 60 Jahren auch geerntet werden können?

Der Beitrag von Bemmann *et al.* (Kapitel 2) geht ausführlich auf die rechtliche Situation von Kurzumtriebsplantagen in Deutschland ein. Es muss derzeit von politischer Seite entschieden werden, ob Kurzumtrieb langfristig als landwirtschaftliche Nutzungsform anerkannt wird oder nicht. Sollten Kurzumtriebspflanzungen in Zukunft mit der Umwandlung einer landwirtschaftlichen Fläche in eine Forstfläche verbunden sein, würden solche Flächen der Forstgesetzgebung unterliegen (Unseld *et al.* 2008). Hier geht der Gesetzgeber jedoch von einer vollständigen Umwandlung einer landwirtschaftlichen Fläche aus. Für den streifenweisen Anbau von Kurzumtriebshölzern mit landwirtschaftlicher Zwischennutzung wiederholen sich die oben aufgeführten Fragen. Diese können mit Hilfe der geltenden Gesetze zum jetzigen Zeitpunkt weder auf Bundes- noch auf Länderebene eindeutig beantwortet werden. Das Pro und Kontra einer Handhabung nach forstlichem Recht (am Beispiel AFS mit Werthölzern) und der Standpunkt der landwirtschaftlichen Gesetzgebung werden in den folgenden Absätzen behandelt.

22.3
Agroforstsysteme mit Werthölzern aus forstrechtlicher Perspektive

Sind AFS mit Werthölzern aus rechtlicher Sicht als Wald zu behandeln? Die Definition des Begriffes „Wald" richtet sich in Deutschland nach § 2 des Bundeswaldgesetzes (BwaldG). Gemäß § 2 (1) des Gesetzes ist jede mit Forstpflanzen bewachsene Fläche eine Waldfläche. Den Begriff „Forstpflanze" definieren Klose und Orf (1998) als wilde Baumarten oder Waldsträucher; damit sind veredelte Obstbäume von der Definition ausgeschlossen. In modernen AFS finden sowohl Forstbaumarten als auch veredelte Baumvarietäten Verwendung.

(a)   **(b)**

Abb. 22.2 (a)–(b) Wald oder Feld? Eine Versuchsfläche der Universität Freiburg mit Wildkirsche (*Prunus avium*) (a) 9 Jahre und (b) 11 Jahre nach der Pflanzung.

Im BWaldG ist weiterhin festgelegt, dass nicht alle Flurstücke mit Forstpflanzen als Wald definiert werden können: Ausgenommen sind laut § 2 (2) des BwaldG alle kleineren Flächen in der Flur, auf denen sich einzelne Baumgruppen, Hecken oder Baumreihen befinden. Diese Definition wiederholt sich in den Landeswaldgesetzen (LWaldG). Klose und Orf (1998) erläutern, dass die Abgrenzung von Baumgruppen sich schwierig gestalten kann. Dagegen handele es sich bei Hecken und bis zu dreireihigen Baumstreifen um räumlich kleine und damit vom Wald gut abgrenzbare Flächen.

In modernen AFS, welche die maschinelle Bewirtschaftung auf landwirtschaftlichen Flächen ermöglichen müssen, können Bäume nur reihenweise integriert werden (Abbildung 22.2a–b). In der Praxis haben in der Regel nur einreihige Systeme eine Bedeutung.

Klose und Orf (1998) zitieren weiterhin gerichtliche Entscheidungen, die zur Bestimmung der Waldeigenschaft immer wieder die Begriffe „Bestockung" und „flächenhafter Bewuchs" verwenden. Auch im BwaldG und in den LWaldG werden beide Begriffe eingesetzt. Mertens (2008) erläutert die beiden Termini wie folgt: Bestockung meint den Bewuchs einer Fläche mit Forstpflanzen. Der Begriff „flächenhafter Bewuchs" soll Wald von Bäumen abgrenzen, die „nicht untereinander zusammenhängend" über eine Fläche verteilt sind. Eine Bestockung, die keinen flächenhaften Eindruck vermittelt, ist also nicht als Wald zu betrachten.

Andere gerichtliche Beschlüsse und Gesetzestexte geben folgende weitere Hinweise zur Bestimmung der Waldeigenschaft:
- Die Flächen sollen vorwiegend der Erzeugung von Holz dienen (hessisches LWaldG).
- Ein Kronenschluss der Forstpflanzen sollte gegeben sein (OVG Münster, 1988 zitiert in Klose & Orf 1998).

Zwischen den einzelnen Bäumen in einem AFS mit Werthölzern betragen die Mindestabstände circa 15 m (siehe Kapitel 23, den Beitrag von Brix *et al.*). Das bedeutet etwa 49 Bäume pro Hektar, welche reihenweise – verteilt auf sieben Reihen – angeordnet sind. Sind die Arbeitsbreiten der landwirtschaftlichen Maschinen größer als 15 m, müssen die Abstände zwischen den einzelnen Baumstreifen entsprechend gestaltet werden. Größere Abstände als 15 m sind, durch den abnehmenden Einfluss der Bäume auf die landwirtschaftliche Produktion, auch für Betriebe mit kleineren Arbeitsbreiten interessant. Die derzeit größte gängige Arbeitsbreite in Deutschland von 36 m erlaubt die Pflanzung von 21 Bäumen in drei Baumreihen pro Hektar.

Der Produktionszyklus der Bäume dauert circa 45 bis 60 Jahre. Unter diesen Bedingungen kommt es zu keinem Zeitpunkt zu einem Kronenschluss der Bäume. Auch mit 50 Bäumen pro Hektar überwiegt die landwirtschaftliche Nutzung der Fläche, da die nicht mehr als 2 m breiten Baumstreifen in den ersten zwei Dritteln der Produktionszeit nur 14 % der ackerbaulich bewirtschafteten Fläche einnehmen. In Abhängigkeit von der landwirtschaftlichen Nutzung der Fläche kann im letzten Drittel der Standzeit der Bäume ein etwas breiterer Baumstreifen sinnvoll sein. Die im Projekt *Agroforst* empfohlenen Baumstreifenabstände von mindestens 18–30 m reduzieren den Flächenanteil der Baumstreifen auf 6–10 %.

Manchmal wird die Baumzahl pro Reihe bei der Pflanzung erhöht, um später die besten Exemplare auszuwählen. Der Flächenverbrauch der Baumstreifen und die endgültige Baumzahl pro Hektar (circa 50 Stück) bleiben dabei unverändert.

Bei Grünlandflächen nehmen circa 50 Bäume nicht mehr als 10 % der Fläche ein, da die Anlage von Baumstreifen nicht relevant ist.

Ausgenommen vom Waldbegriff (LwaldG) sind Weihnachtsbaumkulturen oder von Erwerbsbaumschulen bestandene Flächen. Klose & Orf (1998) berichten jedoch, dass die Waldeigenschaft für solche Flächen festgestellt wurde, wenn sie durch Nichtbewirtschaften verwildern (VG Köln 1987, OVG Münster 1985, VG Düsseldorf 1988). Da Agroforstflächen bis auf die Baumstreifen landwirtschaftlich genutzt werden, ist die Bildung von Wald durch Sukzession ausgeschlossen. Die Baumstreifen können gemäht, produktiv genutzt oder aus Naturschutzgründen extensiv bewirtschaftet werden.

Die Übersicht in Tabelle 22.1 fasst die Argumente für und gegen eine Zuordnung von AFS mit Wertholzproduktion zum Wald zusammen.

Die Argumente gegen eine Zuordnung von Agroforstflächen zu Wald überwiegen dabei. Durch die geringe Baumzahl moderner AFS und die landwirtschaftliche Flächennutzung sind die Voraussetzungen für die Entstehung von Wald nicht erfüllt. Prinzipiell ist, auch für das Anpflanzen geringer Baumzahlen, trotzdem eine Genehmigung durch das zuständige Landwirtschaftsamt einzuholen. Da es zum jetzigen Zeitpunkt noch keine exakten Vorgaben für die Gestaltungsmög-

Tabelle 22.1 Vergleich von Agroforstsystemen mit Werthölzern mit Wald.

Kriterien zur Bestimmung der Waldeigenschaft	Zutreffend?	Kommentar
Verwendung von Forstpflanzen	ja und nein	Es werden Forstpflanzen und veredelte Obstbäume verwendet.
Ausgenommen vom Waldbegriff sind kleinere Flächen in der Flur mit einzelnen Baumreihen.	ja und nein	Hier ist die Gesetzgebung nicht präzise genug, um eine abschließende Antwort zu ermöglichen.
Die Holzproduktion überwiegt.	nein	Die landwirtschaftliche Nutzung überwiegt deutlich.
Kronenschluss	nein	Die Pflanzabstände zwischen den einzelnen Werthölzern erlauben keinen Kronenschluss. Kronenschluss ist zudem wegen der starken Beschattung nicht im Interesse der Landwirtschaft.
Gefahr der Sukzession	nein	Die Fläche wird, abgesehen von den Baumstreifen, landwirtschaftlich genutzt.

lichkeiten von AFS gibt, zum Beispiel in Form einer maximalen Baumzahl pro Hektar, entscheidet das zuständige Landwirtschaftsamt im Einzelfall (Menrad 1992, LEL 1998).

22.4
Agroforstsysteme aus landwirtschaftsrechtlicher Perspektive

Mit der VO (EG) Nr. 1698/2005[1] wurde den europäischen Mitgliedstaaten die Möglichkeit gegeben, die Einrichtung von AFS auf landwirtschaftlichen Flächen zu fördern. Als Begründung werden die ökologischen und gesellschaftlichen Werte von AFS angegeben. Die VO (EG) Nr. 1974/2006 ergänzt, dass in jedem Mitgliedstaat nur solche AFS förderfähig und als landwirtschaftliche Produktionssysteme zu betrachten sind, die vom jeweiligen Mitgliedstaat hinsichtlich Baumzahl pro Hektar und der Art der landwirtschaftlichen und forstwirtschaftlichen Nutzung klar definiert sind.

Die EU empfiehlt[2] für AFS auf Grünland oder Weideflächen ein Maximum von 50 Bäumen pro Hektar. Gleichzeitig legt sie fest, dass diese Empfehlung in jedem Mitgliedstaat für Streuobstwiesen oder aus naturschutzfachlichen Gründen mit einer Ausnahmegenehmigung überschritten werden darf. Die VO (EG) Nr. 796/2004 muss in diesem Zusammenhang ebenfalls berücksichtigt werden: Sie legt fest, dass die Bewirtschaftung einer landwirtschaftlichen Fläche mit Bäumen ähnlich einer nicht baumbestandenen Fläche möglich sein muss.

Bei der Umsetzung der Verordnungen (EG) Nr. 1698/2005 und Nr. 1974/2006 in Deutschland hat der Bund festgelegt, dass für AFS auf landwirtschaftlichen Flächen auf Länderebene Mittel aufgebracht werden können. Eine Analyse der Programme der Länder für 2008 hat gezeigt, dass die Förderung von AFS gemäß Art. 36 und Art. 44 der VO (EG) 1698/2005 dort keine Rolle spielt. Allerdings werden AFS ohne Forstpflanzen unterstützt: Die Mehrzahl der Länder (außer Schleswig-Holstein und Thüringen) fördert Streuobstwiesen als Form der extensiven Landnutzung durch Agrarumweltprogramme. Dabei findet die im letzten Absatz erwähnte Ausnahmeregelung Anwendung, denn pro Hektar sind mehr als 50 Bäume zugelassen. Findet bei einer Fläche mit Walnüssen eine Unternutzung als Grünland statt, handelt es sich ebenfalls um ein AFS. Zahlungen werden, im Rahmen der für Deutschland zugewiesenen Kontingente, ab einer Mindestzahl von 50 Bäumen pro Hektar gewährt (BMELV 2006).

---

1) VO (EG) Nr. 1698/2005 = Verordnung der Europäischen Gemeinschaft Nummer 1698 aus dem Jahr 2005.

2) Arbeitsdokument AGRI/60363/2005-REV1 (2005) der Europäischen Kommission.

22.5
Sonstige relevante Bestimmungen für die Anlage von Agroforstsystemen

Ein großer Anteil der in einem landwirtschaftlichen Betrieb genutzten Flächen ist heutzutage zugepachtet. Eignet sich eine gepachtete Fläche für ein AFS, dann ist vor dessen Anlage eine Einigung mit dem Verpächter nötig. Ist dieser mit der Anlage eines AFS einverstanden, sollte mit ihm ein zusätzlicher Vertrag abgeschlossen werden. Darin sollte geklärt sein, wer die Investition für die Holzkomponente trägt und wer vom Holzertrag profitiert. Es ist zum Beispiel möglich, dass der Verpächter Inhaber der Bäume, der Pächter aber für Anlage und Bewirtschaftung zuständig ist und dafür eine reduzierte Pacht zahlt.

Das **Nachbarschaftsrecht** regelt die Abstände von Bäumen von den Grundstücksgrenzen. Je nach Bundesland müssen für stark wachsende Bäume 3 bis 8 m Abstand vom Nachbargrundstück eingehalten werden. Die Abstände dürfen nur unterschritten werden, wenn eine einvernehmliche Einigung mit dem Nachbarn getroffen wird. Für Agroforstbäume gelten in der Regel die Vorgaben für stark wachsende Bäume. Handelt es sich bei der Grundstücksgrenze um eine Straße, so müssen die Vorgaben der **Straßenverkehrsordnung** (StVO) eingehalten werden: Bei befestigten Straßen, die mit einer Geschwindigkeit von mehr als 50 km/h befahren werden, müssen die Bäume mindestens 4,5 m Abstand vom Fahrbahnrand haben und auf mindestens 5 m aufgeastet sein.

Hinsichtlich der **Anwendung von Pflanzenschutzmitteln** haben die Abstandsregelungen für angrenzende Saumbiotope auf AFS keine Auswirkungen. Die Baumstrukturen eines AFS befinden sich auf landwirtschaftlich genutzter Fläche. Die Anwendung von Pflanzenschutzmitteln im Rahmen der guten fachlichen Praxis ist zulässig; es muss kein Abstand zu den Baumstrukturen eingehalten werden.

Aus **naturschutzfachlicher Sicht** können auf manchen Flächen Bedenken gegen das Pflanzen von Bäumen bestehen, z. B. auf Flächen mit seltenen Bodenbrütern. Ob dies für eine geplante Agroforstfläche zutrifft, kann die zuständige Naturschutzbehörde mitteilen.

22.6
Empfehlungen für die Anlage von Agroforstsystemen

Bund und Länder haben bisher nicht definiert, welche Formen von AFS sie auf landwirtschaftlichen Flächen anerkennen werden. Deshalb ist es vor der Anlage eines AFS unbedingt empfehlenswert, mit den zuständigen Behörden in Kontakt zu treten. Mit dem Landwirtschaftsamt sollte schriftlich geregelt werden,
- dass das geplante AFS angelegt werden darf und die betroffene Fläche ihren landwirtschaftlichen Status nicht verliert,
- dass die Bäume oder Sträucher nach Erreichen des gewünschten Zieldurchmessers geerntet werden dürfen,
- ob die Baumstreifen im Rahmen der Betriebsprämie förderfähig sind oder nicht.

Mit der zuständigen Naturschutzbehörde ist zu klären, ob das geplante AFS aus naturschutzfachlicher Sicht umsetzbar ist.

22.7
Ausblick

Eine Investition in Werthölzer monetarisiert sich, je nach Baumart und Standort, frühestens nach 45 bis 50 Jahren. Sollen AFS für die deutsche Landwirtschaft als Möglichkeit der Diversifizierung zur Verfügung stehen, ist deshalb ein hohes Maß an rechtlicher Sicherheit Voraussetzung, welches zum jetzigen Zeitpunkt nicht gegeben ist. In anderen Ländern Europas (z. B. Frankreich, Spanien, Großbritannien und Schweden) besteht größere rechtliche Sicherheit: AFS sind dort gemäß VO (EG) 1974/2006 beschrieben und ihre Anlage wird aufgrund ihrer Leistungen für Naturschutz und Umwelt nach Art. 36 und Art. 44 der VO (EG) 1698/2005 oder im Rahmen entsprechender Agrar-Umweltprogramme gefördert. In Deutschland scheint der Politik eine Entscheidung in dieser Angelegenheit schwer zu fallen. Eine Ursache könnte das Fehlen von Erfahrungen bezüglich der Leistungen moderner AFS sein. Die Klärung dieser Frage ist der einzige Weg, die Anlage von AFS in Deutschland zu erleichtern. Dazu muss die Bundesregierung festlegen, welche Arten von AFS sie vom Waldbegriff abgrenzen will. Die in Abschnitt 22.2 genannten Fragen müssen dazu vollständig beantwortet werden.

Die Attraktivität von AFS kann für Politik, Gesellschaft und Landwirtschaft gesteigert werden, wenn man regional angepasste Naturschutzleistungen[3] definiert und durch deren Honorierung den landwirtschaftlichen Betrieben ein frühzeitigeres Einkommen aus Agroforstbäumen ermöglicht.

22.8
Zusammenfassung

Unter den heutigen rechtlichen Rahmenbedingungen ist die Entscheidung für ein AFS für landwirtschaftliche Betriebe wenig attraktiv. Sie ist mit zum Teil sehr aufwändigen Auseinandersetzungen mit Behörden hinsichtlich des Flächenstatus und der Zahlungsansprüche im Rahmen der Betriebsprämie verbunden. Will die Bundesregierung, dass AFS mit ihren Chancen für den Naturschutz und die Diversifizierung des Einkommens für landwirtschaftliche Betriebe zur Verfügung stehen, muss sie die rechtliche Situation in Deutschland klären. Dazu muss sie die Vorgaben der EU erfüllen und AFS hinsichtlich ihrer Baumzahl pro Hektar und der landwirtschaftlichen und forstwirtschaftlichen Nutzung klar definieren.

---

3) Mögliche Beispiele sind die extensive Bewirtschaftung des Baumstreifens, die Integration wertvoller Heckenpflanzen zwischen den Werthölzern oder das Aufhängen von Nistkästen.

Literatur

BMELV (Bundesministerium für Ernährung, Landwirtschaft und Verbraucherschutz) 2006: Die EU-Agrarreform – Umsetzung in Deutschland. BMELV, Berlin, 124 S.

Dupraz, C., Newman, S.M. 1997: Temperate Agroforestry: The European Way. In: Gordon, A.M., Newman, S.M. (Hrsg.): Temperate Agroforestry Systems. CABI International, Oxfordshire: 181–236

Ennen, E. 1979: Deutsche Agrargeschichte: Vom Neolithikum bis zur Schwelle des Industriezeitalters. Steiner Verlag, Wiesbaden, 272 S.

Herzog, F. 1998: Streuobst: A traditional agroforestry system as a model for agroforestry development in temperate Europa. Agroforestry Systems 42: 61–80

Klose, F., Orf, S. 1998: Forstrecht. Kommentar zum Waldrecht des Bundes und der Länder. Verlag Dr. Otto Schmidt, Köln, 746 S.

Leicht, E. 2006: Renaissance des Outdoor-Schweins? AFZ-DerWald 2/2006: 87–90

LEL (Landesanstalt für Entwicklung der Landwirtschaft und der Ländlichen Räume Baden-Württemberg) 1998: Abwicklung von Aufforstungen. Arbeitsbereich Ländlicher Raum (LR), Themenpaket „Abwicklung von Aufforstungen", 29 S.

LfL (Bayrische Landesanstalt für Landwirtschaft) 2003: Streuobst in der Kulturlandschaft. Fachtagung des Institutes für Agrarökologie, Ökologischen Landbau und Bodenschutz zusammen mit der Bayerischen Landesanstalt für Weinbau und Gartenbau am 09./10.07.2003 in Kirchehrenbach, Landkreis Forchheim. Tagungsband, Schriftenreihe der LfL, 85 S.

MELF (Ministerium für Ernährung, Landwirtschaft, Forsten und Fischerei Mecklenburg-Vorpommern) 2005: Waldgesetz für das Land Mecklenburg-Vorpommern. LWaldG Mecklenburg-Vorpommern, 48 S.

Menrad, K. 1992: Landwirtschaftliche Grenzertragsstandorte in Baden-Württemberg. Peter Land – Europäische Hochschulschriften, Frankfurt am Main, 316 S.

Mertens, M. (2008): Fragen zum Forst- und Landwirtschaftsrecht. Unveröffentlichte Stellungnahme des Ministerium für Ernährung und Ländlichen Raum Baden-Württemberg, Stuttgart, 6 S.

MLR (Ministerium Ländlicher Raum) 2005: Waldgesetz für Baden-Württemberg. LWaldG Baden Württemberg, 42 S.

Rösler, S. 2003: Natur- und Sozialverträglichkeit des Integrierten Obstbaus. Arbeitsberichte des Fachbereichs Architektur, Stadtplanung, Landschaftsplanung 151, Universität Kassel, 166 S.

Sonnenburg, H., Gerken, B. 2004: Das Hutewaldprojekt am Solling. Ein Baustein für eine neue Ära des Naturschutzes. Huxaria Verlag, Höxter, 42 S.

Stuber, M., Bürgi, M. 2002: Agrarische Waldnutzungen in der Schweiz 1800–1950. Nadel- und Laubstreue. Schweizer Zeitung für Forstwesen 153: 397–410

Unseld, R., Möndel, A., Textor, B. 2008: Anlage und Bewirtschaftung von Kurzumtriebsflächen in Baden-Württemberg. Ministerium für Ernährung und Ländlichen Raum Baden-Württemberg, 49 S.

Wühlisch von, G. 2005: Schnellwüchsig und anspruchslos. Bauernzeitung 30: 49–50

23
Wertholzproduktion in Agroforstsystemen

Mathias Brix, Bela Bender und Heinrich Spiecker

23.1
Welche Möglichkeiten bietet die Wertholzproduktion in Agroforstsystemen?

In Agroforstsystemen können Bäume verschiedene Funktionen erfüllen: Sie schützen vor Erosion, vor extremen Klimaeinflüssen, liefern Früchte und andere Nichtholzprodukte, und sie sind ein die Landschaft gestaltendes Element. Sie können aber auch wertvolles Holz liefern. Durch die Kombination von Wertholzproduktion und landwirtschaftlicher Produktion können die Produktionspotentiale des Standorts effizienter genutzt werden (Dupraz *et al.* 2005). Dieses Kapitel widmet sich der Produktion von Wertholz[1] mit Edellaubbäumen in Agroforstsystemen (Abbildung 23.1).

Abb. 23.1 Vor 11 Jahren gepflanzte, 13 m hohe Kirschbäume auf einer Agroforstfläche der Universität Freiburg bei Breisach (Foto: Spiecker 2008).

1) Holz hoher Qualität

Anbau und Nutzung von Bäumen auf landwirtschaftlichen Flächen.
Herausgegeben von T. Reeg, A. Bemmann, W. Konold, D. Murach und H. Spiecker
Copyright © 2009 WILEY-VCH Verlag GmbH & Co. KGaA, Weinheim
ISBN: 978-3-527-32417-0

Typische Vertreter der Gruppe der Edellaubbaumarten sind Esche, Berg- und Spitzahorn, Wildkirsche, Walnuss, Erle, Robinie, aber auch Elsbeere, Speierling oder Wildbirne. Es sind Baumarten, welche in Naturwäldern nur selten bestandesbildend, meistens jedoch in Mischung mit anderen Baumarten vorkommen. Vielen Edellaubbaumarten ist ihr hohes Lichtbedürfnis gemein. Das konkurrenzfreie Wachstum der Krone wird in Agroforstsystemen durch die großen Baumabstände über die gesamte Produktionszeit hinweg gewährleistet. Auch konkurrenzschwache, oft seltene Baumarten können unter diesen Bedingungen gedeihen. Mischungen von Baumarten unterschiedlicher Höhenwachstumsdynamik sind ebenso möglich wie von Bäumen mit unterschiedlichen Lichtbedürfnissen. Sie alle reagieren auf einen erweiterten Standraum mit beschleunigtem Dickenwachstum (Joyce *et al.* 1998). Durch Diversifizierung der Baumartenzusammensetzung und durch die freie Wahl des Erntezeitpunktes kann die Nutzung für jeden Baum individuell und damit flexibel sowohl an das Entwicklungspotential der Bäume als auch an die jeweiligen Marktverhältnisse und die Bedürfnisse des Betriebes und der Gesellschaft angepasst werden.

23.2
Besonderheiten der Wertholzproduktion in Agroforstsystemen

Bedingt durch die weiten Pflanzabstände zwischen den Bäumen und die damit verbundene geringe Pflanzenzahl ist eine hervorragende Qualität des Pflanzmaterials unabdingbar. Eine spätere Auslese ist, wenn überhaupt, nur noch in geringem Umfang möglich. Im Gegensatz zur Produktion von Wertholz in geschlossenen Wäldern, in denen durch das steuernde Eingreifen in die Konkurrenz Einfluss auf das Dickenwachstum und die Astreinigung genommen wird, wachsen Bäume in agroforstlichen Systemen frei von Konkurrenz im Kronenbereich auf. Dies bedeutet einerseits, dass die Wertholzproduktion in agroforstlichen Systemen eine künstliche Ästung[2] zwingend notwendig macht. Andererseits heißt dies aber auch, dass sich die Baumkronen nach dem Abschluss der Ästung ungehindert ausdehnen können, was auch im fortgeschrittenen Alter noch einen hohen jährlichen Durchmesserzuwachs ermöglicht. Der angestrebte Zieldurchmesser kann in Agroforstsystemen daher früher erreicht werden als bei Bäumen in geschlossenen Wäldern. Darüber hinaus wird durch die geringe Konkurrenz ein Absterben starker Äste insbesondere im unteren Kronenbereich und dadurch das Eindringen von Fäulepilzen über die Totäste in den Stamm vermieden (Spiecker 1994).

Die Wachstumsbedingungen in Agroforstsystemen wirken sich positiv auf den Jahrringaufbau aus. In der Jugend werden die Kronenentwicklung und damit auch das Dickenwachstum durch die Ästung gebremst. In fortgeschrittenem Alter, wenn das Dickenwachstum in geschlossenen Wäldern häufig durch die Konkurrenz der Nachbarbäume eingeschränkt wird, führt die ungehinderte Ver-

---

[2] Unter Ästung wird das Entfernen unerwünschter, im vorliegenden Fall qualitätsmindernder Äste verstanden.

größerung der Krone zu einem anhaltend hohen Durchmesserwachstum (Spiecker 2003). Damit verbunden ist ein vergleichsweise gleichmäßiges Dickenwachstum über den gesamten Produktionszeitraum. Die absolute Breite der Jahrringe ist bei den Edellaubbaumarten von untergeordneter Bedeutung (König 1958). Das ungehinderte Wachstum der Krone nach Erreichen der gewünschten astfreien Schaftlänge führt allerdings zur Entwicklung einer größeren Krone als dies in geschlossenen Beständen der Fall wäre (Hein & Spiecker 2008b). Hingegen wird in Agroforstsystemen durch die stark verminderte Konkurrenz der Zieldurchmesser wesentlich schneller erreicht.

23.3
Ziele der Wertholzproduktion in Agroforstsystemen

Ziel der Holzproduktion in Agroforstsystemen ist es, Holz in Furnierqualität zu produzieren, welches zu hohen Marktpreisen verkauft werden kann. Der Holzpreis ist ein entscheidender Faktor für den wirtschaftlichen Erfolg des gesamten Systems. Dieser wird durch die Marktlage, das heißt durch die bestehende Nachfrage nach bestimmten Hölzern, bestimmt. Neben der jeweils gewünschten Baumart hat die Qualität des produzierten Holzes großen Einfluss auf die Preisbildung.

Auf die durch den Markt vorgegebenen Preisschwankungen kann über die Wahl des Erntezeitpunkts reagiert werden. Auch die Diversifizierung, das heißt der Anbau verschiedener Baumarten, erlaubt es, mittelfristig das Angebot an die Preisänderungen der verschiedenen Holzarten anzupassen, wenn die Wahl der Erntebäume entsprechend getroffen wird. Ein entscheidendes Kriterium für den zu erzielenden Holzpreis ist die Qualität des Stammholzes. Sie kann durch den Wertholzproduzenten gesteuert werden. Von zentraler Bedeutung sind dabei Astreinheit und Dimension des Schaftes. Im Gegensatz zu anderen wichtigen Qualitätskriterien, wie beispielsweise Drehwüchsigkeit, kann auf die Faktoren Astreinheit und Dimension durch steuerndes Eingreifen gezielt Einfluss genommen werden.

Jedoch sind der Höhe des astfreien Schaftes Grenzen gesetzt, da ein längerer astfreier Stammabschnitt zwangsläufig auf Kosten der Kronenlänge geht. Die Größe der Krone entscheidet wiederum über die Wachstumsgeschwindigkeit des Stammdurchmessers. Die maximale Höhe der Ästungsmaßnahmen sollte deshalb nicht größer sein als ein Drittel der gesamten Baumhöhe am Ende der Produktionszeit. Damit wird eine ausreichend große Krone erhalten, um längerfristig ein schnelles Dickenwachstum zu gewährleisten.

Die Ausbildung von Sekundärtrieben[3] stellt aufgrund der fehlenden Schaftbeschattung durch benachbarte Bäume ein Risiko dar. Umfangreiche wissenschaft-

---

3) Auch Wasserreiser genannter Austrieb schlafender Knospen. Diese können spontan entstehen oder sind von Anfang an angelegt und haben dann eine Verbindung zum Mark.

Durch das Austreiben von Wasserreisern entsteht eine Störungszone im Holz, welche bei stärkeren Wasserreisern zu einer Wertminderung führen kann.

liche Untersuchungen an Eiche zeigten, dass Bäume mit vitalen, großen Kronen eine wesentlich geringere Affinität zur Ausbildung solcher Wasserreiser zeigen. Zudem besitzen ihre Sekundärtriebe eine geringere Lebensdauer (Spiecker 1991). Aus diesem Grund ist es empfehlenswert, eine ausreichend große Krone zu erhalten. Auch kann es hilfreich sein, einige schwache Äste im unteren Bereich des Stammes zunächst zu belassen, um diese erst bei einer der folgenden Ästungsmaßnahmen zu entfernen. Dadurch wird die Ausbildung von Sekundärtrieben ebenfalls vermindert (siehe Abschnitt 23.4.4 „Ästung").

Neben der astfreien Schaftlänge ist der Stammdurchmesser ein wesentliches wertbestimmendes Kriterium, da hierdurch das Volumen an astfreiem Holz beeinflusst wird. Die Zone des wertvollen, astfreien Holzes wird nach innen durch den asthaltigen Kern und nach außen durch das meistens weniger wertvolle Splintholz begrenzt. Das Volumen dieses Wertholzes nimmt mit zunehmendem Stammdurchmesser überproportional zu und der zu erzielende Erlös je Festmeter Holz steigt bei sonst gleichbleibender Stammlänge und Qualität deutlich an.

Aus diesen Kriterien und Anforderungen lässt sich ein Produktionsrahmen in Form von groben Richtwerten ableiten:
- Produktionszeit: 50 bis 70 Jahre,
- Zieldurchmesser: > 55 cm,
- Länge des astfreien Schaftes: ca. $^1/_3$ der erwarteten Baumhöhe zum Ende der Produktionszeit.

23.4
Planung und Bewirtschaftung der Baumreihen in einem Agroforstsystem

23.4.1
Reihenausrichtung

Die Anordnung der Wertholzbäume beeinflusst die landwirtschaftlichen Nutzungsmöglichkeiten und die Landschaftsgestaltung. Die Ausrichtung und der Abstand der Baumreihen sowie der Baumabstand innerhalb der Reihen sind hierbei die entscheidenden Faktoren.

Mit zunehmendem Alter und damit einhergehend mit der zunehmenden Höhe und der seitlichen Ausdehnung der Kronen steigt der Einfluss der Beschattung auf die landwirtschaftlich genutzte Fläche kontinuierlich an. Vergleicht man die Reihenausrichtung in Nord-Süd-Richtung mit der nach West-Ost, ist zu erkennen, dass bei der Anordnung der Wertholzbäume in Nord-Süd-Richtung der relative Anteil an PACL auf der landwirtschaftlichen Fläche gleichmäßiger verteilt ist (Abbildung 23.2). Die durchschnittlichen Werte liegen jedoch bei beiden Varianten auf vergleichbarem Niveau (Tabelle 23.1).

Bis zu einer Baumhöhe von 15 m, was auf fruchtbaren Standorten einem Baumalter von weniger als 20 Jahren entspricht, ist die Schattenwirkung der Wertholzbäume auf die landwirtschaftliche Kultur als sehr gering einzuschätzen. Die Reduktion der PACL beträgt auf den Hektar betrachtet um 10 %. Erst ab einer

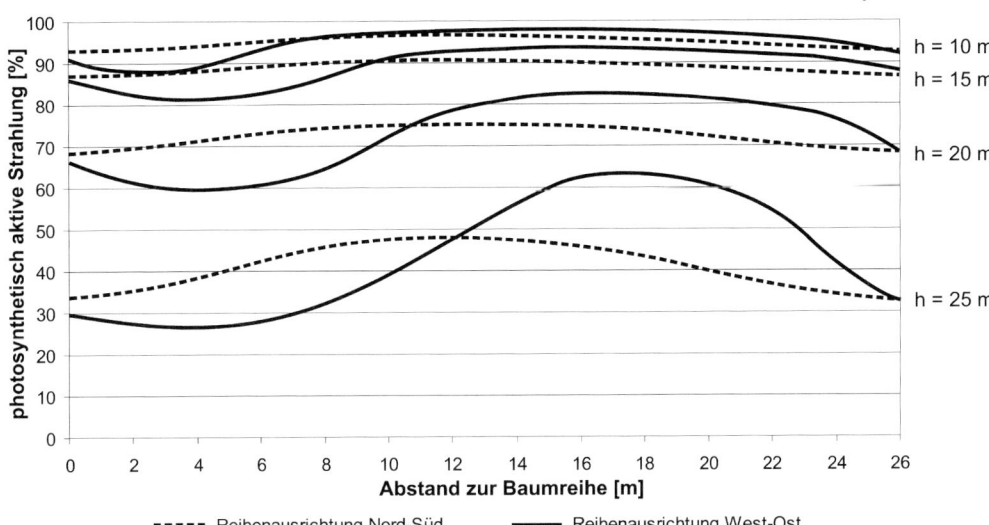

Abb. 23.2 Modellierung der Verteilung der photosynthetisch aktiven Strahlung (PACL) in unterschiedlichen Baumentwicklungsstadien. Es wird ein Reihenabstand von 26 m und ein jeweils geringer Abstand zwischen den Kronenrändern der Bäume in der Reihe sowie eine astfreie Schaftlänge von 7,50 m unterstellt. Vergleich der Reihenausrichtung Nord-Süd und West-Ost (nach Möndel, unveröffentlicht).

Tabelle 23.1 Photosynthetisch aktive Strahlung (PACL) in Abhängigkeit von Baumhöhe und Reihenausrichtung.

Baumhöhe [m]	Durchschnittliche, relative PACL [%] je Hektar bei einer W-O-Reihenausrichtung	Durchschnittliche, relative PACL [%] je Hektar bei einer N-S-Reihenausrichtung
10	95	95
15	89	89
20	73	72
25	44	41

Baumhöhe von rund 20 m, was je nach Standort und Baumart einem Alter von ca. 30 Jahren entspricht, ist eine stärkere Reduktion der durchschnittlichen PACL je Hektar auf einen Wert von ca. 70 % zu beobachten. Allerdings werden diese Werte von der baumartenspezifischen Belaubungsdichte und von der Ästungshöhe modifiziert.

Oft ist eine Ausrichtung der Baumreihen unter alleiniger Berücksichtigung des Faktors Licht nicht sinnvoll. In vielen Fällen ist aufgrund natürlicher Gegebenheiten, wie zum Beispiel der Hangneigung, die Bewirtschaftungsrichtung festgelegt (siehe Kapitel 25, den Beitrag von Chalmin). Schließlich sollten auch landschaftsästhetische Aspekte bei der Ausrichtung der Reihen berücksichtigt werden. So kann es zweckmäßig sein, den Reihenverlauf an den Geländekonturen zu orientieren. Falls keine Maschinen zum Einsatz kommen, kann auf die Anordnung in Reihen verzichtet werden.

23.4.2
Baumabstand

Der minimale Abstand der Wertholzträger richtet sich nach baumartenindividuellen Parametern und nach den Produktionszielen. Über den bestehenden linearen Zusammenhang zwischen der Kronenbreite und dem Brusthöhendurchmesser lässt sich der Platzbedarf des Wertholzträgers bei Erreichen des Zieldurchmessers berechnen. Der minimale Abstand ergibt sich aus den Kronenradien des Wertholzträgers und seiner Nachbarbäume sowie einem Zuschlag für den nicht überschirmten Kronenraum. Dieser liegt in Eichenwäldern im Durchschnitt bei 30 % (Spiecker 1991). Bei Esche oder Ahorn kann derselbe Wert wie bei Eiche unterstellt werden, während bei Kirsche ein Wert von 50 % zu veranschlagen ist (Hein & Spiecker 2008a).

Der Kronendurchmesser liegt bei einem Brusthöhendurchmesser von 60 cm im Alter von 60 Jahren für die Esche bei 11,6 m und für die Kirsche bei 11,2 m (vgl. Hein & Spiecker 2008a). Daraus ergibt sich nach dem Zuschlag für den nicht überschirmten Raum ein Mindestabstand in der Reihe von 15,1 m bei der Kirsche und von 13,2 m bei der Esche (Abbildung 23.3). Der Ab-

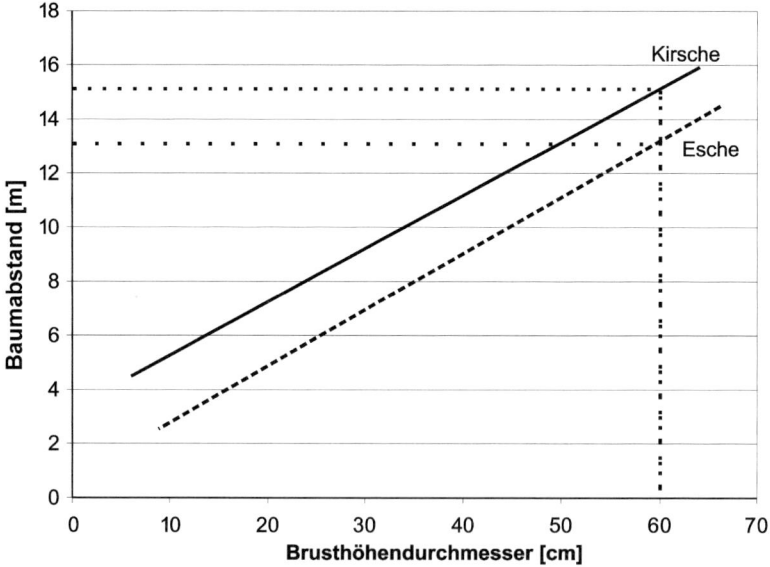

Abb. 23.3 Exemplarische Darstellung des Zusammenhangs Brusthöhendurchmesser –Kronenbreite für die Baumarten Kirsche und Esche bei einem jährlichen Radialzuwachs von 5 mm (Datenbasis: Hein & Spiecker 2008a).

stand zwischen den Reihen kann je nach der Art der landwirtschaftlichen Nutzung und der Breite der eingesetzten landwirtschaftlichen Maschinen variieren. Als Beispiel ergibt sich in einem Agroforstsystem mit einem geforderten Reihenabstand von 26 m und einem Baumabstand von 15 m innerhalb der Reihe eine Anzahl von 26 Wertholzträgern je ha. Dies entspricht bei Erreichen eines Zielduchmessers von 60 cm in 60 Jahren bei der Kirsche einem Überschirmungsgrad von etwas mehr als 25 %.

23.4.3
Bestandesbegründung

Die Wertholzbäume sind zentraler Bestandteil eines Agroforstsystems, sie liefern einen wesentlichen Beitrag zum wirtschaftlichen Erfolg. Deshalb ist eine zielorientierte Bewirtschaftung dieser Bäume von großer Bedeutung. Schon bei der Bestandesbegründung werden die Weichen für die Wertproduktion gestellt. Die Bäume können von vornherein auf Endabstand gepflanzt werden. Der Vorteil besteht dabei in den sehr geringen Begründungskosten, jedoch müssen bei einem Ausfall einzelner Bäume Nachbesserungen vorgenommen werden.

Ein weiterer Nachteil besteht in der fehlenden Auswahlmöglichkeit – wachsen einzelne Bäume nicht in der für die Wertholzproduktion ausreichenden Qualität, muss auch hier nachgepflanzt werden. Eine Alternative bieten kleine, nahe zueinander gepflanzte Gruppen von zwei bis drei Bäumen, sofern rechtliche Bedenken nicht im Wege stehen. Die Distanz zwischen den benachbarten Gruppen entspricht dann dem Endabstand der zukünftigen Wertholzträger. Daraus resultiert eine Pflanzzahl von 52–78 Bäumen je Hektar. Auf diese Weise besteht die Möglichkeit einer Selektion qualitativ hochwertiger, vitaler Bäume innerhalb der Gruppen, wodurch Nachbesserungen weitgehend vermieden werden können. Auch bei diesem Vorgehen liegen die Pflanzkosten noch weit unter dem Niveau einer klassischen Aufforstung mit bis zu 4000 Bäumen je Hektar. Durch die Verwendung von standortsangepasstem und forstlich zertifiziertem Pflanzgut sowie einer sorgfältig durchgeführten Pflanzung und Pflege können die Risiken – Ausfall von Bäumen, schlechte Wuchseigenschaften – auf ein Minimum reduziert werden.

23.4.4
Ästung

Notwendige Pflegeeingriffe im Bereich der Wertholzkomponente des Agroforstsystems sind die Ästungsmaßnahmen. Die Ästung beschränkt sich auf einen kurzen Zeitabschnitt der Gesamtproduktion bis zu einem Baumalter von 15–20 Jahren (siehe Abbildung 23.4). In diesem Zeitraum ist alle zwei bis drei Jahre eine Ästung notwendig.

Die am Ende angestrebte optimale Ästungshöhe hängt von den Ästungskosten und von der Bedeutung des Durchmessers für den Festmeterpreis ab (Spiecker 2006a). Da bei wertvollen Laubbäumen große Durchmesser den Preis steigern,

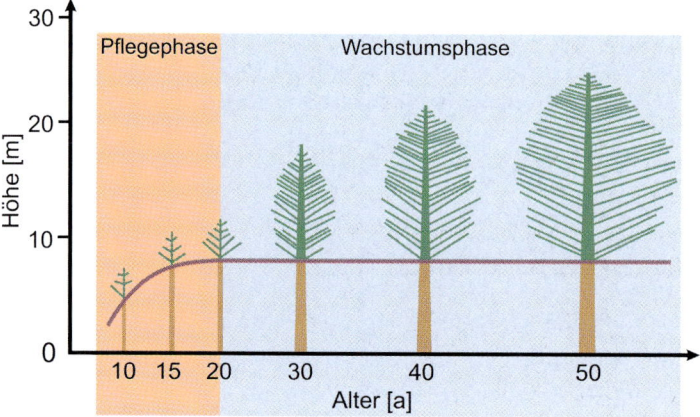

Abb. 23.4 Höhenentwicklung und Entwicklung des astfreien Schaftes von Bäumen zur Wertholzproduktion (nach Spiecker & Spiecker 1988).

sind bei der Ästungshöhe Abstriche zweckmäßig. Damit ist jedoch ein insgesamt geringeres astfreies Holzvolumen je Hektar verbunden (Spiecker 2006b). Als grober Orientierungswert kann ein astfreier Schaft von einem Drittel der Endhöhe des Baumes gelten (Spiecker 1994). Auf wüchsigen Standorten, auf welchen in Abhängigkeit von der Baumart Höhen von bis zu 26 m am Ende einer Produktionszeit von 60 Jahren zu erwarten sind, ist somit eine Länge des astfreien Schaftes von 8,5 m möglich. Geringere Längen des astfreien Schaftes sind ebenfalls denkbar, da sich auf diese Weise der Produktionszeitraum verkürzen lässt.

Die in mehreren Eingriffen durchgeführte stufenweise Entnahme der jeweils untersten Äste kann zur Entwicklung ungewollter, starker Äste weiter oben am Schaft führen (Hein & Spiecker 2007). Geeigneter erscheint daher die Methode der vorgreifenden Ästung. Hierbei werden sämtliche Äste, welche einen kritischen Durchmesser überschritten haben beziehungsweise einen auffällig steileren Winkel als die übrigen Äste aufweisen, ungeachtet ihrer relativen Position bereits vorzeitig entnommen (Abbildung 23.5). Ein steiler Astwinkel weist auf einen besonders schnellen Astdurchmesserzuwachs hin. Da die Überwallungsbreite über der Schnittfläche unter anderem durch den Astquerschnitt bestimmt wird, kann die Qualitätsentwicklung durch eine frühzeitige Entnahme der vitalsten Äste positiv beeinflusst werden (Shigo 1989). Darüber hinaus bilden die Schnittflächen eine potentielle Eintrittspforte für Pathogene, so dass eine zügige Überwallung wünschenswert erscheint. Dagegen hat das Belassen schwacher Äste im unteren Kronenbereich den Vorteil, dass eine größere Assimilationsfläche erhalten bleibt und das Risiko der Wasserreiserbildung sowie eines Sonnenbrandes der Rinde reduziert wird. Durch eine solche vorgreifende Ästung wird der Zeitraum bis zur vollständigen Astüberwallung verkürzt, wodurch der Zuwachs bereits zu einem früheren Zeitpunkt in Form astfreien Holzes erfolgt.

Abb. 23.5 Zuerst werden die dicken Äste und die Steiläste entfernt (Foto: Spiecker 2008).

Zum Einsatz kommen spezielle Ästungsscheren bzw. Ästungssägen, welche eine saubere Schnittführung erlauben und die Verletzungen des Kambiums minimieren. Für die Ästung der höheren Kronenbereiche können Teleskopstangen bzw. Leitersysteme über den Fachhandel bezogen werden.

Durch eine genaue Dokumentation der Ästungsmaßnahmen kann ein Anteil an astfreiem Schaftholz bei allen Bäumen in gleicher Weise abgeleitet und einem potentiellen Abnehmer garantiert werden. Das bedeutet eine Verbesserung der Vermarktungschancen im Vergleich zu Wertholz, welches im Waldbestand anhand natürlicher Astreinigung produziert wurde. Bezüglich der Astreinheit besteht bei Holz aus herkömmlichen, ungeasteten Beständen eine größere Unsicherheit.

23.5
Schlussfolgerung

Agroforstsysteme bieten eine attraktive Alternative zur Wertholzproduktion in geschlossenen Beständen. Auf freiem Feld herrschen gute Bedingungen, um Edellaubbäume zu bester Furnierqualität zu erziehen. Gerade lichtbedürftige Arten, die in Wäldern nur vereinzelt und oft nicht in der gewünschten hohen Qualität vorkommen, wie zum Beispiel die Wildkirsche oder *Sorbus*-Arten, finden in Agroforstsystemen ideale Bedingungen vor. Hier ist es mit vergleichsweise geringem Aufwand möglich, Wertholz zu erzeugen. Geringe Investitionskosten, hohe Durchmesserzuwächse und zugleich ein zeitlich begrenzter Pflegeaufwand sind eindeutige Vorteile, die für eine Wertholzproduktion in agroforstlichen Systemen sprechen.

23.6
Zusammenfassung

Ein zentraler Bestandteil von Agroforstsystemen ist die forstliche Komponente, die im vorliegenden Fall von Edellaubbäumen, wie zum Beispiel Wildkirsche, Bergahorn oder Elsbeere, gebildet werden soll. Bei der Anlage eines solchen Agroforstsystems sind Auswahl, Anordnung und Pflege der Wertholzbäume von besonderer Wichtigkeit. Durch eine an die landwirtschaftliche Produktion angepasste Ausrichtung der Pflanzabstände kann der mit der Wuchshöhe zunehmende Einfluss der Bäume auf die landwirtschaftlichen Kulturen und Produktionsverfahren auf das Notwendige reduziert werden. Zur Produktion von Wertholz, welches seinen Einsatz in der Furnierindustrie finden soll, sind Dimension und Qualität von zentraler Bedeutung. Auf geeigneten Standorten werden die entsprechenden Zieldurchmesser von z. B. 60 cm in einer Produktionszeit von weniger als 50–70 Jahren erreicht. Um unter den in Agroforstsystemen herrschenden Wuchsbedingungen die nötige Holzqualität, die im Wesentlichen durch die Astreinheit bestimmt wird, zu erreichen, sollte mit fünf bis sieben Ästungsmaßnahmen innerhalb der ersten 15 Jahre nach der Pflanzung gerechnet werden. Unter diesen Voraussetzungen ist es möglich, Holz bester Qualität unter kontrollierten Bedingungen in kurzen Zeiträumen zu produzieren, wie dies in Waldbeständen nicht möglich wäre.

Literatur

Dupraz, C., Burgess, P., Gavaland, A., Graves, A., Herzog, F., Incoll, L., Jackson, N., Keesman, K., Lawson, G., Lecomte, I., Liagre, F., Mantzanas, K., Mayus, M., Moreno, G., Palma, J., Papanastasis, V., Paris, P., Pilbeam, D., Reisner, Y., Vincent, G., Werf Van der, W. 2005: Synthesis of the Silvoarable Agroforestry For Europe project. INRA-UMR System Editions, Montpellier, 254 S.

Hein, S., Spiecker, H. 2008a: Controlling Diameter Growth of Common Ash, Sycamore and Wild Cherry. In: Spiecker, H., Hein, S., Makkonen-Spiecker, K., Thies, M. (Hrsg.) 2008: Valuable Broadleaved Forests in Europe. Brill, Leiden. European Forest Institute Research Report 22: 143–167

Hein, S., Spiecker, H. 2008b: Crown and Tree Allometry of Open-Grown Ash (Fraxinus excelsior L.) and Sycamore (Acer pseudoplatanus L.). Agroforestry Systems 73: 205–218

Hein, S., Spiecker, H. 2007: Comparative analysis of occluded branch characteristics for *Fraxinus excelsior* and *Acer pseudoplatanus* with natural and artificial pruning. Canadian Journal of Forest Research 37: 1414–1426

Joyce, P.M., Huss, J., McCarthy, R., Pfeiffer, A. 1998: Growing Broadleaves for Ash, Sycamore, Wild Cherry. Dublin, COFORD, National University of Ireland, 144 S.

König, E. 1958: Fehler des Holzes. Holz-Zentralblatt Verlags-GmbH: 116

Shigo, A.L. 1989: Tree pruning – a worldwide photo guide. Shigo and Trees Associates, Durham/ New Hampshire, 186 S.

Spiecker, H. 1991: Zur Steuerung des Dickenwachstums und der Astreinigung von Trauben- und Stieleichen (*Quercus petraea* (Matt.) Liebl. und Quercus robur L.). Schriftenreihe der Landesforstverwaltung Baden-Württemberg 72, 150 S.

Spiecker, H. 2003: Laubholzerziehung und Wertleistungsgrundsätze. Österreichische Forstzeitung 114: 10–11

Spiecker, H. 2006a: Minority tree species – a challenge for multi-purpose forestry. In: Nature-Based Forestry in Central Europe. Alternatives to Industrial Forestry and Strict Preservation. Studia Forestalia Slovenica 126: 47–59

Spiecker, H. 2006b: Broadleaves for the Future – a View from Central Europe. Kungl. Skogs- och Lantbruksakademiens, TIDSKRIFT, Ädellövskog för framtiden Nummer 145 (5): 43–50

Spiecker, M., Spiecker, H. 1988: Erziehung von Kirschenwertholz. AFZ DerWald 43 (20): 562–565

Spiecker, M. 1994: Wachstum und Erziehung wertvoller Waldkirschen. Mitteilungen der FVA Baden-Württemberg 181, 92 S.

24
Kombinierter Anbau von Wertholz- und Kurzumtriebsbäumen

Rüdiger Unseld

24.1
Das Anbausystem von Werthölzern mit Kurzumtriebsbäumen

Ziel eines kombinierten Anbaus von Werthölzern mit Kurzumtriebsbäumen ist die Produktion von hochwertigem Stammholz bei gleichzeitiger Bereitstellung von Holzbiomasse, z. B. zur Energiegewinnung. Das Anbausystem ähnelt demjenigen eines Mittelwaldes. In Anlehnung an die Mittelwaldwirtschaft könnten die Wertholzbäume auch als Oberstand und die Kurzumtriebsbäume bzw. deren Stockausschläge als Unter- oder Zwischenstand bezeichnet werden (Anbaubeispiel in Abbildung 24.1). Im Gegensatz zum Mittelwald erfolgt allerdings eine

Abb. 24.1   Kombination aus Kirsche als Oberstand (Wertholz) und Balsampappelhybriden als Unterstand, Agroforstfläche der Universität Freiburg bei Breisach.

Anbau und Nutzung von Bäumen auf landwirtschaftlichen Flächen.
Herausgegeben von T. Reeg, A. Bemmann, W. Konold, D. Murach und H. Spiecker
Copyright © 2009 WILEY-VCH Verlag GmbH & Co. KGaA, Weinheim
ISBN: 978-3-527-32417-0

klare räumliche Trennung des Ober- und Unterstandes, so dass beidseitige Beeinflussungen durch Schattenwurf und Wurzelkonkurrenz minimiert werden.

Erforderlich ist dies insbesondere aufgrund der Schnellwuchseigenschaften der Kurzumtriebsbaumarten, die ausschließlich von sehr licht- und wasserliebenden Baumarten erfüllt werden können. Es muss daher eine gleichmäßig gute Versorgung auf der mit Kurzumtriebsbäumen bestockten Fläche gewährleistet sein. Die meisten Wertholzbaumarten sind im Vergleich zu den Kurzumtriebsbäumen insbesondere in der Jugendphase schattentoleranter. Dennoch müssen Abstände zu den Kurzumtriebsbäumen gewählt werden, die auch ihnen ein optimales Wachstum ermöglichen. Als Werthölzer kommen auf landwirtschaftlichen Flächen z. B. Esche, Ahorn, Nuss- oder Obstbäume in Frage (Brix 2006). Als Kurzumtriebsbaumarten sind z. B. Balsampappeln oder Weiden (Röhe 2007) möglich. Der Anbau von wurzelbrutbildenden Kurzumtriebsbaumarten wie Aspe oder Robinie ist dagegen problematisch. Ihre vitalen Neutriebe wachsen nach der Beerntung in die Wertholzreihen ein und bedeuten eine ernstzunehmende Konkurrenz.

Als Ergebnis eines hohen Zuwachses aufgeasteter Wertholzbäume durch einen optimal großen Wuchsraum sollen Durchmesserdimensionen mit hoch bezahlten Rohholzsortimenten erreicht werden. Zu Beginn der Untersuchungen wurde angenommen, dass der Gesamtwert von Wertholz und Kurzumtriebsholz über dem Gesamtwert einer Fläche liegen kann, die ausschließlich Kurzumtriebsholz oder ausschließlich Wertholz produziert. Neben der nachfolgenden Betrachtung ökologischer Wechselwirkungen und hier insbesondere der Lichtverhältnisse mit konkreten Vorschlägen zur Gestaltung einer Fläche (Abschnitt 24.2) werden daher betriebswirtschaftliche Überlegungen über das Anbausystem vorgenommen (Abschnitt 24.3).

24.2
Ökologische Wechselwirkungen von Wertholz und Kurzumtriebsbäumen

In frühen Altersstadien der Werthölzer entsprechen die ökologischen Bedingungen bezüglich Lichteinstrahlung, Niederschlagsmengen und Nährstoffkreislauf in einem kombinierten Wertholz-Kurzumtriebssystem denjenigen von reinen Kurzumtriebswäldern. Der größte Anteil der Kurzumtriebsbäume bleibt nach der Flächenbegründung von den Werthölzern und deren geringen Kronendimensionen nahezu unbeeinflusst. Dies ist darauf zurückzuführen, dass die Kurzumtriebsbäume in der Regel ein deutlich schnelleres Jugendwachstum als die Werthölzer zeigen (Abbildung 24.2a–b). Für diese Phase liegen neben Untersuchungen zu Nährstoffflüssen und Veränderungen der Bodeneigenschaften (Jug 1997, Makeschin 1999, Unseld 1999) auch Untersuchungen insbesondere zur Bodenbefeuchtung und den Niederschlagsveränderungen für Kurzumtriebsflächen vor (Unseld 1999, Schultze *et al.* 2006). Wann es zu ersten Beeinflussungen z. B. durch Beschattung kommt, wird in Abschnitt 24.2.1 behandelt.

Die Werthölzer erhalten dagegen bereits nach kurzer Zeit eine seitliche Beschattung, die nach jeder Beerntung der Kurzumtriebsbäume allerdings wieder

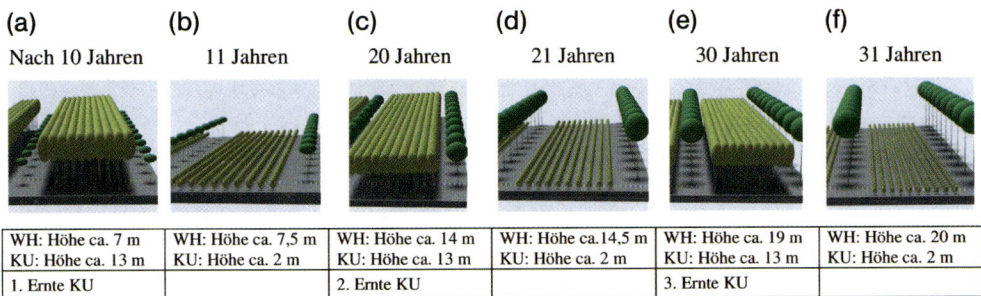

(a) Nach 10 Jahren	(b) 11 Jahren	(c) 20 Jahren	(d) 21 Jahren	(e) 30 Jahren	(f) 31 Jahren
WH: Höhe ca. 7 m KU: Höhe ca. 13 m	WH: Höhe ca. 7,5 m KU: Höhe ca. 2 m	WH: Höhe ca. 14 m KU: Höhe ca. 13 m	WH: Höhe ca.14,5 m KU: Höhe ca. 2 m	WH: Höhe ca. 19 m KU: Höhe ca. 13 m	WH: Höhe ca. 20 m KU: Höhe ca. 2 m
1. Ernte KU		2. Ernte KU		3. Ernte KU	

Werthölzer (WH) hier: Esche; Produktionszeit 50 Jahre; Pflanzverband 30 m x 10 m.
Kurzumtrieb (KU) hier: Balsampappeln; Produktionszeit 10 Jahre; Pflanzverband 2 m x 2 m.
Abstand der Pflanzreihen von Werthölzern zur Kurzumtriebskomponente: 6 m.

Abb. 24.2 Bestandessimulation zur Beurteilung der Konkurrenzsituation zwischen Werthölzern (WH, dunkelgrün) und Kurzumtriebs- komponente (KU, gelbgrün) bei mittleren Wuchsleistungen (BWIN Pro; Nagel & Schmidt, 2006).

reduziert wird. Bei einem ausreichenden Abstand von den Kurzumtriebsreihen kann davon ausgegangen werden, dass die schattentoleranteren Wertholzbaumarten wie z. B. Ahorn, Esche oder Kirsche keine nennenswerten Wachstumseinbußen erleiden. Stattdessen werden Gefährdungen durch Frost und Austrocknung durch den Seitenschutz reduziert und die Werthölzer zu einem gradschaftigeren Wuchs animiert.

Der Abstand zu den Kurzumtriebsbäumen sollte bereits bei der Flächenanlage so groß sein, dass auch in zunehmendem Alter der Werthölzer eine direkte Kronenkonkurrenz vermieden wird (Abbildung 24.2c–d). Später haben die Werthölzer Kronendimensionen erreicht, die nicht mehr von den Kurzumtriebsbäumen bedrängt werden können (Abbildung 24.2e–f). Stattdessen kann es jetzt zu einer unerwünschten Beschattung der Kurzumtriebsbäume kommen. Für diese Phase war es im Rahmen dieser Arbeit mit einer Lichtsimulation möglich, quantifizierende Aussagen zu treffen (siehe Abschnitt 24.2.1).

Welche Abstände zwischen Werthölzern und Kurzumtriebsbäumen gewählt werden sollten, hängt maßgeblich von deren Schattentoleranz sowie von der Erntehöhe der Kurzumtriebsbäume ab. Pappeln mit 8- bis 10-jährigem Ernterhythmus erreichen auf einem mittleren Standort bereits Durchschnittshöhen von ca. 13–15 m und der Abstand zu den Werthölzern sollte somit entsprechend weit gewählt werden. Empfohlene Abstände variieren nach ersten Einschätzungen zwischen ca. 4–7 m (in Abbildung 24.2: 6 m).

24.2.1
Lichtverhältnisse bei einem kombinierten Anbau

Die Quantifizierung der Beschattung durch die Werthölzer erfolgte anhand einer Simulation. Methodik und Ergebnisse werden nachfolgend vorgestellt.

(a)

(b)

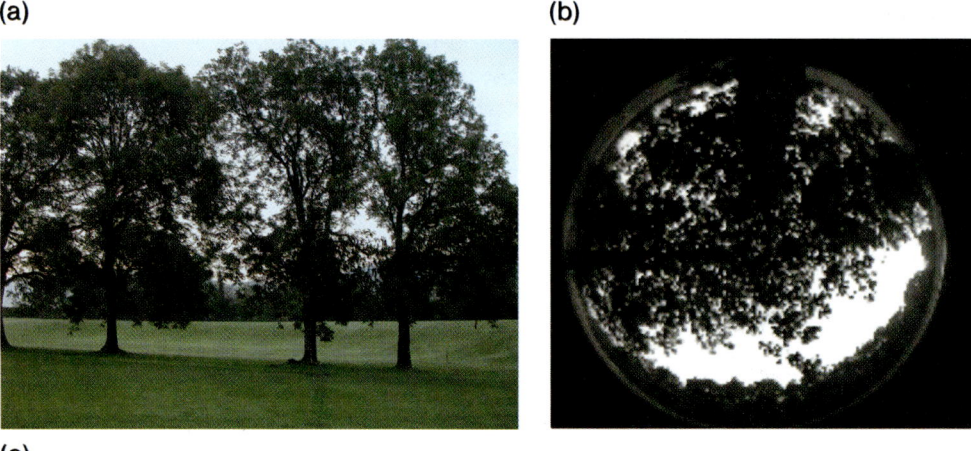

(c)

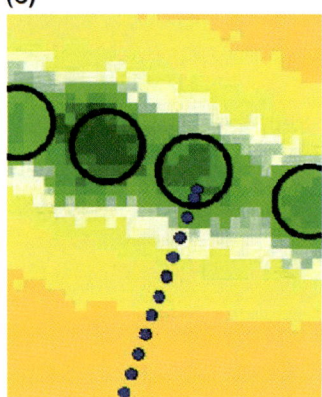

Abb. 24.3 (a) Versuchsfläche zur Lichtmodellierung. (b) Fisheye-Foto einer Feldaufnahme zur Modellkalibrierung. (c) Baumreihe von oben mit simulierten Lichtwerten.

Methodik

Zur Lichtsimulation wurde das dreidimensionale Lichtmodell von Brunner (1998) verwendet. Sein Modell gestattet die Simulation einer Lichtmessung an jedem beliebigen Punkt eines erfassten Bestandes. Als Basisdaten dienen Informationen über Baumart, Brusthöhendurchmesser, Höhe, Kronenlänge und vier Kronenradien. Für jede Baumart muss zudem die Kronenform und die Schichtdicke der Belaubung definiert werden. Zudem bestimmt der „Leaf-Area-Index" über die Intensität der Strahlungsabsorption. Die Parameter wurden iterativ so abgewandelt, dass die mit Fisheye-Aufnahmen im Feld gewonnen Werte („wahre Werte"; blaue Punkte in Abbildung 24.3c) möglichst gut mit der Simulation (grüne und gelbe Rasterwerte in Abbildung 24.3c) an diesen Punkten übereinstimmten. Mit dieser Einstellung wurde dann die Strahlungsverteilung zwischen den Wertholzträgern berechnet.

Ergebnisse

Welche Lichtverhältnisse entstehen, hängt von mehreren Einflussgrößen ab. Nachfolgend werden dazu der Abstand zwischen zwei Wertholzreihen, deren Reihenausrichtung und die Höhen der Werthölzer näher betrachtet (Abbildung 24.4). Der Abstand zwischen den Werthölzern innerhalb einer Reihe beträgt in Anhalt an deren maximalen Kronenradius (ca. 5 m) einheitlich 10 m.

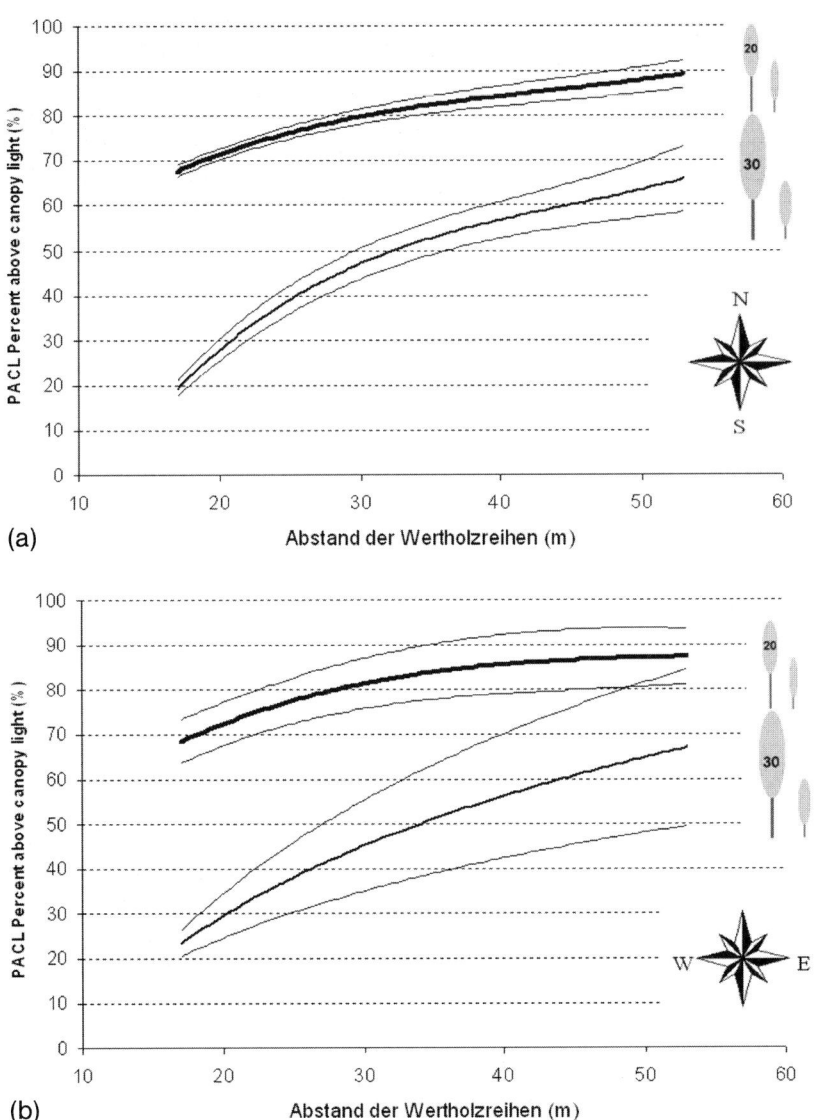

Abb. 24.4(a)–(b)   Zusammenhang zwischen der Beschattung und den Abständen zwischen den Wertholzreihen mit Mittelwerten und Streuungsfächer (Std.Dev.). Höhe der Werthölzer: 20 m oder 30 m (siehe Baumsymbole); Simulationshöhe der Einstrahlung: 1,5 m Höhe über dem Boden; Baumart: Ahorn; Reihenabstand Werthölzer innerhalb einer Reihe: 10 m (a) Reihenausrichtung Nord-Süd (b) Reihenausrichtung Ost-West.

Wie Abbildung 24.4a–b entnommen werden kann, ist die mittlere Beschattung (y-Achse) der Kurzumtriebsbäume durch die Werthölzer mit Baumhöhen bis 20 m relativ gering (jeweils dicke obere Linie in beiden Abbildungen) und die Werte streuen wenig. Auch verschiedene Abstände zwischen den Wertholzreihen (x-Achse) wirken sich nicht wesentlich auf die Beschattung aus. Bei einer Baumhöhe der Werthölzer von 30 m (jeweils etwas dünne untere Linie in beiden Abbildungen) und damit zunehmenden Kronendimensionen werden die Kurzumtriebsbäume durchschnittlich deutlich stärker beschattet. Die Reihenabstände der Werthölzer spielen in dieser Altersphase eine wesentliche Rolle. Bei Ahorn auf gutem Standort ist diese Situation nach 50 Jahren erreicht. Zudem wird aus der Abbildung deutlich, wie die Lichtwerte bei einer Ost-West-Ausrichtung der Wertholzreihen im Gegensatz zu einer Nord-Süd-Ausrichtung stark streuen. In einigen Flächenbereichen verringert sich das ankommende Sonnenlicht um mehr als 50 % gegenüber den Freiflächenbedingungen.

24.2.2
Einfluss von Beschattung auf das Wachstum der Kurzumtriebsbäume

Veränderungen an den lichtökologischen Verhältnissen können sich direkt oder z. B. durch die Änderung der Lebensbedingungen für pathogene Pilze oder Schadinsekten indirekt auf das Biomassenwachstum auswirken. Diese zwei Aspekte sollen nachfolgend näher diskutiert werden.[1]

Direkte Auswirkungen auf das Wachstum der Kurzumtriebsbaumarten

In den ersten 15–20 Jahren nach der Begründung sind nur geringfügige Wachstumseinbußen zu erwarten. Erst bei Höhen der Wertholzbäume ab ca. 20 m, was auf einem guten Standort einem Baumalter von ca. 25 Jahren bei Esche oder Ahorn entspricht, entsteht durch die Werthölzer eine zunehmende Konkurrenz um Licht. Besonders die Reihenränder und die bodennahen Bereiche der für den Kurzumtrieb vorgesehenen Streifen werden jetzt stärker beschattet (Unseld 2007). Die Bäume des Kurzumtriebsunterstandes reduzieren dann vorrangig das Dicken- gegenüber dem Höhenwachstum. Am einzelnen Stock kommt es zu einer möglichst schnellen Konzentration des Wachstums auf wenige Triebe, die sich dann mit zunehmender Triebhöhe zur Mitte der Kurzumtriebsreihen hinneigen ("Lichtwendigkeit"). Diese Entwicklung läuft umso schneller ab, je ungünstiger der Standort oder je lichtempfindlicher die Kurzumtriebsbaumart ist. Bei Korbweiden im Kurzumtrieb berichtet Tiefenbacher (1988) von starken Wuchsdepressionen und einer erhöhten Mortalität durch Beschattung an einem Bestandesrand aus 20 m hohen Bäumen. An den Reihenrändern sollte also auf Sorten zurückgegriffen werden, die sich als relativ schattentolerant erwiesen haben. Nach Fröhlich & Grosscurth (1973) wird die Lichtausnutzung stärker

---

[1] Auch die bodenökologischen Bedingungen werden durch eine Lichtreduktion deutlich verändert. So ist bei zunehmender Beschattung mit einer Veränderung der Bodentemperaturen und damit einhergehend mit einer zusätzlichen Humusanreicherung mit positiven Folgen auf das Baumwachstum zu rechnen.

durch die Art als durch den Klon beeinflusst. Graupappeln lassen dabei bereits Übergänge zu Halbschattenbaumarten deutlich erkennen. Balsampappeln zeigen die größte Schattentoleranz und sind zwischen Licht- und Halbschattenbaumarten einzugruppieren. Es bestehen aber auch sortenspezifische Unterschiede. Eine überdurchschnittliche Schattentoleranz zeigen zum Beispiel die Sorten Beaupré und Rochester sowie der amerikanische Klon 5321 *Populus x euramericana* (Sebald 1958, Fasehuhn 1975, Havaux *et al.* 1988).

Indirekte Auswirkungen auf das Wachstum der Kurzumtriebsbaumarten

Der negative Wachstumseffekt durch die Beschattung kann durch weitere indirekte Effekte verstärkt oder abgeschwächt werden. Zu nennen ist z. B. die Anfälligkeit schnellwachsender Bäume für Schädlingsbefall. Splechtna & Glatzel (2005) messen dem Schutz vor Pathogenen für Kurzumtriebsplantagen eine wesentliche Bedeutung bei. Sie bemängeln die fehlende Forschung im Bereich der Mischung von Gehölzen. Gehölzmischungen erschweren die Ausbreitung von Schädlingen innerhalb einer Plantage und erhöhen dadurch die Betriebssicherheit. Die Wirkungen einer Beschattung auf das Erscheinen von Pathogenen werden allerdings konträr diskutiert. Bei Rostpilzbefall hielten Chandrashekar & Heather (1982) zum Beispiel die herrschenden Umweltbedingungen maßgeblicher für einen Befall als die genetischen Eigenschaften der Bäume. In ihren Versuchen zeigten Pappeln bei viel Licht und hohen Temperaturen die größte Resistenz. Spiers (1978) dagegen maß der Lichtintensität im Gegensatz zur Lufttemperatur und der relativen Luftfeuchte keine Bedeutung hinsichtlich einer vermehrten Keimung von Rostpilzen auf Pappelblättern zu. Trinkaus & Reinhofer (2005) erwähnen insbesondere die geringen Pflanzabstände und die hohe Luftfeuchte in den bodennahen Luftschichten in Kombination mit anderen Faktoren wie dauernde Beerntung und Verletzung der Stöcke als wesentliche Faktoren in Weidenkurzumtriebswäldern, die das Auftreten pathogener Pilze begünstigen. Eine Auflockerung z. B. durch weite Pflanzverbände wirke diesen Bedingungen entgegen. In den Versuchen von Larsson *et al.* (1986) führte bei Weiden eine geringe Lichteinstrahlung zu geringeren Kohlenstoffgehalten in den Blattgeweben. Wenn die Pflanze zugleich gut mit Nährstoffen versorgt war, wurde sie deutlich häufiger vom Weidenblattkäfer befallen als gut besonnte Bäume. Andere ernstzunehmende Schadinsekten wie der Erlenblattkäfer bevorzugen dagegen Bäume, die unter vollem Lichtgenuss stehen (Tischler 1977).

24.2.3
Schlussfolgerungen nach Betrachtung der lichtökologischen Bedingungen

Für einen kombinierten Anbau von Wertholz mit Kurzumtriebsbaumarten kann Folgendes festgehalten werden:
- Um den Werthölzern in den ersten 20 Jahren einen ausreichenden Wuchsraum zu gewährleisten und andere Konkurrenzeffekte auszuschließen, sollte der Abstand von Wertholz zu den Kurzumtriebsbäumen nicht zu gering gewählt werden. Je län-

ger die Produktionszeit der Kurzumtriebsbäume, desto größer sollte der Abstand zum Wertholz sein. Verwendbare Abstände liegen zwischen ca. 4–7 m.

– Die Kurzumtriebsbäume werden lange Zeit nicht nennenswert beschattet. Bis zu einer Baumhöhe der Werthölzer von ca. 20 m entspricht die lichtökologische Situation für die dazwischen angebauten Kurzumtriebsbaumarten derjenigen einer Freifläche. Mit zunehmender Höhe der Wertholzbäume bildet sich von der Wertholzreihe hin zur Mitte der Kurzumtriebsreihen ein ansteigender Lichtgradient. Die Lichtsituation entspricht auch unter Werthölzern kurz vor ihrer Ernte derjenigen eines sehr lichten Waldbestandes. Durch die Weitständigkeit und Untersonnung der aufgeasteten Wertholzbäume werden nirgends auf der Fläche die Werte eines geschlossenen Bestandes erreicht.

– Der Lichteinfall kann waldbaulich über die Reihenausrichtung, die Pflanzabstände in und zwischen den Wertholzreihen, ihre Anordnung z. B. in kleinen Baumgruppen sowie über die Baumartenwahl und über die Erntehöhen der Kurzumtriebsbäume gesteuert werden.

– Zwischen den Baumarten und Sorten, die für einen Kurzumtriebsunterstand in Frage kommen, gibt es Unterschiede bei der Beschattungstoleranz. Balsampappelhybriden sind mit am vielversprechendsten.

– Auf leistungsstarken Standorten kann eine dichtere Überschirmung toleriert werden als auf leistungsschwachen.

– Ein gleichzeitiger Anbau von Werthölzern wirkt sich für die Kurzumtriebsbäume auch indirekt z. B. über die Anfälligkeit gegenüber Pilzbefall und tierischen Schädlingen aus. Tendenziell kann angenommen werden, dass die Anfälligkeit gegenüber Pilzen in den ersten 20 Jahren durch die Auflockerung verringert wird. Mit zunehmender Beschattung durch die Werthölzer und abnehmender Vitalität der Kurzumtriebsbäume steigt dagegen später das Infektionsrisiko.

24.3
Betriebswirtschaftliche Überlegungen

Ein kombiniertes Anbausystem Wertholz-Kurzumtrieb weist im Vergleich zu einem reinen Kurzumtriebswald einige ertragswirtschaftliche Eigenheiten auf. Aus rein betriebswirtschaftlicher Sicht sollte der Gesamtwert einer kombinierten Fläche über dem Gesamtwert des Holzes einer Fläche liegen, die ausschließlich Kurzumtriebsholz oder ausschließlich Wertholz produziert. Eine wichtige Voraussetzung dafür ist, dass der Zuwachsverlust der Kurzumtriebsbäume (Beschattung, reduzierter Flächenanteil) durch den Wertholzzuwachs kompensiert wird. Auf einer kombinierten Fläche fallen Vornutzungen beim Wertholzoberstand in der Regel nicht an, so dass die Endnutzung die einzige Einnahme während des Produktionszeitraumes darstellt. Währenddessen werden die Kurzumtriebsbäume mehrfach abgeerntet und es kommt nach jeder Produktionszeit zu Erlösen.

24.3.1
Beurteilung betriebswirtschaftlicher Kenngrößen

Als dynamisches Berechnungsverfahren einer Anbauinvestition wurde die Interne Zinssatz-Methode gewählt.[2] Die Methode eignet sich zur Bildung einer Rangfolge verschiedener Investitionsalternativen mit Erlösen, die zu unterschiedlichen Zeitpunkten anfallen[3]. Weitere wichtige Gesichtspunkte für Investoren wie Risikoverteilung, Liquiditätsgesichtspunkte oder Zuschüsse für bestimmte ökologische Leistungen werden allerdings nicht berücksichtigt.

Mit einer Sensitivitätsanalyse wurde festgestellt, dass bei den Kurzumtriebsbäumen vor allem leistungsschwache Standorte mit geringen Erträgen und hohe Pflanzkosten die finanzielle Attraktivität schmälern können. Hackschnitzelpreise wirken sich dagegen in einem gewissen Rahmen vergleichsweise weniger stark auf die Verzinsung aus. Beim Wertholz sind auf mittleren Standorten vor allem der Kostenblock „Anbau-, Pflege- und Erntekosten" sowie die Wertholzpreise bei der Endnutzung maßgebend. Diese Schlüsselfaktoren wurden variiert und die Verzinsung beurteilt. Die Ergebnisse sind in Tabelle 24.1 wiedergegeben.

Es zeigt sich, dass bei den meisten Varianten auf der reinen Kurzumtriebsfläche durch die kürzere Kapitalbindung eine höhere Verzinsung erreicht wird als auf einer kombinierten Fläche. Dies trifft auch bei einer Annahme von relativ hohen Pflanzkosten für die Kurzumtriebsbäume und bei eher geringen Hackschnitzelpreisen zu (in Tabelle 24.1 nicht aufgeführt). Werden allerdings bei einer Kurzumtriebsfläche lediglich geringe Biomasseerträge erwartet, wie z. B. auf einem schlechten Standort oder bei einer hohen Ausfallquote (Trockenheit, Pilze, Stockfäule, ungeeignete Sortenwahl), so kann sich ein kombinierter Anbau mit Werthölzern als vorteilhafter erweisen. Voraussetzung ist allerdings, dass die Werthölzer auf diesen Standorten noch ein gemessen an forstlichen Bonitätseinstufungen durchschnittliches Wachstum zeigen, was von den meisten, der in Frage kommenden Baumarten (Esche, Ahorn oder Kirsche) erwartet werden kann.

2) Die dynamische Investitionsrechnung ist weltweit ein gängiges Instrument zur Beurteilung von Investitionen in Baumplantagen auch mit höheren Produktionszeiten z. B. Timberl. Decision Support System, Forest Service Texas.

3) Sämtliche während der gesamten Wirkungszeit der Investition ausgelösten Aus- und Einzahlungen wurden berücksichtigt und auf den heutigen Zeitpunkt abgezinst (Diskontierung). Zum Vergleich der Anbausysteme wurde eine Teilkostenrechnung als ausreichend erachtet, deren Ergebnis als absolute Angaben der Verzinsung nur eine geringe Aussagekraft besitzt. In Tabelle 24.1 wurde deshalb lediglich angegeben, welche Anbauform sich besser verzinst.

Tabelle 24.1 Beurteilung der Verzinsung des eingesetzten Kapitals für einen Produktionszeitraum von Wertholzbäumen unter Variation der wichtigsten Kosten- und Ertragsansätze.

Kosten-Ertragsansätze			Wertholz[1]			
			Anbau-/Pflege-/Erntekosten[2]		Wertholzerlös[3]	
			mittel	gering	mittel	hoch
Kurzum-triebsholz[4]	Pflanz-kosten[5]	mittel	KU	KU	KU	KU
		hoch	KU	KU	KU	KU
	Standort/Biomassen-ertrag[6]	mittel	KU	KU	KU	KU
		gering	WH + KU	WH + KU	WH + KU	WH + KU

KU: Anbau einer reinen Kurzumtriebsfläche ist günstiger
WH + KU: Anbau einer mit Wertholz kombinierten Fläche ist günstiger
[1] Esche/Ahorn mit einem Produktionszeitraum von 50 Jahren
[2] 50 bzw. 35 €/Baum (Pflanzgut inkl. Pflanzung, Astung, Durchforstung, Bringung)
[3] 400 bzw. 600 €/fm
[4] Balsampappelhybriden mit Produktionszeiträumen von 5–10 Jahren
[5] 1.300 bzw. 2.000 €/ha (Pflanzgut, Arbeitskräfte, Maschinen, Herbizide)
[6] 8 t atro/Jahr/ha bzw. < 6 t atro/Jahr/ha

24.3.2
Schlussfolgerungen nach Betrachtung der ertragswirtschaftlichen Eigenheiten

Gemessen an den Kosten und Erlösen ist ein kombiniertes Anbausystem gegenüber reinen Kurzumtriebsflächen zumeist im Nachteil. Je schlechter die Standortbedingungen werden, umso attraktiver wird allerdings die kombinierte Variante. Auf landwirtschaftlichen Flächen könnte sich ein kombiniertes Anbausystem anbieten bei:

- Flächen mit schlecht einschätzbaren Wuchsbedingungen für Kurzumtriebsbaumarten wie stark stauwasserbeeinflusste oder trockenheitsgefährdete Standorte, Mulden- oder Kuppenlagen (sogenannte „Risikostandorte"),
- Flächen mit Wegrändern, Fließgewässern und sonstigen Randlinien, an denen aus ökologischen Gesichtspunkten ein kurzumtriebsfreier Streifen verbleiben sollte,

- Kurzumtriebsflächen, die hinsichtlich ihrer ökologischen Wirkung z. B. für Vögel oder ihrer ästhetischen Wirkung für das Landschaftsbild weiter aufgewertet werden sollen,
- Erstaufforstungsflächen, auf denen ein möglichst schneller Nutzeffekt erzielt werden soll (Röhe 2007),
- Anbau von schnellwachsenden Baumarten wie z. B. Pappeln, Birken oder Erlen statt den typischen Werthölzern und Reduktion der Produktionszeiträume des Oberstandes auf ca. 30 Jahre.

24.4
Zusammenfassung

Es werden Möglichkeiten einer kombinierten Anbauform von Wertholz und Kurzumtriebsbaumarten vorgestellt. Das System ist zweihiebig, das heißt, die Produktion findet in zwei nach Höhe und Alter getrennten Bestandesschichten statt. Diese Anbauform erfordert daher mehr waldbauliche Kenntnisse als reine Kurzumtriebsflächen. Als maßgebliche ökologische Größe wurde der Lichteinfall näher betrachtet. Die Untersuchungen brachten das Ergebnis, dass der Lichteinfall durch das Wertholz lange Zeit nicht reduziert wird. Die längste Zeit über entspricht die lichtökologische Situation derjenigen einer Freifläche oder eines sehr lichten Bestandes. Für die Werthölzer muss bereits bei Flächenanlage ein ausreichender Wuchsraum eingeplant werden. Bei Betrachtung der Kosten und Erlöse zeigt sich, dass auf guten Standorten ein kombiniertes Anbausystem gegenüber reinen Kurzumtriebsflächen eher im Nachteil ist. Je schlechter die Standortsbedingungen allerdings werden, umso attraktiver wird eine kombinierte Variante.

Literatur

Brix, M. 2006: Wertholzproduktion in agroforstlichen Systemen. Fachtagung „Anbau und Nutzung von Bäumen auf landwirtschaftlichen Flächen I", 6./7.11.2006 in Tharandt, Tagungsband: 157–164

Brunner, A. 1998: A light model for spatially explicit forest stand models. Forest Ecology and Management 107: 19–46

Chandrashekar, M, Heather, W.A. 1982: Temperature-light effects on resistance of poplar cultivars to races of *Melampsora larici-populina*. Phytopathology 72(3): 327–330

Fasehun, F.E. 1975: Effect of light intensity on growth, photosynthesis and nitrate reductase in hybrid poplars. Dissertation Abstracts International B. 36(5): 1988

Fröhlich, H.J., Grosscurth, W. 1973: Züchtung, Anbau und Leistung der Pappeln. Mitteilungen der Hessischen Landesforstverwaltung, Band 10. Sauerländer, Frankfurt am Main, 267 S.

Havaux, M., Ernez, M., Lannoye, R. 1988: Tolerance of poplar (*Populus sp.*) to environmental stresses. II. Photosynthetic characteristics of poplar clones grown at low and high light intensities. Journal of Plant Physiology 132(6): 664–670

Jug, A. 1997: Standortkundliche Untersuchungen auf Schnellwuchsplantagen unter besonderer Berücksichtigung des Stickstoffhaushalts. Dissertation, Ludwig-Maximilians-Universität München, 226 S.

Larsson, S., Wiren, A., Lundgren, L., Ericsson, T. 1986: Effects of light and nutrient stress on leaf phenolic chemistry in *Salix dasyclados* and susceptibility to *Galerucella lineola* Coleoptera. Oikos 47(2): 205–210

Makeschin, F. 1999: Short rotation forestry in Europe. Introduction and conclusions. Forest Ecol. Manag. 121: 1–7

Nagel, J., Schmidt, M. 2006: The Silvicultural Decision Support System BWINPro. In: Hasenauer, H. (Hrsg.): Sustainable Forest Management, Growth Models For Europe. Springer, Berlin, Heidelberg: 59–63

Röhe, P. 2007: Zweihiebige Erstaufforstungssysteme: Integration von Kurzumtrieb-Bestockungen in Erstaufforstungen. AFZ der Wald 2/2007: 78–79

Schultze, B., Quinkenstein, A., Schneider, B.U., Scherzer, J., Jochheim, H., Grünewald, H., Hüttl, R.F. 2006: Wirkung des Anbaus schnell wachsender Baumarten auf den Boden-Wasserhaushalt und die Kohlenstoffsequestrierung. Fachtagung „Anbau und Nutzung von Bäumen auf landwirtschaftlichen Flächen", 6./7.11.2006 in Tharandt, Tagungsband: 17–31

Sebald, O. 1958: Über die Lichtansprüche der Pappelsorten. Die Holzzucht 12(2): 13

Spiers, A.G. 1978: Effects of light, temperature, and relative humidity on germination of urediniospores of, and infection of poplars by, *Melampsora larici-populina* and *M.*

medusae. New-Zealand-Journal-of-Science 21(3): 393–400

Splechtna, B., Glatzel, G. 2005: Optionen der Bereitstellung von Biomasse aus Wäldern und Energieholzplantagen für die energetische Nutzung. Szenarien, ökologische Auswirkungen, Forschungsbedarf. Interdisziplinäre Arbeitsgruppe „Zukunftsorientierte Nutzung ländlicher Räume". Berlin-Brandenburgische Akademie der Wissenschaften, Berlin. 44 S.

Tiefenbacher, H. 1988: Biomasseproduktion im Kurzumtrieb. Agrar. Rundschau 1988 (3/4): 28–30

Tischler, W. 1977: Kontinuität des Biosystems Erle (*Alnus*) – Erlenblattkäfer (*Agelastica alni*). Zeitschrift für angewandte Zoologie 64 (1): 69–92

Trinkaus, P., Reinhofer, M. 2005: Parasitische und saprophytische Pilze auf Weiden in Energieholzkulturen. Joannea Bot. 4: 19–33

Unseld, R. 1999: Kurzumtriebsbewirtschaftung auf landwirtschaftlichen Grenzertragsböden: Biomassenproduktion und bodenökologische Auswirkungen verschiedener Baumarten. Dissertation, Fakultät für Forst- und Umweltwissenschaft, Albert-Ludwigs-Universität Freiburg, 184 S. plus Anhang

Unseld, R. 2007: Biomassenproduktion mit Kurzumtriebsbaumarten: Lichtbedingungen unter Wertholzbäumen in einem mittelwaldartigen Produktionssystem. Forst und Holz 62 (11): 14–17

25
Produktionsaspekte in Agroforstsystemen mit Werthölzern[1] – landwirtschaftliche Produktion

Anja Chalmin

25.1
Die Besonderheiten von Agroforstsystemen mit Werthölzern

Plant ein landwirtschaftlicher Betrieb Veränderungen im Anbauprogramm, wird er überprüfen, wie gut sich potentielle neue Kulturen in die bestehenden betrieblichen Kapazitäten einfügen lassen. Der Anbau neuer Kulturen ist in der Regel mit dem Aneignen neuer Kenntnisse und der Anschaffung neuer Produktionsmittel verbunden.

Interessiert sich nun ein Betrieb für die Anlage eines Agroforstsystems mit Werthölzern, muss er sich nicht nur Wissen zur „neuen Kultur Baum", sondern zusätzlich auch Kenntnisse zur erfolgreichen Bewirtschaftung von Agroforstsystemen aneignen. An finanziellem Aufwand sind nur die Anlage- und Baumpflegekosten zu berücksichtigen; aufwändige Produktionsmittel wie Maschinen werden nicht benötigt. Eine weitere zu berücksichtigende Besonderheit ist die für einen landwirtschaftlichen Betrieb ungewöhnlich lange Produktionsdauer der neuen Kultur von 45 bis zu 60 Jahren (siehe Kapitel 23, den Beitrag von Brix et al.).

Auch wenn traditionelle Agroforstsysteme einmal weit verbreitet waren – heutzutage halten viele Landwirte die Kombination von landwirtschaftlichen Kulturen und Bäumen auf einer Fläche für eine ungewöhnliche Idee. Bäume werden mit Skepsis betrachtet, da die früher verbreiteten traditionellen Agroforstsysteme[2] moderne, mechanisierte Bewirtschaftungsmethoden behinderten. Außerhalb von Deutschland wird moderne Landwirtschaft mittlerweile erfolgreich mit Bäumen kombiniert: Die Bäume werden reihenweise gepflanzt, dazu muss auf Ackerflächen ein circa 2 m breiter Baumstreifen angelegt werden.

Ein weiteres Charaktermerkmal von Agroforstsystemen sind die Wechselwirkungen zwischen landwirtschaftlichen Kulturen und Bäumen. Diese teilen sich auf derselben Fläche die ober- und unterirdischen Wachstumsressourcen wie Licht, Wasser und Nährstoffe. Bei einer rein landwirtschaftlichen Fruchtfolge

---

1) Wertholz: Holz höchster Qualitätsstufe im Sinne von Furnierholz.

2) Zu den bekanntesten traditionellen Agroforstsysteme zählen auch heute noch die Streuobstwiesen.

Anbau und Nutzung von Bäumen auf landwirtschaftlichen Flächen.
Herausgegeben von T. Reeg, A. Bemmann, W. Konold, D. Murach und H. Spiecker
Copyright © 2009 WILEY-VCH Verlag GmbH & Co. KGaA, Weinheim
ISBN: 978-3-527-32417-0

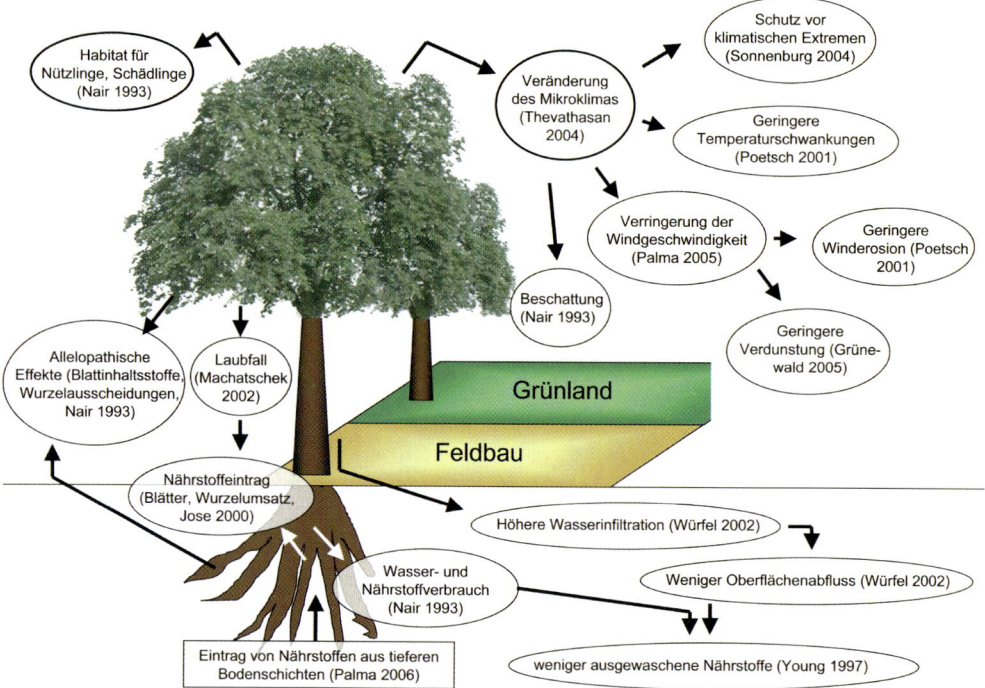

Abb. 25.1 Mögliche Einflüsse von Bäumen auf die landwirtschaftlichen Kulturen in einem Agroforstsystem mit Werthölzern[4].

kann sich die Vorfrucht auf die Nachfrucht auswirken[3]. Im Vergleich dazu ist die Interaktionsfläche zwischen den Kulturen in einem Agroforstsystem wesentlich komplexer und größer. In Abbildung 25.1 ist dargestellt, welche Einflüsse Bäume auf die landwirtschaftliche Produktion haben können. Diese müssen bei der Anlage und Bewirtschaftung von Agroforstsystemen berücksichtigt werden.

Die möglichen positiven oder negativen Einflüsse, die aus den Wechselwirkungen zwischen Bäumen und landwirtschaftlichen Kulturen entstehen, wirken sich auf den gesamten Flächenertrag aus. Ob dieser in einem Agroforstsystem im Vergleich zu einer Monokultur höher oder niedriger ist, hängt von folgenden Faktoren ab:

– mögliche positive Effekte der Bäume auf die Bodenfruchtbarkeit (Abbildung 25.1),

3) Z.B. zeigen viele Getreidearten Mehrerträge, wenn sie in der Fruchtfolge nach Körnerleguminosen stehen.
4) Da es in Deutschland kaum Erfahrungen mit modernen AFS gibt, mussten für diese Abbildung Informationen aus bestehenden artverwandten Systemen (deutsche Streuobstwiesen, Windschutzhecken) und von Agroforstflächen außerhalb Deutschlands mit vergleichbaren klimatischen Bedingungen und Kulturen ausgewertet werden.

- mögliche Ertragsreduktionen in der Landwirtschaft durch
  Konkurrenz um Licht, Wasser und Nährstoffe,
- mögliche positive oder negative Auswirkungen der Bäume auf
  die Landwirtschaft durch Beeinflussung des Mikroklimas
  (siehe Abbildung 25.1),
- mögliche positive oder negative Einflüsse der Bäume durch
  Beeinflussung von Schädlingen und Krankheiten (Ong &
  Huxley 1996).

Agroforstsysteme sind als Alternative erst dann interessant, wenn sie im Vergleich zu einer Monokultur höhere Flächenerträge oder andere Vorteile bieten. Ein höherer Flächenertrag ist möglich, wenn Ackerkulturen und Bäume zeitlich oder räumlich unterschiedliche Nischen besetzen und unnötige Konkurrenz vermeiden. Dadurch können vorhandene Ressourcen effizienter genutzt werden. Zum Beispiel ist bestätigt, dass Mischkulturen mit verschiedener Wurzeltiefe vorhandene Nährstoff- und Wasservorräte besser ausnutzen als Monokulturen (Rois-Díaz et al. 2006, Ong & Huxley 1996). Dass der Effekt des höheren Flächenertrages auch im gemäßigten Klima auftritt, zeigen Agroforstsysteme in Frankreich, Großbritannien und den USA.

Bei geeignetem Design sind Agroforstsysteme ein Mittel zur Verminderung von Erosionsproblemen, zur Verbesserung der Bodenstruktur und zur Erhöhung der Artenvielfalt in Agrarlandschaften (Young 1997, Nair 1993).

25.2
Die Anlage von Agroforstsystemen mit Wertholz

25.2.1
Auswahl geeigneter Flächen

Entscheidet sich ein Betrieb für die Anlage eines „lebendigen Sparkontos" und nutzt einen Teil seiner Fläche für Baumreihen[5], bedeutet das weniger Raum für landwirtschaftliche Kulturen und damit auch weniger jährliche Erträge. Für viele Betriebe sind ungünstigere landwirtschaftliche Ertragsstandorte (z. B. Hanglagen) deshalb eher als potentielle Agroforstflächen interessant. Auf diesen Standorten verlieren sie im Vergleich zu besseren Ertragsstandorten weniger kurzfristig verfügbares Einkommen aus der Landwirtschaft und die Flächen sind für Bäume häufig trotzdem gut geeignet. Langfristig ist es sinnvoll, die Wirtschaftlichkeit des Gesamtsystems zu bedenken. Deshalb sollte man von Flächen absehen, die keine Entwicklungsmöglichkeiten für gute Wertholzqualität bieten. Dazu gehören flachgründige Standorte, fehlender Grundwasseranschluss oder Trockenheit, verbunden mit geringem Wasserspeichervermögen des Bodens. Bei drai-

5) Auf Grünlandflächen kann bis an die Bäume heran gewirtschaftet werden. Auf Acker muss pro Baumreihe ein etwa 2 m breiter Baum- streifen eingeplant werden, der nicht für Ackerkulturen genutzt werden kann.

nierten Standorten muss berücksichtigt werden, dass Baumwurzeln Drainagen beschädigen.

Entscheidet man sich für einen ertragreichen Standort, kann man weniger Baumreihen pflanzen, um kurzfristige landwirtschaftliche Ertragsverluste zu reduzieren. Einerseits wird so weniger Fläche für die Bäume verbraucht, andererseits gibt es weniger Baumreihenränder, die in Konkurrenz zur landwirtschaftlichen Nutzung stehen (Palma *et al.* 2005).

25.2.2
Ausrichtung der Baumreihen

Auch wenn der Schattenwurf der Baumkronen in den ersten Jahren nach der Pflanzung vernachlässigt werden kann, nimmt der Einfluss auf die nahe Umgebung in der zweiten Hälfte der Standzeit der Bäume stetig zu. Auf das Ausmaß der Beschattung kann man durch die Ausrichtung der Baumreihen einwirken: Abbildung 25.2 zeigt, dass Nord-Süd geeigneter ist als Ost-West. Bei einer Ost-West-Ausrichtung wird die Fläche nördlich der Baumreihe am stärksten beschattet. Im Vergleich zum offenen Feld kann das zu Qualitäts- und Ertragsminderungen wie einer verzögerten Abreife führen. Bei einer Nord-Süd-Ausrichtung sind die Schatten zu beiden Seiten der Baumreihe gleichmäßiger verteilt. Zur Zeit der höchsten Strahlungsintensität fällt der Schatten in die Baumreihe selber. Deshalb sind Auswirkungen der Beschattung in diesem Fall geringer. Ist aufgrund verschiedener Standortfaktoren (z. B. Hangneigung) nur eine Ost-West-Ausrich-

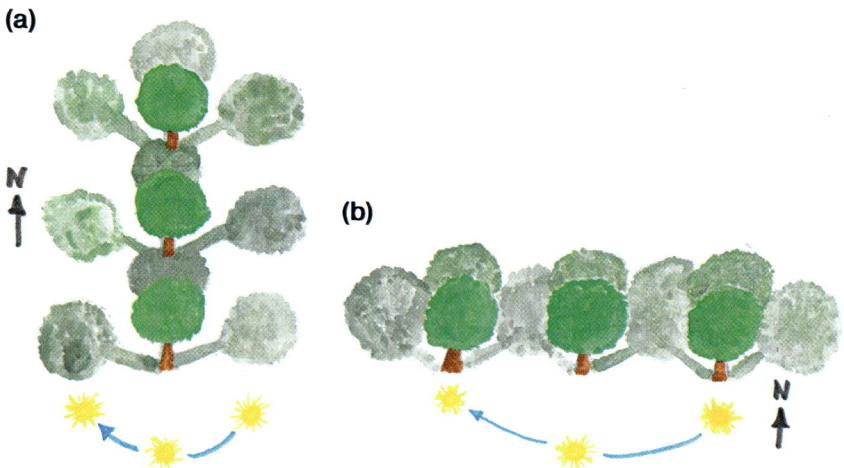

Abb. 25.2 Wirkung der Ausrichtung der Baumreihen auf die Beschattung (schematische Darstellung). (a) Ausrichtung Nord-Süd (b) Ausrichtung Ost-West.

tung der Baumreihen möglich, sollte man auf Ackerflächen die Anlage eines breiteren Baumstreifens nach Norden hin überlegen.

25.2.3
Abstände zwischen den Baumreihen

Die Abstände zwischen den Baumreihen orientieren sich an den Arbeitsbreiten der Maschinen eines Betriebes. Die Vorgehensweise bei der Wahl der Abstände soll an zwei Beispielen erläutert werden:

Betrieb A (Tabelle 25.1) sollte als Baumreihenabstand ein Vielfaches von 12 m wählen. Ein Abstand von nur 12 m ist aus forstlicher Sicht (siehe Kapitel 23, den Beitrag von Brix *et al.*) und wegen der Beschattung nicht zu empfehlen. Bei 24 m Abstand zwischen zwei Baumreihen können mit Ausnahme des Pfluges alle betriebseigenen Maschinen ihre volle Arbeitsbreite ausnutzen. Der Pflug bearbeitet acht Reihen à 2,8 m und kann bei der letzten Reihe mit 1,6 m nur 57 % seiner Arbeitsbreite ausschöpfen.

Betrieb B bewirtschaftet im Vergleich zu Betrieb A sehr große Schläge. Als Mindestabstand zwischen den Baumreihen müssen aufgrund von Düngerstreuer und Spritze 24 m berücksichtigt werden. Da das Ertragspotential der Flächen vergleichsweise hoch ist, bietet sich ein größerer Abstand zwischen den Baumreihen an. 48 m Abstand bedeuten für Walze und Mähdrescher eine Extrafahrt, alle anderen Maschinen sind voll ausgelastet. Ein solcher Mehraufwand ist bei der ökonomischen Bewertung von Agroforstsystemen berücksichtigt (siehe Kapitel 26, den Beitrag von Möndel *et al.*). Mit einem Abstand von 72 m kann man den Mehraufwand reduzieren.

Tabelle 25.1 Arbeitsbreiten der betriebseigenen Maschinen und Geräte von zwei Betrieben.

Betrieb A Grünland/Ackerbau in Baden-Württemberg, 20 ha Betriebsgröße		Betrieb B Ackerbau in Mecklenburg-Vorpommern, 120 ha Betriebsgröße	
betriebseigene Maschinen	Arbeitsbreite	betriebseigene Maschinen	Arbeitsbreite
Pflug	2,8 m	Pflug	3,2 m
Sämaschine	3 m	Flügelschar-Grubber	6 m
Saatbeetkombination	3 m	Kreiselegge	4 m
Spritze	12 m	Drillmaschine	6 m
Düngerstreuer	12 m	Walze	10,5 m
Fräse	3 m	Düngerstreuer	24 m
Heuwender	6 m	Spritze	24 m
		Mähdrescher	9,15 m

Bei beiden Betrieben ist bekannt, dass zusätzliche Maschinen geliehen werden. In diesem Fall sollte man immer Geräte mit solchen Arbeitsbreiten auswählen, die eine volle Auslastung ermöglichen.

Weder Betrieb A noch B arbeitet mit Silomais. Die Erntetechnik für Silomais, zum Teil auch die von Kartoffeln und Rüben, kann das parallele Arbeiten von Maschinen auf dem Feld erfordern. In diesem Fall ist eine Baumpflanzung nicht sinnvoll bzw. kann nur auf einer Teilfläche durchgeführt werden, die nicht für den Anbau von Silomais vorgesehen ist.

Beim Festlegen der Reihen- und Baumabstände sollten auch individuelle Flächeneigenschaften berücksichtigt werden: Auf feuchteren Standorten ist es sinnvoll, ausreichend große Abstände zu wählen, um eine gute Belüftung zu gewährleisten (Brandle *et al.* 2004). Auch in trockeneren Gebieten sind größere Reihenabstände empfehlenswert: Einerseits können so die windbremsenden und evaporationsverringernden Effekte von Baumreihen genutzt werden, andererseits ist der Wasserbrauch der Bäume geringer (Young 1997).

25.2.4
Auswahl der Baumarten

Um die Konkurrenz mit den landwirtschaftlichen Kulturen gering zu halten, sollte man möglichst tiefwurzelnde Baumarten mit lichtdurchlässiger Krone auswählen. Außerdem muss der Wasserverbrauch der Bäume berücksichtigt werden, um zum Beispiel auf trockeneren Standorten nicht unnötig zusätzlichen Trockenstress zu erzeugen (Young 1997). Für die Entwicklung von Winterkulturen ist ein später Austriebszeitpunkt der Bäume im Frühjahr von Vorteil (Härtel 2007).

Gemischte Kulturen wie Agroforstsysteme haben in der Regel weniger Probleme mit Krankheiten und Schädlingen, mit einer Ausnahme: Bei der Auswahl der Baumarten sollte man darauf achten, keine Zwischenwirte oder Futterpflanzen für landwirtschaftliche Schaderreger zu verwenden[6] (Wojtkowski 2002).

Biochemische Interaktionen, sogenannte Allelopathien, sollte man bei der Baumwahl ebenfalls berücksichtigen. Vor allem bei Walnüssen und Schwarznüssen wurde schon häufiger beobachtet, dass der aus Blatt- und Wurzelausscheidungen gebildete Stoff „Juglon" sich auf Nachbarpflanzen z. B. keimhemmend auswirken kann (Renesse 1997, Poetsch 2001).

25.2.5
Gestaltung des Baumstreifens auf Ackerflächen

Wird ein Agroforstsystem auf einem Acker angelegt, werden die Bäume reihenweise auf circa 2 m breite Baumstreifen gepflanzt. Auf sehr windigen Flächen kann man in Erwägung ziehen, die erste Baumreihe zur Hauptwindrichtung durch das Integrieren von Sträuchern als Windschutzhecke zu gestalten. So

---

[6] Beispiele für Zwischenwirte: Wildobstarten für Feuerbrand oder Robinie für Pflaumenschildlaus.

wird die Kulturpflanzenentwicklung nicht durch Windturbulenzen beeinträchtigt und Wasserverluste durch Evaporation werden verringert (Hilf 1959). Auf erosionsanfälligen Standorten würde der Bodenabtrag so effektiver reduziert werden (Palma *et al.* 2005).

Vor allem bei gartenbaulichen Betrieben gibt es immer wieder die Idee, den Baumstreifen wirtschaftlich zu nutzen. Brandle *et al.* (2004) schlagen z. B. das Pflanzen schattenliebender Beerensträucher und die Vermehrung von Zierpflanzen oder -sträuchern vor. Ist die Nebennutzung des Baumstreifens rentabel, kann es sinnvoll sein, dessen Breite zu vergrößern.

25.3
Die Bewirtschaftung von Agroforstsystemen

Wie in Abschnitt 25.1 beschrieben, kann die Kombination von Bäumen mit landwirtschaftlichen Kulturen positive und negative Wechselwirkungen hervorrufen. Das Ziel bei der Bewirtschaftung liegt darin, mögliche negative Effekte zu mindern und mögliche positive Wirkungen zu fördern.

In den ersten Jahren sind es die Bäume, die vor zu viel Konkurrenzdruck durch die Landwirtschaft geschützt werden müssen (siehe Kapitel 23, den Beitrag von Brix *et al.*). Später verändert sich die Situation zu ihren Gunsten und der Einfluss der Bäume auf die Ackerfläche nimmt zu.

25.3.1
Unterirdische Bewirtschaftungsmaßnahmen

Auf Ackerflächen bewirkt die reguläre landwirtschaftliche Bodenbearbeitung, dass Baumwurzeln sich tiefer in den Boden hinein orientieren. Das Pflügen wird von den Wurzeln als Störung wahrgenommen und verhindert das horizontale Ausbreiten der Wurzeln in der oberen Bodenschicht. Die direkte Konkurrenz mit landwirtschaftlichen Nachbarpflanzen um Wasser und Nährstoffe wird unterbunden, da die Bäume Ressourcen nutzen, die für landwirtschaftliche Kulturen unerreichbar bleiben. Gepflügt werden sollte nach dem Pflanzen der Bäume jährlich. Wird diese Maßnahme zu unregelmäßig durchgeführt, können ernsthafte Schäden an den Baumwurzeln auftreten (Garret & Harper 1999). Aus dem gleichen Grund sollte die Baumstreifenbreite später nicht mehr verringert werden.

Die Bodenbearbeitung hat einen weiteren positiven Nebeneffekt. Das Herbstlaub wird eingearbeitet und kann so im Boden in Humus umgewandelt werden. Außerdem wird vermieden, dass dickere Laubschichten älterer Bäume im folgenden Frühjahr zu Lichtmangel am Boden oder zu Pilzerkrankungen führen (Machatschek 2002). Ohne Einarbeitung in den Boden ist das Laub einheimischer Baumarten 6–12 Monate nach dem Laubfall vollständig abgebaut (Küppers 2008).

Auf Grünland werden Baumwurzeln in ihrer Entwicklung normalerweise nicht durch Bodenbearbeitungsmaßnahmen beeinflusst. Hier ist im Unterschied zum Acker aber dauerhaft ein gut entwickeltes und dichtes Wurzelgeflecht in der oberen Bodenschicht vorhanden. Das Wurzelgeflecht übt auf junge Bäume ausreichend Konkurrenzdruck aus, um die Baumwurzeln dauerhaft in tiefere Bodenschichten zu verdrängen (Machatscheck 2002).

25.3.2
Oberirdische Bewirtschaftungsmaßnahmen

Die Baumkronen verringern die für die landwirtschaftlichen Kulturen verfügbare Lichtmenge. Eine wichtige Hilfestellung für die Ackerkulturen ist, dass die Qualität und der spätere Wert der Bäume von einem möglichst langen, astfreien Stamm abhängen. Die Beschattung wird durch das Asten der Baumkronen reduziert. Durch den astfreien Stamm ist zudem der Anteil an photosynthetisch aktiver Strahlung, der durch diffuses Licht abgedeckt wird, von Bedeutung und nicht vergleichbar mit der Schattenwirkung von ungeasteten Bäumen (Abbildung 25.3) (Vandermeer 1989).

Trotz der Astungen nimmt der Einfluss der Beschattung auf die landwirtschaftlichen Erträge mit dem Wachstum der Bäume zu. Da in Deutschland noch keine älteren, modernen Agroforstsysteme existieren, kann man zum Ausmaß der Schattenwirkung noch keine genauen Angaben machen. In bestehenden jünge-

(a)

(c)

(b)

Abb. 25.3 Geastete und ungeastete Baumkronen im Vergleich (a) ungeastete Walnuss (b) und (c) Kronen von geasteten Kirschen.

ren Anlagen haben die Bäume bis zu einem Alter von 15 Jahren ein vergleichsweise kleines Kronen-Stamm-Verhältnis (Abbildung 25.3a–c) und Einflüsse auf Ertrag und Qualität der landwirtschaftlichen Kulturen sind noch nicht erkennbar. Härtel (2007) geht bei einem Reihenabstand von 26 m und Baumabständen von 15 m in einem System in Südfrankreich von einer zunehmenden Wirkung der Beschattung auf die Erträge ab dem 30. Standjahr aus.

In älteren Agroforstsystemen muss mit einer verringerten Einstrahlung in Baumnähe gerechnet werden. Pflanzen, die hohe Strahlungsintensitäten ausnutzen können, werden darauf empfindlicher reagieren als schattentolerante Pflanzen. Die sonnenhungrigste Kulturpflanze von Bedeutung in Deutschland ist der Mais. Mais kann als C4-Pflanze 400 bis 600 W/m^2 an Lichtenergie ausnutzen. Die meisten Kulturpflanzen sind C3-Pflanzen, die einen niedrigeren Lichtsättigungspunkt[7] haben. Das Maximum ihrer Stoffwechseltätigkeit liegt bei etwa 200 W/m^2. Sie haben im Vergleich zu Mais den Vorteil, dass sie ihre Photosyntheseaktivität schneller an wechselnde Lichtstärken anpassen können. Innerhalb der Gruppe der C3-Pflanzen gibt es ebenfalls Unterschiede, zum Beispiel kann Raps höhere Strahlungsmengen weniger gut ausnutzen als Weizen (Mohr & Schopfer 1992, Marxen-Drewes 1987).

Um die landwirtschaftliche Produktion auch im letzten Drittel der Standzeit der Bäume uneingeschränkt marktorientiert weiterzuführen, kann es sinnvoll sein, die Baumstreifen auf Ackerflächen in diesem Zeitraum zu verbreitern. So wird vermieden, dass in Zonen produziert wird, in denen die Lichtmenge für die Entwicklung und Qualität der Pflanzen[8] nicht ausreichend ist.

Für Grünlandflächen können hinsichtlich der Futterqualität und der Schattentoleranz der in Deutschland verwendeten Gräser keine Angaben gemacht werden. In den USA, Frankreich und Großbritannien wurde intensiv erforscht, welche Gräser sich auch bei teilweiser Beschattung gut entwickeln. Die Ergebnisse sind nicht übertragbar, u. a. weil die meisten Untersuchungen auf Flächen mit 100 bis 400 Bäumen pro Hektar[9] durchgeführt wurden (Dupraz & Newman 1997, Nair 1993).

25.4
Arbeitsaufwand von Agroforstsystemen mit Wertholz

Als zusätzliche Arbeiten müssen das Asten der Bäume und die Pflege der Baumstreifen auf Ackerflächen eingeplant werden; mit einer Verschärfung von vorhandenen Arbeitsspitzen muss man nicht rechnen.

---

7) Lichtsättigungspunkt: Ab dieser Strahlungsmenge wird die photosynthetische Leistung nicht mehr erhöht.

8) Die Lichtmenge ist z.B. für die Bestockung, Kornzahl und Assimilateinlagerung bei Getreide von Bedeutung.

9) Agroforstsysteme werden auf solchen Flächen als zusätzliche Einkommen von Forstflächen genutzt. Zwischen den Bäumen werden Futtergräser ausgesät, und der Wald wird in den ersten 15–20 Jahren beweidet.

Der ideale Zeitpunkt für das Asten der Bäume ist das späte Frühjahr. Ein Ausweichen auf die in einem landwirtschaftlichen Betrieb weniger betriebsame Winterzeit ist möglich. Das Asten ist keine jährlich notwendige Maßnahme.

Die Pflege der Baumstreifen auf Ackerflächen, zum Beispiel mit einem Rotationsmäher, sollte jährlich erfolgen. Die Pflege kann, zum Beispiel bei Getreide und Mais, vor dem Längenwachstum oder nach der Ernte durchgeführt werden. Die Maßnahme ist wichtig, um Unkrautdruck und Schäden durch Kleinsäuger zu vermeiden. Kleinsäuger können durch Baumstreifen mit hohem Bewuchs angezogen werden, da sie dort Nistmaterial und Deckung finden (Burgess 1999).

Mit zusätzlichem Aufwand muss man bei nicht spurgebundenen Maßnahmen auf Acker oder Grünland rechnen. Vor allem bei Maschinen mit größeren Arbeitsbreiten besteht das Risiko von Mehrfahrten. Um zu vermeiden, dass zum Beispiel bei der Getreideernte mit einem Mähdrescher von 6 m Arbeitsbreite in einem 24 m breiten Ackerstreifen eine fünfte Spur gefahren werden muss, sollte man vor allem bei größeren Flächen mit einer Kamera oder GPS arbeiten. Handelt es sich bei dem Agroforstsystem um eine kleinere Fläche, ist eine Zusatzfahrt eher tolerierbar.

Seitens der Landwirtschaft werden außerdem häufig Bedenken geäußert, dass der Astfall der Bäume den Ausfall von Maschinen, vor allem von Mähdreschern, verursachen kann. Diese Erfahrung machen viele Landwirte mit Bäumen, die als sogenannte Landschaftselemente auf landwirtschaftlichen Flächen stehen. Bäume in einem Agroforstsystem sind im Vergleich zu häufig überalterten Landschaftselementen wesentlich jünger und vitaler und werden regelmäßig geastet. Deshalb hat Astfall in Agroforstsystemen keine Bedeutung und tritt auch nach Stürmen deutlich seltener auf. Wichtig ist aber, dass nach durchgeführten Astungsmaßnahmen alle Äste, die einen Mähdrescher beeinträchtigen könnten, von der Fläche entfernt werden. Wie anfällig ein Mähdrescher ist, hängt von seiner Leistungsfähigkeit ab. Landwirte und Hersteller geben Astdurchmesser ab 3,5 cm als problematisch an.

25.5
Besonderheiten beweideter Agroforstsysteme

Will man in einem Agroforstsystem auf Grünland Weidetiere integrieren, ist ein geeigneter Baumschutz unverzichtbar (Abbildung 25.4a–c). Bei kleineren Tieren wie Schafen reicht ein Baumschutz, der vor Schäden durch Verbiss schützt. Bei größeren Tieren muss der Baumschutz zusätzlich stabil genug sein, um Trittschäden vorzubeugen (Sharrow 2003). Weidetiere interessieren sich vor allem für junge Baumblätter und -zweige. Die Tiere können die Bäume aber auch durch Nagen und Scheuern schädigen. Art und Ausmaß der möglichen Schäden hängen von der Zusammensetzung der Weidetiere ab (Machatscheck 2002): Ziegen richten im Vergleich zu Schafen, Rindern, Pferden und Schweinen die größten Schäden an (Stuber & Bürgi 2002).

(a)

(b)

(c)

Abb. 25.4 Baumschutz für Agroforstflächen (a) mit Rindern (b) mit Schafen (c) ohne Beweidung.

Trittschäden an der Grasnarbe vermeidet man, wie auch bei Weideflächen ohne Baumbesatz, durch einen angemessenen Weidedruck. Das bedeutet, dass die Anzahl der Tiere auf einer Fläche nicht zu hoch sein sollte und die Beweidungsdauer nicht zu lang (Zehnder & Weller 2006). Dass Trittschäden vor allem in Baumnähe auftreten, ist in Agroforstsystemen bei angemessenem Weidedruck nicht zu befürchten, da sich für die Tiere ausreichend verschiedene Bäume als Unterstellmöglichkeit anbieten.

Weidetiere stellen für die Bäume in Agroforstsystemen nicht nur ein Schadrisiko dar. Dadurch, dass sie die Weide kurz halten, reduzieren sie die Konkurrenz um Wasser und Nährstoffe und fördern damit das Wachstum der Bäume (Klopfenstein *et al.* 1997).

Sonnenburg & Gerken (2004) berichten, dass Bäume auf Weideflächen den Tieren Schutz vor extremer Witterung bieten. Bäume dienen ebenfalls als Sichtschutz und mindern sozialen Stress zwischen den Weidetieren. In vielen Ländern der gemäßigten Zone wurden in beweideten Agroforstsystemen bessere Zuwachsergebnisse in der Tierproduktion erreicht als auf Weideflächen ohne Bäume. Weidetiere in Agroforstsystemen verbrauchen weniger Energie, um z. B. Hitze- oder Kältestress auszugleichen und werden weniger häufig krank. Der Effekt ist in raueren Lagen besonders deutlich (Balandier & Rapey 2002, Nair 1993).

25.6
Zusammenfassung

Entscheidet sich ein landwirtschaftlicher Betrieb für die Anlage eines modernen Agroforstsystems, muss er sich nicht nur mit der Pflege von Bäumen, sondern auch mit einem neuen Anbausystem vertraut machen. Die Pflege moderner Agroforstsysteme ist relativ unaufwändig, einfach zu erlernen und führt nicht zur Verschärfung schon vorhandener Arbeitsspitzen in der Landwirtschaft.

Die Anlage von Baumreihen sollte sehr gut durchdacht werden. Die Eignung der ausgewählten Fläche und der ausgesuchten Baumarten muss sichergestellt sein, um z. B. unnötige Konkurrenz zwischen Bäumen und landwirtschaftlichen Kulturen zu vermeiden.

Wer sich heute für die Anlage eines Agroforstsystems interessiert, muss zur Kenntnis nehmen, dass derzeit noch keine älteren, modernen Anlagen in Deutschland existieren. Die Erfahrungen, die außerhalb von Deutschland mit solchen Systemen gemacht wurden, können nur bedingt auf hiesige Verhältnisse übertragen werden. Deshalb können zum letzten Drittel der Standzeit der Bäume noch keine präzisen Angaben gemacht werden. Das bedeutet zum Beispiel, dass die durch die Bäume absorbierte Strahlungsmenge in den letzten Jahren der Standzeit nicht bekannt ist.

Zur erfolgreichen Pflege von Agroforstsystemen in den ersten Jahren nach der Anlage der Baumreihen können dagegen schon recht genaue Angaben gemacht werden, da hier Erfahrungen aus verschiedenen Teilen Deutschlands vorliegen.

Literatur

Balandier, P., Rapey, H. 2002: Agroforestry in Western Europe: an overview of the silvopastoral practices and experiments in uplands of the temperate areas. Cahiers d'études et de recherches francophones 11/2002: 103–113

Brandle, J.R., Hodges, L., Zhou, X.H. 2004: Windbreaks in North American agricultural systems. Agroforestry Systems 61: 65–78

Burgess, J.P. 1999: Effects of agroforestry on farm biodiversity in the UK. Scottish Forestry 53 (1): 24–27

Dupraz, C., Newman, S.M. 1997: Temperate Agroforestry: The European Way. In: Gordon, A.M., Newman, S.M.: Temperate Agroforestry Systems. CABI International, Oxfordshire: 181–236

Garrett, H.E., Harper, L.S. 1999: The Science and Practice of Black Walnut Agroforestry in Missouri, U.S.A.: A Temperate Zone Assessment. In: Buck, L.E., Lassoie, J.P., Fernandes, E.C.M.: Agroforestry in Sustainable Agricultural Systems. CRC Press, New York: 97–110

Grünewald, H., Wöllecke, J., Schneider, B.U., Hüttl, R.F. 2005: Alley-Cropping als alternative Folgenutzung von Kippenstandorten. Natur und Landschaft 80: 440–443

Härtel, C. 2007: Agroforstsysteme. Fast nebenbei: Wertholz vom Acker. Schweizer Holz-Börse 32: 36–38

Hilf, H.H. 1959: Wirksamer Windschutz – ein Merkblatt über Aufgabe, Anlage, Pflege und Nutzen von Windschutzanlagen. Die Holzzucht 5/6: 33–43

Jose, S., Gillespie, A.R., Seifert, J.R., Mengel, D.B., Pope, P.E. 2000: Defining competition vectors in a temperate alley cropping system in the midwestern USA. Agroforestry Systems 48: 61–77

Klopfenstein, N.B., Clason, T.R., Sharrow, S.H., Garret, G., Anderson, B.E. 1997: Silvopasture: An Agroforestry Practice. Agroforestry Notes 8, USDA, Washington: 1–4

Küppers, J.G. 2008: Laubzersetzungsgeschwindigkeit einheimischer Baumarten. Universität Hohenheim, Institut für Botanik, Interview am 21.05.2008

Machatschek, M. 2002: Laubgeschichten. Böhlau Verlag, Wien, 544 S.

Marxen-Drewes, H. 1987: Kulturpflanzenentwicklung, Ertragsstruktur, Segetalflora und Arthropodenbesiedlung intensiv bewirtschafteter Äcker im Einflussbereich von Wallhecken, Schriftenreihe des Inst. für Wasserwirtschaft u. Landschaftsökologie 6, Kiel, 180 S.

Mohr, H., Schopfer, P. 1992: Pflanzenphysiologie. Springer, Heidelberg, 659 S.

Nair, P.K.R. 1993: An introduction to agroforestry. Kluwer, Dordrecht, 499 S.

Ong, C.K., Huxley, P. 1996: Tree-crop interactions: a physiological approach. CABI, Wallingford, 408 S.

Palma, J., Graves, A., Bregt, A., Bunce, R., Burgess, P., Garcia, M., Herzog, F., Mohren, G., Moreno, G., Reisner, Y. 2005: Integrating Soil Erosion and Profitability in the Assessment of Silvoarable Agroforestry at the Landscape Scale. Conference paper. International Farming Systems Association (IFSA) European Symposium on Farming and Rural Systems, Vila Real, 4.–7.4.2004: 817–827

Poetsch, J. 2001: Permakultur – Ideologie oder praktische Landwirtschaft? Seminararbeit zur Pflanzenproduktion, Fakultät für Agrarwissenschaften, Georg-August-Universität Göttingen, 26 S.

Rois-Díaz, M., Mosquera-Losada, R., Rigueiro-Rodríguez, A. 2006: Biodiversity Indicators on Silvopastoralism across Europe. European Forest Institute, Joensuu, 68 S.

Renesse, D. 1997: Experimentelle Untersuchungen und konzeptionelle Überlegungen für ein screening-Verfahren des allelopathischen Potentials ausgewählter Baumarten (*Juglans spp.*, *Eucalyptus camaldulensis*). Dissertation, Institut für Nutzpflanzenkunde gemäßigter, subtropischer und tropischer Regionen, Universität Kassel, 117 S.

Sharrow, S.H. 2003: Converting a pasture to a silvopasture in the Pacific Northwest. Agroforestry Notes 26, USDA, Washington: 1–4

Stuber, M., Bürgi, M. 2002: Agrarische Waldnutzungen in der Schweiz 1800–1950. Schweizer Zeitung für Forstwesen 153: 397–410

Sonnenburg, H., Gerken, B. 2004: Das Hutewaldprojekt am Solling. Huxaria, Höxter, 42 S.

Thevathasan, N.V., Gordon, A.M. 2004: Ecology of tree intercropping systems in the North temperate region: Experiences from southern Ontario, Canada. Agroforestry Systems 61: 257–268

Vandermeer, J. 1989: The ecology of intercropping. Cambridge University Press, Cambridge, 237 S.

Wojtkowski, P.A. 2002: Agroecological Perspectives in Agronomy, Forestry and Agroforestry. Science Publishers, Enfield, 356 S.

Würfel, T., Unterseher, E. 2002: Verringerung von Oberflächenabfluss und Bodenerosion. Landesanstalt für Pflanzenbau, Rheinstetten, 8 S.

Zehnder, M., Weller, F. 2006: Streuobstbau. Obstwiesen erleben und erhalten. Ulmer Verlag, Stuttgart, 160 S.

Young, A. 1997: Agroforestry for Soil Management. CABI, New York, 320 S.

26
Ökonomische Bewertung von Agroforstsystemen

Alexander Möndel, Mathias Brix und Anja Chalmin

Agroforstsysteme vereinen den Anbau ein- oder mehrjähriger landwirtschaft-licher Kulturen und mehrjähriger Holzpflanzen zeitgleich auf derselben Fläche. Die Baum-/Strauchkomponente kann der Holz- und Fruchtproduktion dienen, wobei die Holzbiomasse sowohl stofflich als auch energetisch verwertet werden kann. Die Investition in die Baum-/Strauchkomponente ist im Vergleich zur übli-chen landwirtschaftlichen Produktion allerdings sehr langfristig angelegt. Schnell wachsende Baumarten zur Energieholzerzeugung können bereits nach 3–5 Jah-ren geerntet werden. Edellaubbäume, sogenannte Werthölzer, erreichen je nach Standort und Baumart erst nach 40–70 Jahren die für die Furnierproduktion ge-wünschten Brusthöhendurchmesser von mindestens 55 cm. Die nachfolgenden Ausführungen befassen sich mit der agroforstlichen Wertholzproduktion auf Acker- und Grünland.

26.1
Bewertungsansätze

Der Übergang zwischen Land- und Forstwirtschaft verläuft in einem Agroforst-system je nach Zielsetzung und Pflanzverband fließend. Bei der Bewertung von Agroforstsystemen kommt es deshalb unter anderem auf die Perspektive des Betrachters an. Aus Sicht eines Landwirts steht die Rentabilität der landwirt-schaftlichen Flächennutzung im Vordergrund. Im Vergleich zur landwirtschaftli-chen Kultur trägt die Baumkomponente erst sehr viel später zum Betriebsein-kommen bei. Bis dahin hat der Landwirt die Pflanz- und Pflegekosten sowie Er-tragseinbußen durch den Flächenverlust und die potentielle Konkurrenz um die Wachstumsfaktoren zu tragen. Aus unternehmerischer Sicht ist für den Landwirt daher entscheidend, ob der zu erwartende Erlös aus der Baumkomponente die getätigten Aufwendungen und die entstandenen landwirtschaftlichen Einkom-mensverluste zumindest aufwiegt.

Aus Sicht eines Forstwirts erscheint ein Agroforstsystem nicht weniger unge-wöhnlich. Im Vergleich zu einer klassischen Aufforstung wird in einem Agro-forstsystem nur ein Bruchteil an Bäumen gepflanzt – unter optimalen Bedingun-

Anbau und Nutzung von Bäumen auf landwirtschaftlichen Flächen.
Herausgegeben von T. Reeg, A. Bemmann, W. Konold, D. Murach und H. Spiecker
Copyright © 2009 WILEY-VCH Verlag GmbH & Co. KGaA, Weinheim
ISBN: 978-3-527-32417-0

gen nur so viele Bäume, wie am Ende auch geerntet werden sollen. Ein Agroforstsystem verursacht deshalb deutlich geringere Begründungskosten als eine Aufforstung, und die Pflege und Erziehung der Bäume gestaltet sich aufgrund der geringeren Anzahl und der guten Erreichbarkeit ebenfalls einfacher. Durch den jährlichen Ertrag aus der landwirtschaftlichen Nutzung entsteht zudem von Anfang an ein Einkommen aus der Flächenbewirtschaftung. Dies ist eine ertragswirtschaftliche Besonderheit von Agroforstsystemen; bei einer reinen Wertholzanlage fallen in der Regel keine bedeutenden Vornutzungen an. Die Endnutzung ist dann die einzige Einnahme während des gesamten Umtriebszeitraumes. Die Vermutung liegt nahe, dass die Produktions- oder Stückkosten je Festmeter Wertholz aus Agroforstsystemen konkurrenzlos günstig sein müssten.

Die Etablierung eines Agroforstsystems kommt nach aktueller Rechtslage nur auf landwirtschaftlichen Nutzflächen in Betracht. Eine landwirtschaftliche (Teil-) Nutzung von Waldflächen ist, bis auf wenige Einzelfälle (z. B. Waldweiden), in aller Regel nicht möglich. Aus unternehmerischer Sicht stellen sich hieraus für den Bewirtschafter folgende Fragen:

- Wie rentabel ist ein Agroforstsystem gegenüber der bisherigen, rein landwirtschaftlichen Bewirtschaftungsform?
- Welche positiven Effekte und welche Risiken sind mit dieser Bewirtschaftungsform verbunden?

26.2
Methodik der ökonomischen Bewertung

26.2.1
Ertragswechselwirkungen in Agroforstsystemen

Ein Agroforstsystem entspricht einem dynamischen Mischkultursystem mit zeitlich und räumlich entkoppelten Zahlungsströmen. Dynamisch ist es deshalb, weil sich die Interaktionen zwischen den landwirtschaftlichen Kulturen und den Bäumen im Laufe der Jahre in Abhängigkeit der Entwicklung der Bäume verändern.

In den ersten Jahren haben die Wertholzbäume einen unbedeutenden Einfluss auf die angrenzenden landwirtschaftlichen Kulturen. Mit zunehmender Kronenausdehnung nimmt der Schattenwurf zu, wodurch den landwirtschaftlichen Kulturen weniger Licht zur Verfügung steht und ihre Biomasseproduktion potentiell zurückgeht. Gleichzeitig kann im Baumwurzelbereich eine Konkurrenz um Wasser und Nährstoffe entstehen.

Hinsichtlich der tatsächlichen Ertragswechselwirkungen in modernen Agroforstsystemen liegen noch keine praktischen Erfahrungen aus Deutschland vor. Untersuchungen aus subtropischen und mediterranen Gebieten können aufgrund unterschiedlicher Produktionsbedingungen und meist deutlich niedrigerem Ertragsniveau auch nur eingeschränkt übertragen werden. Eine ökonomische Prognose kann deshalb vorerst nur anhand von Theorien und Annahmen getroffen werden.

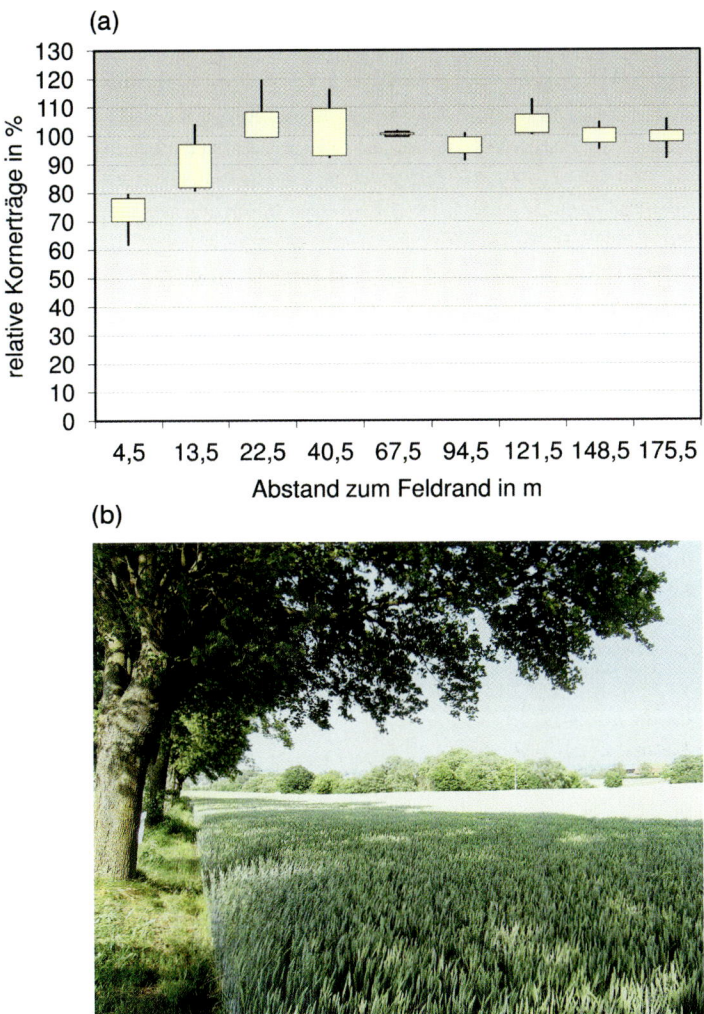

Abb. 26.1 (a) Winterweizenerträge im Einflussbereich einer (b) schlagbegleitenden Ahornallee in Mecklenburg-Vorpommern, relativ zur Freifläche, Datengrundlage: Ernten 2001, 2002, 2004 und 2005, Ertragskartierung mit Claas Lexion.

Ein Ansatz besteht darin, die Ertragswechselwirkung von bestehenden ähnlichen Strukturen wie z. B. schlagbegleitenden Baumreihen zu untersuchen. Die Auswertung von GIS-Ertragskarten ist eine praktikable Methode, um die Kornerträge im Einflussbereich von schlagbegleitenden Alleebäumen (Abbildung 26.1b) positionsgenau zu erfassen (Möndel 2007). So wird auch das hohe Ertragspotential des Winterweizens von inzwischen über 10 t/ha berücksichtigt. Abbildung 26.1a zeigt eine Auswertung eines optimal geführten Praxisschlages aus Mecklenburg-Vorpommern über vier Erntejahre. Dargestellt sind die relativen Kornerträge in Abhängigkeit von der Beschattung und der Entfernung zum Feldrand. Im Vergleich zur unbeschatteten Freifläche lag das Ertragsniveau im Kronenbereich von diesen ausgewachsenen Ahornbäumen bei 62–80 %. Es ist allerdings zu beachten, dass die Bäume in einem modernen Agroforstsystem deutlich höher geastet werden und dadurch weniger beschatten. Mit Hilfe eines dreidimensionalen Lichtmodells von Brunner (1998) wurde die relative Beleuchtungsstärke im Einflussbereich dieser Alleebäume berechnet. Im nächsten Schritt konnten dann die Ertragsdaten einem Beschattungsgrad zugeordnet werden. Diese Erkenntnisse flossen in das im Rahmen des BMBF Verbund-Projektes *Agroforst* entwickelte ökonomische Kalkulationsmodell mit ein.

26.2.2
Aufbau des ökonomischen Kalkulationsmodells

Das Kalkulationsmodell unterteilt die Agroforstfläche in zwei Hauptzonen (Abbildung 26.2). Die Zone „Forstwirtschaft" beschreibt den Baumstreifen und die Zone „Landwirtschaft" die landwirtschaftliche Fläche, welche wiederum wie folgt unterteilt ist:
- **Zone 1:** Kronenschirm- und Baumwurzelbereich
- **Zone 2:** Schattenbereich der Bäume
- **Zone 3:** keine negative Beeinflussung durch die Bäume,
  beziehungsweise Ertragssteigerung aufgrund einer
  Windschutzwirkung.

Die jährlichen Zahlungsströme, das heißt die Ein- und Auszahlungen in den einzelnen Produktionszonen, werden getrennt erfasst. Die Breite der Zonen und der Beginn des zu erwartenden Ertragseinflusses kann in Abhängigkeit vom Pflanzdesign individuell gewählt werden. In den nachfolgenden Szenarien sind die Zonen 1 und 2 jeweils 6 m breit. Die Zonen 1 und 2 gibt es zweimal pro Fahrspurraster, jeweils angrenzend an die Baumreihen. Dies entspricht dann einer Fahrgassenbreite von 24 m plus 2 m Baumstreifen. Die Zone 3 wird erst ab einem Baumreihenabstand größer 26 m berücksichtigt. Aufgrund der extrem wei-

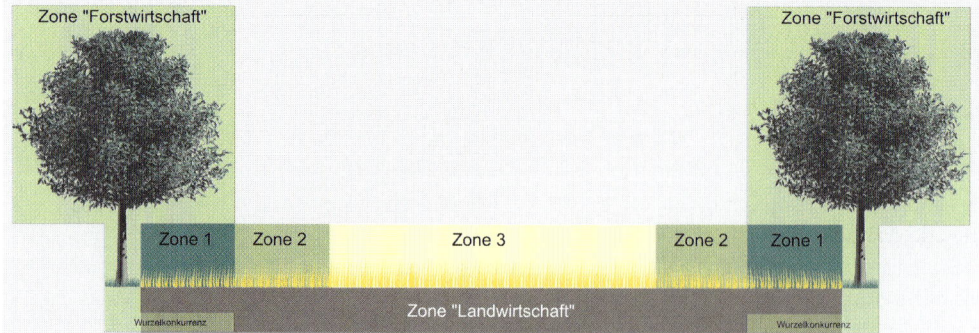

Abb. 26.2 Schematische Darstellung der Produktionszonen eines Agroforstsystems.

ten Baumabstände von mindestens 15 m innerhalb der Reihe ist davon auszugehen, dass in den ersten Jahren keine merkliche Ertragsbeeinflussung stattfindet.

Für den Zeitraum einer Wertholzrotation (hier 50 Jahre) wurde eine standardisierte Durchschnittsfruchtfolge bestehend aus Winterweizen, Winterraps und
Sommergerste mit drei Leistungsniveaus zusammengestellt. Auf Mais und Hack-
früchte wurde aufgrund der im Vergleich zu Getreide höheren Standortansprü-
che, insbesondere hinsichtlich der Einstrahlung im Sommer, bewusst verzichtet.
Neben der natürlichen Ertragsfähigkeit des Standortes, welche das Baumwachstum maßgeblich beeinflusst, ist das Ackerbauleistungsniveau in hohem Maße
von der Bewirtschaftungsintensität abhängig. In den nachfolgenden Betrachtungen wird deshalb die natürliche Ertragsfähigkeit des Standortes von der Bewirtschaftungsintensität entkoppelt.

Das Modell ist so angelegt, dass für jedes einzelne Nutzungsjahr die Alternative
Agroforst dem Referenzszenario „100 % landwirtschaftliche Nutzung" gegenübergestellt wird und periodengenau verglichen werden kann. Die Erträge und
variablen Kosten der unterstellten Ackerfruchtfolge wurden den „Kalkulationsdaten Marktfrüchte Ernte 2008" (Köhler 2008) der Baden-Württembergischen Landesanstalt für Entwicklung der Landwirtschaft und der ländlichen Räume (LEL)
Schwäbisch Gmünd entnommen. Betriebsindividuelle Fixkosten sowie die Flächenprämie fallen bei allen Verfahren in gleicher Höhe an. Somit sind diese
für die Bewertung der relativen Vorzüglichkeit oder Rentabilität unbedeutend
und werden nicht berücksichtigt. Es ist davon auszugehen, dass die komplette
Agroforstfläche aufgrund der sehr geringen Baumzahl prämienfähig bleibt.
Eine spezielle „Agroforstprämie" gibt es in Deutschland nicht (Stand 2008,
siehe Kapitel 22, den Beitrag von Chalmin und Möndel). Als Vergleichsbasis
dient nachfolgend der prämienfreie Deckungsbeitrag abzüglich Lohnansatz, da
sich die Verfahren auch hinsichtlich ihres Zeitaufwandes unterscheiden. Als
Lohnansatz wurden 12 € je Arbeitskraftstunde angesetzt.

Da es sich um einen sehr langen Investitionszeitraum handelt, müssen die
jährlichen Zahlungsströme der einzelnen Zonen jeweils auf das Jahr „Null",
den Zeitpunkt der Etablierung des Agroforstsystems, abgezinst werden. Der Ab-
zinsungsfaktor ist vom zugrunde gelegten Kalkulationszinssatz und der Investi-
tionsdauer abhängig. Dieser Faktor wandelt einen zukünftig fälligen Geldbetrag
in einen jetzt fälligen Betrag um. Als Ansatz für die Verzinsung des eingesetzten
Kapitals wurden 4 % angesetzt. Sollen verschiedene Produktionsverfahren miteinander verglichen werden, muss der Betrachtungszeitraum bei allen Vergleichs-
verfahren grundsätzlich gleich sein.

26.3
Szenarioanalyse

Mit Hilfe des Kalkulationsmodells können beliebige Szenarien eines agroforstlichen Mischkultursystems simuliert werden. Im Folgenden werden drei Szenarien über eine einheitliche Nutzungsdauer von 50 Jahren miteinander verglichen.

– **Szenario 1:**
   Ackerbau mit einer Standardfruchtfolge aus 50 % Winterweizen, 25 % Braugerste und 25 % Winterraps bei einem
   mittleren Leistungsniveau.
– **Szenario 2:**
   Agroforstsystem auf Ackerland mit 26 m Baumreihenabstand,
   dazwischen 24 m Ackerbau mit der Fruchtfolge aus Szenario 1;
   15 m Baumabstand innerhalb der Reihen, das ergibt 26 Edellaubbäume (Wildkirsche, Walnuss, Bergahorn) je ha; kontinuierliche Reduktion der Kornerträge ab dem Jahr 20 in Zone
   1 bzw. dem Jahr 30 in Zone 2 bis auf 70 % im Jahr 50. Die 2 m
   breiten Baumstreifen werden einmal jährlich nach der Getreideernte abgemulcht.
– **Szenario 3:**
   Agroforstsystem mit 50 Edellaubbäume/ha auf Ackerland und
   Grünland als „Streuobstersatz", Mindestpflege mit jährlich
   zweimal Mulchen, Beweidung mit einmal Mulchen. Das Einkommen aus der Weidetierhaltung wird nicht berücksichtigt,
   da keine Beeinflussung durch die Bäume zu erwarten ist.

Die Pflanzung erfolgt mit einem Erdlochbohrer. Die Begründungskosten belaufen sich inklusive Baumschutz und Pfahl auf 15–20 € je Baum. Sowohl bei der
Anwuchsrate als auch beim marktfähigen Wertholzvolumen wird ein Risikoabschlag von 10 % berücksichtigt. Eine Nachpflanzung der ausgefallenen Bäume
findet im dritten Jahr statt. Die Wertholzbäume werden in vier Stufen auf eine
astfreie Schaftlänge von 6 m aufgeastet. Hierfür sind je Baum 0,5 Arbeitskraft-
stunden angesetzt. Die Ernte erfolgt motormanuell mit der Motorsäge. Für die
Ernte eines Wertholzstammes inklusiv Rekultivierung mit der Stockfräse werden
Kosten in Höhe von 17–20 € kalkuliert. Die zeitintensivere Aufarbeitung des Kro-
nenholzes erfolgt in der Kalkulation kostenneutral über die Verwertung als Hackschnitzel und wird deshalb nicht berücksichtigt. Als Referenzpreis für das Wertholz dienen die langjährigen Durchschnittspreise von Wildkirsche, Walnuss und
Bergahorn, die in erstklassiger Furnierqualität im Bereich von 750 €/fm liegen.
Die Wertholzpreise sind teilweise stark von Modetrends abhängig und können
deshalb auch deutlich höher oder niedriger liegen. Da sich der Zeitpunkt der
Wertholzernte ohne Probleme um einige Jahre hinauszögern lässt, können Tief-
preisphasen ausgestanden werden. Der kalkulierte Holzertrag beträgt je nach
Standort inklusive Risikoabschlag 0,8–1,3 fm marktfähiges Wertholz je Baum.
   Bei sämtlichen landwirtschaftlichen Arbeitsgängen wird ein Zeitzuschlag von
10 % angesetzt, da die Flächenleistung pro Maschinenarbeitsstunde in einem
Agroforstsystem geringer als beim Referenzanbausystem ohne Bäume ist. Weiterhin werden die variablen Kosten an das jeweilige Ertragsniveau angepasst. Geht
die Biomasseproduktion der landwirtschaftlichen Kulturen im Laufe der Jahre
aufgrund des Schattenwurfes zurück, ist die Nährstoffabfuhr ebenfalls geringer.
Die Düngungskosten sinken dementsprechend mit den Erträgen, da die Dün-

gung grundsätzlich nach Nährstoffabfuhr erfolgt. Die variablen Maschinenkosten hingegen bleiben konstant.

26.3.1
Ergebnisse der Szenarioanalyse auf Ackerland

Die Grafiken in Abbildung 26.3a–b veranschaulichen ertragswirtschaftliche Unterschiede zwischen Agroforstsystemen und einjährigem Ackerbau.

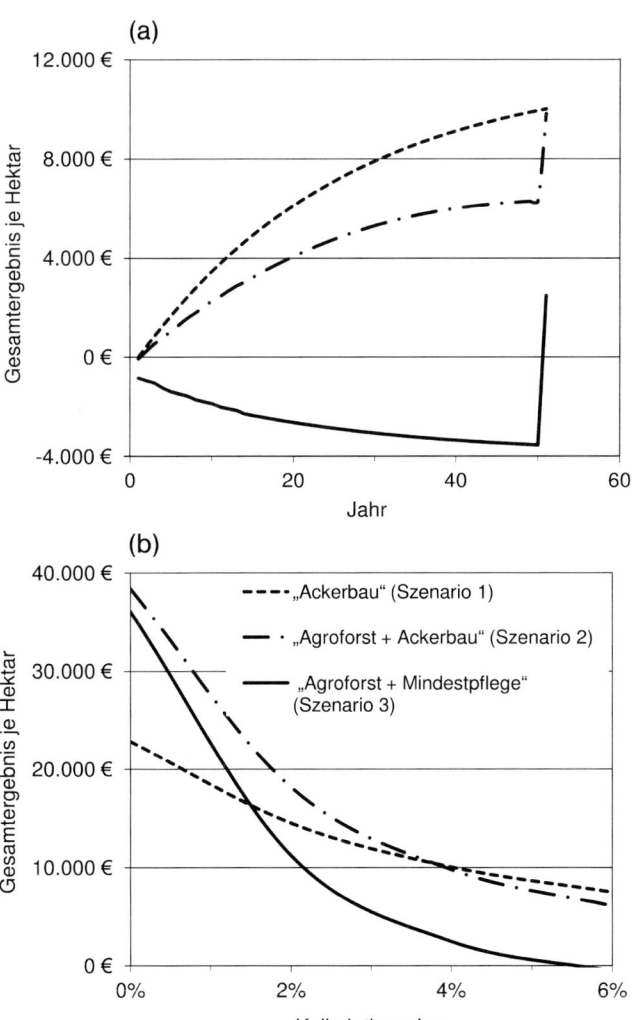

Abb. 26.3 Ergebnisse der Szenarioanalyse (a) Verlauf der prämienfreien, diskontierten Deckungsbeiträge abzüglich Lohnansatz, Kalkulationszins 4 % 3 (b) diskontierte Gesamtdeckungsbeiträge in Abhängigkeit des gewählten Kalkulationszinsansatzes.

Die jährlichen prämienfreien Deckungsbeiträge abzüglich Lohnansatz wurden, wie oben beschrieben, jeweils mit einem Kalkulationszins von 4 % auf das Jahr „Null" abgezinst, kontinuierlich aufsummiert und als „Gesamtergebnis je Hektar" in den Grafiken abgebildet. Der reine Ackerbau (Szenario 1) ist verständlicherweise bis zum Jahr 50 im Vorteil, da dort keine langfristigen Investitionen getätigt werden müssen. Die Variante Ackerbau mit 26 Wertholzbäumen (Szenario 2)

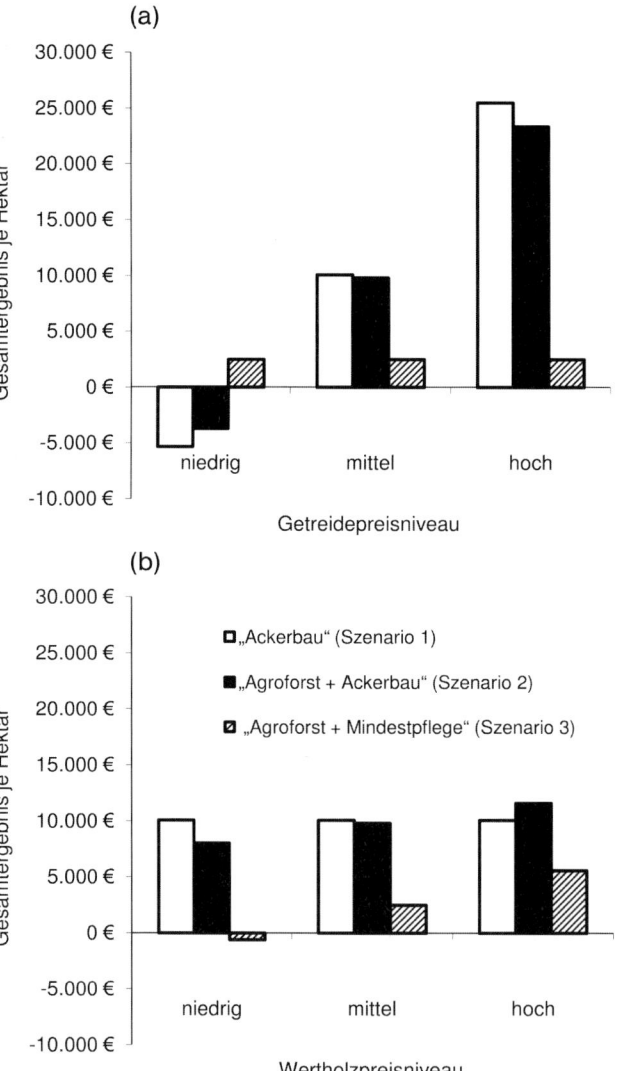

Abb. 26.4 Einfluss des Preises auf das Gesamtergebnis (a) Getreidepreisniveau niedrig, mittel oder hoch (b) Wertholzpreisniveau niedrig, mittel oder hoch. Mittleres Preisniveau, brutto: 20 €/dt Weizen, 39 €/dt Raps, 29 €/dt Braugerste und 750 €/fm Wertholz, jeweils +/−50 %, 50 Jahre Nutzungsdauer, Kalkulationszins 4 %.

weist ebenfalls von Anfang an ein positives Ergebnis auf. Interessanterweise erreichen beide Varianten unter den getroffenen Annahmen nach einer Nutzungsdauer von 50 Jahren dasselbe Gesamtergebnis. Obwohl bei der Variante „Mindestpflege auf Ackerland" (Szenario 3) fast doppelt so viel Wertholzbäume gepflanzt und geerntet werden, erreicht diese Variante nicht das Gesamtergebnis der anderen beiden Varianten. Durch den langen Investitionszeitraum und den anzusetzenden Kalkulationszins wird der höhere Wertholzerlös deutlich abgewertet.

Die Abbildung 26.3b zeigt den Einfluss des Kalkulationszinsansatzes auf das abgezinste Gesamtergebnis bei einer Nutzungsdauer von 50 Jahren. Je niedriger der veranschlagte Kalkulationszinsansatz, desto höher das abgezinste Gesamtergebnis der Agroforst-Varianten und umgekehrt. Weiterhin wird deutlich, dass der Einfluss des Kalkulationszinssatzes mit der Anzahl der Wertholzbäume je Hektar zunimmt.

Agroforstsysteme werden über einen sehr langen Zeitraum angelegt. Ein wesentliches Risiko für den Bewirtschafter sind daher unkalkulierbare Marktpreisschwankungen. Wie sensibel die Bewirtschaftungsformen auf Marktpreisschwankungen reagieren, ist Abbildung 26.4a–b zu entnehmen. Die linke Grafik zeigt den Einfluss des Getreidepreisniveaus und die rechte Grafik den Einfluss des Wertholzpreisniveaus. Es wird deutlich, dass sich Getreidepreisschwankungen wesentlich stärker auf das kalkulatorische Gesamtergebnis auswirken als Holzpreisschwankungen. Tendenziell werden sich die Getreidepreise aufgrund der zunehmenden globalen Nachfrage zukünftig eher auf hohem Niveau bewegen. Wie die Darstellungen zeigen, profitiert die Variante „Agroforst + Ackerbau" (Szenario 2) sowohl von steigenden Getreidepreisen als auch von steigenden Wertholzpreisen. Die Ergebnisse der Variante „Agroforst + Mindestpflege" (Szenario 3) zeigen eindrücklich, dass die Einnahmen aus der ackerbaulichen Nutzung einen erheblichen Anteil zum Gesamtergebnis eines Agroforstsystems beitragen. Die Variante „Agroforst + Mindestpflege" ist zwar – außer bei niedrigem Wertholzpreisniveau – auch rentabel, im Vergleich zu den Szenarien 1 und 2 wäre diese aber die schlechtere Wahl und kann deshalb auf Ackerland insbesondere bei ansteigenden Getreidepreisen nicht empfohlen werden.

Welchen Einfluss die standortabhängige Holzzuwachsleistung und die Bewirtschaftungsintensität beziehungsweise das Ackerbauleistungsniveau auf das Gesamtergebnis haben, wird aus Abbildung 26.5 ersichtlich.

Ein optimaler Standort, gekoppelt mit einer hohen Bewirtschaftungsintensität, ermöglicht in der Regel auch hohe Holzzuwächse. Der reine Ackerbau bleibt aber selbst bei überdurchschnittlichen Holzzuwächsen auf optimalen Standorten rentabler als die Agroforst-Variante. Anders sieht es auf im Hinblick auf die Holzzuwächse optimalen Standorten mit niedrigem Leistungsniveau im Ackerbau aus. Dies können niederschlagsarme, mäßig warme Standorte mit Grundwasseranschluss im Baumwurzelbereich oder im Rahmen von Ausgleichs- und Ersatzmaßnahmen zu extensivierende Ackerflächen sein. Unter solchen Voraussetzungen, oder auch wenn die optimale Bewirtschaftungsintensität im Ackerbau aufgrund stark steigender Betriebsmittelpreise zurückgehen würde, kann die Agroforst-Variante dem reinen Ackerbau überlegen sein.

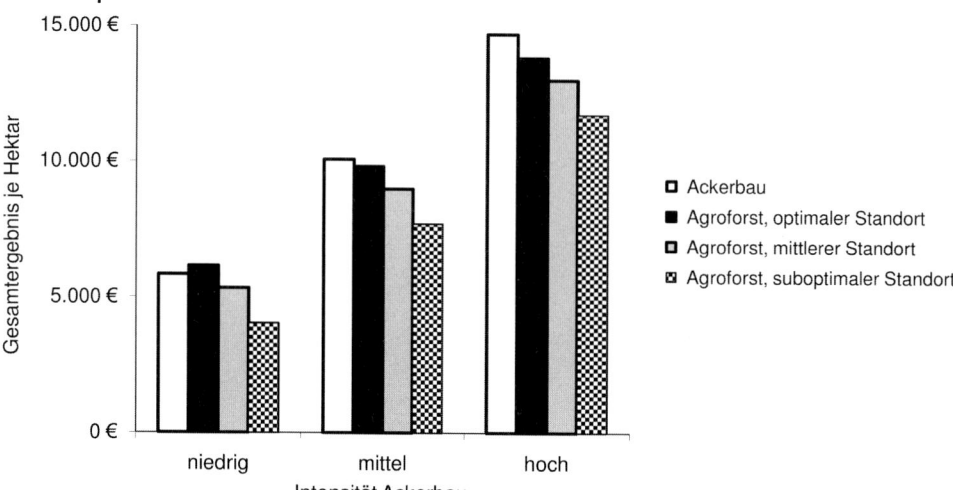

Abb. 26.5 Einfluss der standortabhängigen Holzzuwachsleistung und des Leistungsniveaus, bzw. der Bewirtschaftungsintensität des Ackerbaus auf das Gesamtergebnis, 50 Jahre Nutzungsdauer, Kalkulationszins 4 %.

26.3.2
Ergebnisse der Szenarioanalyse auf Grünland

Für Landwirte ist Agroforstwirtschaft meist eher auf Grünland vorstellbar, da hier weniger Konkurrenz mit der landwirtschaftlichen Nutzung gesehen wird. Entsprechende Erfahrungen mit Streuobstwiesen sind vielerorts bereits vorhanden. Dort besteht auch ein gewisser Handlungsbedarf, da Streuobstbäume mit ihren niedrigen Kronenansätzen häufig nicht mehr in die Betriebsabläufe der spezialisierten und schlagkräftigen landwirtschaftlichen Betriebe passen. Grünlandflächen mit hochgeasteten Wertholzbäumen wären maschinell einfacher zu bewirtschaften als Streuobstwiesen und könnten eine sinnvolle Alternative sein. Grundsätzlich gilt für Agroforstsysteme: Je weniger Maschinenüberfahrten stattfinden, desto weniger stören die Bäume. Auf Grünland bietet sich deshalb eine Kombination aus Wertholzproduktion und Beweidung an, da dabei der Maschineneinsatz am geringsten ist. Zudem können Wertholzbäume die Weidetiere vor Witterungseinflüssen schützen und dadurch das Wohlbefinden und die Leistung der Tiere verbessern. Denkbar wäre die Auslauffläche für die Milchviehherde mit Wertholz zu bestocken, da der Futteraufwuchs dort zweitrangig ist. Die Wertholzbäume müssen allerdings zuverlässig vor Beschädigung durch die Weidetiere geschützt werden, was zusätzliche Kosten verursacht.

In Abbildung 26.6 werden verschiedene Beweidungsvarianten mit der Variante „Mindestpflege" verglichen. Die Deckungsbeiträge aus der Weidetierhaltung wurden nicht einkalkuliert, da diese sehr betriebsindividuell sind und zudem keine wesentliche Beeinflussung durch die Wertholzbäume zu erwarten ist. Die Ergebnisse zeigen lediglich den zusätzlichen Ertrag der Wertholzbäume zum betriebs-

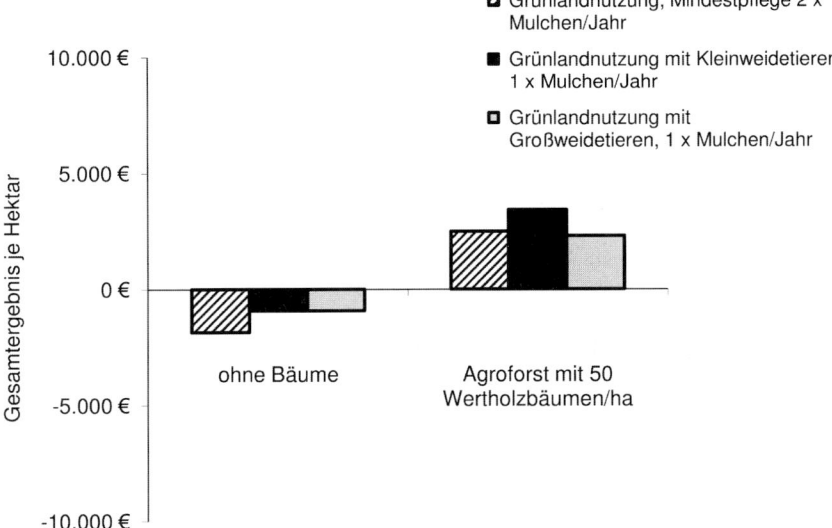

Abb. 26.6 Varianten der Grünlandnutzung mit und ohne Wertholzbäumen, 50 Bäume/ha, 2-maliges Mulchen bei Mindestpflege, einmaliges Mulchen im Herbst bei Weidehaltung, bei Mutter- und Milchkuhhaltung Baumschutz für Großweidetiere (20 €/Baum), bei Koppelschafhaltung und Mindestpflege Baumschutz für Wild- und Kleintiere (5 €/Baum), optimaler Standort, 50 Jahre Nutzungsdauer, Kalkulationszins 4 %.

üblichen Verfahren. Ohne Bäume verursacht die Mulchvariante nur Kosten. Mit Wertholzbäumen hingegen liefern alle Varianten am Ende der 50 Jahre einen positiven Ertrag. Wenn die Grünlandfläche bereits als Weide eingezäunt ist, kann sich sogar der teure Baumschutz für Großweidetiere lohnen.

Auf extensiv genutzten Grünland- und Weideflächen wirken sich die Wertholzbäume unter den getroffenen Annahmen also positiv auf das abgezinste Gesamtergebnis und damit die langfristige Rentabilität der Flächenbewirtschaftung aus.

26.4
Schlussfolgerungen

Agroforstsysteme bieten die Möglichkeit, sowohl Nahrungsmittel als auch holzartige Biomasse zur stofflichen und energetischen Verwertung auf derselben Fläche zeitgleich zu erzeugen. Für Landnutzer, die eine Holzproduktion auf landwirtschaftlichen Flächen in Erwägung ziehen, sich aber langfristig nicht festlegen wollen, können Agroforstsysteme deshalb ein sinnvoller Mittelweg sein. Im Vergleich zur Energieholzproduktion im Kurzumtrieb ist die agroforstliche Wertholzproduktion ein sehr einfaches Produktionsverfahren, für das keine Spezialmaschinen angeschafft werden müssen. Der größte Vorteil besteht sicherlich darin, dass eine Agroforstfläche weiterhin landwirtschaftlich genutzt werden kann. Wenn Ackerland knapp ist, können alternativ auch Grünland- oder Weideflächen oder ehemalige Streuobstwiesen ohne großes Risiko für die agroforstliche Wertholzproduktion herangezogen werden. Die zusätzliche Wertholzproduktion könnte im Betrieb nebenher laufen und der langfristigen Eigenkapitalbildung dienen. Um Agroforstsysteme ökonomisch – auch kurzfristig – interessanter zu machen, wäre eine Anerkennung als Ausgleichs- und Ersatzmaßnahme wünschenswert, beispielsweise alternativ zur Neuanlage von Streuobstwiesen oder einer dauerhaften Umwandlung in Wald.

26.5
Zusammenfassung

In den betrachteten Agroforstsystemen werden neben landwirtschaftlichen Kulturen Wertholzbäume herangezogen, die eine Produktionszeit von mehreren Jahrzehnten haben. Deshalb ist eine ökonomische Bewertung des gesamten Systems deutlich komplexer als dies bei rein landwirtschaftlichen Kulturen mit einjährigen Produktionszeiten der Fall ist. Im Falle von Agroforstsystemen muss anstatt einer jährlichen Betrachtung die gesamte Nutzungsdauer, beginnend von der Pflanzung der Bäume bis hin zu ihrer Ernte, berücksichtigt werden. Erschwerend kommt die hohe Dynamik, hervorgerufen durch die Kronen- und Höhenexpansion der Wertholzbäume, hinzu, die sich in zeitlich und räumlich verändernden Wachstums- und Ertragsbedingungen für die landwirtschaftlichen Kulturen niederschlägt.

Mit Hilfe eines flexiblen Kalkulationsmodells, welches die erwähnten Besonderheiten der Produktion in Agroforstsystemen berücksichtigt, werden typische, beispielhaft ausgewählte Agroforstsysteme ökonomisch bewertet und mit der Referenz einer rein landwirtschaftlich genutzten Fläche verglichen. Es zeigt sich, dass die Rentabilität der Bewirtschaftung eines Agroforstsystems überwiegend vom Erfolg des landwirtschaftlichen Produktionsverfahrens abhängig ist und dass mit geeigneten Agroforstsystemen sowohl auf Ackerland als auch auf Grünland ähnliche ökonomische Ergebnisse erzielt werden können wie mit landwirtschaftlichen Reinkulturen. Das Ökokonto bietet zukünftig eventuell die Chance, die ökologischen Leistungen von Agroforstsystemen zu vermarkten und damit die Rentabilität zu verbessern.

Literatur

Brunner, A. 1998: A light model for spatially explicit forest stand models. Forest Ecology and Management 107: 19–46

Köhler, M. 2008: Kalkulationsdaten Marktfrüchte Ernte 2008 Deckungsbeiträge/Vollkosten, Version 1/2008. Landesanstalt für Entwicklung der Landwirtschaft und der ländlichen Räume (LEL), Schwäbisch Gmünd, 31.01.2008

Möndel, A. 2007: Auswertung von GIS-Ertragskarten in Mecklenburg-Vorpommern, 2. Zwischenbericht des BMBF Projektes *Agroforst* - neue Optionen für eine nachhaltige Landnutzung" FKZ 0330621, Berichtszeitraum 01.04.2005 bis 31.03.2008: 15–20

27
Agroforstsysteme aus Sicht des Naturschutzes

Tatjana Reeg, Jureck Hampel, Frank Hohlfeld, Gerd Mathiak und Evelyn Rusdea

27.1
Methodisches Vorgehen

Jedes neue Landnutzungssystem hat Auswirkungen auf Landschaftsbild und -funktionen sowie auf Flora und Fauna der Agrarlandschaft. Negative Effekte (z. B. Beeinträchtigung geschützter Lebensräume oder geschützter Arten) können zu rechtlichen Einschränkungen führen; positive dagegen können ein zusätzliches Argument für eine Umsetzung der Neuerungen sein.

Anhand der beiden Artengruppen Vögel und Laufkäfer wurden mögliche Auswirkungen von modernen Agroforstsystemen[1] in Baden-Württemberg und in Mecklenburg-Vorpommern analysiert. Da diese beiden Bundesländer geographisch gesehen das Spektrum der in Deutschland vorkommenden Landschaften gut abdecken, sind die Aussagen bis zu einem gewissen Grad auch auf andere Bundesländer übertragbar. Letztlich muss aber für jede einzelne Fläche geprüft werden, welche Nutzung verträglich ist bzw. potentiell positive Effekte hervorbringt.

Da moderne Agroforstsysteme in Deutschland bisher weitgehend unbekannt und noch kaum realisiert sind, wurden mit Hilfe von Daten aus der Fachliteratur und aus Datenbanken Parallelschlüsse anhand vergleichbarer, gut erforschter Landschaftselemente gezogen. Dazu zählen Gehölzstrukturen wie Baumreihen, Alleen, Hecken, Feldgehölze oder Streuobstbestände. Die Frage dabei war, welche Auswirkungen die Pflanzung von Wertholzbäumen auf bisher landwirtschaftlich genutzten Flächen auf die dortige Fauna hat und wie diese Pflanzungen gestaltet sein sollten, um einen größtmöglichen Naturschutznutzen zu erzielen (vgl. Seitz 1989).

Die beiden genannten Artengruppen wurden als Indikatoren für die Bewertung gewählt, da sie gut untersucht und dokumentiert sind. Die Anzahl verschiedener Vogelarten in Mitteleuropa ist groß genug, um verschiedene Lebensräume klar gegeneinander abzugrenzen, und klein genug, um übersichtlich zu bleiben.

---

[1] In diesem Beitrag geht es um Agroforstsysteme, in denen bis zu 50 Wertholzbäume pro Hektar mit Ackerbau bzw. Grünlandnutzung kombiniert werden.

Anbau und Nutzung von Bäumen auf landwirtschaftlichen Flächen.
Herausgegeben von T. Reeg, A. Bemmann, W. Konold, D. Murach und H. Spiecker
Copyright © 2009 WILEY-VCH Verlag GmbH & Co. KGaA, Weinheim
ISBN: 978-3-527-32417-0

Vögel sind sehr mobil und reagieren rasch auf Veränderungen in ihrer Umwelt. Die Laufkäfer besiedeln in großer Arten- und Individuenzahl die meisten Biotope und entwickelten demzufolge differenzierte Lebensweisen und sehr unterschiedliche Habitatansprüche. Ihre teilweise sehr hohe Substrat- und Habitatspezifität lässt sie empfindlich auf Veränderungen von Umweltfaktoren reagieren (Müller-Motzfeld 1989). Beide Artengruppen haben sich als Indikatoren für naturschutzfachliche Bewertungen bewährt (siehe z. B. Trautner & Aßmann 1998).

27.2
Naturschutzfachliche Bewertung von Agroforstsystemen unter verschiedenen Aspekten

Eine naturschutzfachliche Bewertung ist ein komplexer Vorgang, der einer ganzen Reihe von Faktoren Rechnung tragen muss:

- Umgebende Landschaft: Die Einbettung neu anzulegender Agroforstsysteme in die Landschaft und damit in die umliegenden Lebensräume bildet den Hintergrund für jede naturschutzfachliche Betrachtung. Je nach Anteil von Wald und Offenland, vorhandenen Gehölzstrukturen etc. kommen unterschiedliche Tierarten vor und bestehen andere lokale Schutzziele. Wichtig für die Besiedlung neu entstehender Lebensräume ist die Nähe zu vergleichbaren Quellbiotopen, von denen aus eine Einwanderung erfolgen kann.
- Entwicklungsdynamik: Agroforstsysteme sind dynamische Systeme, die sich im Laufe der Umtriebszeit der Bäume erheblich in ihren Lebensraumeigenschaften verändern.
- Systemgestaltung: Durch ihre variable Gestaltung können Agroforstsysteme in sehr unterschiedlicher Ausprägung mit entsprechend unterschiedlichen Eigenschaften vorkommen.
- Bewertungsmaßstab: Die Bewertung ist abhängig vom naturschutzfachlichen Ziel – sollen bestimmte Leitarten gezielt gefördert werden, soll möglichst vielen gefährdeten Arten ein Lebensraum geboten oder eine möglichst große Artenvielfalt auf der Fläche erreicht werden?

27.2.1
Naturschutz-Prioriäten in verschiedenen Agrarlandschaften

Aus Naturschutzsicht sollten neu etablierte Nutzungssysteme dazu beitragen, bestehende Probleme im Zusammenhang mit der Landnutzung zu lösen. Dabei bedingen naturräumliche und agrarstrukturelle Voraussetzungen unterschiedliche Ansätze (Tabelle 27.1).

Eine Baumpflanzung auf extensiv genutzten Grünland- oder Ackerflächen bedeutet in den meisten Fällen eine Störung oder sogar Verdrängung der vorhande-

Tabelle 27.1 Beispiele für Möglichkeiten von Agroforstsystemen in verschiedenen Naturräumen.

Art der bisherigen Nutzung	Aktuelle Situation und Entwicklung	Möglichkeiten/Vorteile von Agroforstsystemen (AFS)	Voraussetzungen
Wiesen und Weiden in waldreichen Gebieten (z. B. Mittelgebirge)	Waldfläche nimmt weiter zu, Erhaltung von Offenlandbiotopen hat höchste Priorität	Alternative zur Aufforstung: halboffene AFS können von vielen der auf den Offenlandflächen dieser Gebiete vorkommenden Arten weiterhin als Lebensraum genutzt werden	landwirtschaftliche Nutzung weiterhin durchführbar
Intensiv genutzte, strukturarme Grünland- oder Ackerflächen	abnehmende Artenvielfalt, Verinselung von Biotopen	Baumstreifen der AFS (Bäume, Gräser, Stauden, Hecken) als zusätzliche Strukturelemente, dadurch größere Vielfalt an Habitaten/Refugien	entsprechende Breite der Streifen, keine Behandlung mit Dünger oder Spritzmitteln
Extensiv genutzte Grünland- oder Ackerflächen	häufig naturschutzfachlich sehr wertvoll, Fortführung der Nutzung in dieser Form als Voraussetzung für den Erhalt bestehender Lebensräume	ein zusätzliches Produkt (Holz, Baumfrüchte) bzw. eine langfristige Aufwertung der Fläche (Kapitalaufbau mit Wertholz) als Beitrag zur Weiterführung der gesamten Nutzung	keine Störung/Verdrängung empfindlicher Offenlandarten
Streuobstbestände	Obstbaumbestände nehmen aus nachlassendem Interesse an Nutzung sowie fehlender Pflege und Verjüngung ab	AFS mit Wertholzbäumen als Folgenutzung, die die ökologischen Funktionen der Obstbäume weitgehend übernimmt	im Idealfall Verwendung von Wildobstarten (Vogelkirsche, Wildbirne, Wildapfel etc.)

nen Fauna wie z. B. Wiesenbrüter oder angepasste Laufkäfer. Durch die Baumstreifen können Lebensräume zerschnitten werden, was gerade für spezialisierte, sensible Arten eine Gefahr darstellt, da ein Zustrom an Arten mit wenig spezifischen Ansprüchen an den Lebensraum zu einem erhöhten Konkurrenzdruck führt. In intensiv genutzten Agrarlandschaften dagegen stellt die Einbringung zusätzlicher Strukturelemente in Agroforstsystemen – unter der Voraussetzung einer nicht rein ökonomisch orientierten Gestaltung – für viele Arten eine Verbesserung der Lebensbedingungen dar.

Auf degradierten Niedermooren können Agroforstsysteme Teil einer neuen, umweltfreundlicheren Nutzungsstrategie sein, indem solche Flächen wiedervernässt und beispielsweise mit Erle in Kombination mit Beweidung genutzt werden (Schäfer & Joosten 2005).

27.2.2
Agroforstsysteme in verschiedenen Altersstufen als Lebensraum

Agroforstsysteme verändern ihre Lebensraumeigenschaften mit dem Wachstum der Bäume erheblich (Abbildung 27.1). Im Idealfall wird es klare Altersstufen nur in der Etablierungsphase geben, da sich später ein Nutzungsgleichgewicht einstellen sollte und damit „Umtriebszeiten" für das gesamte System vermieden werden. Eine über die Jahrzehnte verteilte Ernte und Nachpflanzung der Bäume, vergleichbar einer nachhaltigen forstlichen Nutzung im Wald, ist aus ökologischer wie aus ökonomischer Sicht anzustreben.

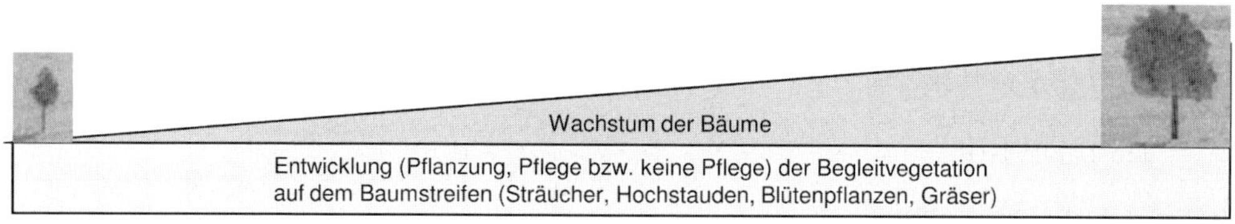

Wachstum der Bäume		
Entwicklung (Pflanzung, Pflege bzw. keine Pflege) der Begleitvegetation auf dem Baumstreifen (Sträucher, Hochstauden, Blütenpflanzen, Gräser)		

Initialphase (0-10 Jahre)	**Lebensraumfunktionen**	Ernte von (einzelnen) Bäumen (nach ca. 60 Jahren)
Bäume spielen untergeordnete Rolle als Lebensraumelemente	• Offenlandarten werden den Lebensraum zunehmend verlassen (empfindliche Arten bereits nach wenigen Jahren), wenn nicht sehr große Abstände zwischen den Baumreihen sind.	
	• mit zunehmender Kronengröße entstehen potentielle Bruträume für frei brütende Vögel und Baumbrüter.	
Sitzwarten/Ruheplätze für Vögel	• Ansitzwarten für Raben- und Greifvögel.	
keine wesentliche Beeinträchtigung des Offenlandlebensraumes	• Habitatangebot auf dem Baumstreifen abhängig von Bewuchs und Pflege.	
	• Waldarten und Arten, die auf Verfallsphasen von Bäumen bzw. Holz angewiesen sind, profitieren nicht oder nur in geringem Maße.	

Abb. 27.1 Lebensraumfunktionen eines (neu etablierten) Agroforstsystems im Zeitverlauf.

27.2.3
Auswirkungen auf einzelne faunistische Artengruppen

Die Auswirkungen einer Baumpflanzung auf bisher offene Flächen sind differenziert zu betrachten. Im Einzelfall müssen die jeweils besonders schützenswerten Arten(gruppen) definiert und eventuelle Maßnahmen an ihnen ausgerichtet werden. Unter Umständen kann es Ausschlussgebiete aus Naturschutzgründen geben.

Fauna der Wälder

Arten, die sonst in geschlossenen Waldbeständen vorkommen, profitieren nur in geringem Maße von Agroforstsystemen. Aufgrund der landwirtschaftlichen Bodennutzung und der relativ schmalen Baumstreifen stellt sich kein Waldinnenklima ein; durch das durch die Nutzung limitierte Alter der Bäume werden sich spezialisierte Waldarten nicht einfinden. Höchstens als lineares Verbundelement können mit Hecken ergänzte Baumstreifen auch manchen Waldarten dienen.

Fauna der Sträucher und Gehölze

Agroforstsysteme gliedern sich in das System der halboffenen Habitate und der Übergangsbereiche zwischen Wald und Offenland ein (Streuobstwiesen, Feldgehölze, Heckensysteme, Waldränder etc.). Avifaunistisch gesehen sind sie also in erster Linie Habitate für Strauch- und Gehölzvögel. Neben zahlreichen wenig anspruchsvollen und weit verbreiteten Arten (Amsel, Zilzalp, Buchfink etc.) können sie je nach Beschaffenheit Nist- und Nahrungshabitate für anspruchsvollere Saum- und Hochstaudenarten (Sumpfrohrsänger, Braunkehlchen etc.) bzw. Arten des Unterholzes, der Waldränder (z. B. Rotkehlchen, Mönchsgrasmücke) sowie Hecken- und Straucharten (z. B. Goldammer, Neuntöter) darstellen (Abbildung 27.2a–b). Damit bieten Agroforstsysteme eine Möglichkeit, die über Jahrzehnte durch Flurbereinigungsmaßnahmen und Ackerflächenvergrößerungen verloren gegangenen Gehölzstrukturen der Ackerlandschaften teilweise zu ersetzen.

Bei den Laufkäfern kann kaum eine Art genannt werden, die nur für Gehölzstrukturen charakteristisch ist. Das Alter und die Breite solcher Habitate spielen eine entscheidende Rolle, aber auch ihre Lage und Verknüpfung mit dem Um-

(a)   (b)

Abb. 27.2 Der Buchfink (a) ist weit verbreitet und würde auch Agroforstsysteme besiedeln; der Neuntöter (b) ist auf Sträucher angewiesen, die auf dem Baumstreifen integriert werden könnten (Fotos: F. Hohlfeld).

land: Laufkäfergemeinschaften in Heckenstrukturen sind sehr stark von Randeinflüssen geprägt.

Fauna des Offenlandes

Für Arten der offenen Agrarlandschaft stellen die Bäume eines Agroforstsystems einschließlich ihrer Randwirkungen auf die offene Fläche eine weitreichende Beeinträchtigung dar. Beispielsweise können empfindliche Laufkäferarten vor allem der trockenen Äcker bei den zu erwartenden Endhöhen der Bäume bis in eine Entfernung von 100 m und mehr zu den Gehölzreihen beeinflusst werden; das Gleiche gilt für Vogelarten wie die Feldlerche. Auch in intensiv genutzten Ackerbaugebieten wie beispielsweise den Feldvorranggebieten im Kraichgau ist die Offenhaltung der Ackerlandschaft ein Schutz- und Entwicklungsziel.

Funktionen für den Biotopverbund

Die in Linien oder Gruppen angeordneten Gehölzstrukturen von Agroforstsystemen übernehmen Biotop verbindende Eigenschaften in der freien Landschaft bzw. erfüllen Funktionen als Trittsteinbiotope. Dadurch kann der genetische Austausch gefördert und eine lokale Population gestützt werden. Dies betrifft vor allem Arten, die Hecken, Waldränder oder Feldgehölze als Ausbreitungslinien nutzen. Wird der Bewuchs auf den Baumstreifen niedrig gehalten, kann er auch über Äcker hinweg Grünlandflächen miteinander verbinden. Andererseits können die Gehölzstreifen mit zunehmender Höhe und Dichte für manche Laufkäfer der Äcker zum Teil unüberwindbare Barrieren darstellen.

27.3
„Naturschutz-Design" für Agroforstsysteme

Verschiedene Komponenten eines Agroforstsystems sind durch den Standort, die Art der landwirtschaftlichen Nutzung und das Produktionsziel vorgegeben. Trotzdem bleiben zahlreiche Variablen bei der Gestaltung, die gezielt eingesetzt werden können, um positive Effekte im Naturschutz zu erreichen.

Baumartenwahl und Altersverteilung der Bäume

Prinzipiell bilden heimische, standorttypische Baumarten artenreichere Tiergemeinschaften aus als „Exoten". Eine Mischung verschiedener Baumarten trägt zusätzlich dazu bei, vielfältige Lebensräume zu schaffen; dabei können gezielt seltene Baumarten wie z. B. *Sorbus*-Arten gefördert werden (Abbildung 27.3). Dies entspricht auch dem ökonomischen Ziel der Risikominimierung, ebenso wie eine Verteilung der Bäume auf verschiedene Altersklassen.

Im letzten Jahrzehnt vor der Nutzung der Werthölzer bieten diese mehr Vogelarten einen Lebensraum als in ihrer ganzen Lebensspanne zuvor. Eine selektive Entnahme einzelner Bäume mit anschließender Nachpflanzung ist daher wünschenswert. Durch eine unregelmäßige Anordnung von Bäumen verschiedenen

Abb. 27.3 Alte Speierlinge wie dieser sind kaum noch zu finden; durch die Pflanzung in Agroforstsystemen können auch
seltene Baumarten gezielt gefördert werden (Foto: T. Reeg).

Alters wird die Strukturvielfalt erhöht und die Herausbildung verschiedener mi-
kroklimatischer Bereiche ermöglicht.

Baum- bzw. Reihenabstände und Ausrichtung der Baumreihen

Aus Produktionssicht bietet sich ein Baumabstand von 15 m an; dies entspricht
etwa der Kronenbreite zum Erntezeitpunkt (siehe Kapitel 23, den Beitrag von Brix
et al.). Für Gehölze nutzende Tierarten sollten die Bäume mit Hecken ergänzt
werden, um als Lebensraum angenommen zu werden. Stehen Lebensräume
für Offenlandarten im Vordergrund, sollten gehölzfreie Lücken (wenigstens
30 m) berücksichtigt werden, in denen größere Gras- und Krautfluren entstehen
können.

Sollen ausgesprochene Offenlandarten nicht aus ihren Lebensräumen verdrängt werden, sind möglichst große Abstände bis zu 200 m zwischen den Gehölzreihen wichtig, um dauerhaft unbeeinflusste offene Flächen zu erhalten.
Um mit möglichst langen sonnenexponierten Säumen speziell seltene Käferarten
der trockenwarmen Offenlandbiotope zu fördern, sollten die Baumreihen in Ost-
West-Richtung ausgerichtet sein. Aus landwirtschaftlicher Sicht allerdings ist eine
Nord-Süd-Ausrichtung vorzuziehen, da so eine einseitige Beschattung der Kulturen vermieden wird (siehe Kapitel 25, den Beitrag von Chalmin). Geringere Abstände zwischen den Baumstreifen sind dann sinnvoll, wenn ein Biotopverbund
für Arten entstehen soll, die diese Streifen nutzen. Genaue Abstandsangaben
sind stark abhängig von der jeweiligen Art; als mittlerer Orientierungswert werden in der Literatur etwa 100–200 m angegeben (Riedel *et al.* 1994).

Struktur und Schichtenaufbau der Gehölze

Die Wertholzbäume alleine genügen manchen Vogelarten zum Nisten, zur Nahrungssuche oder als Ansitzwarte. Für viele andere machen erst zusätzliche Sträucher, die Brutplätze, Nahrung, Deckung, Singwarten und Sonnenplätze bieten, den Lebensraum attraktiv. Hecken sind aus avifaunistischer Sicht unerlässliche Begleitstrukturen in Agroforstsystemen und der Hauptbesiedlungsort für Brutvögel in den zeitlich limitierten Baumbeständen. So sind in strauchreichen älteren Gehölzstreifen deutlich höhere Bestandszahlen an Brutvögeln zu erwarten als in strauchamen. Die optimale Artenzusammensetzung, Dichte und Breite einer Hecke variiert dabei je nach zu fördernder Tierart.

Streifenbreite, Vegetation auf den Baumstreifen, Ausbildung von Säumen

Je breiter der Baumstreifen, desto wirkungsvoller ist er aus Naturschutzsicht: Die Einwirkungen der landwirtschaftlichen Nutzung werden reduziert, und es können breite Säume oder eine Strauchvegetation entstehen, die einen Übergangsbereich zwischen Feld und Baumreihe darstellen. Dies ist insbesondere dann von Bedeutung, wenn die landwirtschaftliche Fläche intensiv bewirtschaftet wird oder wenn die Baumstreifen als Biotopverbundelement für Waldarten dienen sollen. Für hohe Ansprüche sollten die Streifen mindestens 10 m breit sein, auch sonst sind 3–4 m das Minimum.

Für Laufkäfer auf Ackerstandorten sollte auf eine Anpflanzung von Sträuchern zwischen den Bäumen verzichtet werden. Ideal wäre hier ein ungedüngter Ackerwildkrautstreifen. Durch ein konsequentes Zurückdrängen aufkommender Gehölze können Saumstreifen entstehen, die Nahrung und Deckung sowie wertvolle Lebensräume für Bodenbrüter bieten.

Zusätzliche Naturschutzmaßnahmen

Gerade für Tierarten, die ältere Bäume besiedeln, ist die Umsetzung von Naturschutzmaßnahmen in Agroforstsystemen Voraussetzung für eine Besiedlung. Da in den Wertholzbäumen in aller Regel keine Faulstellen entstehen, erhöht das Anbringen von Nistkästen die Attraktivität für viele Höhlenbrüter stark. Wenn möglich sollten einige alte Bäume als „Biotopbäume" auf der Fläche belassen werden, die neben möglichen Bruthöhlen auch Nahrung für Vögel bieten (z. B. unter der Rinde). Das Zulassen von Totholz, Stubben, Steinhaufen am Boden ist auch für einige Laufkäfer ein wichtiger Aspekt (Tages- bzw. Winterquartier).

Landwirtschaftliche Nutzung und Bestandspflege

Die Intensität der landwirtschaftlichen Nutzung spielt für viele Tierarten eine große Rolle, vor allem bei der Nahrungssuche. Wird ein Agroforstsystem mit dem Ziel einer naturschutzfachlichen Bereicherung angelegt, sollte eine extensive Landbewirtschaftung erfolgen. Auf den Ackerflächen sollte ein Düngemitteleinsatz nur bedingt stattfinden, ein Pestizideinsatz hingegen gänzlich unterbleiben. Auf Grünlandflächen ist die Beweidung als Unternutzung generell einer Mahd oder dem Mulchen vorzuziehen. Mechanische Eingriffe wie die letzteren beiden beeinflussen die Mikrostrukturen in Bodennähe und damit auch den Lebensraum der

Laufkäfer. Eine Beweidung mit mehreren Tierarten erscheint als die bessere Alternative. Im Fall einer Mahd sollte das Schnittgut von den Flächen beseitigt werden.

Durch die Pflege der Wertholzbäume, die Fauläste und Höhlenbildung in den Stämmen verhindern soll, werden Lebensraumrequisiten, die alte Wälder oder alte Streuobstbestände bieten, in Agroforstsystemen nicht zur Verfügung stehen. Davon abgesehen haben die Ästungsmaßnahmen innerhalb der ersten 15–20 Jahre wenig Einfluss auf die Fauna. Entscheidender ist die Pflege der Baumstreifen, die über dessen Bewuchs und damit das Habitatangebot entscheidet.

27.4
Diskussion und Fazit

27.4.1
Gefährdungssituation

Agroforstsysteme bewirken eine strukturelle Bereicherung der Agrarlandschaft und damit in der Regel eine Erhöhung der Artenzahlen. Für eine qualitative Betrachtung ist jedoch auch die Gefährdungssituation einzelner Artengruppen zu beachten. Viele Arten, die Gehölze besiedeln, kommen häufig vor, wie z. B. Buchfink oder Mönchsgrasmücke. Manche Arten des Offenlandes sind dagegen stark gefährdet. Selbst in Regionen, in denen der Landschaftstyp „offenes Agrarland" großflächig vorkommt, finden sie aufgrund der intensiven Landwirtschaft (kurze Bewirtschaftungsintervalle, Dünge- und Pestizideinsatz, Melioration etc.) nicht mehr genügend Nahrung und nur noch ungünstige Reproduktionsbedingungen vor (Flade 1994). Im ungünstigsten Fall können Agroforstsysteme also eine zusätzliche Beeinträchtigung der Offenlandarten darstellen.

Wenn (extensives) Offenland beispielsweise als FFH- oder Vogelschutzgebiet klassifiziert ist, ist im Einzelfall zu prüfen, ob Agroforstsysteme mit den Pflege- und Entwicklungszielen vereinbar sind. Anders stellt sich die Situation in Streuobstbeständen dar: In ihnen vorkommende, gefährdete Arten können zum Großteil auch in modernen Agroforstsystemen leben – besser als im Falle einer anderen möglichen Folgenutzung von nicht mehr bewirtschafteten Streuobstflächen (vgl. Rösler 1992).

27.4.2
Bewertung

Die Bewertung eines neu zu etablierenden Agroforstsystems sollte sich am ökologischen Ausgangszustand der Fläche orientieren: Die Umsetzung eines Agroforstsystems ist aus Naturschutzsicht nur dann von Interesse, wenn der gegebene Biotopwert gesteigert, zumindest aber nicht verringert wird. Eine Aufwertung kann also vor allem auf intensiv genutzten Flächen erreicht werden, während die zu erwartenden Veränderungen auf wertvollen, extensiv genutzten Flächen sorgfältig geprüft werden sollten.

Andererseits muss ein neues System mit seinen Vor- und Nachteilen, seinen Möglichkeiten und Grenzen immer mit den möglichen Alternativen verglichen werden – also der bisherigen Nutzung, sofern diese realistischerweise fortgeführt wird, oder denkbaren Alternativnutzungen – und nicht mit einem erwünschten Idealzustand. Auch muss jede Fläche im Gesamtkontext der Landschaft und in raum-zeitlichen Zusammenhängen gesehen werden.

27.4.3
Schutz und Nutzung

Agroforstsysteme sind in aller Regel ein Nutzungssystem und kein „gestaltetes Biotop", d.h. der Bewirtschafter legt sie aus betrieblichen Gründen an. Unter Umständen sind Synergieeffekte möglich, die Landnutzern und Naturschutz gleichermaßen zugutekommen, etwa im Bereich der biologischen Schädlingsbekämpfung: Da Nützlinge häufig komplexere Lebensräume benötigen als Schädlinge (Keller & Häni 2000), können Agroforstsysteme mit ihren vielfältigen Strukturen diesbezüglich positive Auswirkungen haben. Neben Artenschutzaspekten sind auch Faktoren des Umwelt- und Ressourcenschutzes zu beachten, zum Beispiel im Bereich Wasser- oder Bodenschutz, die letztlich direkt oder indirekt auch dem Landnutzer zugutekommen.

Zusätzlich sollte eine gesellschaftlich gewünschte ökologische Aufwertung (im Sinne des Natur-, aber auch des Ressourcenschutzes) entsprechend finanziell vergütet werden, damit auch sie für den Landnutzer zu einem ökonomischen Faktor wird (vgl. Oppermann & Gujer 2003). Erst eine finanzielle Unterstützung ermöglicht es, gezielte Naturschutzmaßnahmen in Agroforstsystemen umzusetzen. Letztendlich darf aber nie vergessen werden, dass es sich nach wie vor um ein Produktionssystem handelt, bei dem die Nutzung der Bäume einen existenziellen Bestandteil darstellt und daher nicht in Frage stehen darf.

27.5
Zusammenfassung

Die Einführung von Agroforstsystemen auf landwirtschaftlichen Flächen bedeutet eine strukturelle Bereicherung und damit oft auch eine Erhöhung der Artenvielfalt. Qualitative Aussagen sind jedoch differenzierter zu treffen, z.B. anhand der Gefährdungssituation bestimmter Tierarten oder Artengruppen. Um Arten mit hohen Ansprüchen an offene Landschaften zu schützen, kann es auch Ausschlussgebiete aus Naturschutzgründen geben.

Aus Naturschutzsicht bedeuten Agroforstsysteme besonders auf intensiv genutzten Flächen eine Aufwertung. Sie können außerdem dann wertvoll sein, wenn mit ihrer Etablierung entweder eine für den Naturschutz positive Nutzungsänderung verbunden ist (Extensivierung, Vernässung) oder sie eine unerwünschte Nutzungsänderung verhindern können (Grenzertragsstandorte).

Agroforstsysteme, die unter reinen Produktionsaspekten angelegt werden, haben nicht zwangsläufig positive Auswirkungen auf die Fauna. Sie bieten aber viele Möglichkeiten, Naturschutzmaßnahmen zu verwirklichen. Gezielte Maßnahmen wie breitere Baumstreifen, Nistkästen, Sträucher oder Grassäume können problemlos integriert werden, müssen aber finanziert werden.

Literatur

Flade, M. 1994: Die Brutvogelgemeinschaften Mittel- und Norddeutschlands. Grundlagen für den Gebrauch vogelkundlicher Daten in der Landschaftsplanung. IHW-Verlag, Eching. 879 S.

Keller, S., Häni, F. 2000: Ansprüche von Nützlingen und Schädlingen an den Lebensraum. In: W. Nentwig (Hrsg.): Streifenförmige ökologische Ausgleichsflächen in der Kulturlandschaft: Ackerkrautstreifen, Buntbrache, Feldränder. Bern Hannover, vaö Verlag Agrarökologie: 199–217

Müller-Motzfeld, G. 1989: Laufkäfer (*Coleoptera: Carabidae*) als pedobiologische Indikatoren. Pedobiologia 33: 145–153

Oppermann, R., Gujer H.U. 2003: Artenreiches Grünland. Bewerten und Fördern – MEKA und ÖQV in der Praxis. Ulmer Verlag, Stuttgart: 199 S.

Riedel, B., Pirkl, A., Theurer R. 1994: Planung von lokalen Biotopverbundsystemen. Band 1: Grundlagen und Methoden, Bayerisches Staatsministerium für Ernährung, Landwirtschaft und Forsten: 214 S.

Rösler, M. 1992: Gefährdung der Streuobstwiesen in Ballungsräumen. Beihefte zu den Veröffentlichungen für Naturschutz und Landschaftspflege in Bad.-Wü. 66: 83–101

Schäfer, A., Joosten, H. (Hrsg.) 2005: Erlenaufforstung auf wiedervernässten Niedermooren. Greifswald, DUENE e.V.: 68 S.

Seitz, B.-J. 1989: Beziehungen zwischen Vogelwelt und Vegetation im Kulturland. Beihefte zu den Veröffentlichungen für Naturschutz und Landschaftspflege in Bad.-Wü. 54: 1–236.

Trautner, J., Aßmann, T. 1998: Bioindikation durch Laufkäfer – Beispiele und Möglichkeiten. Laufener Seminarbeiträge 8 (98): 169–182

28
Historische Agroforstsysteme in Deutschland

Werner Konold und Tatjana Reeg

28.1
Historische Agroforstsysteme und ihr Gegenwartsbezug

Agroforstsysteme im engeren Sinn sind Nutzungssysteme, die aus mindestens zwei gleichzeitig auf der gleichen Fläche vorkommenden Komponenten bestehen, von denen mindestens eine von Holzpflanzen gebildet wird. So mischen sich langlebige mit kurzlebigen Kulturen (wenn man auch Grasland als kurzlebig bezeichnen will) sowie kurzfristige und langfristige Nutzungsfrequenzen. Dabei erfüllten gerade Bäume in historischen Agroforstsystemen meist mehr als einen Zweck.

Durch die gezielte Einbringung von Holzpflanzen schaffen Agroforstsysteme spezielle Geometrien in der Landschaft. Früher waren sie wichtige Komponenten der üblichen Intensitätsgradienten, aber auch „Geometriegradienten" vom Dorf zum Gemarkungsrand: Vom Schachbrett des Obstgartens im Dorf bis hin zum Hutewald auf dem Bergrücken waren Agroforstsysteme Teil der unterschiedlich intensiv betriebenen Nutzungen und wiesen dementsprechend eine unterschiedlich strenge Anordnung der Bäume auf.

28.2
Warum ist es sinnvoll, sich mit historischen Agroforstsystemen zu beschäftigen?

Die Vielzahl an historischen Agroforstsystemen in Deutschland macht deutlich, dass kombinierte land-forstwirtschaftliche Nutzungsweisen früher keine Ausnahme waren. Durch die systematische Trennung von Land- und Forstwirtschaft ab dem 19. Jahrhundert wurden diese Nutzungssysteme aus den Augen verloren, finden heute aufgrund ihrer positiven Eigenschaften jedoch zunehmend wieder Interesse. Beschäftigt man sich nun mit „neuen" Agroforstsystemen, hat der Blick auf die historischen Systeme einen deutlichen Bezug zu aktuellen Fragen:
  - Wir erhalten Einblicke in oft nicht allzu weit zurückliegende Landnutzungsformen und damit auch Einblicke in Erfahrungswissen früherer Zeiten: Wie hat man die Vorteile agro-

Anbau und Nutzung von Bäumen auf landwirtschaftlichen Flächen.
Herausgegeben von T. Reeg, A. Bemmann, W. Konold, D. Murach und H. Spiecker
Copyright © 2009 WILEY-VCH Verlag GmbH & Co. KGaA, Weinheim
ISBN: 978-3-527-32417-0

forstlicher Bewirtschaftungsweisen genutzt, wie die Nachteile vermieden?
- Wir erfahren, worin in früheren Zeiten die Motivation bestand, Bäume im Offenland zu pflanzen und zu pflegen und können diese Gründe auf die heutige Situation übertragen.
- Wir erhalten Eindrücke davon, wie der Mensch mit Landschaft zeitgenössisch umgegangen ist: Hat er nur zweckorientiert gehandelt? Welche Rolle spielten gestalterische Elemente?
- Wir können mit neuartigen Nutzungssystemen Anschluss an traditionelle und eventuell noch vertraute Kulturlandschaftsbilder finden und uns unter Umständen planerisch an den alten Bildern orientieren.

Historische Prozesse sind demnach höchst relevant; unser heutiges Handeln ist immer auch im geschichtlichen Kontext zu sehen.

Von den zahlreichen Formen historischer Agroforstsysteme werden im Folgenden diejenigen näher beschrieben, die sowohl in Bezug auf die Zielsetzung der Produktion als auch in Bezug auf ihren Einfluss auf das Landschaftsbild den im *Agroforst*-Projekt[1] betrachteten „modernen" Agroforstsystemen am meisten ähneln. Sie wurden in etwa in eine zeitliche Abfolge ihres Auftretens gebracht.

28.3
Beispiele historischer Agroforstsysteme in Deutschland

28.3.1
Die Schneitelwirtschaft

Die Schneitelwirtschaft war ganz ohne Zweifel über eine sehr lange Zeit – und zwar über Jahrtausende – eine dominante Nutzungsform. Futterlaub wurde wohl schon seit dem Neolithikum, dem Beginn der Domestikation von Wildtieren, gewonnen. Der Mensch „rauft, klaubt, streift, haut, bricht, schneidet es ab, verfüttert es aus der Hand oder ... trocknet es und hebt es für den nahrungsarmen Winter auf", so der Etymologe Jost Trier (1963). Cato (234 bis 149 v. Chr.) empfiehlt, „in Ackernähe Bäume anzupflanzen, damit es nie an Laub fehle". „Der nahe Wald ... wurde zum Zweck der Viehfütterung berupft, selbstverständlich überdies beweidet. Wegen des Rupfens wurden die Bäume niedrig gehalten, damit man bequem an das Laub herankam. Niedrig halten heißt im Ausschlag halten, ob nun im Wurzelstockbetrieb oder im Kopfholzbetrieb" (Trier 1956).

Damit entsteht ein deutliches Waldbild vor unseren Augen, das wir andeutungsweise auf vielen mittelalterlichen und frühneuzeitlichen Bildern erahnen können. Je nach Gehölzart und regional oder lokal spezifischer Nutzungsform

---

1) Bis zu 50 Bäume je Hektar mit dem Ziel der Wertholzerzeugung, in Kombination mit einer Form der landwirtschaftlichen Nutzung.

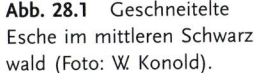

Abb. 28.1 Geschneitelte Esche im mittleren Schwarzwald (Foto: W. Konold).

entstanden bizarre Baumgestalten, die um die Orte herum das Landschaftsbild prägten. Die wichtigsten geschneitelten Gehölzarten in Mitteleuropa waren Esche (Abbildung 28.1) und Ulme, diesen folgten Berg- und Feldahorn.

28.3.2
Das Zeidelwesen

Fast ganz im Dunkeln der Geschichte verschwunden ist die Zeidlerei, also die Gewinnung von Wildhonig. Diese hatte in vielen Gebieten seit dem 13. Jahrhundert – die ersten Belege stammen aus Bayern und Sachsen aus dem 10. Jahrhundert – eine große Bedeutung (Wagner 1895). Zu diesem Zweck wurden in sogenannte Beutkiefern (selten auch Fichte, Linde, Eiche, Pappel), also gesunde, sehr starke Waldkiefern, in 4–6 m Höhe rechteckige Höhlungen geschlagen, in denen die Bienenvölker hausten. Die Höhlungen waren mit einem Brett verschlossen. Unter dem Loch war der Stamm geastet und glatt, um Honigdiebe fern zu halten. Darüber hinaus war der Gipfel gestutzt, um den Widerstand gegen den Wind zu

Abb. 28.2 „Zwei Beutkiefern unweit Grodno" (nach Stechow 1918, aus Klose 1929).

verkleinern. Die Linde und andere „reich blühende, von den Bienen gern besuchte Laubholzarten" genossen einen besonderen Schutz (Wagner 1895) und wurden wohl auch gefördert.

Zwischen den frei stehenden Beutkiefern[2] lag die beweidete Heide, eine *Calluna*-Heide, die regelmäßig gebrannt wurde, um die Zwergsträucher zu verjüngen (Klose 1929). Lagen in der Zeidelheide Äcker und Wiesen, so musste die Nutzung sechs Schritte von den Beutenbäumen entfernt bleiben (Wagner 1895). Aus dieser Beschreibung und den wenigen Bildern (Abbildung 28.2) können wir eine weitgehend offene Landschaft rekonstruieren. In seiner Hochzeit muss das Agroforstsystem Zeidelweide viele tausend Hektar eingenommen haben.

28.3.3
Die Holzwiesen

Einen etwas anderen Charakter hatten die Holzwiesen, deren Geschichte noch nicht befriedigend erforscht ist. Diese Holzwiesen seien „eine Eigentümlichkeit der Alb[3], ein Überrest altertümlicher Verbindung von Waldwirtschaft und Futtergewinnung" (Lohrmann 1933). Gewonnen hätte man Heu von den einmähdigen Wiesen, sogenannten Mähdern, dazu Laubheu und habe eine Art Feld-Gras-Wirtschaft betrieben (Schwenkel 1935/36). Die Holzwiesen seien beispielsweise im Oberamt Blaubeuren zahlreich gewesen und hätten „nicht unbedeutende Holz-

---

2) „ ... vereinzelt stehende Überhaltbäume ...".
„Es bildete sich an manchen Orten geradezu ein Ueberhaltbetrieb mit Zeidelbäumen aus." (Wagner 1895)

3) Eine Exklusivität, die zu beweisen wäre; Neureuther (1856) beispielsweise berichtet von ähnlichen Formen aus Schwaben und Südbayern.

vorräte" geliefert (Knapp 1919)[4]. Der Baumbestand wurde – je nach Standort – von Buche, Esche, Eberesche, Eiche, Fichte, Hasel, Bergahorn, Kiefer und Birke gebildet.

Man sollte annehmen, dass diese Gehölze, wie von Schwenkel vermutet, die Überbleibsel ausgedehnterer Wälder waren. Doch ist hier die Aussage von Jeremias Höslin in seiner „Beschreibung der wirtembergischen Alp" von 1798 hoch interessant, der „ausdrücklich bezeugt", dass „Buchen in einer Zeit großer Holznot selbst künstlich angepflanzt" worden seien, „um wenigstens für kommende Geschlechter den Holzvorrat etwas zu vermehren" (Gradmann 1950). Es wurden also gezielt Bäume zur Holzproduktion außerhalb des Waldes angepflanzt und damit der Ansatz verfolgt, der auch aktuellen Agroforstsystemen zugrunde liegt.

Über den Gestaltwert der Holzwiesen für das Landschaftsbild schreibt Gradmann (1950): „So sind Parklandschaften entstanden, an denen sich der Landschaftsgärtner ein Muster nehmen kann". Diese beliebten Landschaftsbilder sind auch heute ein wichtiger Ansatzpunkt, halboffene Nutzungssysteme wieder vermehrt in die Landschaft zu bringen, vor allem in Regionen mit hohem Erholungswert.

28.3.4
Kopfholzkultur, Kopfweiden

Sehr weit verbreitet war bis in die jüngere Vergangenheit die Kopfweidenkultur (dazu ausführlich und für das Folgende Braun und Konold 1998), beziehungsweise die Kopfholzwirtschaft generell, ehedem in manchen Landschaften ähnlich prägend wie andernorts die Schneitelwirtschaft. Vom Zweck her konnten beide identisch sein. Details über die Kultur – die im Übrigen bei den Römern schon verbreitet war – können wir der Hausväterliteratur entnehmen: Man solle sie entlang von Flüssen und Bächen (Abbildung 28.3), Gräben, auf Viehweiden, Wiesen und Angern pflanzen, und zwar als drei- bis fünfjährige Setzstangen mit glatter, dünner, gesunder Rinde. Erforderlichenfalls solle man sie an einen Pfahl anbinden und eine Rinne um die Stange ziehen, um das Regenwasser zu sammeln. Die Pflanzenabstände lagen im Durchschnitt bei 3,5–6,5 m. Die Setzstangen solle man mit Dornen umgeben, um sie vor dem Weidevieh zu schützen.

Üblich waren Nutzungen alle drei bis sechs Jahre. Kopfweiden wurden verwendet für Flechtmaterial, Binderuten, Zaunmaterial, Pfähle, Stangen, Brennholz, Laubfutter, Schnitzwaren, Gerberlohe, Fachholz, Arznei und anderes mehr. Daneben spielte die Gewinnung von Weidenfaschinen, die im Wasserbau Verwendung fanden, seit dem 15. Jahrhundert eine große Rolle, mit einem Höhepunkt im 19. Jahrhundert.

Die Kopfweidenwirtschaft fand im Übrigen auch erbitterte Gegner. Freiherr von Seckendorf verfasste im Jahre 1800 eine Schrift, in der er wortreich dafür

---

4) Unter Berufung auf das Königl. Statistische Landesamt in Württemberg.

Abb. 28.3 Kopfweidenkultur an der Oberen Donau bei Hundersingen, um 1587 (Hauptstaatsarchiv Stuttgart C 3 Bü 2048).

plädierte, die Kopfbaumkulturen aufzugeben und stattdessen Pappeln zu pflanzen. Die Umtriebszeit für Stammholz solle 25 Jahre betragen. Am besten würden sich italienische oder carolinische Pappeln eignen, die man jedoch asten müsse. Dieser Ansatz ist von der heute beispielsweise in Italien und Frankreich praktizierten „modernen" Agroforstwirtschaft bzw. den dortigen Plantagen nicht weit entfernt. In Deutschland dagegen hat die Pappel zur „Wertholzerzeugung" weniger Bedeutung.

28.3.5
Die Obstkultur

Über den Obstbau ist schon sehr viel gute Literatur erschienen (z. B. Weller 2006). Er soll dennoch hier behandelt werden, weil der Obstbau mit Hochstämmen ein weit verbreitetes Agroforstsystem war und noch ist und vor allem, weil mit dem Obstbau fast immer auch gestalterische Elemente, neue Geometrien in die Landschaft gebracht wurden. Darüber hinaus markiert die massive Ausdehnung des Obstbaus das Sichtbarwerden des aufklärerischen Gedankenguts in der Landschaft.

Bereits in der Landgüterordnung Karls des Großen von etwa 795 (*Capitulare de villis et curtis imperialibus*) wird ein hoher Stand der Obstkultur dokumentiert (Franz 1967). Höchst interessant, nicht zuletzt deshalb, weil in Fachkreisen kaum bekannt, ist das „Büchlein über das Pflanzen von Bäumen" („*De plantatione arborum*") des Tegernseer Abtes Konrad Ayrinschmalz aus dem Jahre 1479, das erste Landwirtschaftsbuch Deutschlands (Heß & Ramisch 1989, auch für das Folgende). Der Abt gibt darin eigene Erfahrungen wieder. Er macht genaue Anweisungen über die Pflanzordnung: dreieckige Anordnungen, alle mit

Abb. 28.4 Anordnung von Apfel- und Birnenbäumen in einem Obstgarten (aus dem „Büchlein über das Pflanzen von Bäumen" aus dem Jahr 1479 von Abt Konrad Ayrinschmalz; aus Heß & Ramisch 1989).

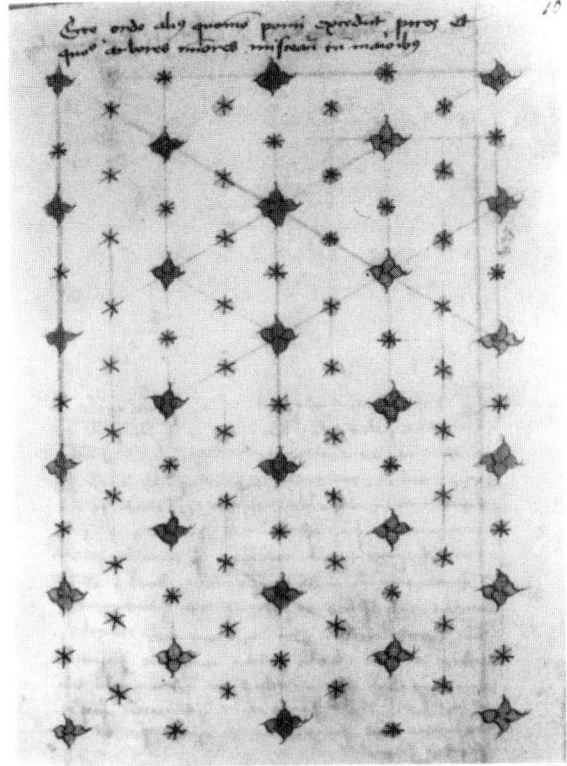

Ecce ordo alius, quomodo pomi excedunt piros, et quomodo arbores minores misceantur cum maioribus

Siehe eine andere Reihenfolge, bei der Apfelbäume Birnbäume an Zahl überragen und wie kleinere Bäume unter größere gemischt werden

dem gleichen Abstand. Apfelbaum zu Apfel- oder Birnbaum sollen 32 Fuß voneinander entfernt sein (Abbildung 28.4).[5] Man solle die Bäume sehr gut pflegen (Umgraben der Baumscheibe im Herbst, Düngung, evtl. Mischung des Bodens mit anderen Bodenarten). An jungen Bäumen sollen mindestens alle zwei Jahre sämtliche stärkeren und längeren Äste entfernt werden; die schwächeren solle man stehen lassen.

Im Jahre 1750 erließ der bayerische Kurfürst Max III Joseph ein Edikt, wonach mehr Obstbäume in die Gärten und auf die Wiesen und Felder zu pflanzen seien. Kurfürst Karl Theodor von Bayern bezeichnete 1780 die Baumkultur als ein Mittel zur „Verbesserung der Landesindustrie". Bei der Baumkultur sollte – wie bei der Landeskultur generell – das Nützliche mit dem Schönen verbunden werden. Die Pflanzung von Obstbäumen wird zur Gemeinschaftsaufgabe, ist Teil des Gemeinsinns, steht gegen den Eigennutz; die Pflanzpflicht wird als Bestandteil der Erziehung des Volkes im modernen Staat angesehen (Stonus 2001).

5) Ein Fuß entspricht etwa 33 cm; das genannte Maß gilt in etwa bei Streuobstwiesen noch heute.

Der Agrarreformer und Pfarrer Johann Friedrich Mayer äußert sich 1773 recht detailliert und nimmt dabei Argumente auf, die heute noch relevant sind. Der Obstbau verhindere, „wann er gehörig besorgt wird, weder den Gras- noch den Kornbau im geringsten, und gibt eine sehr gute und gesunde Nahrung". „Die Pflanzung auf den Feldern geschieht reihenweiße, hin und her, ziemlich weit auseinander, und die Obstsorten ... sind vornehmlich die, welche bei einem schmackhaften Obste ihre Äste wenig ausbreiten, und hoch in die Höhe steigen, dazu verhelfen sie denselben durch ein beständiges Abhauen der Äste".[6] Damit spricht er die Punkte an, die auch heute noch bei der Planung eines Agroforstsystems von höchstem Interesse sind: Eine Konkurrenz zwischen Baum und landwirtschaftlicher Kultur soll durch eine durchdachte Anordnung und Behandlung der Bäume möglichst ausgeschlossen werden.

Ein wesentlicher Reformansatz der Aufklärung war, die Allmenden oder Gemeinheiten ganz aufzulösen, sie zumindest aber aufzuteilen und auf einen höheren Stand der Kultur zu bringen (dazu z. B. Konold 2007). Die Bepflanzung der Allmenden mit Obstbäumen erhält im 19. Jahrhundert eine große Dynamik. Man habe, so beispielsweise 1862 im Bezirk Ellwangen, in einem Jahr 75 Morgen „unkultivierter Allmenden in Obstgüter" umgewandelt (WWL 1862). 1870 wird von Bretzfeld im Oberamt Weinsberg berichtet, eine als Schafweide genutzte Öde habe man verbessert, indem man sie mit Kirschbäumen bepflanzt habe (WWL 1870). Interessant ist, dass nicht nur mit Obstbäumen, sondern auch mit Waldbäumen, z. B. Eichen, gearbeitet wurde.

28.3.6
Aufklärung und Landesverschönerung schlagen sich in der Landschaft nieder

Die Landverschönerung stand im Zentrum des aufklärerischen Denkens, das sich im Bild der Landschaft bemerkbar machte. Der bayerische Baurat Dr. Gustav Vorherr, der „Begründer" der Landesverschönerung, schrieb 1807: „Dörfer und Städte sollen geschmackvoll angelegt werden, ... Güter und Wälder bestmöglich cultiviert, herrliche Gärten und Obstanlagen zu schauen sein" (aus Däumel 1963). Bei der Umsetzung der Verschönerung des Landes spielten die Gehölze und deren Anordnung im Raum eine absolut dominierende Rolle. Schon im 18. Jahrhundert hatte die Ordnung der Landschaft eingesetzt. Gesehen wurden deren landeskulturelle Wirkungen (so v. Hirschfeld 1785), hygienische Effekte („natürliche Verbesserung der allgemeinen Landluft" vor allem durch Bäume, K. v. Eckartshausen 1788) oder die Sicherung von Gewässerufern (H. Burckhardt 1839, alle in Däumel 1961).

Auch Heinrich Cotta, „Königlich Sächsischer Oberforstrath", bewegt sich auf diesem Feld, wenn er sich in seinem Werk „Die Baumfeldwirthschaft" von 1819 folgendermaßen äußert: Während man in ordentlichen Waldungen sehr oft das Einzelne dem Ganzen unterordnen müsse, könne man bei der Baumfeld-

---

6) Diese Ansätze sind modernen Agroforstsystemen zur Wertholzproduktion vergleichbar.

wirtschaft „jede einzelne Stelle des Bodens auf die angemessenste Weise" nutzen, „dem kleinsten Raume könne man die Holzart geben, die für ihn passt". Man könne „vielerlei Holzarten nebeneinander" erziehen und „die verschiedenartigsten Nutz- und Werkhölzer viel leichter erlangen". Heinrich Cotta empfiehlt ein differenziertes Vorgehen: „Wenn der Ackerbau von den zu groß gewordenen Bäumen verdrängt wird, so tritt an sehr grasreichen Orten die Wiesennutzung und an weniger fruchtbaren die Viehnutzung an ihre Stelle." 1822 berichtet Cotta über die Erfahrung eines Landwirts: Die Wurzeln der Bäume seien „der Beackerung nicht das geringste Hindernis", weil sie, wenn von Anfang an gepflügt werde, tiefer in den Boden eindringen würden, so dass keine Konkurrenz um Nährstoffe („Nahrung") entstehe.

Ganz ähnliche Erkenntnisse brachte ein 2001–2005 durchgeführtes EU-Forschungsprojekt zu „modernen" Agroforstsystemen auf Ackerstandorten (Dupraz *et al.* 2005).

28.3.7
Die Holzzucht außerhalb des Waldes

Der Kreisforstrath Dr. Gwinner veröffentlichte im 19. Jahrhundert ein Büchlein über die „Holzzucht außerhalb des Waldes"[7]. Das „Bedürfniß, die Holzzucht auch außerhalb der Wälder zu pflegen", sei „ein längst gefühltes", wohl auch unter Bezug auf die einschlägigen Werke Heinrich Cottas. Gwinner zählt zahlreiche gute Gründe auf, „Waldbäume und Gesträuche" anzupflanzen, zum Beispiel um den Holzertrag, die Fruchtbarkeit, die Gesundheit und die Schönheit des Landes zu fördern und um Erosionsschutz und Bodenschutz (vor Austrocknung) zu verbessern (Abbildung 28.5). Weitere Möglichkeiten seien, „die kahlen Ufer der Flüsse und Bäche" zu bepflanzen, die Wege einzufassen und „lebendige Umzäunungen" zu schaffen. „Sie sind allein geeignet, eine sonst kahle Gegend zu verschönern und in dieselbe mehr Leben und Abwechslung zu bringen." Zu bevorzugen seien Baumarten mit „hochangesetzten und weniger blattreichen Zweigen wie Ahorne, Eschen, Pappeln, Weiden und Akazien" (Gwinner 1848).

Auch bei Gwinners Argumentation finden sich zahlreiche Parallelen zur Gegenwart: Erosions- und Bodenschutz sind in vielen Ländern der Welt ein Grund für die Etablierung von Agroforstsystemen; der Aspekt der Landschaftsverschönerung spielt vor allem in den Industrieländern eine große Rolle und wird z. B. in Australien genauso wie in Frankreich als Begründung für Baumpflanzungen in der Agrarlandschaft genannt.

7) Es gibt ein gleichnamiges Buch von Neureuther aus dem Jahre 1856, in dem manche Passagen fast wörtlich übernommen wurden, aber auch zahlreiche weitere Aspekte der Holzzucht außerhalb des Waldes ausgeführt werden. Einer dieser Aspekte sei hier wiedergegeben, weil er einen Einblick in das vernetzte Denken der damaligen Zeit, aber auch in das Landschaftsbild gibt: „Durch Hecken und Gebüsche vermehren sich auch wieder die zur Belebung und Anmuth einer Landschaft so wesentlich beitragenden Singvögel, deren sichtbares Abnehmen nicht ohne Grund dem Verschwinden und Mangel der Gebüsche und Gesträuche in der Nähe der Dörfer zugeschrieben wird. Die Vögel wirken auf die Verminderung der Insekten ein und verhindern deren schädliche Vermehrung und Verbreitung."

Abb. 28.5 Hutung mit Eichen und Buchen auf
der östlichen Schwäbischen Alb, möglicherweise zurückgehend auf Kreisforstrat Gwinner,
der um die Mitte des 19. Jahrhunderts die
Eichenbepflanzung von Allmenden empfahl
(Foto: W. Konold).

28.4
Zusammenfassung

Historische Agroforstsysteme gab es in großer Vielfalt, angefangen bei der Schneitel- und Kopfbaumwirtschaft, über die Zeidlerei, die Holzwiesen und den Obstbau bis hin zu Pflanzungen, die während der Aufklärung gezielt auch der Landschaftsgestaltung dienten. Viele der früher genannten Argumente für die Pflanzung von Bäumen außerhalb des Waldes sind heute noch aktuell, auch sind einige früher praktizierte Betriebsformen dem ähnlich, was heute im Rahmen moderner Agroforstsysteme wieder angegangen wird. Es gibt für Deutschland zahlreiche Erfahrungen im Miteinander von Baum und Ackerfrucht bzw. Baum und Weidevieh, dazu aus früheren Jahrhunderten wertvolle Hinweise auf geeignete Baumarten oder sogar -sorten, auf Pflanzabstände und auf die Pflege der Bäume.

Im Landschaftsbild waren Agroforstsysteme etwas Normales und durchaus Geschätztes. Seit der Aufklärung wurden sie gezielt gestalterisch eingesetzt, indem „das Schöne mit dem Nützlichen verbunden" wurde – ein Ansatz, den auch wir heute bei der Anlage neuer Agroforstsysteme beherzigen sollten.

Literatur

Braun, B., Konold, W. 1998: Kopfweiden. Kulturgeschichte und Bedeutung der Kopfweiden in Südwestdeutschland. Verlag Regionalkultur, Karlsruhe, 240 S.

Cotta, H. v. 1819: Die Verbindung des Feldbaues mit dem Waldbau oder die Baumfeldwirthschaft. Arnold'sche Buchhandlung, Dresden, 56 S.

Cotta, H. v. 1822: Die Verbindung des Feldbaues mit dem Waldbau oder die Baumfeldwirthschaft, 2. Fortsetzung. Arnold'sche Buchhandlung, Dresden, 136 S.

Däumel, G. 1961: Über die Landesverschönerung. Geisenheim

Däumel, G. 1963: Gustav Vorherr und die Landesverschönerung in Bayern. Beiträge zur Landespflege 1: 332–376

Dupraz, C., Burgess, P., Gavaland, A., Graves, A., Herzog, F., Incoll, L., Jackson, N., Keesman, K., Lawson, G., Lecomte, I., Liagre, F., Mantzanas, K., Mayus, M., Moreno, G., Palma, J., Papanastasis, V., Paris, P., Pilbeam, D., Reisner, Y., Vincent, G., Werf Van der, W. 2005: Synthesis of the Silvoarable Agroforestry For Europe project. INRA-UMR System Editions, Montpellier, 254 S.

Franz, G. (Hrsg.) 1967: Quellen zur Geschichte des deutschen Bauernstandes im Mittelalter. Ausgewählte Quellen zur deutschen Geschichte des Mittelalters 31. Ulmer, Stuttgart

Gradmann, R. 1950: Das Pflanzenleben der Schwäbischen Alb. 4. Auflage. Kohlhammer, Stuttgart, 449 S.

Gwinner, W.H. 1848: Praktische Anleitung für Ortsvorsteher und Gutsbesitzer zur Holzzucht außerhalb des Waldes. Stuttgart, 48 S.

Heß, A., Ramisch, H. 1989: Das „Büchlein über das Pflanzen von Bäumen" des Tegernseer Abtes Konrad Ayrinschmalz vom Jahr 1479. Beiträge zur altbayerischen Kirchengeschichte 38: 65–177

Klose, H. 1929: Waldbienenzucht in den brandenburgischen Heiden. Brandenburgisches Jahrbuch 4: 67–81

Knapp, T. 1919: Neue Beiträge zur Rechts- und Wirtschaftsgeschichte des württembergischen Bauernstandes, zweiter Band: Nachweise und Ergänzungen. Verlag der Laupp'schen Buchhandlung, Tübingen, 234 S.

Konold, W. 2007: Allmenden in Baden-Württemberg zwischen Veränderungsdruck und Gemeinschaftssinn. Ber. z. dt. Landeskunde 81: 367–389

Lohrmann, R. 1933: Schafweiden und Hardte der Südwestalb. Veröff. Staatl. Stelle f. Naturschutz in Württemberg 10: 5–35

Mayer, J.F. 1773: Lehrbuch für die Land- und Haußwirthe in der pragmatischen Geschichte der gesamten Land- und Haußwirthschaft des Hohenlohe Schillingsfürstischen Amtes Kupferzell. Faksimilenachdruck, Verein Hohenloher Freilandmuseum e. V. Schwäbisch Hall, 288 plus 50 S.

Neureuther, E. 1856: Die Holzzucht außerhalb des Waldes zum Vortheile der ländlichen Oekonomien und zur landschaftlichen Verschönerung Bayerns. 2. Aufl. Johann Palm's Hofbuchhandlung, München, 218 S.

Schwenkel, H. 1935/36: Weiden und Hardte in Schwaben, eine kulturgeschichtliche Betrachtung für Naturschützer. Flugschriften der Reichsstelle für Naturschutz Nr. 19. Verlag J. Neumann, Neudamm und Berlin, 43 S.

Seckendorf, C.A. Freiherr v. 1800: Ueber die bessere Behandlung der Kopfweide. V. Kleefeldsche Buchhandlung, Leipzig, 140 S.

Stonus, D. 2001: Kulturbäume am Straßenrand. Integrationsförderndes Politinstrument im Staatsbildungsprozeß. In: Brednich, R.W., Schneider, A., Werner, U. (Hrsg.): Natur – Kultur. Volkskundliche Perspektiven auf Mensch und Umwelt. Waxmann, Münster: 375–333

Trier, J. 1956: Wald. Veröffentlichungen des Instituts für deutsche Sprache und Literatur 8: Fragen und Forschungen im Umkreis der germanischen Philologie: 25–39

Trier, J. 1963: Venus. Etymologien um das Futterlaub. Böhlau-Verlag, Köln, Graz, 207 S.

Wagner, M. 1895: Das Zeidelwesen und seine Ordnung im Mittelalter und in der neueren Zeit. Ein Beitrag zur Geschichte der Waldbenutzung und der Forstpolitik. München

Weller, F. 2006: Streuobstwiesen. In: Konold, W., Böcker, R., Hampicke, U. (Hrsg.): Handbuch Naturschutz und Landschaftspflege, 18. Erg. Lfg. 2/06, Kap. XI-2.11: 42 S. Landsberg

WWL, Württembergisches Wochenblatt für Landwirtschaft, 1862, Nr. 11(15), Beilage 5: 65ff

WWL, Württembergisches Wochenblatt für Landwirtschaft, 1870, Nr. 33: 188

29
Agroforstsysteme mit Wertholzbäumen im Landschaftsbild

Tatjana Reeg

29.1
Ästhetische Bedeutung von halboffenen Landschaften

Locker mit Bäumen bestandene Flächen entsprechen einem Idealbild von Landschaft, das unabhängig von Kultur, Alter und Herkunft von den meisten Menschen geschätzt wird. So werden Gehölze in der Agrarlandschaft wie Windschutzpflanzungen, Obstbäume, Hecken, Einzelbäume oder Baumgruppen von Befragten in vielen Untersuchungen zur Bewertung von Landschaftselementen sehr positiv beurteilt (z. B. Wöbse 2002). Zum Teil kann dies mit funktionalen Aspekten begründet werden: Bäume im Offenland bedeuten Schutz vor Wetterunbilden und Schatten bei starkem Sonnenschein. Sie erlauben eine einfachere Orientierung als offene Landschaften ohne Bäume beziehungsweise eine bessere Sicht und freiere Bewegung als ein geschlossener Wald mit Unterholz. So wirkt eine halboffene Landschaft einladender und weniger bedrohlich, als ein dichter Wald es unter Umständen tut (Ulrich 1986). Daneben bieten Gehölze Annehmlichkeiten und nichtvisuelle Landschaftseindrücke wie (essbare) Früchte und Blütengeruch.

Zusätzlich zeigen Erkenntnisse aus der Umweltpsychologie, dass als schön empfundene Landschaftsbilder durch Vielfalt und eine überschaubare Komplexität charakterisiert sind. Ergeben sich immer wieder neue Ausblicke und kann der Besucher nicht alles auf einmal erfassen, wird er dazu angeregt, weiter in die Landschaft vorzudringen und dabei Neues zu entdecken (Kaplan & Kaplan 1989).

Nohl (2001) nennt als die „relevanten Auslöser landschaftsästhetischer Erlebnisse" Vielfalt, Gliederung, Eigenart, Ferne und Naturnähe, da diese Eigenschaften einer Landschaft dem Bedürfnis des Menschen nach Information, Orientierung, Heimat, Lesbarkeit und Freiheit entsprächen. Gehölze als visuell auffällige, landschaftsästhetisch besonders attraktive Elemente erfüllen dabei zahlreiche Funktionen: Sie erhöhen die Vielfalt in offenen Agrarlandschaften; gerade in ausgeräumten Ebenen haben sie einen großen visuellen Wirkraum und bringen eine dritte Dimension in die Landschaft. Daneben bieten sie eine eigene zeitliche Vielfalt durch die verschiedenen jahreszeitlichen Aspekte und ihr Wachstum im Laufe der Jahre. Gehölzreihen dienen als lineare Leitstrukturen, die eine Land-

Anbau und Nutzung von Bäumen auf landwirtschaftlichen Flächen.
Herausgegeben von T. Reeg, A. Bemmann, W. Konold, D. Murach und H. Spiecker
Copyright © 2009 WILEY-VCH Verlag GmbH & Co. KGaA, Weinheim
ISBN: 978-3-527-32417-0

Abb. 29.1 Traditionelles Agroforstsystem mit attraktivem
Landschaftsbild: Wytweiden im Schweizer Jura.

schaft gliedern. Auch zur empfundenen Naturnähe (die nicht gleichzusetzen ist
mit Naturnähe im ökologischen Sinn) tragen Gehölze stark bei; so werden beispielsweise alte Alleen häufig als „deutlich naturnah" erlebt (Nohl 2001). Gerade
in Agrarlandschaften, die durch eine intensive Nutzung geprägt und unter Umständen sehr monoton sind, stellen sie damit ein positiv besetztes Element dar.
Die Eigenart schließlich, die unter anderem für das Heimatempfinden und die
Identifikation von Menschen mit einer Landschaft entscheidend ist, wird auch
durch charakteristische Anordnungsmuster und Abfolgen oder durch „prägnante
Nutzungsformen" geprägt (Jessel 1998), zu denen sicher auch agroforstliche
Nutzungsweisen zählen.

29.2
Bedeutung des Landschaftsbildes

In Deutschland sind halboffene Landschaften wegen der prinzipiellen Trennung
von Forst- und Landwirtschaft und der Intensivierung vieler landwirtschaftlicher
Flächen selten geworden. Die wenigen noch bestehenden Ausnahmen wie Streuobstwiesen verzeichnen seit Jahrzehnten aufgrund mangelnder Rentabilität und
nachlassenden Interesses an Nutzung und Pflege der Bäume einen starken Rückgang. Von Erholungssuchenden werden halboffene Nutzungsformen wie Streuobstwiesen oder die Wytweiden im Schweizer Jura (Abbildung 29.1) jedoch
hoch geschätzt (Miéville-Ott & Barbezat 2005), und auch für die Bewohner spielen „schöne" (Agrar)landschaften in vielerlei Hinsicht eine entscheidende Rolle:

- Eine ästhetisch ansprechende und als angenehm empfundene
  Landschaft ist sowohl für die physische als auch die psychische
  Gesundheit des Menschen essentiell: Unter anderem wirkt sie
  entspannend bei Stress, regt zu Bewegung an und fördert die
  gesunde Entwicklung von Kindern (Abraham *et al.* 2007).
- In ländlichen Gebieten bieten Tourismus und Direktvermarktung vielen Landwirten zusätzliche Einnahmequellen. Sowohl
  die Vermietung von Ferienwohnungen als auch die Vermarktung eigener Produkte ab Hof profitieren von einer Landschaft,
  die von Erholungssuchenden und Kunden als schön empfunden wird. Für diesen Eindruck ist die Art und Weise der
  Bewirtschaftung ausschlaggebend.
- Für Landnutzer können Aspekte wie Tradition, Heimatver-
  bundenheit oder eigene Freude an einer schönen Landschaft
  eine große Bedeutung haben. Gab es auch in der Vergangenheit Bäume am Hof, können das Traditionsbewusstsein und
  der Wunsch, eine ansprechende Landschaft zu gestalten, Auslöser für eine eigene Baumpflanzung sein (Mary *et al.* 1999).

Welche Möglichkeiten bestehen nun, mit modernen Agroforstsystemen als einer
Art der halboffenen Landnutzung, die an aktuelle Bedingungen in der Landwirtschaft angepasst ist, neue „Wohlfühllandschaften" zu schaffen? Wie wirken Wertholzbäume mit ihren besonderen, durch die Nutzung festgelegten Eigenschaften
auf die Landschaft?

29.3
Auswirkungen von Agroforstpflanzungen auf das Landschaftsbild

29.3.1
Ästungshöhe und Krone

Entscheidend für die Produktion von wertvollem Holz ist zum einen die Astreinheit, zum anderen die Dimension der Stämme. Daher beinhalten Konzepte für
die Wertholzproduktion außerhalb des Waldes weite Pflanzabstände, damit die
Bäume ohne Konkurrenz schnell und gleichmäßig wachsen können, sowie mehrere Ästungsmaßnahmen in den ersten beiden Jahrzehnten, bis die gewünschte
astfreie Stammlänge erreicht ist (siehe Kapitel 23, den Beitrag von Brix *et al.*).
Diese muss mindestens 2,50 m betragen, auf geeigneten Standorten und mit entsprechenden Baumarten können jedoch auch 6–8 m angestrebt werden.

Vor allem die Ästung ist verantwortlich dafür, dass diese Bäume sich von den
gewohnten Baumbildern in der Landschaft unterscheiden: Sie bilden zwar große
Kronen aus, der Kronenansatz ist jedoch im Vergleich zu Obsthochstämmen oder
gewöhnlichen Solitärbäumen wesentlich höher. Untersuchungen zu bevorzugten
Baumformen haben gezeigt, dass große, ausladende Kronen einzeln stehender

Bäume ästhetisch positiv bewertet, kürzere Stämme langen hingegen vorgezogen werden (Sommer & Summit 1995). Da jedoch die Dimensionen in einer Landschaft im Vergleich mit vorhandenen Landschaftselementen empfunden werden, ist zu vermuten, dass die tatsächliche Stammhöhe bis zum Kronenansatz weniger entscheidend ist als die Höhe der Bäume und die Länge der astfreien Stämme im Verhältnis zu anderen Elementen in der Umgebung. So werden 26 m hohe Edellaubbäume neben Streuobstbäumen überdimensioniert wirken (siehe Abbildung 29.4a–b); dies ist nicht der Fall, wenn sie eine Allee bilden oder einem Waldrand mit ähnlich hohen Bäumen vorgelagert sind.

Ebenso spielt die Ausrichtung und die Distanz der Pflanzung zu Straßen und Wegen und damit zum Betrachter eine wichtige Rolle (Cook & Cable 1995). Weiterhin ist für die Wirkung auf Landschaftsbesucher das Relief entscheidend: Wie weit kann man schauen und welchen Blickwinkel hat man auf die Pflanzung? Sieht man ein Agroforstsystem zweidimensional in einer Ebene oder in hügeliger Landschaft? Dabei hat auch die Wahl des Ortes einer Baumpflanzung in der Landschaft eine starke gestalterische Wirkung: Eine Baumreihe oben auf einem Hügel, in der Horizontlinie, wirkt anders als eine knapp darunter gepflanzte, die die freie Anhöhe betont.

Letztendlich darf bei diesen Überlegungen auch die zeitliche Dimension nicht aus den Augen verloren werden. Menschen nehmen langsame Veränderungen in ihrer Umgebung weit weniger wahr als plötzliche, die wiederum häufig negativ beurteilt werden (Köhler & Preiß 2000). Da Bäume an sich ohnehin nicht gewöhnungsbedürftig sind, es also nur um die besondere Gestalt von Wertholzbäumen geht, wird sich mit der Zeit ein Gewöhnungseffekt einstellen. So erscheinen uns heute beispielsweise Schneitelbäume als sehr ungewohnt; zu ihrer Zeit waren dies jedoch alltägliche Baumgestalten (siehe auch Kapitel 28, den Beitrag von Konold und Reeg).

29.3.2
Agroforstbäume als Teil eines „Musters"

Alte, freistehende Baumindividuen sind nicht nur durch ihre Gestalt, sondern auch wegen ihres Symbolgehaltes besonders ansprechend. Oft hatten sie früher eine besondere Bedeutung in der Landschaft (Orientierung an Wegekreuzungen, Treffpunkt) oder sind mit bestimmten Geschichten verbunden. Die Wertholzbäume eines Agroforstsystems dagegen werden weder sehr alt noch zu individuell auffälligen Baumgestalten. Daher wirken Agroforstbäume weniger als Baumindividuen, sondern in erster Linie als Teil eines Musters in der Landschaft.

Entscheidend für die Wirkung ist damit die Art des Musters. So ist in einem Agroforstsystem beispielsweise der Abstand der einzelnen Baumreihen zueinander ausschlaggebend dafür, ob diese als ein flächiges oder ein lineares Landschaftselement wahrgenommen werden. Durch unregelmäßig verteilte Bäume in aufgelockerter Anordnung kann ein Kontrast zur „gestalterischen Strenge von Ackerlandschaften" geschaffen werden (Oberholzer 2000), weitere (nicht gepflegte) Gehölze zwischen den Wertholzträgern verstärken den Eindruck der

Abb. 29.2 Etwa 60-jährige Wertholzbäume auf einer Ackerfläche (Fotomontage: Ursula Kretschmer).

Naturnähe, Zufälligkeit, des Nicht-Formalen (Bell 2007). Dagegen können andererseits streng formale Baumreihen „eine ausgeprägte Eigenart und damit einen
hohen Erinnerungswert" besitzen (Oberholzer 2000). Besonders deutlich zum
Ausdruck kommt dies bei Alleen, deren ästhetische Wirkung gerade durch einheitliche Gestaltungsmerkmale und einen bestimmten Rhythmus erzielt wird
(Wöbse 2002). Flächige „Plantagen" wirken dagegen unter Umständen eher ein-
tönig und uninteressant (Abbildung 29.2), vor allem wenn der Baumstreifen sehr
schmal gehalten ist (siehe Abschnitt 29.4.2).

29.4
Anlage von Agroforstsystemen – empfehlenswerte Maßnahmen für das Landschaftsbild

Bis zu einem gewissen Grad wird die Gestaltung eines Agroforstsystems durch
die landwirtschaftliche Nutzung vorgegeben. So kommt bei silvoarablen Systemen (Kombination Acker – Bäume) nur eine Pflanzung der Bäume in parallelen
Reihen in Frage; die Abstände zwischen den Reihen müssen sich an der Arbeitsbreite landwirtschaftlicher Maschinen orientieren (siehe Kapitel 25, den Beitrag
von Chalmin). Bei Baumpflanzungen auf Weiden spielt die Frage, wie ein wirksamer Schutz der Bäume vor dem Weidevieh gewährleistet werden kann, eine
wichtige Rolle und bestimmt unter Umständen auch die Verteilung der Bäume
auf der Fläche.

Trotzdem gibt es zahlreiche Möglichkeiten, mit den Bäumen eines Agroforstsystems Landschaft gezielt zu gestalten. Dabei können einerseits bekannte (Ge-
hölz-)Muster in der Landschaft aufgegriffen, fortgeführt und evtl. weiterentwickelt werden, z. B. indem vorhandene Gehölzstrukturen in angemessener Form
mit Wertholzbäumen ergänzt oder erweitert werden. Genauso können andererseits ungewohnte Landschaftsbilder entstehen, was nicht negativ sein muss, sondern auch „Ausdruck einer neuen Form nachhaltiger Landnutzung in Verbindung mit neuen Gestaltungselementen" sein kann (Konold & Reidl 2006). Denkbar sind also auch aus gestalterischer Sicht neue, innovative Ansätze.

29.4.1
Anordnung der Bäume

Aus landwirtschaftlicher Sicht bietet es sich an, Baumreihen entlang bestehender linearer Landschaftselemente wie Wegen, Straßen, Fließgewässern, Gräben, Feld- oder Stufenrainen einzufügen (Abbildung 29.3). Oft stehen bzw. standen früher an diesen Stellen bereits Bäume. Auch ästhetisch ist diese Betonung bestehender Strukturen und damit bestehender Ordnungsmuster reizvoll. Eine Baumanordnung mit einzelnen, verstreuten Baumgruppen auf Weideflächen ist aus ästhetischer Sicht ebenfalls sehr attraktiv (Abbildung 29.1). Sie erfüllt viele der in Abschnitt 29.1 genannten Bedürfnisse des Menschen und entspricht dem schon oft idealisierten Bild der „bukolischen Weidelandschaften". Auch wenn Wertholzbäume weniger „romantisch" wirken als alte, verwachsene Huteeichen oder -buchen und unter Umständen weniger naturnah als ungepflegte Bäume und Sträucher, kann auch mit ihnen ein attraktiver Landschaftsaspekt wieder verstärkt in die Landschaft gebracht werden.

Auf Ackerflächen sind aus Produktionssicht parallel verlaufende Reihen unerlässlich. Auch regelmäßig-geometrische Muster sind von Nuss- oder Obstbaumbeständen, von Hecken und Windschutzpflanzungen bekannt und müssen sich trotz ihrer Formalität nicht negativ auf das Landschaftsbild auswirken. Wichtig ist, dass die Oberflächenformen – natürliche und anthropogene – der Landschaft berücksichtigt werden, indem z. B. Reihen zwar parallel, aber nicht zwangsweise schnurgerade angelegt werden, sondern Höhenlinien folgend, oder indem darauf geachtet wird, wichtige Sichtachsen nicht zu verstellen. Da trotzdem unregelmäßige Formen grundsätzlich als vielfältiger und naturnäher erlebt werden (Nohl 2001), können die Reihen durch unterschiedliche Abstände zwischen den Reihen und den einzelnen Bäumen oder durch Bäume verschiedenen Alters und verschiedener Baumart nebeneinander aufgelockert werden (Bell 2007).

Abb. 29.3 Baumreihen entlang von Stufenrainen in Simonswald, Schwarzwald (Fotomontage: Ursula Kretschmer).

29.4.2
Breite und Bepflanzung des Baumstreifens

Ein wichtiger Aspekt ist die Gestaltung des Baumstreifens, also des landwirtschaftlich nicht genutzten Streifens, auf dem die Wertholzbäume stehen. Prinzipiell sind breite Streifen mit einer eingesäten Blühmischung oder Hecken in den

Baumzwischenräumen schmalen, mit Herbiziden behandelten Streifen – wie sie zur Produktion ausreichen würden – vorzuziehen. Je nach Bewuchs der Streifen ergeben sich sehr unterschiedliche Bilder: Blühstreifen bringen einen zusätzlichen Farbaspekt ein; mit weiteren Gehölzen (z. B. Hecken zwischen den Bäumen) wird die Landschaft visuell deutlich stärker unterteilt.

29.4.3
Fällung der Bäume

Ein Problem aus ästhetischer Sicht stellt die Fällung der Wertholzbäume dar, da sie eine wenig geschätzte abrupte Veränderung ist, verbunden mit der Entfernung eines beliebten Landschaftselements. Dem Verlust durch die Fällung kann dadurch entgegengewirkt werden, dass innerhalb eines Agroforstsystems Bäume verschiedenen Alters vorkommen. So verschwindet nie die komplette Struktur, und die entstehenden Lücken können durch die Nachpflanzung mit jungen Bäumen wieder geschlossen werden. In weitläufigen Landschaften mit wenigen Strukturelementen ist es vorstellbar, dass ein Agroforstmuster „wandert", indem in gewissem Abstand neben einer beinahe erntereifen Wertholzbaumreihe eine junge Baumreihe gepflanzt wird. In sehr kleinstrukturierten Gebieten, in denen sich die Pflanzung von Bäumen in der Regel an bestehenden, zum Teil topographisch vorgegebenen Landschaftsstrukturen (Böschungen, Stufenrainen, Bachläufen, Wegen etc.) orientiert, können die Einzelbäume des Musters zeitlich versetzt gepflanzt und geerntet werden.

29.5
Gestaltung eines silvopastoralen Agroforstsystems – Beispiel aus dem Allgäu

Exemplarisch sollen mit Hilfe einer Fotomontage mögliche Auswirkungen einer Wertholzbaum-Pflanzung dargestellt werden. Auf diese Fläche im Argental (Westliches Allgäu, Abbildung 29.4a) wurden in der Fotomontage unter ökonomischen Gesichtspunkten Bäume „gepflanzt" (Abbildung 29.4b): Die meisten Bäume stehen auf den steileren Flächen im Hintergrund, zum Teil im Anschluss an die bestehende Obstbaumreihe entlang des Weges; dagegen gibt es in der intensiv genutzten Ebene nur einige wenige Bäume.

Prinzipiell passt die lockere Anordnung der Bäume gut in das bestehende Landschaftsmuster mit seinen Gehölzreihen und -gruppen, die offenen Flächen werden mit weiteren Gehölzen bereichert. Gleichzeitig zeigen sich vom gewählten Standort aus visuelle Beeinträchtigungen:

- die Sichtbeziehung auf den Hof (Bildmitte oben) auf der Kuppe
  ist verstellt,
- der bisher markante Einzelbaum an der „Siggener Höhe"
  (rechts oben) ist nicht mehr markant, da die Horizontlinie
  durch die weiteren Bäume überformt wurde,

(a)

(b)

Abb. 29.4(a)–(b)   Silvopastorales Agroforstsystem im Argental im württembergischen Allgäu (Fotomontage: Ursula Kretschmer).

– im Vergleich zu den alten Obstbäumen wirken die Dimensionen der Wertholzbäume unpassend.

Einschränkend müssen allerdings auch andere Aspekte in diese Überlegung einbezogen werden:
– bis die Wertholzbäume eine Höhe von ca. 26 m (wie in Abbildung 29.4b dargestellt) erreicht haben werden, existieren weder die Obstbäume noch der markante Einzelbaum mehr,
– auch sonstige mögliche Landschaftsentwicklungen, die in den nächsten 60 Jahren stattfinden werden, sind nicht berücksichtigt.

So können Momentaufnahmen wie diese nur dazu dienen, mögliche Wirkungen an einem Beispiel anschaulich darzustellen. Die Realität in 60 Jahren wird mit Sicherheit anders aussehen. Die heutigen Gestaltungsmöglichkeiten beschränken sich jedoch darauf, „eine bestimmte Entwicklungsmöglichkeit – Beispiel: Baumcharaktere – vorzugeben" (Wöbse 2002).

29.6
Fazit

Wie in Abschnitt 29.1 angesprochen, stellt die Eigenart einer Landschaft für die Menschen, die in dieser Landschaft leben oder sie besuchen, ein wichtiges Kriterium dar; für manche Autoren bildet die Eigenart den Rahmen, das Leitkriterium für die anderen Schutzziele, die im Bundes-Naturschutzgesetz gefordert werden: Vielfalt und Schönheit von Natur und Landschaft (Köhler 1997). Da die Landnutzung einen wichtigen Beitrag zur Eigenart und damit zur Unverwechselbarkeit leistet, sollten neu zu etablierende Agroforstsysteme so gestaltet werden, dass sie zum Charakter der Landschaft passen. Durch eine Betonung lokaler Besonderheiten mit Hilfe von Baumpflanzungen kann die Eigenart der Landschaft herausgestellt, neu akzentuiert oder neu gestaltet werden. Ausnahmen bilden Landschaften, deren Eigenart gerade in der gehölzlosen Weite und Offenheit liegt; hier können Bäume in Form eines (flächigen) Agroforstsystems aus landschaftsästhetischer Sicht unpassend sein.

Da die Wirkung eines Agroforstsystems je nach Gestaltung recht unterschiedlich sein kann, sollte bereits in der Planungsphase von neuen Anlagen die Wirkung auf das Landschaftsbild berücksichtigt werden. So können unerwünschte Effekte vermieden und positive gezielt genutzt werden, vor allem auch in Gebieten, die der Nah- oder Ferienerholung dienen und häufig von Menschen aufgesucht werden.

29.7
Zusammenfassung

Halboffene Landschaften werden von Menschen meistens als vielfältig, interessant und angenehm empfunden und daher sehr geschätzt. „Schöne" Agrarlandschaften wiederum spielen eine wichtige Rolle, nicht nur für Besucher, sondern auch für die Landnutzer, beispielsweise in den Bereichen Direktvermarktung und Tourismus. Da durch die systematische Trennung von Land- und Forstwirtschaft halboffene Flächen in Deutschland kaum noch zu finden sind, bieten sich mit modernen Agroforstsystemen Möglichkeiten, diesen attraktiven Aspekt aufzugreifen und einen Beitrag zur attraktiven Gestaltung von Agrarlandschaften zu leisten.

Für die Wirkung einer Baumpflanzung ist vor allem die Auswahl, Anordnung und Pflege der Bäume verantwortlich. Bestimmte Aspekte sind in einem Agroforstsystem durch die Produktionsziele festgelegt (z. B. Pflege von Wertholzbäumen oder Abstände der Bäume auf Ackerflächen). Andere, wie die Auswahl verschiedener Baumarten, die Ausrichtung und der Aufbau der einzelnen Reihen, können aber gezielt zur Gestaltung genutzt werden. Ziel dabei sollte sein, die lokale und regionale Eigenart als herausragendes Kriterium zu fördern und weiterzuentwickeln.

Literatur

Abraham, A., Sommerhalder, K., Bolliger-Salzmann, H., Abel, T. 2007: Landschaft und Gesundheit: Das Potential einer Verbindung zweier Konzepte. Bern, Institut für Sozial- und Präventivmedizin, Abteilung Gesundheitsforschung, 72 S.

Bell, S. 2008: Valuable Broadleaved Trees in the Landscape. In: Spiecker, H., Hein, S., Makkonen-Spiecker, K., Thies, M. (Hrsg.) 2008: Valuable Broadleaved Forests in Europe. Brill, Leiden. European Forest Institute Research Report 22

Cook, P.S., Cable, T.T. 1995: The scenic beauty of shelterbelts on the Great Plains. Landscape and Urban Planning 32: 63–69

Jessel, B. 1998: Das Landschaftsbild erfassen und darstellen – Vorschläge für ein pragmatisches Vorgehen. Naturschutz und Landschaftsplanung 30 (11): 356–361

Kaplan, R., Kaplan, S. 1989: The Experience of Nature - A Psychological Perspective. Cambridge, New York, Melbourne, Cambridge University Press, 340 S.

Köhler, B. 1997: Bewertung des Landschaftsbildes. NNA-Berichte 3 (97): 23–33

Köhler, B., Preiß, A. 2000: Erfassung und Bewertung des Landschaftsbildes. Informationsdienst Naturschutz Niedersachsen 1 (2000): 1–60

Konold, W., Reidl, K. 2006: Kulturlandschaft in Baden-Württemberg - Entstehung und Bedeutung, Überlegungen zu Pflege und Entwicklung. Naturschutz-Info 1/2006: 44–49

Mary, F., Dupraz, C., Delannoy, E., Liagre, F. 1999: Incorporating agroforestry practices in the management of walnut plantations in Dauphiné, France: an analysis of farmers' motivations. Agroforestry Systems 43: 243–256

Miéville-Ott, V., Barbezat, V. 2005: Perceptions du pâturage boisé: résultats d'un sondage effectué au Communal de La Sagne NE. Schweiz. Z. Forstwesen 156 (1): 1–12

Nohl, W. 2001: Landschaftsplanung – Ästhetische und rekreative Aspekte. Patzer Verlag, Berlin – Hannover, 248 S.

Oberholzer, G. 2000: Die Weiterentwicklung der Kulturlandschaft. Landespflege in der Flurbereinigung Teil V. Universität der Bundeswehr München, Neubiberg, 152 S.

Sommer, R., Summit, J. 1995: An Exploratory Study of Preferred Tree Form. Environment and Behavior 27: 540–557

Ulrich, R.S. 1986: Human responses to vegetation and landscape. Landscape and Urban Planning 13: 29–44

Wöbse, H.H. 2002: Landschaftsästhetik. Eugen Ulmer Verlag, 304 S.

30
Agroforstsysteme mit Wertholzproduktion –
Zusammenfassung und Ausblick

Werner Konold und Heinrich Spiecker

Agroforstsysteme (AFS) haben auch in Mitteleuropa eine lange Tradition, und zwar in ganz unterschiedlichen Formen, etwa der Schneitel- und Kopfholzwirtschaft, der Holzwiesen und des Streuobstbaus. Ab dem 18. Jahrhundert spielte auch der verschönernde Aspekt der Bäume in der Landschaft eine größere Rolle („Landesverschönerung"). Es galt, das „Schöne mit dem Nützlichen zu verbinden", ein Ziel, das vom Grundsatz her nichts an Bedeutung verloren hat, in der Praxis jedoch nur selten verwirklicht wird. Wir können so, wenn wir moderne AFS etablieren wollen, an vertraute Bilder anknüpfen und auch aus dem Erfahrungsschatz früherer Zeiten schöpfen.

Halboffene Landschaften, also auch AFS mit Wertholzbäumen, werden als angenehm und vielfältig empfunden. Sie vermitteln Harmonie, Ordnung und Orientierung, machen Agrarlandschaften interessant und reizvoller. Die Planung eines AFS muss individuell, also den lokalen Gegebenheiten angepasst, geschehen. Dies betrifft die Baumartenwahl und -mischung, die Anordnung der Bäume – Reihen, Alleen, Gruppen/Haine – und das Einpassen in das landschaftliche Relief. Damit lässt sich gliedern, markieren, überhöhen und unterstreichen. Wichtig ist es, an das jeweilige Landschaftsbild anzuknüpfen, um keinen gestalterischen Bruch zu provozieren.

Neu zu etablierende AFS können wichtige landeskulturelle Funktionen übernehmen. Am wichtigsten ist hierbei sicherlich der Schutz des Bodens vor Wasser- und Winderosion, die auch in Deutschland in manchen Ackerbaugebieten zu schweren Bodenverlusten führt. Hier können beispielsweise hangparallele Streifen mit Bäumen zur Minderung der Erosion beitragen. Dieser Aspekt ist gerade auch vor dem Hintergrund des Klimawandels von Relevanz, im Zuge dessen wir mit häufigeren Starkniederschlägen und Stürmen zu rechnen haben.

In AFS können Baumarten wie Esche, Berg- und Spitzahorn, Wildkirsche, Walnuss, Erle, Robinie, aber auch Elsbeere, Speierling oder Wildbirne wertvolles Holz liefern. Frei von der Konkurrenz durch Nachbarbäume können sich die Baumkronen ungehindert entwickeln und die Stämme erreichen schnell die erwünschte Dicke. Um astfreies, wertvolles Holz zu erzielen, müssen die Bäume bereits frühzeitig geästet werden. AFS bieten große Freiheiten bei der Pflanzung und bei der Ernte. Es können große Flächen auf einmal oder auch kleine Flächen

Anbau und Nutzung von Bäumen auf landwirtschaftlichen Flächen.
Herausgegeben von T. Reeg, A. Bemmann, W. Konold, D. Murach und H. Spiecker
Copyright © 2009 WILEY-VCH Verlag GmbH & Co. KGaA, Weinheim
ISBN: 978-3-527-32417-0

in weiten Abständen mit hochwertigem Pflanzgut bepflanzt werden. Beliebige Mischungen von Baumarten unterschiedlicher Wuchsdynamik sind möglich. Auch bei der Ernte können einzelne Bäume zu unterschiedlichen Zeitpunkten oder alle Bäume gleichzeitig genutzt werden. Der Erntezeitpunkt der einzelnen Bäume kann unter anderem an die Marktlage und an die finanziellen Bedürfnisse des Betriebes angepasst werden.

Da die Wertholzbäume in ihrer Jugend wenig Raum in Anspruch nehmen, steht in dieser Entwicklungsphase ein besonders großer Raum für andere Formen der Landnutzung zur Verfügung. Eine dieser Möglichkeiten bieten Zwischenpflanzungen in kurzen Umtrieben, die einen Beitrag zu nachwachsenden Rohstoffen für eine stoffliche oder energetische Nutzung liefern. Hierfür eignen sich beispielsweise Pappeln und Weiden. Im Gegensatz zu den Werthölzern, bei denen die Qualität im Vordergrund steht, ist hier die Quantität der Biomasse ein wichtiges Produktionsziel. Bei dem geringwertigeren Massenprodukt sind kosteneffiziente Pflanz- und Erntetechniken sowie die Nähe zum Kunden unabdingbar. Die Kombination von Wertholz mit Energieholz ist eine Weiterentwicklung der traditionellen Mittelwaldwirtschaft, die unserem heutigen Wissensstand Rechnung trägt.

AFS mit hochstämmigen Bäumen können Landschaften hinsichtlich ihrer Naturschutzqualitäten aufwerten. Dies beruht auf einer Diversifizierung des Nutzungsmosaiks und der strukturellen Ausstattung und auch auf einer stärkeren Ausdifferenzierung der Vegetationsdecke. Zu den Gewinnern können verschiedene Tierartengruppen (hier wissen wir noch viel zu wenig!), beispielsweise einige Vogel- und Laufkäferarten, mutmaßlich auch die Heuschrecken und die Tagfalter, sowie die Pflanzenwelt zählen. Es ist jedoch wichtig, für jedes Gebiet eine Entscheidungsgrundlage zu schaffen. Es gibt Ausschlussgebiete, beispielsweise zugunsten von Rastvögeln, jedoch auch viele „Anschlussgebiete", wo man mit Hilfe von AFS Hecken, Raine, Riegel und Waldränder miteinander verbinden und so einen Beitrag zum Biotopverbund leisten kann. Strukturell können AFS einen gewissen Ersatz für abgehende Streuobstbäume darstellen, doch fehlen ihnen in aller Regel das Alt- und Totholz und die Höhlenbäume. Sehr günstig für den Naturschutz ist es, wenn mit der Anlage eines AFS eine Extensivierung der agrarischen Nutzung einhergeht.

AFS können für einen landwirtschaftlichen Betrieb prinzipiell schon deshalb attraktiv sein, weil sie sich in die eingeübte landwirtschaftliche Praxis und in den Arbeitsablauf über das Jahr hinweg gut einfügen. Die Investitionen und auch der Arbeitsaufwand für die Wertholzproduktion halten sich sehr in Grenzen; es ist keine aufwändige Technik vonnöten. AFS können sehr differenziert aufgebaut sein, so hinsichtlich der Reihen- und Baumabstände, der Breite der Streifen und des Altersaufbaus. Je extensiver die agrarische Nutzung, umso risikoärmer scheinen AFS zu sein. Um hier klare Aussagen machen zu können, fehlen in Deutschland jedoch noch die Erfahrungen, etwa was die Licht-, Wasser- und Nährstoffkonkurrenz angeht. Bei den Optionen des Fruchtartenwechsels während des Älterwerdens der Bäume können wir im Augenblick nur Gedankenspiele anstellen; doch bieten sich interessante Systeme an, etwa der Wechsel von

Getreide als Marktfrucht zu einer Kultur, die der Energieerzeugung dient und im Stadium der Milchreife geerntet wird.

AFS erfordern von den betriebsleitenden Personen die Verbindung des langfristigen, ja generationenübergreifenden Denkens der Forstleute mit dem der Landwirte, die rasch auf Veränderungen der Märkte reagieren müssen. Die unterschiedlichen Umtriebszeiten der Kulturen und die Wachstumsdynamik der Bäume sowie die langfristige Abschätzung der Preise (die im Grunde gar nicht möglich ist) machen die ökonomische Bewertung von AFS nicht ganz leicht. Eine gewisse Elastizität gegenüber dem Holzmarkt ist dadurch gegeben, dass man die Bäume nicht zu einem festgelegten Zeitpunkt ernten muss. Mit Hilfe eines Kalkulationsmodells lässt sich jetzt schon abschätzen, dass der Erfolg des landwirtschaftlichen Produktionsverfahrens einen ganz wesentlichen Beitrag zur Rentabilität des AFS leistet.

Der rechtliche Rahmen, in dem AFS angesiedelt sind, ist noch sehr unscharf und deshalb für Betriebe, die sich für AFS interessieren, ein großer Unsicherheitsfaktor. AFS müssen, um sie als Nutzungsoption attraktiv zu machen, förderrechtlich und naturschutzrechtlich einen sicheren Status bekommen. Das hieße zum Beispiel, dass sie künftig Ökokonto-relevant werden oder dass ausgeschlossen ist, dass die Wertholzbäume zu geschützten Landschaftsbestandteilen werden.

Die Aufgaben der nächsten Jahre bestehen darin, die Rechtsunsicherheiten zu beseitigen. Es gilt, über die Landnutzungsoption AFS mit allen Aspekten zu informieren und Betriebe zu beraten. Dies hat – räumlich weit verteilt – auf regionaler und lokaler Ebene und angepasst an die jeweiligen landschaftlichen Gegebenheiten zu geschehen. Die so entstehende Diversität von AFS-Formen zieht vielfältige, positive Effekte für das Landschaftsbild und für den Naturschutz nach sich, aber auch für den Erkenntnisgewinn. Deshalb müssen einige AFS unterschiedlicher Ausprägung zu Versuchs- und Demonstrationszwecken angelegt und einem Monitoring unterworfen werden, um wissenschaftliche und Praxiserfahrungen sammeln zu können, die dann die Planung und Beratung optimieren helfen.

Teil 3:
Anhang

Anhang 1

Informationsmöglichkeiten im Internet

Internetseiten der an dieser Buchpublikation beteiligten Verbundprojekte

www.agrowood.de

www.dendrom.de

www.agroforst.uni-freiburg.de

Internetseiten weiterer im Themenbereich KUP und AFS aktiver Institutionen (Auswahl)

Bayerische Landesanstalt für Wald und Forstwirtschaft (LWF): www.lwf.bayern.de

Fachagentur für nachwachsende Rohstoffe (FNR): www.fnr-server.de

Forschungsinstitut für schnellwachsende Baumarten, Hann. Münden (FSB): www.schnellwachsendebaumarten.de

Forstliche Versuchs- und Forschungsanstalt Baden-Württemberg (FVA): www.fva-bw.de

Kompetenzzentrum Hessen-Rohstoffe (Hero): www.hero-hessen.de

Landesforschungsanstalt für Landwirtschaft und Fischerei Mecklenburg-Vorpommern (LFAMV): www.lfamv.de

Sächsisches Landesamt für Umwelt, Landwirtschaft und Geologie (LfULG): www.landwirtschaft.sachsen.de/de/wu/Landwirtschaft/lfl/inhalt/4996.htm

Technologie- und Förderzentrum (TFZ) des Kompetenzzentrums für Nachwachsende Rohstoffe in Straubing: www.tfz.bayern.de

Thüringer Landesanstalt für Landwirtschaft (TLL): www.tll.de

Anbau und Nutzung von Bäumen auf landwirtschaftlichen Flächen.
Herausgegeben von T. Reeg, A. Bemmann, W. Konold, D. Murach und H. Spiecker
Copyright © 2009 WILEY-VCH Verlag GmbH & Co. KGaA, Weinheim
ISBN: 978-3-527-32417-0

Weitere Informationen im Internet (Auswahl)

www.ble.de: Faltblatt „Zugelassene Klone und Klonmischungen der Pappel (*Populus spp.*)", Merkblatt Verfahrensänderung bei der Energiepflanzenprämie

www.peupliersdefrance.org: Pappelanbau zur Stammholznutzung in Frankreich

www.waldwissen.net: viele verlinkte Beiträge zum Thema

www.populus.it: Internationale Pappeldatenbank

www.montpellier.inra.fr/safe: Ergebnisse des Projektes „Silvoarable Agroforestry for Europe"

www.agroforst.de: Agroforstwirtschaft in Deutschland

www.novalis.forst.uni-goettingen.de: Forschungsprojekt NOVALIS an der Universität Göttingen

www.biodem.de: Versuchsflächen mit verschiedenen Sorten- und Anbauversuchen

Anhang 2

Informationsbroschüren zur Anlage von Kurzumtriebs-plantagen

Energieholzproduktion in der Landwirtschaft

FNR 2008, 2. Auflage, 42 S., Fachagentur Nachwachsende Rohstoffe e.V. (FNR)
www.fnr-server.de/ftp/pdf/literatur/pdf_292-energieholzprod_2008.pdf

Anlage und Bewirtschaftung von Kurzumtriebsflächen in Baden-Württemberg

MLR 2008, ISSN 0937 6712, 49 S., Ministerium für Ernährung und Ländlichen
Raum (MLR)
www.mlr.baden-wuerttemberg.de/mlr/bro/Kurzumtriebsflaechen.pdf

Anbau von Energiewäldern, LWF Merkblatt 19/2006

LWF 2006, 4 S., Bayerische Landesanstalt für Wald und Forstwirtschaft (LWF)
www.lwf.bayern.de/imperia/md/content/lwf-internet/veroeffentlichungen/
lwf-merkblaeter/19/lwf_merkblatt_19.pdf

Schnellwachsende Baumarten auf landwirtschaftlichen Flächen – Leitfaden zur Erzeugung von Energieholz

2006, 36 S., Ministerium für Ernährung, Landwirtschaft, Forsten und Fischerei;
Landesforschungsanstalt für Landwirtschaft und Fischerei
www.dendrom.de/daten/downloads/boelcke_leitfaden%20energieholz.pdf

Schnellwachsende Baumarten – Anbau von Pappel und Weiden auf Kurzumtriebsflächen

2006, 7 S., Sächsisches Staatsministerium für Umwelt und Landwirtschaft
www.landwirtschaft.sachsen.de/de/wu/Landwirtschaft/lfl/inhalt/download/
Faltblatt_schnellwachsende_Baumarten.pdf

Anbau und Nutzung von Bäumen auf landwirtschaftlichen Flächen.
Herausgegeben von T. Reeg, A. Bemmann, W. Konold, D. Murach und H. Spiecker
Copyright © 2009 WILEY-VCH Verlag GmbH & Co. KGaA, Weinheim
ISBN: 978-3-527-32417-0

Leitlinie zur effizienten und umweltverträglichen Erzeugung von Energieholz

2006, 21 S., Thüringer Landesanstalt für Landwirtschaft (TLL)
www.tll.de/ainfo/pdf/holz1206.pdf
Dort auch weitere Informationen zum Thema Energieholz, z.B.:
Anbautelegramm Energieholz, www.tll.de/ainfo/pdf/holz0208.pdf
Energieholzanbau auf gewässernahen Ackerflächen, www.tll.de/ainfo/pdf/
ehol0208.pdf

**Anbauempfehlungen für schnellwachsende Baumarten –
Kurzumtriebsplantagen mit Pappel und Weide**

2004, 40 S., Sächsisches Staatsministerium für Umwelt und Landwirtschaft
www.smul.sachsen.de/lfl/publikationen/download/858_1.pdf

Bewirtschaftung von Kurzumtriebsflächen

2007, 14 S., Landwirtschaftskammer Österreich
www.lk-oe.at; die Broschüre kann von der Forstabteilung der NÖ Landwirtschaftskammer kostenlos bezogen werden (02742/259 4000, forst@lk-noe.at)

Anhang 3

Wir danken folgenden Personen sehr herzlich für ihre Funktion als Gutachter:

Dr. Mengistu Abiy (TU Dresden)

Prof. Gero Becker (Universität Freiburg)

PD Dr. Barbara Boelcke (Landesforschungsanstalt für Landwirtschaft und Fischerei, Mecklenburg-Vorpommern)

Prof. Frank Bohlander (FH Erfurt)

Prof. Andreas Bolte (Johann Heinrich von Thünen-Institut)

PD Dr. Matthias Bürgi (WSL Birmensdorf)

Dipl.-Forstwirt Frank Burger (LWF Freising)

Uwe R. Fritsche (Öko-Institut e.V., Darmstadt)

Dipl.Ing. Christian Göhler (Kompetenzzentrum Bioenergie e.V., Leipzig)

Prof. Martin Guericke (FH Eberswalde)

Prof. Alois Heißenhuber (TU München)

Dr. Felix Herzog (Forschungsanstalt ART, Zürich)

Prof. Eduard Hochbichler (BOKU Wien)

Matthias Hollerbach (PLENUM Kaiserstuhl)

Thomas Huber (LWF Freising)

Katja Hünecke (Öko-Institut e.V., Darmstadt)

Stephanie Hurst (Sächsisches Landesamt für Umwelt und Geologie)

Florian Knappe (ifeu Institut für Energie- und Umweltforschung, Heidelberg)

Marcus Köhler (LEL Schwäbisch Gmünd)

Dr. Ernst Ulrich Köpf (Universitätsprofessor em., Tharandt)

Georg Krause (Stadt Donzdorf)

FD Hubertus Kraut (Amt für Forstwirtschaft Doberlug-Kirchhain)

Prof. Norbert Lamersdorf (Universität Göttingen)

Anbau und Nutzung von Bäumen auf landwirtschaftlichen Flächen.
Herausgegeben von T. Reeg, A. Bemmann, W. Konold, D. Murach und H. Spiecker
Copyright © 2009 WILEY-VCH Verlag GmbH & Co. KGaA, Weinheim
ISBN: 978-3-527-32417-0

Prof. Bo Larsen (Universität Kopenhagen)

Dr. Bertram Leder (Landesbetrieb Wald und Holz Nordrhein-Westfalen)

Prof. Hans Walter Louis (Universität Hannover, TU Braunschweig)

Prof. Wolfgang Lücke (Universität Göttingen)

Sönke Hans Lulies (FNR, Gülzow)

Dr. Martina Mayus (Universität Hohenheim)

Prof. Klaus Menrad (FH Weihenstephan)

Dr. Jürgen Meyerhoff (TU Berlin)

FD Dr. Reinhard Mößmer (LWF Freising)

Prof. Andreas Muhar (BOKU Wien)

Prof. v. Oppen (Gut Kröchlendorff, Nordwestuckermark)

Dr. Tobias Plieninger (Berlin-Brandenburgische Akademie der Wissenschaften)

Jürgen Plötz (Forstbaumschulen „Fürst Pückler")

Dr. Peter Röhe (Ministerium für Landwirtschaft, Umweltschutz und Verbraucherschutz Mecklenburg-Vorpommern)

Dr. Frank Setzer (Deutsche Landwirtschafts-Gesellschaft)

Patrick Sheridan (Universität Gießen)

Dr. Tenholtern (Sächsisches Landesamt für Umwelt und Geologie)

Bernd Textor (ehemals FVA Baden-Württemberg)

Dr. Armin Vetter (Thüringer Landesanstalt für Landwirtschaft)

Dr. Reinhold Vetter (LRA Lörrach, Fachbereich Landwirtschaft)

Dr. Martin Wegehenkel (Leibnitz-Zentrum für Agrarlandschaftsforschung e.V.)

Prof. Martin Weih (Swedish University of Agricultural Science)

Bernhard Weiß (LRA Hohenlohekreis, Landwirtschaftsamt)

FD Georg Josef Wilhelm (Forstverwaltung Rheinland-Pfalz)

Dr. Klaus-Hermann Wilpert (FVA Baden-Württemberg)

Dr. Georg v. Wühlisch (Johann Heinrich von Thünen-Institut)

Dr. Jürgen Zell (FVA Baden-Württemberg)

Index

Anbau und Nutzung von Bäumen auf landwirtschaftlichen Flächen.
Herausgegeben von T. Reeg, A. Bemmann, W. Konold, D. Murach und H. Spiecker
Copyright © 2009 WILEY-VCH Verlag GmbH & Co. KGaA, Weinheim
ISBN: 978-3-527-32417-0